Elemente der Mathematik

7. Schuljahr

Herausgegeben von
Heinz Griesel
Helmut Postel
Friedrich Suhr
Werner Ladenthin

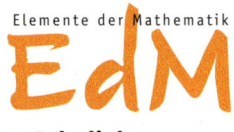

7. Schuljahr

Herausgegeben von
Prof. Dr. Heinz Griesel, Prof. Helmut Postel, Friedrich Suhr, Werner Ladenthin

Bearbeitet von
Julia Berlin-Bonn, Lutz Breidert, Prof. Dr. Regina Bruder, Gabriele Dybowski, Christine Fiedler, Dr. Beate Goetz, Gerd Hinrichs, Reinhard Kind, Werner Ladenthin, Matthias Lösche, Kerstin Schäfer, Thomas Sperlich, Friedrich Suhr, Prof. Dr. Hans-Georg Weigand, Ulrike Willms

Der Schülerband ist auch als digitales Schulbuch erhältlich: Best.-Nr. 06299
Für dieses Unterrichtswerk sind umfangreiche Unterrichtsmaterialien entwickelt worden:
Lösungen: Best.-Nr. 87485
Arbeitsheft: Best.-Nr. 87527
Rund um ... online: Best.-Nr. 89027

westermann GRUPPE

© 2013 Bildungshaus Schulbuchverlage Westermann Schroedel Diesterweg Schöningh Winklers GmbH, Georg-Westermann-Allee 66, 38104 Braunschweig
www.westermann.de

Das Werk und seine Teile sind urheberrechtlich geschützt. Jede Nutzung in anderen als den gesetzlich zugelassenen bzw. vertraglich zugestandenen Fällen bedarf der vorherigen schriftlichen Einwilligung des Verlages. Nähere Informationen zur vertraglich gestatteten Anzahl von Kopien finden Sie auf www.schulbuchkopie.de.

Für Verweise (Links) auf Internet-Adressen gilt folgender Haftungshinweis: Trotz sorgfältiger inhaltlicher Kontrolle wird die Haftung für die Inhalte der externen Seiten ausgeschlossen. Für den Inhalt dieser externen Seiten sind ausschließlich deren Betreiber verantwortlich. Sollten Sie daher auf kostenpflichtige, illegale oder anstößige Inhalte treffen, so bedauern wir dies ausdrücklich und bitten Sie, uns umgehend per E-Mail davon in Kenntnis zu setzen, damit beim Nachdruck der Verweis gelöscht wird.

Druck A^4 / Jahr 2022
Alle Drucke der Serie A sind im Unterricht parallel verwendbar.

Redaktion: Lena Schenk, Claus Peter Witt
Umschlagentwurf: LIO Design GmbH, Braunschweig
Innenlayout: JANSSEN KAHLERT Design & Kommunikation GmbH, Hannover
Illustrationen: Dietmar Griese, Laatzen
Zeichnungen: Langner & Partner, Hemmingen; Birgit und Olaf Schlierf, Lachendorf
Taschenrechner: Texas Instruments Education Technology GmbH, Freising
Druck und Bindung: Westermann Druck GmbH, Georg-Westermann-Allee 66, 38104 Braunschweig

ISBN 978-3-507-87484-8

Inhaltsverzeichnis

Über dieses Buch 6

Bleib fit im Umgang mit Zuordnungen 9

1. Zuordnungen – Dreisatz 11

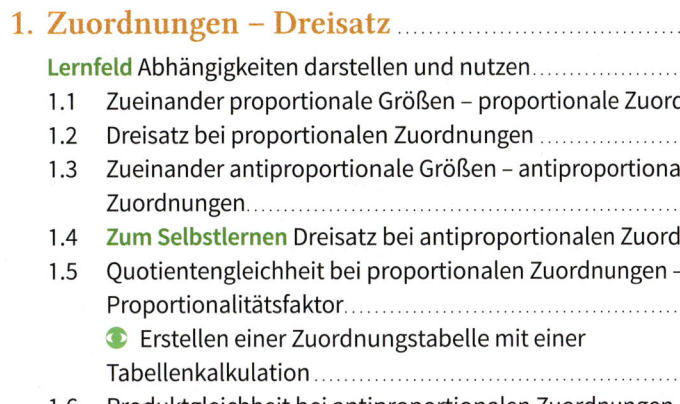

Lernfeld Abhängigkeiten darstellen und nutzen 12
1.1 Zueinander proportionale Größen – proportionale Zuordnungen 13
1.2 Dreisatz bei proportionalen Zuordnungen 19
1.3 Zueinander antiproportionale Größen – antiproportionale Zuordnungen 24
1.4 **Zum Selbstlernen** Dreisatz bei antiproportionalen Zuordnungen 28
1.5 Quotientengleichheit bei proportionalen Zuordnungen – Proportionalitätsfaktor 30
  🔵 Erstellen einer Zuordnungstabelle mit einer Tabellenkalkulation 33
1.6 Produktgleichheit bei antiproportionalen Zuordnungen – Gesamtgröße 34
  🟡 Modellieren mit proportionalen und antiproportionalen Zordnungen 37
1.7 Vermischte Übungen 39
1.8 Aufgaben zur Vertiefung 42
Das Wichtigste auf einen Blick/ Bist du fit? 43

Bleib fit im Umgang mit Prozenten 45

2. Prozent- und Zinsrechnung 47

Lernfeld Mehr mit Prozenten 48
2.1 Prozentuale Änderungen 49
  2.1.1 Prozentuale Erhöhung – Prozentsätze über 100 % 49
  2.1.2 Prozentuale Abnahme 52
  2.1.3 Prozentuale Veränderungen von Anteilen 55
2.2 Vermischte Übungen zur Prozentrechnung 56
  🔵 Prozent oder Prozentpunkte – was ist hier gemeint? 58
2.3 **Zum Selbstlernen** Zinsen für 1 Jahr 59
2.4 Zinsen für beliebige Zeitspannen 61
  2.4.1 Zinsen für Bruchteile eines Jahres 61
  2.4.2 Zinsen für mehrere Jahre 63
2.5 Aufgaben zur Vertiefung 65
Das Wichtigste auf einen Blick/ Bist du fit? 66

3. Winkel in Figuren 67

Lernfeld Winkel charakterisieren Formen und Figuren 68
3.1 Winkel an Geradenkreuzungen 69
3.2 Winkelsumme in Dreiecken 76
3.3 **Zum Selbstlernen** Winkelsumme in Vierecken und anderen Vielecken 79
3.4 Gleichschenklige Dreiecke – Basiswinkelsatz 81
3.5 Berechnen von Winkeln mithilfe der Winkelsätze 84

🟡 Auf den Punkt gebracht   🔵 Im Blickpunkt

	◎ Argumentieren	87
3.6	Symmetrische Vierecke	89
	◐ Messen von Winkeln in Grad, Minuten und Sekunden	95
3.7	Aufgaben zur Vertiefung	96
	Das Wichtigste auf einen Blick/ Bist du fit?	97

4. Rationale Zahlen ... 99

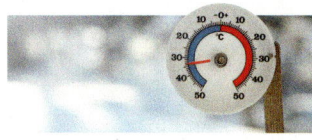

Lernfeld Rechnen mit negativen Zahlen		100
4.1	Rationale Zahlen – Anordnung und Betrag	102
4.2	Koordinatensystem	109
4.3	**Zum Selbstlernen** Beschreiben von Änderungen mit rationalen Zahlen	111
4.4	Addieren rationaler Zahlen	113
	4.4.1 Einführung der Addition – Additionsregel	113
	4.4.2 Rechengesetze für die Addition rationaler Zahlen	118
	◐ Ebbe und Flut	121
4.5	Subtrahieren rationaler Zahlen	123
	4.5.1 Einführung der Subtraktion – Subtraktionsregel	123
	4.5.2 Auflösen von Zahlklammern – Vereinfachen eines Terms	125
4.6	Multiplizieren rationaler Zahlen	128
	4.6.1 Einführung der Multiplikation – Multiplikationsregel	128
	4.6.2 Rechengesetze der Multiplikation	133
4.7	Dividieren rationaler Zahlen	135
	◎ Mindmaps	139
4.8	Vermischte Übungen zu den Grundrechenarten	140
4.9	Terme – Distributivgesetz	142
	4.9.1 Regeln für das Berechnen von Termen	142
	4.9.2 Distributivgesetz	144
4.10	Vergleich der Zahlbereiche $\mathbb{N}$, $\mathbb{Q}$, $\mathbb{Q}_+$ und $\mathbb{Z}$	147
4.11	Aufgaben zur Vertiefung	148
	Das Wichtigste auf einen Blick/ Bist du fit?	149

5. Dreiecke und Vierecke ... 151

Lernfeld Passgenaue Figuren		152
5.1	Kongruente Figuren	153
	◐ Optische Täuschungen: Schau genau hin – miss nach	156
5.2	Dreieckskonstruktionen – Kongruenzsätze	157
5.3	Beweisen mithilfe der Kongruenzsätze	167
	◎ Präsentieren auf Plakaten und Folien	170
5.4	**Zum Selbstlernen** Kreis und Geraden	172
5.5	Besondere Punkte und Linien eines Dreiecks	174
	5.5.1 Eigenschaften von Mittelsenkrechten und Winkelhalbierenden	174
	5.5.2 Umkreis und Inkreis eines Dreiecks	176
5.6	Satz des Thales	181
	◐ Thales von Milet	184
5.7	Aufgaben zur Vertiefung	185
	Das Wichtigste auf einen Blick/ Bist du fit?	186

◎ Auf den Punkt gebracht   ◐ Im Blickpunkt

Bleib fit im Umgang mit Wahrscheinlichkeiten.. 189

6. Baumdiagramme und Vierfeldertafeln.................................. 191
Lernfeld Ein Zufall nach dem anderen.. 192
6.1 Zweistufige Zufallsexperimente - Baumdiagramme....................... 193
6.2 Pfadregeln... 197
6.3 Darstellung von Daten in Vierfeldertafeln................................... 202
6.4 Vierfeldertafeln und Zufallsexperimente.................................... 205
Das Wichtigste auf einen Blick/ Bist du fit?.. 211

7. Berechnungen an Vielecken, Kreisen und Prismen............ 213
Lernfeld Wie groß ist?... 214
7.1 Flächeninhalt eines Dreiecks... 216
7.2 Flächeninhalt eines Parallelogramms... 219
7.3 Flächeninhalt eines Trapezes... 223
7.4 **Zum Selbstlernen** Flächeninhalt beliebiger Vielecke..................... 225
  ◐ Flächeninhalt und Umfang krummlinig begrenzter Figuren.............. 228
7.5 Umfang eines Kreises... 229
7.6 Flächeninhalt eines Kreises.. 232
7.7 **Kreisausschnitt und Kreisbogen**... 237
  ◐ Die Zahl π in der Geschichte der Menschheit............................... 240
7.8 Netz und Oberflächeninhalt eines Prismas.................................. 241
7.9 Schrägbild eines Prismas... 245
7.10 Volumen eines Prismas... 249
7.11 Aufgaben zur Vertiefung... 254
Das Wichtigste auf einen Blick/ Bist du fit?.. 255

8. Gleichungen mit einer Variablen.. 257
Lernfeld Zahlen gesucht.. 258
8.1 Lösen von Gleichungen durch Probieren.................................... 259
8.2 Lösen von Gleichungen durch Umformen................................... 262
  8.2.1 Lösen von Gleichungen des Typs $a \cdot x + b = c$ - Umformungsregeln... 262
  8.2.2 **Zum Selbstlernen** Lösen einfacher Gleichungen des Typs $a \cdot x = b \cdot x + c$... 267
  8.2.3 Lösen von Gleichungen mit Zusammenfassen von Vielfachen einer Variablen... 269
8.3 Sonderfälle bei der Lösungsmenge.. 273
  ◐ Lösen von Gleichungen mit einem Computer-Algebra-System (CAS)... 275
8.4 Modellieren – Anwenden von Gleichungen.................................. 276
8.5 Lösen von Ungleichungen... 279
8.6 Aufgaben zur Vertiefung... 283
Das Wichtigste auf einen Blick/ Bist du fit?.. 284

Anhang... 286

◎ Auf den Punkt gebracht   ◐ Im Blickpunkt

Über dieses Buch

Elemente der Mathematik ist für einen gymnasialen Bildungsgang mit dem Abitur nach 12 Schuljahren konzipiert. Die zentralen Kompetenzen, die die Schülerinnen und Schüler erwerben sollen, und auch die mathematischen Inhaltsfelder werden deutlich herausgestellt, es werden aber auch vielfältige Erweiterungsmöglichkeiten für thematische Profilbildungen angegeben.

Bei der Darstellung der Lerninhalte werden sowohl alle fachlichen Kompetenzbereiche (Darstellen, Kommunizieren, Argumentieren, Umgehen mit symbolischen, formalen und technischen Elementen, Problemlösen sowie Modellieren) als auch alle Aspekte von Mathematik (als Anwendung, als Struktur sowie als kreatives und intellektuelles Handlungsfeld) ausgewogen berücksichtigt. Insbesondere wurden auch Ergebnisse und Schlussfolgerungen aus der TIMS- und der PISA-Studie angemessen eingearbeitet. Zum Erwerb der überfachlichen und fachlichen Kompetenzen ermöglicht Elemente der Mathematik eine breite Palette unterschiedlichster schülerorientierter Unterrichtsformen: Beim gemeinsamen Entdecken, Erforschen, Beschreiben und Erklären erfahren die Schüler, dass nicht nur die Lösung eines Problems, sondern auch der Lösungsweg wichtig ist und dass dabei insbesondere die Analyse von Fehlern hilfreich ist. Die überfachlichen Kompetenzen (Personale Kompetenz, Sozialkompetenz, Lernkompetenz und Sprachkompetenz) gelangen so in den Vordergrund des unterrichtlichen Geschehens. Stets werden den Unterrichtenden konkrete Hilfen an die Hand gegeben, um solche problem- und handlungsorientierte Lernsituationen zu schaffen, in denen die Schülerinnen und Schüler altersangemessen ihr mathematisches Wissen möglichst eigenständig entwickeln und strukturieren können.

Zu den Lerninhalten

Aus den im Kerncurriculum angegebenen Kompetenzen, die am Ende der Klasse 8 erworben sein sollen, und den Inhaltsfeldern wurde folgende Themenabfolge für den Unterricht in Klasse 7 entwickelt:

Kapitel 1 Zuordnungen – Dreisatz – Zentrale mathematische Idee „Funktionaler Zusammenhang"
Durch Modellierung von aus dem Alltag bekannten funktionaler Abhängigkeiten werden proportionale und antiproportionale Zuordnungen erarbeitet.

Kapitel 2 Prozentrechnung – Zentrale mathematische Ideen „Zahl und Operation"
Dieses Kapitel führt den Prozentsatz p% als Hundertstelbruch ein. Die Prozentrechnung ist somit Teil der Bruchrechnung; der Zusammenhang zu proportionalen Zuordnungen wird aber auch hergestellt.

Kapitel 3 Winkel in Figuren – Zentrale mathematische Ideen „Raum und Form" sowie „Größen und Messen"
Kapitel 3 beginnt mit der Betrachtung von Winkeln an geschnittenen Parallelen, die zur Winkelsumme in Drei- und Viereck führt. Als besonderes Dreieck wird dann das gleichschenklige Dreieck herausgestellt und untersucht. An geeigneten Stellen auch dynamische Geometrie-Software verwandt.

Kapitel 4 Rationale Zahlen – Zentrale mathematische Idee „Zahl und Operation"
Aus der Verwendung der rationalen Zahlen in der Umwelt sowohl bei der Beschreibung von Zuständen als auch von Zustandsänderungen. Rechenoperationen wurden erarbeitet.

Kapitel 5 Dreiecke und Vierecke – Zentrale mathematisch Idee „Raum und Form"
Die Kongruenzsätze werden aus Konstruktionsproblemen heraus erarbeitet. Mittelsenkrechte und Winkelhalbierende werden mit den zugehörigen Schnittpunkten behandelt. Im ganzen Kapitel wird an geeigneten Stellen auch dynamische Geometrie-Software verwandt.

**Kapitel 6 Baumdiagramme und Vierfeldertafeln –
Zentrale mathematische Idee „Daten und Zufall"**
Wahrscheinlichkeiten für mehrstufige Zufallsversuche werden mithilfe von Baumdiagrammen berechnet. Vierfeldertafeln werden als geschickte Organisationsform genutzt.

**Kapitel 7 Berechnungen an Vielecken, Kreisen und Prismen –
Zentrale mathematische Idee „Raum und Form" sowie „Größen und Messen"**
Ausgehend vom Flächeninhalt des Dreiecks werden systematisch aufbauend der Flächeninhalt von allgemeinen Vielecken und ergänzend der des Kreises behandelt – stets im engen Zusammenhang mit vielfältigen Anwendungssituationen. Entsprechendes gilt für das Volumen von Prismen.

Kapitel 8 Gleichungen mit einer Variable – Zentrale mathematische Ideen „Zahl und Operation" sowie „Funktionaler Zusammenhang"
Die Umformungsregeln für Gleichungen werden in engem Zusammenhang mit Veranschaulichungen an der Waage und am Zahlenstrahl erarbeitet. Mathematisches Modellieren erfolgt gestuft an Sachaufgaben zu linearen Gleichungen.
An geeigneten Stellen werden Möglichkeiten zur Verwendung von Tabellenkalkulation und Computer-Algebra-Systemen aufgezeigt.

Zum methodischen Aufbau

1. Jedes Kapitel beginnt mit einer **Einstiegsseite**, die an die Erfahrungen der Schülerinnen und Schüler anknüpft und erste Aktivitäten zur Thematik ermöglicht. Diese Seite eignet sich für einen offenen Einstieg und gibt einen Ausblick auf das Thema des Kapitels.
An die Einstiegsseite schließt sich ein **fakultatives Lernfeld** mit verschiedenen offenen und reichhaltigen Lerngelegenheiten an: In unterschiedlichen Problemsituationen können die Schülerinnen und Schüler zentrale Inhalte und Verfahren auf eigenen Lernwegen durch Anknüpfen an Alltags- und Vorerfahrungen selbstständig und häufig handlungsorientiert entdecken. Der Aufbau eigener Vorstellungen und die Bearbeitung einer Vielfalt von Lösungsansätzen werden gefördert durch die Anregung, diese Lernfelder in der Regel in Partner- und Gruppenarbeit zu bearbeiten. Der Austausch über das Problem mit dem Partner bzw. in der Gruppe sowie der Bericht über die Erfahrungen in der ganzen Klasse fördern insbesondere überfachliche und fachliche Kompetenzen wie Problemlösen sowie Argumentieren und Kommunizieren.

2. Die folgenden **Lerneinheiten** bieten eine Möglichkeit zur systematischen Behandlung der Kapitelinhalte – je nach Vorgehen in der Lerngruppe können Teile davon auch in die Bearbeitung der Lernfelder integriert werden. Jede Lerneinheit beginnt mit einem offenen Einstieg (ohne Lösung im Buch), der die Schülerinnen und Schüler zu einer eigenständigen Problembearbeitung und -lösung anregt. Es kann sich eine Aufgabe mit Lösung oder eine Einführung anschließen, die alternativ oder ergänzend die Thematik bearbeiten. Durch ihre sorgfältige, schülergerechte Darstellung eignen sie sich sowohl zum eigenständigen Erarbeiten als auch zum Herausstellen von Problemlösestrategien. Der übersichtlichen Darstellung wegen folgen hier schon weiterführende Aufgaben, die im Unterricht in aller Regel erst nach einer erfolgten Festigung der zuerst behandelten Inhalte an einigen Übungsaufgaben thematisiert werden sollten. Sie dienen der Abrundung und Weiterführung der Theorie. Ihr Thema wird den Unterrichtenden in einer Überschrift genannt. In aller Regel sollten weiterführende Aufgaben im Unterricht bearbeitet werden und nicht als Hausaufgaben gestellt werden.
Die im Lernprozess erarbeiteten Ergebnisse werden häufig in einer Information zusammengefasst. In ihr werden auch Begriffe eingeführt und Ausblicke gegeben. Wesentliche Inhalte werden dabei optisch deutlich in einem Kasten mit einem roten Rahmen hervorgehoben. Hier wird großer Wert gelegt auf prägnante, altersgemäße Formulierungen, die auch beispielgebunden sein können.

Die folgenden Übungsaufgaben sind unter besonderer Berücksichtigung des Erwerbs sowohl überfachlicher als auch fachlicher Kompetenzen konzipiert worden. Sie dienen zur Festigung des Gelernten, der operativen Durcharbeitung und der Vernetzung der Lerninhalte mit denen früherer Themen; dabei sind überall offene Aufgaben integriert. Zur soliden Durcharbeitung wird konsequent das Analysieren typischer Schülerfehler und entsprechendes Argumentieren gefordert. Auch die Übungsaufgaben ermöglichen Unterricht in vielfältigen schülerbezogenen Aktivitäten, bis hin zu Partnerarbeit und Teamarbeit sowie Spielen.

Einige Aufgaben enthalten in einem blauen Fond Musterbeispiele für Schreibweisen und Lösungswege. Manche Aufgaben enthalten Selbstkontroll-Möglichkeiten für die Schüler(innen). Aufgaben, die die Selbstständigkeit und Problemlösefähigkeit in besonderer Weise herausfordern, sind durch eine rote Aufgabennummer gekennzeichnet.

3. Abschnitte mit der Überschrift **Vermischte Übungen** finden sich an den Stellen eines Kapitels, an denen eine besonders starke Vermischung der bisher erworbenen Kompetenzen angebracht ist.

4. Eingestreut in die Übungsaufgaben finden sich in regelmäßigen Abständen Fragestellungen unter der Überschrift **Das kann ich noch!** zum Reaktivieren des bisher erworbenen Grundwissens.

5. Am Kapitelende folgt dann der fakultative Abschnitt **Aufgaben zur Vertiefung**, der neben einer Vernetzung auch eine Ergänzung des Lehrstoffes auf einem erhöhten Niveau zum Ziel hat.

6. Den Kapitelabschluss bilden die Abschnitte **Das Wichtigste auf einen Blick** und **Bist du fit?**, in denen in besonderer Weise die erworbenen Grundqualifikationen zusammengestellt und getestet werden. Die Lösungen dieser Aufgaben sind im Anhang des Buches angegeben, sodass sie von den Schülerinnen und Schülern gut zum eigenständigen Üben für eine Klassenarbeit verwendet werden können.

7. Unter der Überschrift **Im Blickpunkt (●)** werden innermathematische, aber insbesondere auch fachübergreifende, komplexere Themen, die von besonderem Interesse sind und in engem Zusammenhang mit dem Lerninhalt des Kapitels stehen, als Ganzes behandelt. Zur Förderung der fachlichen Kompetenz des Problemlösens sind einige dieser Abschnitte als Forschungsaufträge formuliert. Die Blickpunkte gehen über die obligatorischen Inhalte des Kerncurriculums hinaus; sie eignen sich auch zur Differenzierung und Förderung von eigenständigen Schüleraktivitäten.

8. Um Schüler und Schülerinnen im eigenständigen Erarbeiten mathematischer Themen zu schulen, enthält jedes Kapitel eine Lerneinheit **Zum Selbstlernen**, in der das Thema so aufbereitet ist, dass es von den Lernenden ganz selbstständig bearbeitet werden kann.

9. An geeigneten Stellen werden unter der Überschrift **Auf den Punkt gebracht (◎)** die für diese Klassenstufe vorgesehenen allgemeinen Kompetenzen akzentuiert zusammengefasst.

Symbole

1. Dieser Arbeitsauftrag ist für die Bearbeitung in Partnerarbeit konzipiert.

2. Dieser Arbeitsauftrag ist für die Bearbeitung durch eine Gruppe aus mehreren Schüler(innen) konzipiert.

3. Rote Aufgabennummern kennzeichnen Aufgaben, die die Selbstständigkeit und Problemlösefähigkeit der Schülerinnen und Schüler in besonderer Weise herausfordern.

4. Blaue Aufgabennummern (und Überschriften) kennzeichnen Zusatzstoffe.

 In den Einheiten zum Selbstlernen kennzeichnet dieses Symbol einen Auftrag.

Bleib fit im ...
Umgang mit Zuordnungen

Zum Aufwärmen

1. Alina und Lea untersuchen das Wachstum von Bohnen. Sie legen ein Samenkorn in die Erde und beobachten es genau. Nach dem ersten Erscheinen des Sprosses messen sie täglich am Abend die Höhe der Pflanze und tragen die Messwerte in eine Tabelle ein:

Zeit (in Tagen)	1	2	3	4	5	6	7	8
Höhe (in cm)	0,5	1,8	4,1	7,6	9,0	12,5	15,0	15,5

a) Welche Größen werden einander zugeordnet? Gib die Ausgangsgröße und die zugeordnete Größe an.
b) Stelle den Graphen der Zuordnung in einem Koordinatensystem dar.
c) Lies aus dem Graphen Näherungswerte ab:
Welche Höhe hatte der Spross nach $4\frac{1}{2}$ Tagen und nach $6\frac{1}{2}$ Tagen?
Nach welcher Zeit war die Pflanze 10 cm hoch?

Zum Erinnern

(1) Eine Zuordnung kann durch eine **Tabelle** angegeben werden. In der ersten Spalte stehen die Werte der *Ausgangsgröße* und in der zweiten die Werte der *zugeordneten Größe*.
Jedem Wert der ersten Spalte wird der danebenstehende Wert in der zweiten Spalte zugeordnet.

Personenzahl	Eintrittspreis
1	15 €
2	25 €
5	50 €

Beachte: Zuordnungstabellen können auch in Zeilenform geschrieben werden.
Mithilfe der Pfeildarstellung kann man übersichtlich angeben, welche Größen einander zugeordnet werden: *Ausgangsgröße → zugeordnete Größe*
Beispiele: Anzahl der Personen → Eintrittspreis
Zeit → Temperatur

(2) Die Darstellung einer Zuordnung im Koordinatensystem heißt **Graph der Zuordnung**. An ihm kann man auf einen Blick Veränderungen erkennen.
Auf der Rechtsachse werden die Werte der Ausgangsgröße markiert und auf der Hochachse die Werte der zugeordneten Größe. Die einander zugeordneten Werte z. B. 8 Uhr und 12 °C fassen wir als Koordinaten eines Punktes P(8|12) auf und tragen ihn in ein Koordinatensystem ein. So liefert die Zuordnungstabelle die Punkte des Graphen.

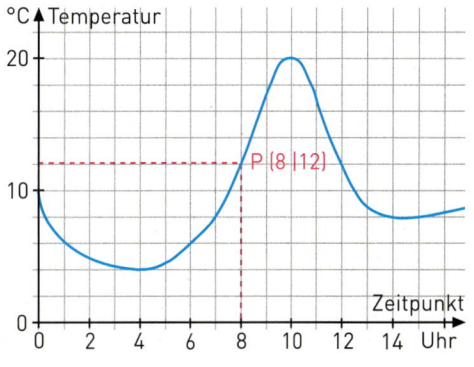

Zum Trainieren

2. Zur Vorbereitung einer Klassenfahrt hat sich Lukas nach den Preisen für eine Dampferfahrt erkundigt.
Notiere in einer Tabelle, wie viel für eine Gruppe von 2, 3, 4, ..., 20 Schülern im günstigsten Fall bezahlt werden muss. Zeichne dann den Graphen der Zuordnung.

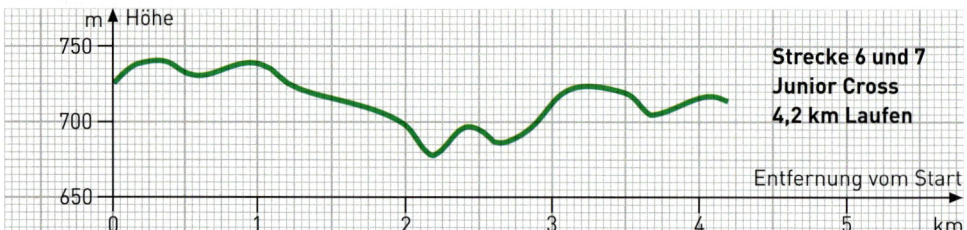

3. Luisa und Tom wollen am GutsMuths Rennsteiglauf teilnehmen. Sie informieren sich im Internet über die Junior-Cross-Strecke ihrer Altersklasse.

   Entnimm aus dem Diagramm vier Informationen und notiere sie.

4. Felix hat beim Sportfest fotografiert und möchte für die Pinnwand Fotos im Format 13 × 18 bestellen. Ein Foto kostet 19 ct und dazu kommen noch die Versandkosten von 1,99 €.
   a) Berechne die Kosten für 10, 20, 30 und 50 Fotos und trage sie in eine Tabelle ein.
   b) Zeichne den Graphen der Zuordnung *Anzahl der Fotos → Kosten*. Lies ab:
      (1) Wie viel kosten 40 Fotos?
      (2) Felix möchte nicht mehr als 10 € ausgeben. Wie viele Fotos könnte er bestellen?
   c) Alexander hat ein anderes Angebot gefunden. Hier kostet ein Foto nur 15 ct.
      Dafür müssen für Versandkosten 2,85 € bezahlt werden. Zeichne zur Zuordnung *Anzahl der Fotos → Kosten* den Graphen in das Koordinatensystem aus Teilaufgabe b).
      Vergleiche die Angebote.

5. In der folgenden Tabelle ist das durchschnittliche Gewicht von männlichen Babys in den ersten beiden Lebensjahren angegeben:

Alter (in Monaten)	0	2	4	6	8	10	12	14	16	18	20	22	24
Gewicht (in kg)	3,5	5,1	6,8	8,0	9,0	9,7	10,4	11,0	11,3	11,8	12,1	12,5	12,9

   a) Zeichne den Graphen der Zuordnung *Alter → Gewicht*.
   b) Lies das Durchschnittsgewicht eines 5 Monate [11 Monate, 15 Monate] alten Jungen ab.

6. Isabella hat an zwei Tagen die Temperaturen am Thermometer abgelesen und die Messwerte jeweils grafisch dargestellt. Beschreibe beide Darstellungen mit Worten.

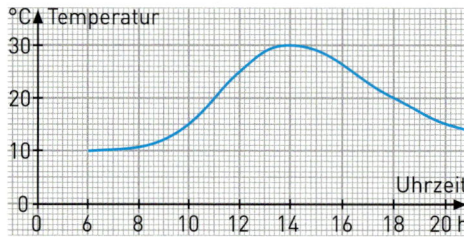
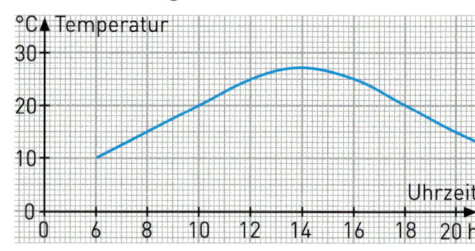

1. Zuordnungen – Dreisatz

In vielen Sachsituationen des Alltags setzt man Größen in Beziehung zueinander und notiert dies in Tabellen oder grafischen Darstellungen.

Rezept für Sommer-Smoothie

(10 Portionen)
Zutaten: 6 Äpfel
2 Bananen
500 g Weintrauben
1 Orange
1 kg Erdbeeren
2 Gläser Kirschen
2 Kiwi

Zubereitung:
Äpfel, Kiwis und Bananen schälen, die Weintrauben und Erdbeeren waschen.
Die Kirschen gut abtropfen lassen und den Saft auffangen.
Für die weitere Verarbeitung der Zutaten ist es wichtig, dass diese

→ Wie viele Äpfel und Kiwis benötigt man für 2 Portionen?
→ Statt der im Rezept vorgesehenen Gläser verwendet man solche, die nur $\frac{2}{3}$ so groß sind. Wie viele Portionen kann man jetzt mit diesem Rezept herstellen?

*In diesem Kapitel ...
lernst du, mit Tabellen und grafischen Darstellungen zu arbeiten,
diese aufzustellen und Werte abzulesen. Weiterhin lernst du Rechenverfahren,
mit denen du im Alltag schnell und sicher Probleme löst.*

Lernfeld: Abhängigkeiten darstellen und nutzen

Günstig einkaufen

→ Familien- und Großpackungen werden oft als besonders preisgünstig dargestellt.
Vergleicht nebenstehende Angebote.

→ In vielen Fällen sind die Inhaltsmengen so verschieden, dass ein Preisvergleich schwer fällt. Deshalb müssen die Preise vom Händler auf eine bestimmte Menge (z. B. 1 kg) umgerechnet auf dem Preisschild angegeben werden. Gebt für die Cornflakes-Packungen jeweils den Vergleichspreis an.
Rechnet mithilfe des Vergleichspreises um, wie teuer ein 200-g-Päckchen sein müsste, um genauso günstig zu sein wie ein 500-g-Paket.

→ Herr Meier sagt: „Ich kaufe immer die großen Packungen, da die preisgünstiger sind."
Untersucht, ob das stets zutrifft.

Regelmäßigkeiten in Tabellen erkennen und nutzen

Viele Abhängigkeiten werden im Alltag in Tabellenform dargestellt:

→ Betrachtet die Werte in den Tabellen genau. Beschreibt, was euch auffällt. Versucht dann, die Tabellen für größere Werte und – wenn möglich – auch Zwischenwerte zu erweitern.

→ Erzeugt selbst Tabellen mit ähnlichen Regelmäßigkeiten. Euer Partner soll die Regelmäßigkeit erkennen und für eine Ergänzung nutzen. Erkennt er deine Regel oder eine andere, die dieselben Werte liefert?

Normalgewicht eines erwachsenen Mannes	
Größe (in cm)	Gewicht (in kg)
140	40
150	50
160	60
170	70
180	80

Idealgewicht eines erwachsenen Mannes	
Größe (in cm)	Gewicht (in kg)
140	36
150	45
160	54
170	63
180	72

Preis einer Kleinanzeige	
Anzahl der Zeilen	Preis (in €)
1	3,50
2	7,00
3	10,50
4	14
5	17,50

Kosten einer Anzeige, pro Mitglied einer Bürgerinitiative	
Anzahl der Mitglieder	Kosten pro Mitglied (in €)
1	210
2	105
3	70
4	52,50
5	42
6	35

1.1 Zueinander proportionale Größen – proportionale Zuordnungen

Einstieg Berechnet, wie viel Diesel der Blizzard für eine Fahrstrecke von 500 km; 250 km; 50 km; 150 km benötigt. Erläutert, welche Voraussetzungen ihr dazu machen müsst.

Aufgabe 1 Lea kauft im Biomarkt ein spezielles Früchtemüsli, das dort abgepackt wird.
Wie viel kosten 300 g, 150 g, 600 g und 120 g dieses Müslis?
Berechne die Preise im Kopf. Lege dazu eine Tabelle an, in der du verdeutlichst, wie du die Preise berechnest. Begründe deine Überlegungen.

Lösung Zur doppelten Müslimenge gehört der doppelte Preis.
Zur dreifachen Müslimenge gehört der dreifache Preis.
Zur vierfachen Müslimenge gehört der vierfache Preis, …
Kauft man andererseits nur die Hälfte (ein Drittel, …), so bezahlt man auch nur die Hälfte (ein Drittel, …) des Ausgangspreises.
Daher kann man die gesuchten Preise wie in der Tabelle rechts einfach im Kopf ermitteln.

Müslimenge	Preis
100 g	1,40 €
300 g	4,20 €
150 g	2,10 €
600 g	8,40 €
120 g	1,68 €

Information Bei der Lösung der Aufgabe 1 haben wir vorausgesetzt, dass es beim Kauf größerer Mengen keinen Rabatt gibt. Damit gilt für die beiden Größen *Menge* und *Preis*:
Eine Verdoppelung (Verdreifachung, …) einer Menge führt zu der entsprechenden Verdoppelung (Verdreifachung, …) des dazugehörigen Preises.
Wir sagen: Die Zuordnung *Müslimenge → Preis* ist eine *proportionale Zuordnung* – oder auch:
Für diese Müsliportionen ist der Preis *proportional* zur Menge.

> Eine Zuordnung heißt **proportional**, wenn die folgende Regel gilt:
> Verdoppelt (verdreifacht, vervierfacht, …) man eine Ausgangsgröße, so verdoppelt (verdreifacht, vervierfacht, …) sich auch die zugeordnete Größe.

Mithilfe der obigen Regel kann man feststellen, ob eine Zuordnung proportional ist.
Betrachtet man die Pfeile für das Vervielfachen in umgekehrter Richtung, so erkennt man die folgende Regel für das Teilen. Ist eine Zuordnung proportional, so gilt also auch:

> Halbiert (drittelt, viertelt, …) man eine Ausgangsgröße, so halbiert (drittelt, viertelt, …) sich auch die zugeordnete Größe.

Weiterführende Aufgaben

Nicht jede „Je mehr – desto mehr"-Zuordnung ist proportional

2. Im „Essig- und Öl-Shop" kann man sich die gewünschte Menge Essig oder Öl abfüllen lassen oder fertige Flaschen kaufen.
   Eine besondere Sorte Balsamico-Essig kostet 2,15 € pro 100 mℓ. Ein spezielles Olivenöl der Sorte „Extra-Plus" wird in Flaschen zu 100 mℓ, 200 mℓ, 500 mℓ und 1 ℓ angeboten. Sie kosten 3,95 €, 7,50 €, 14,00 € und 29,50 €.
   Prüfe sowohl für diesen Essig als auch für dieses Öl, ob die Zuordnung *Menge → Preis* proportional ist.

> Zuordnungen, bei denen eine Erhöhung eines Wertes der Ausgangsgröße auch zu einer Erhöhung des zugehörigen Wertes führt, nennt man **„Je mehr – desto mehr"-Zuordnungen**. Nicht jede „Je mehr – desto mehr"-Zuordnung ist eine proportionale Zuordnung. Umgekehrt gilt aber: Jede proportionale Zuordnung ist eine „Je mehr – desto mehr"-Zuordnung.

Addieren und Subtrahieren bei proportionalen Zuordnungen

3. Banken verteilen zum Umrechnen von Preisen in ausländischen Währungen in deutsche Preise Kurstabellen. Die nebenstehende Tabelle dient zum Umrechnen von Schweizer Franken (SFR) in Euro.
   a) Rechne mithilfe der Kurstabelle im Kopf folgende Preise in Euro um:
      160 SFR, 130 SFR, 31 SFR, 63 SFR, 99 SFR, 179 SFR, 207 SFR.
   b) Bestätige die Gültigkeit folgender Regeln:
      (1) Zur Summe zweier Preise in SFR gehört auch die Summe der dazugehörigen Preise in Euro.
      (2) Zur Differenz zweier Preise in SFR gehört auch die Differenz der dazugehörigen Preise in Euro.
   c) Bestätige an mehreren Beispielen, dass die Zuordnung *Preis in SFR → Preis in Euro* proportional ist.

Kurstabelle (Schwankungen möglich)	
Schweizer Franken	Euro
5	4,16
10	8,32
20	16,64
30	24,96
40	33,28
50	41,60
60	49,92
70	58,24
80	66,56
90	74,88

Summenregel

> Für proportionale Zuordnungen gilt:
> (1) Zur Summe zweier Werte der ersten Größe gehört die Summe der dazugehörigen Werte der zweiten Größe.
> (2) Zur Differenz zweier Werte der ersten Größe gehört die Differenz der dazugehörigen Werte der zweiten Größe.

1.1 Zueinander proportionale Größen – proportionale Zuordnungen

Graph einer proportionalen Zuordnung

4. Im Fahrschulbuch sind Faustformeln für den Reaktionsweg und den Bremsweg angegeben.

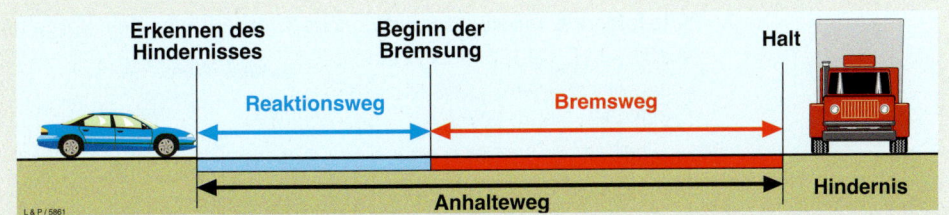

Vom Sehen eines Hindernisses bis zum Niedertreten des Bremspedals legt das Fahrzeug einen bestimmten Weg zurück. Dieser Weg wird Reaktionsweg genannt. Für seine Länge gilt die Faustformel:

$$\text{Reaktionsweg (in m)} = \frac{\text{Geschwindigkeit}\left(\text{in } \frac{km}{h}\right)}{10} \cdot 3$$

Vom Niedertreten des Bremspedals bis zum Stillstand des Fahrzeugs legt es einen bestimmen Weg zurück. Dieser Weg wird Bremsweg genannt. Für seine Länge gilt die Faustformel:

$$\text{Bremsweg (in m)} = \frac{\text{Geschwindigkeit}\left(\text{in } \frac{km}{h}\right)}{10} \cdot \frac{\text{Geschwindigkeit}\left(\text{in } \frac{km}{h}\right)}{10}$$

a) Lege für die Zuordnung *Geschwindigkeit → Reaktionsweg* eine Tabelle für die Geschwindigkeiten $10\frac{km}{h}$, $20\frac{km}{h}$, …, $100\frac{km}{h}$ an.
Ist die Zuordnung proportional? Zeichne den Graphen dieser Zuordnung.

b) Zeichne auch den Graphen der Zuordnung *Geschwindigkeit → Bremsweg*.
Vergleiche dann beide Graphen.

> Bei jeder proportionalen Zuordnung liegen die Punkte des Graphen auf einer Halbgeraden, der im Achsenschnittpunkt, dem Koordinatenursprung O(0|0), beginnt.

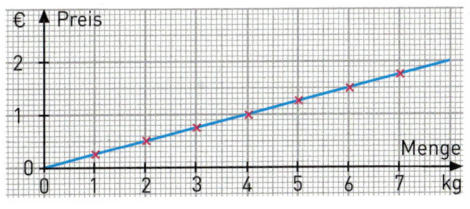

Graph einer proportionalen Zuordnung

Übungsaufgaben

5. Anna kauft 150 g, Mustafa 75 g, Ben 300 g und Sarah 60 g Bonbons.
Wie viel muss jeder bezahlen? Stelle die Mengen und Preise in einer Tabelle zusammen.

6. Schülerinnen und Schüler einer Klasse haben Fotos von ihrer Klassenfahrt nachbestellt. Janina zahlt für 18 Bilder 3,42 €. Wie viel kosten 9, 3, 12, 24 Bilder?
   Erstelle dazu eine Tabelle und verdeutliche dein Vorgehen durch Pfeile.

7. Fülle folgende Tabellen im Heft aus und verdeutliche dein Vorgehen durch Pfeile.

Super E10	
Volumen	Preis
28 ℓ	45,64 €
14 ℓ	
7 ℓ	
21 ℓ	
35 ℓ	
5 ℓ	

Super-Plus	
Volumen	Preis
36 ℓ	62,28 €
9 ℓ	
27 ℓ	
12 ℓ	
48 ℓ	
54 ℓ	

Diesel	
Volumen	Preis
32 ℓ	47,68 €
8 ℓ	
24 ℓ	
6 ℓ	
42 ℓ	
48 ℓ	

8. Zucker wird aus Zuckerrüben hergestellt. Aus 100 kg Rüben erhält man 18 kg Zucker.
   a) Wie viel kg Zucker kann man aus 300 kg, 150 kg, 600 kg, 900 kg, 1,8 t, 3 t Zuckerrüben erzeugen?
   b) Es sollen 180 kg, 90 kg, 900 kg, 450 kg, 45 kg Zucker hergestellt werden. Wie viel Zuckerrüben werden dafür benötigt?

9. Erwärmt man die Flüssigkeit in einem Thermometer, so dehnt sie sich aus.
   Die Verlängerung der Flüssigkeitssäule ist proportional zur Temperaturerhöhung.
   Eine Erwärmung um 12 °C führt zu einem Anstieg der Flüssigkeitssäule um 15 mm.
   Wie hoch steigt die Flüssigkeitssäule bei Erwärmung um 6 °C, 18 °C, 9 °C, 27 °C an?

10. Eine bestimmte Teppichboden-Sorte ist recht schwer. Fülle die Tabelle im Heft aus.

Größe (in m²)	48	24	12	36	9	18
Gewicht (in kg)	68					

11. Auf einem Jogurt-Becher ist eine Nährwert-Tabelle abgebildet. Anna isst 300 g, Christian 150 g, Sophie 75 g, Philipp 225 g dieses Jogurts.
    Stellt für diese Portionen in einer Tabelle zusammen:
    a) Energiewert   c) Eiweiß-Menge
    b) Kohlenhydrat-Menge   d) Fett-Menge
    Vergleicht euer Vorgehen.

12. a) Lisa kauft 13 Brötchen. Die Verkäuferin berechnet zuerst den Preis für 10 Brötchen, dann den Preis für 3 Brötchen. Wie rechnet sie weiter?
    b) Berechne vorteilhaft den Preis für 15, 18 und 8 Brötchen.

1.1 Zueinander proportionale Größen – proportionale Zuordnungen

13. Banken und Sparkassen verteilen für den Urlaub in Kanada eine kleine Währungstabelle zum Umrechnen der Preise.

a) Erkundigt euch (z. B. im Internet) nach dem aktuellen genauen Umrechnungskurs von kanadischen Dollar in Euro. Ergänzt damit die Währungstabelle, rundet auf ganze Cent.

b) Ein Partner überschlägt zunächst im Kopf, was die einzelnen Dinge ungefähr in Euro kosten. Der andere Partner berechnet dann mithilfe der Tabelle die Preise in Euro. Anschließend werden die Rollen getauscht.

Kanadische Dollar (c$)	Euro (€)
0,10	
1,00	
5,00	
10,00	
50,00	
100,00	

(1) Ansichtskarte 0,80 c$ (5) Souvenir 12 c$
(2) Saft 2,30 c$ (6) Mittagessen 25 c$
(3) Eisbecher 4,90 c$ (7) Bildband 39 c$
(4) Zeitschrift 7,30 c$ (8) T-Shirt 48 c$

14. Ein quaderförmiges Aquarium wird mit Wasser gefüllt. Im Bild siehst du den Graphen der Zuordnung *Wasservolumen → Höhe des Wasserspiegels.*

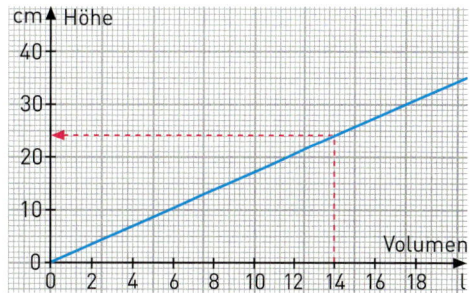

a) Wie hoch steht das Wasser im Aquarium, wenn man 14 ℓ; 6 ℓ; 2 ℓ; 5 ℓ; 7 ℓ; 15 ℓ; 12 ℓ einfüllt?

b) Wie viel ℓ Wasser enthält das Aquarium bei einem Wasserstand von 30 cm; 15 cm; 19 cm; 24 cm; 9 cm?

15. 500 g Schafkäse kosten 5,50 €. Zeichne für diese Zuordnung *Menge → Preis* einen Graphen in ein Koordinatensystem (Rechtsachse: 1 cm für 100 g; Hochachse: 1 cm für 1 €).

a) Nach einer Preiserhöhung kosten 500 g Schafkäse 6,40 €. Zeichne den zugehörigen Graphen in das gleiche Koordinatensystem. Vergleiche beide Graphen.

b) Ein Supermarkt bietet den gleichen Schafkäse an. 500 g kosten dort 4,80 €. Zeichne auch hier den zugehörigen Graphen in das gleiche Koordinatensystem. Vergleiche diesen Graphen mit den anderen Graphen.

Das kann ich noch!

A) Berechne den Umfang und den Flächeninhalt.

1)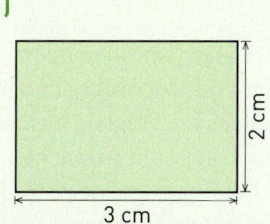
2)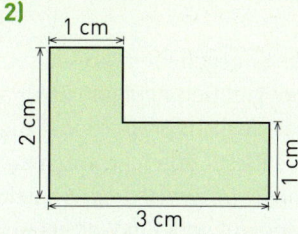
3)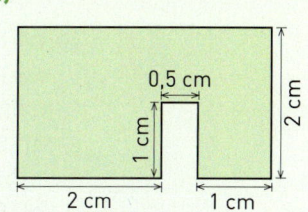

B) Verwandle sowohl in die nächstkleinere als auch in die nächstgrößere Einheit.

1) 200 cm²   2) 5 m²   3) 2,5 dm²   4) 3 ha

16. Ein Testzug benötigt bei gleich bleibender Geschwindigkeit auf einer Strecke ohne Haltepunkte für 40 km genau 15 min.
  a) Zeichne einen Graphen für die zugehörige Zuordnung *Fahrzeit → Streckenlänge*.
  b) Zeichne in das gleiche Koordinatensystem den Graphen für einen Testzug, der 45 km in 25 min durchfährt. Vergleiche beide Graphen.
  c) Ein anderer Testzug durchfährt 65 km in 35 min. Verfahre wie in Teilaufgabe a) und b).

17. Auf einem Basar kann man Kerzen aus flüssigem Wachs durch „Ziehen" herstellen. Der Preis richtet sich anschließend nach dem Gewicht. Eine 60 g schwere Kerze kostet 0,80 €. Stellt euch Fragen zu Preisen anderer Kerzen und beantwortet sie.

18. Gib für den Sachverhalt eine Zuordnung an. Handelt es sich um eine „Je mehr – desto mehr"-Zuordnung? Ist sie auch proportional? Begründe.
  a) Für das im Haushalt verbrauchte *Wasservolumen* ist monatlich *Wassergeld* zu zahlen. Dieses setzt sich zusammen aus der Grundgebühr von 2 € und 2,50 € pro m³ Wasser.
  b) Eine bestimmte Cola enthält pro Liter 110 g Zucker. Zu jedem *Volumen* gehört eine entsprechende *Zuckermenge*.
  c) Für Quadrate gehört zur *Seitenlänge* ein bestimmter *Flächeninhalt*.
  d) Für Würfel gehört zur *Seitenlänge* ein bestimmtes *Volumen*.
  e) Klebebilder von einem Fussball-Sammelalbum werden in Fünferpackungen verkauft. Zu jeder *Anzahl von Packungen* gehört eine entsprechende *Anzahl von Bildern*.
  f) Jeder Inlandsbrief hat ein bestimmtes *Briefgewicht* und ein entsprechendes *Porto*.

19. Gib für den Sachverhalt eine Zuordnung an. Handelt es sich um eine „Je mehr – desto mehr"-Zuordnung? Ist sie auch proportional? Zeichne auch den Graphen der Zuordnung.

a) Eine Limonade gibt es in verschiedenen Flaschen.

Inhalt der Flasche	Gesamtgewicht
0,25 ℓ	440 g
0,5 ℓ	880 g
0,75 ℓ	1320 g
1,5 ℓ	1670 g

b) Herr Zoll hat seine Tochter Tina gemessen.

Alter	Größe
1 Jahre	75 cm
2 Jahre	88 cm
3 Jahre	97 cm
4 Jahre	104 cm

c) Eine Zeitschrift ist nicht immer gleich dick.

Anzahl der Seiten	Dicke
64	3 mm
128	6 mm
192	9 mm
256	12 mm

20. Die beiden angegebenen Größen sind nicht in jedem Fall proportional zueinander. Ein Partner gibt Bedingungen dafür an, dass sie proportional zueinander sind, der andere dafür, dass sie nicht proportional zueinander sind. Vergleicht eure Bedingungen.
  a) Familie Reiser überlegt, einen Kurzurlaub in Berlin zu machen. Für die Planung der *Anzahl der Übernachtungen* spielt der *Gesamtpreis* eine große Rolle.
  b) Ein Landwirt verkauft Weizen an verschiedene Abnehmer. Für jeden notiert er die *Menge* und den vereinbarten *Preis*.
  c) Lukas läuft im Ausdauer-Training um den Sportplatz. Er stoppt die Zeit nach jeder Runde und vergleicht die *Länge der Laufstrecke* mit der dafür *benötigten Zeit*.

1.2 Dreisatz bei proportionalen Zuordnungen

Einstieg

Dominik möchte nicht 3 kg, sondern 5 kg dieser Äpfel kaufen. Wie viel muss er bezahlen?
Welche Voraussetzung müsst ihr machen, um den Preis zu berechnen?

Einführung

Sophie hat ihre Freundinnen zum Mittagessen eingeladen und will ihr Lieblingsessen kochen.

Wie viel Sechskorn muss sie für 7 Personen abwiegen?

Sophie überlegt: Das Rezept legt für jede Person die gleiche Menge einer Zutat zugrunde. Für doppelt so viele Personen benötigt man also die doppelte Menge der Zutaten.
Folglich ist die Zuordnung
Anzahl der Personen → Sechskornmenge
proportional.
Da 7 kein Vielfaches von 4 ist, kann man aber die Vielfachenregel für proportionale Zuordnungen nicht unmittelbar anwenden. Es ist also nötig, mit einem Zwischenschritt vorzugehen.

Sechskorn-Frikadellen mit Kartoffeln und Brokkoli
Zutaten (4 Personen):
140 g Sechskorn,
600 ml Gemüsebrühe,
4 Eier, 4 Zwiebeln,
Kräutersalz,
400 g Brokkoli,
8 Kartoffeln, Pfeffer, Koriander, gehackter Schnittlauch, 20 g Mandelblättchen
Zubereitung:

Sophie rechnet in 3 Schritten:

4 Personen benötigen 140 g.

1 Person benötigt 140 g : 4 = 35 g.

7 Personen benötigen 35 g · 7 = 245 g.

Darstellung in einer Tabelle:

Personenzahl	Sechskornmenge (in g)
4	140
1	35
7	245

(:4, ·7 bzw. :4, ·7)

Ergebnis: Für 7 Personen werden 245 g Sechskorn benötigt.

Solche Aufgaben heißen **Dreisatzaufgaben**, da man die drei Zeilen der Tabelle als drei Sätze lesen kann.

Weiterführende Aufgaben

Dreisatz auch mit umgekehrter Fragestellung
1. 250 g lose verkaufter Bonbons kosten 3,00 €.
   Löse folgende Aufgaben mithilfe einer Tabelle im Heft.
   (1) Wie viel kosten 600 g dieser Bonbons?
   (2) Wie viel Bonbons kann man für 10,50 € kaufen?

Bonbonmenge	Preis
250 g	3,00 €
600 g	■ €
■ g	10,50 €

Unterschiedliche Lösungswege bei Dreisatzaufgaben

2. Malte hat für 16 Klebebildchen 2,40 € bezahlt.
Wie viel kosten 12 dieser Klebebildchen? Vervollständige und vergleiche folgende Rechnungen von Schülerinnen und Schülern.

Anna

Anzahl	Preis
16	2,40 €
1	
12	

(:16, ·12)

Bert

Anzahl	Preis
16	2,40 €
4	
12	

(:4, ·3)

David

Anzahl	Preis
16	2,40 €
12	

($\cdot \frac{3}{4}$)

Prüfen der Voraussetzungen für eine proportionale Zuordnung

3. Mariella hat von ihrer Memorycard mit 24 Aufnahmen je ein Foto anfertigen lassen. Sie hat dafür 8,50 € bezahlt. Kannst du berechnen, wie viel Jan für seine 36 Aufnahmen bezahlen muss? Begründe.

Lösungsverfahren für Dreisatzaufgaben bei proportionalen Zuordnungen

Prüfe zuerst, ob die Zuordnung proportional ist.
Löse die Aufgabe dann mit einer Tabelle:
- Trage das gegebene Wertepaar und den dritten bekannten Wert ein.
- Suche einen geeigneten Hilfswert.
- Fülle die Lücken entsprechend den Regeln für proportionale Zuordnungen aus.

Ist die Zuordnung nicht proportional, so kann man die Aufgabe nicht mit dem Dreisatzverfahren lösen.

Darstellung in einer Tabelle:

Benzin-Volumen (in ℓ)	Preis (in €)
40	67,12
□	□
51	□

Doppelt so viel Benzin kostet doppelt so viel.

Doppelter Dreisatz

4. Für ein 3-tägiges Seminar mit 18 Personen musste eine Firma 4860 € an den Veranstalter zahlen. Wegen des großen Erfolgs plant die Firma nun ein 5-tägiges Seminar für 30 Personen durchzuführen.
Erläutere das Vorgehen rechts zur Bestimmung der Kosten dieses Seminars und vervollständige die Tabelle.
Welche Voraussetzung ist dabei gemacht worden?

Anzahl der Personen	Anzahl der Tage	Kosten (in €)
18	3	4860
18	1	
18	5	
1	5	
30	5	

Übungsaufgaben

5. Bestimme die übrigen Zutaten des Rezeptes in der Einführung auf Seite 19 für 7 Personen.

6. Bei einem Gewitter sieht man den Blitz fast sofort und hört den Donner erst etwas später. Der Schall benötigt nämlich 3 s, um einen Kilometer zurückzulegen. Wie weit ist das Gewitter entfernt, wenn man den Donner 8 s nach dem Aufleuchten des Blitzes hört?

1.2 Dreisatz bei proportionalen Zuordnungen

7. Wie viel von jeder Zutat ist im nebenstehenden Rezept für 20 Personen jeweils zu verwenden? Ein Partner überschlägt, der andere rechnet genau. Tauscht die Rollen bei jeder Zutat.

Mandelcremespeise
Zutaten (6 Personen):
$\frac{1}{2}$ ℓ Milch; $\frac{3}{8}$ ℓ Sahne
150 g abgezogene Mandeln,
120 g Zucker
$\frac{1}{2}$ Teelöffel Mandelextrakt, 60 g Reismehl,
1 Teelöffel halbierte, ungesalzene Pistazien.

8. Sarah und Lucas kaufen auf einem Flohmarkt einen Sechserpack CDs zu 24,50 €. Eine CD erhalten sie noch kostenlos. Anschließend teilen sie die CDs auf. Sarah nimmt 3 dieser CDs, Lucas 4. Wie viel muss jeder bezahlen?

9. 10 Musiker spielen einen Tanz in 4 Minuten. Wie lange brauchen 5 Musiker?

10. Ein 12-ℓ-Gefäß kann man aus einer Leitung in 2 Minuten füllen. Wie lange braucht man, um ein 8-ℓ-Gefäß aus derselben Leitung zu füllen?

11. Die Bilder zeigen, wie hoch jeweils 100 mℓ Flüssigkeit in einem Messbecher stehen. Versuche jeweils die Flüssigkeitsstände für 200 mℓ, 300 mℓ, 400 mℓ aus dem Flüssigkeitsstand für 100 mℓ zu ermitteln.

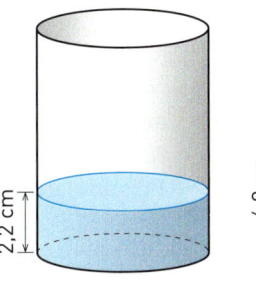
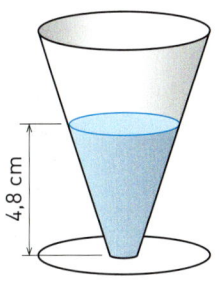

12. Eine Henne braucht zum Ausbrüten von 6 Eiern 21 Tage. Wie lange braucht eine Henne um 3 [4; 5] Eier auszubrüten?

13. Konfitüre wird durch Kochen von Früchten mit Gelierzucker hergestellt. Die nebenstehende Tabelle dient zur Beantwortung von zwei Fragen. Stelle diese und beantworte sie.

Sauerkirschen	Gelierzucker
2,5 kg	2 kg
1 kg	
4 kg	
	1 kg
	5 kg

(: 2,5 von 2,5 kg zu 1 kg)

14. Ein Fuhrunternehmer soll 180 m³ Erde abtransportieren. Mit 18 Fuhren hat er schon 108 m³ Erde abgefahren.
    a) Wie viele Fuhren sind für den Rest noch erforderlich?
    b) Wie viele Fuhren sind notwendig, um 258 m³ Erde abzutransportieren?

15. Familie Richter renoviert ihre Terrasse und den Weg ums Haus.
    a) Herr Richter verlegt neue Betonplatten auf der Terrasse. 17 Platten wiegen 510 kg. Wie schwer sind 12 Platten?
       Eine Palette mit Betonplatten trägt die Aufschrift 1320 kg. Wie viele Platten sind das?
    b) Frau Richter will entlang des Weges Rosen pflanzen. Sie hat für 12 Pflanzen 93,60 € bezahlt. Um auch noch an der Terrasse Rosen zu pflanzen, kauft sie 5 Pflanzen nach. Wie viel hat sie insgesamt ausgegeben?
    c) Die Pergola ist 6 m lang. Herr Richter hat die ersten 20 cm in 20 Minuten gestrichen. Wie lange dauert seine Arbeit noch?

16. Ein Schüler legt 200 m in 22,6 s zurück. Wie lange benötigt er für 1 500 m?

17. Marc hat 250 g Haselnusskerne auf dem Markt gekauft und dafür 2 € bezahlt. Neele behauptet: „Das ist aber teuer. Ich habe im Supermarkt einen 200-g-Beutel gekauft und 32 Cent weniger bezahlt!" Was meinst du dazu?

Bei den folgenden Aufgaben kann der Einsatz eines Taschenrechners sinnvoll sein.

18. a) Herr Spreckels hat für 3,2 m Vorhangstoff 50,88 € bezahlt. Für ein anderes Fenster benötigt er 3,8 m von diesem Stoff.
Vervollständige die Rechnung im Heft.

Länge (in m)	Preis (in €)
3,2	50,88
1	50,88 : 3,2 =
3,8	50,88 : 3,2 · 3,8 =

(: 3,2 ; · 3,8)

b) 2,3 m Gardinenstoff kosten 26,22 €.
Wie viel Euro kosten 9,4 m dieses Stoffes?

c) 1,80 m Vorhangschiene kosten 32,94 €. Wie viel Euro kosten 2,60 m dieser Schiene?

19. a) Wie viel kosten $1\frac{1}{4}$ kg $[1\frac{3}{4}$ kg; $2\frac{1}{4}$ kg; $\frac{3}{8}$ kg$]$ Krautsalat?

b) Wie viel kosten $\frac{1}{4}$ kg $[1\frac{1}{2}$ kg; $\frac{3}{4}$ kg; 500 g$]$ Käsesalat?

c) Wie viel kosten $\frac{1}{8}$ kg $[1\frac{1}{2}$ kg; $1\frac{1}{4}$ kg; 750 g$]$ Fleischsalat?

Menge (in kg)	Preis (in €)
$\frac{3}{4}$	3,96
$\frac{1}{4}$	
$1\frac{1}{4}$	

(: 3 ; · 5)

$\frac{3}{4}$ kg Krautsalat kosten 3,96 €

$\frac{3}{8}$ kg Käsesalat kosten 2,97 €

$\frac{1}{4}$ kg Fleischsalat kosten 1,98 €

20. In Griechenland wird Olivenöl nicht nach dem Volumen sondern nach dem Gewicht abgemessen. Laura hat mit der Küchenwaage festgestellt, dass 40 mℓ Olivenöl 37 g wiegen.
a) Zeichne den Graphen der Zuordnung *Volumen → Gewicht* für Volumina zwischen 0 und 200 mℓ.
b) Lies ab, wie viel 30 mℓ, 75 mℓ, 130 mℓ, 175 mℓ Olivenöl wiegen.
Kontrolliere durch Rechnung.
c) Lies ab, welches Volumen 50 g, 125 g, 160 g Olivenöl haben.
Kontrolliere durch Rechnung.
d) Stelle selbst geeignete Fragen. Beantworte diese am Graphen.
Kontrolliere durch Rechnung.

21. Frau Renz ist in der letzten Woche viel mit dem Auto unterwegs gewesen. Sie ist 525 km gefahren. Sie hat beim Tanken festgestellt, dass sie dafür 42 ℓ Benzin verbraucht hat. Sie musste 65,52 € bezahlen. Sie rechnet damit, dass sie in der nächsten Woche sogar 750 km fahren muss.
Stellt einander Fragen und beantwortet sie unter geeigneten Voraussetzungen; gebt diese an.

1.2 Dreisatz bei proportionalen Zuordnungen

22. In der Zuschnitt-Abteilung eines Baumarktes kann man Holzplatten nach Maß kaufen.
    a) Frau Bruns hat für eine Buchenplatte, die 80 cm lang und 30 cm breit ist, genau 6,00 € bezahlt. Wie viel muss Herr Wasner für eine Buchenplatte, die 50 cm lang und 40 cm breit ist, bezahlen?
    b) Stefan hat ein Kiefernholzbrett mit den Maßen 75 cm × 40 cm zuschneiden lassen und dafür 5,25 € bezahlt. Wie viel kostet 1 m² dieser Kiefernholzplatte?

23. Die Prämie für eine Gebäudeversicherung richtet sich nach dem Volumen des umbauten Raumes. Für ein Haus mit dem Volumen 500 m³ sind jährlich 270 € zu zahlen.
    Welche Prämie ist für den Flachdach-Bungalow zu zahlen?

24. In einer kleinen Fahrrad-Schmiede werden spezielle Rennrad-Rahmen hergestellt.
    8 Arbeiter können in 5 Tagen 320 Fahrrad-Rahmen schweißen.
    Wie viele Fahrrad-Rahmen können 7 Arbeiter in 3 Tagen schweißen? Erläutere auch, welche Annahmen du zur Lösung machst.

25. Die Einsatzplanung für das Abstreuen vereister Straßen im Winter geht davon aus, dass 5 Fahrzeuge in 2 Stunden 180 km Straße schaffen können. Für den kommenden Winter sollen weitere Streufahrzeuge bereit gestellt werden.
    Wie viel km Straße können 7 Fahrzeuge in anderthalb Stunden abstreuen?

26. Vier Gärtner schaffen bei achtstündiger Arbeitszeit das Vertikutieren von 6000 m² Rasenfläche.
    Wie viel schaffen fünf Gärtner bei einer Arbeitszeit von 7,5 Stunden pro Tag?

Gesunder Rasen durch Vertikutieren
Das Wort vertikutieren beinhaltet die englischen Vokabeln **vertical** und **cut**. Man versteht darunter das Herauskämmen von abgestorbenem Gras und Moos aus dem Rasen. Beim Vertikutieren wird der verdichtete Rasenfilz mit Messerrädern aufgerissen und zerschnitten, sodass die Gräser wieder genügend Licht, Luft und Wasser erhalten. Das Vertikutieren ist also eine der wichtigsten Pflegemaßnahmen älterer Rasenflächen im Frühjahr.

27. Peter, Paul und Marie planen eine Fahrradtour in den Ferien. Der Reiseführer sieht bei 7 Tagen mit je 8 Stunden auf dem Fahrrad eine Gesamtstrecke von 1 050 km vor.
    Welche Strecke kann man bei einer 5-tägigen Fahrt und 6 Stunden Radfahren am Tag zurücklegen?
    Gib auch an, von welchen Annahmen du bei deiner Antwort ausgegangen bist.

100 €-Frage aus einer Quizsendung
28. $1\frac{1}{2}$ Hühner legen in $1\frac{1}{2}$ Tagen $1\frac{1}{2}$ Eier. Wie viele Eier legen 3 Hühner in 3 Tagen?

29. In einer Limonadenfabrik füllen drei Maschinen in 8 Stunden 12 000 Flaschen ab.
    Es wird zusätzlich eine neue Maschine angeschafft und die tägliche Arbeitszeit auf 7 Stunden verkürzt. Wie viele Flaschen Limonade werden jetzt täglich abgefüllt?

1.3 Zueinander antiproportionale Größen – antiproportionale Zuordnungen

Einstieg

In der Tierpension „MIEZE" können Haustiere abgegeben werden, wenn eine Familie auf Urlaubsreise geht. So ist die Ausbuchung der Plätze immer abhängig von den Ferienzeiten. Wenn 12 Katzen in der Pension sind, reicht der Vorrat an „Schmakofatzis" für 7 Tage.
Wie lange reicht der gleiche Vorrat, wenn 6 Katzen, 18 Katzen in der Pension sind?
Welche Annahmen müsst ihr für die Berechnung machen?

Aufgabe 1

Der Süßwasservorrat eines Schiffes ist so groß, dass er für 10 Personen an Bord 24 Tage reicht. Wie lange reicht dieser Vorrat für 20, 5, 15, 3 Personen?
Rechne im Kopf und lege eine Tabelle an, in der du dein Vorgehen verdeutlichst. Begründe deine Überlegungen.

Lösung

Vorüberlegung: Setze voraus, dass jeder Mensch an Bord an jedem Tag gleich viel Süßwasser benötigt. Dann gilt:
Für doppelt so viele Menschen reicht der Vorrat nur halb so lange. Für dreimal so viele Menschen reicht der Vorrat nur ein Drittel der Zeit, …
Fahren andererseits nur halb so viele Menschen mit, so reicht der Vorrat doppelt so lange. Und für ein Drittel der Menschen reicht der Vorrat dreimal so lange, …
Daher kannst du so rechnen, wie in der Tabelle angegeben.

Information

In Aufgabe 1 liegt eine besondere Abhängigkeit einer Größe von einer anderen Größe vor: Die Zeit, für die der Wasservorrat reicht, ist antiproportional zur Anzahl der Personen.
Man sagt auch: Die Zuordnung *Anzahl der Personen → Zeit* ist antiproportional.

> Eine Zuordnung heißt **antiproportional**, wenn die folgende Regel gilt:
> Verdoppelt (verdreifacht, vervierfacht, …) man eine Ausgangsgröße, so halbiert (drittelt, viertelt, …) sich die zugeordnete Größe.

Betrachtet man die Pfeile für das Vervielfachen in umgekehrter Richtung, so erkennt man die folgende Regel für das Teilen.

> Ist eine Zuordnung antiproportional, so gilt auch:
> Halbiert (drittelt, viertelt, …) man eine Ausgangsgröße, so verdoppelt (verdreifacht, vervierfacht, …) sich die zugeordnete Größe.

1.3 Zueinander antiproportionale Größen – antiproportionale Zuordnungen

Weiterführende Aufgaben

Nicht jede „Je mehr – desto weniger"-Zuordnung ist antiproportional

2. Der Schiffskapitän führt Buch über den Dieselvorrat des Schiffes, indem er jeden Tag die Tankanzeige notiert. Der Vorrat nimmt von Tag zu Tag ab.
Überprüfe, ob die Zuordnung *Fahrzeit → Dieselvorrat* antiproportional ist.

Fahrzeit (in Tagen)	Dieselvorrat (in ℓ)
1	20.000
2	19.100
3	19.000
4	18.500

> Zuordnungen, bei denen eine Erhöhung eines Wertes der Ausgangsgrößen zu einer Verringerung des zugehörigen Wertes führt, nennt man **„Je mehr – desto weniger"-Zuordnungen**.
> Nicht jede „Je mehr – desto weniger"-Zuordnung ist eine antiproportionale Zuordnung.
> Umgekehrt gilt aber:
> Jede antiproportionale Zuordnung ist eine „Je mehr – desto weniger"-Zuordnung.

Gilt eine „Additions- und Subtraktionsregel" auch bei antiproportionalen Zuordnungen?

3. Prüfe an der Zuordnungstabelle der Aufgabe 1, Seite 24, ob es auch bei antiproportionalen Zuordnungen einfache Regeln der Art
Addiert man zwei Größen, so … bzw.
Subtrahiert man zwei Größen, so … gibt.

Graph einer antiproportionalen Zuordnung

4. a) Eine rechteckige Schafweide soll 360 m² groß sein. Erstelle eine Tabelle für die Zuordnung *Länge → Breite*.
Ist diese Zuordnung antiproportional?
Zeichne den Graphen dieser Zuordnung.
Beschreibe ihn.

   b) Eine andere rechteckige Schafweide soll mit 60 m Zaun eingezäunt werden. Erstelle eine Tabelle für die Zuordnung *Länge → Breite*.
Ist diese Zuordnung antiproportional?
Zeichne den Graphen dieser Zuordnung.
Beschreibe ihn. Vergleiche mit Teilaufgabe a).

> Bei einer antiproportionalen Zuordnung liegen die Punkte des Graphen auf einer Kurve.
> Diese Kurve nennt man **Hyperbel**. Sie trifft keine der beiden Achsen.

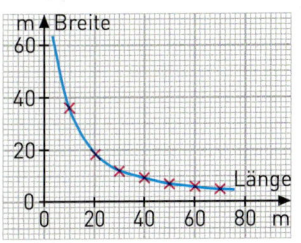

Übungsaufgaben

5. Die Lebensmittelvorräte in einem Basislager reichen bei 12 Expeditionsmitgliedern 36 Tage. Wie lange reichen dieselben Vorräte bei 6 Mitgliedern, wie lange bei 18, 9, 3, 24 Mitgliedern? Erstelle eine Tabelle und verdeutliche dein Vorgehen durch Pfeile.

6. In einer Getränkefabrik sollen 1 000 Flaschen Saft abgefüllt werden. Vier Abfüllmaschinen brauchen dafür 24 min.
   Wie lange dauert das Abfüllen, wenn 2, 12, 6, 1, 3 Maschinen gleichzeitig arbeiten?

7. Durch eine Zuflussleitung kann man ein Wasserbecken in $1\frac{1}{2}$ Stunden füllen.
   Wie lange dauert es, wenn man das Becken durch 2, 3, 4, 5, 6 gleich starke Zuflussleitungen füllt?

8. In der Hauptverkehrszeit verkehren auf einer U-Bahnlinie einer Großstadt 36 Züge im Abstand von 6 Minuten. Wie viele Züge können in der gleichen Zeit fahren, wenn der Abstand zwischen zwei Zügen jeweils 3 Minuten, 2 Minuten, 4 Minuten, 8 Minuten beträgt?

9. Ein Rechteck ist 72 cm lang und 36 cm breit.
   a) Wie breit ist ein Rechteck mit dem gleichen Flächeninhalt, wenn es 36 cm, 24 cm, 18 cm, 12 cm, 9 cm lang ist?
   b) Zeichne den Graphen der Zuordnung *Länge → Breite*.

10. Ein Rechteck soll den Umfang 18 cm haben.
    a) Untersuche mit einer Tabelle, ob die Zuordnung *Länge → Breite* antiproportional ist.
    b) Zeichne den Graphen der Zuordnung *Länge → Breite*.

11. Ein Schulgarten ist 120 m² groß. Es sollen gleich große Beete angelegt werden.
    a) Lege eine Tabelle für die Zuordnung *Anzahl der Beete → Größe eines Beetes* an. Zeichne den Graphen. Wähle 1 cm für 10 Beete.

    b) Arbeite mit einem Partner zusammen. Einer liest am Graphen ab, der andere kontrolliert durch Rechnung. Nach jeder Aufgabe werden die Rollen getauscht.
    (1) Es sollen 25 Beete entstehen. Wie groß wird jedes Beet?
    (2) Wie groß wird jedes Beet bei 16 Beeten insgesamt?
    (3) Jedes Beet soll 4 m² groß werden. Wie viele Beete erhält man?
    (4) Wie viele Beete erhält man bei 2,5 m² Beetgröße?

12. In Glaszylinder mit verschiedenen Durchmessern wird immer 1 ℓ Wasser gefüllt.
    Die Zuordnung *Durchmesser → Höhe* ist eine „Je mehr – desto weniger"-Zuordnung.
    Das bedeutet hier: Je größer der Durchmesser, desto niedriger der Wasserstand.
    Überlegt gemeinsam, ob diese Zuordnung antiproportional ist.

1.3 Zueinander antiproportionale Größen – antiproportionale Zuordnungen

13. a) Mira kauft in einer Zoohandlung besonderes Vogelfutter, das dort abgepackt wird. 75 g Vogelfutter kosten 2,10 €. Wie viel kosten 150 g, 50 g, 350 g, 70 g dieses Tierfutters?
b) Eine große Tüte dieses Spezialvogelfutters reicht 12 Tage für 10 Kanarienvögel. Wie lange reicht sie für 20, 5, 15, 3 Kanarienvögel?

14. Surfer und Segler messen die Windstärke nicht als Geschwindigkeit, sondern in Beaufort.
a) Prüfe anhand der nachstehenden Tabelle, ob die Zuordnung
Windstärke (in Beaufort) → Windgeschwindigkeit $\left(in \frac{km}{h}\right)$ proportional ist.

Übersicht über Windstärken

Windstärke (in Beaufort)	Bezeichnung	Mittlere Windgeschwindigkeit (in $\frac{km}{h}$)
0	Windstille	0
1	sehr leichter Wind	3
2	leichter Wind	8
3	schwache Brise	16
4	mäßige Brise	24
5	frischer Wind	34
6	starker Wind	44
7	steife Brise	56
8	stürmischer Wind	68
9	Sturm	82
10	schwerer Sturm	96
11	orkanartiger Sturm	110
12	Orkan	125

Bereich, in dem Einsteiger surfen
Bereich, den Könner beherrschen.

Surflehrer Bodo Neospreen empfiehlt:

Windstärke (in Beaufort)	Segelgröße (in m²)
3	8,0
4	6,0
5	4,8
6	4,0

b) Die kleine Tabelle zeigt die empfohlene Segelgröße in Abhängigkeit von der Windstärke. Ist die Zuordnung antiproportional?

15. Entscheide, ob es sich um eine „Je mehr – desto mehr"-Zuordnung, eine „Je mehr – desto weniger"-Zuordnung, eine proportionale oder eine antiproportionale Zuordnung handelt. Begründe deine Entscheidung, gib gegebenenfalls nötige Annahmen an.
a) Geldwechsel zum gleichen Kurs: *Geldwert in € → Geldwert in US-Dollar*
b) Abtransport eines Schuttbergs: *Anzahl der Lastwagen → Zahl der Fahrten pro Lastwagen*
c) Bezahlen mit möglichst wenigen Münzen: *Geldbetrag → Anzahl der benötigten Münzen*
d) Gleichmäßiges Aufteilen eines Geldbetrages: *Anzahl der Kinder → Betrag für jedes Kind*
e) Kauf von Parfüm derselben Sorte: *Volumen → Preis*

16. Kontrolliere Lenas Hausaufgabe.

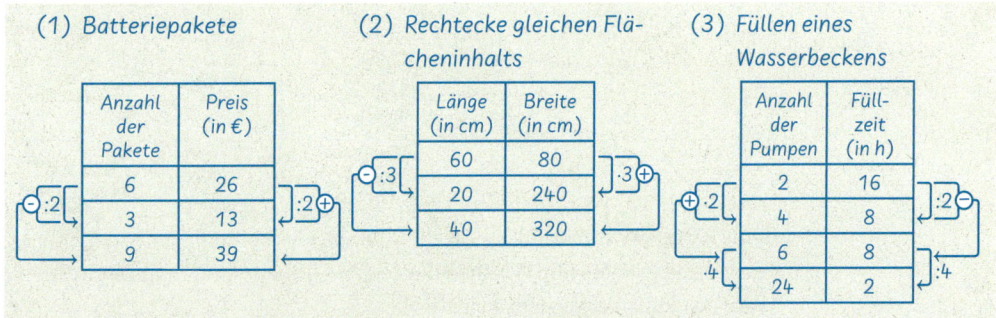

1.4 Dreisatz bei antiproportionalen Zuordnungen

Ziel
Du weißt schon, wie man bei proportionalen Zuordnungen mithilfe des Dreisatzes Sachprobleme bearbeitet. Hier lernst du, wie man bei antiproportionalen Zuordnungen vorgeht.

Zum Erarbeiten

Dreisatz-Verfahren

Schüler wollen die Wände des Aufenthaltsraumes mit eigenen Wandzeichnungen neu gestalten. Die Kunstlehrerin geht davon aus, dass 4 Schüler dafür 6 Tage benötigen.
Wie lange dauert diese Arbeit, wenn sie von nur 3 Schülern bewältigt werden soll?

→ Setze voraus, dass jeder Schüler gleich viel an einem Tag schafft. Dann ist die benötigte Zeit antiproportional zur Anzahl der Schüler. Denn z. B. doppelt so viele Schüler brauchen dann nur halb so lange.

Rechnung in 3 Schritten:

4 Schüler benötigen 6 Tage.
1 Schüler benötigt 4 · 6 = 24 Tage.
3 Schüler benötigen 24 Tage : 3 = 8 Tage.

Ergebnis: 3 Schüler benötigen 8 Tage.

Darstellung in einer Tabelle:

Anzahl der Schüler	Zeit (in Tagen)
4	6
1	24
3	8

(:4, ·3 links; ·4, :3 rechts)

Wahl des Hilfswertes

Eine neue Lokomotive benötigt bei einer Geschwindigkeit von $120\,\frac{km}{h}$ für eine Versuchsstrecke 36 min. Beantworte folgende Fragen mithilfe einer Tabelle. Wähle als Hilfswert zunächst $1\,\frac{km}{h}$ bzw. 1 min, arbeite dann mit größeren Hilfswerten und vergleiche.

→ Mit welcher Geschwindigkeit muss sie fahren, damit sie die Strecke sogar in 30 min zurücklegt?

→ Wie lange benötigt sie bei einer Geschwindigkeit von $150\,\frac{km}{h}$ für diese Versuchsstrecke?

Geschwindigkeit (in $\frac{km}{h}$)	Zeit (in min)
120	36
1	4320
150	28,8
4320	1
144	30

Geschwindigkeit (in $\frac{km}{h}$)	Zeit (in min)
120	36
30	144
150	28,8
720	6
144	30

Beim Vorgehen in der linken Tabelle sind die Geschwindigkeiten $1\,\frac{km}{h}$ für 4320 min und $4320\,\frac{km}{h}$ für 1 min unrealistisch. Die Werte in der rechten Tabelle sind realistischer. Für das Ergebnis spielt die Wahl des Hilfswertes aber keine Rolle.

1.4 Dreisatz bei antiproportionalen Zuordnungen

Lösungsverfahren für Dreisatzaufgaben bei antiproportionalen Zuordnungen

Prüfe zuerst, ob die Zuordnung antiproportional ist.
Löse die Aufgabe dann mit einer Tabelle.
- Trage das gegebene Wertepaar und den dritten bekannten Wert ein.
- Suche einen geeigneten Hilfswert.
- Fülle die Lücken entsprechend den Regeln für zueinander antiproportionale Größen aus.

Anzahl	Zeit (in Tagen)
8	12

Doppelt so viele brauchen nur halb so lange.

Zum Üben

1. Für die Erarbeitung eines neuen Computerprogramms sehen die Planungen vor, dass 10 Programmierer dafür 35 Arbeitstage benötigen. Wegen dringender anderer Arbeiten können nur 7 Programmierer eingesetzt werden.
Wie viele Tage dauert die Arbeit nun voraussichtlich?

2. Fünf Planierraupen benötigen zum Einebnen eines Geländes 20 Stunden.
   a) Es stehen nur vier [sechs] Planierraupen für dieselbe Arbeit zur Verfügung. Wie lange dauert sie nun voraussichtlich?
   b) Die Arbeit soll in 8 Stunden erledigt sein. Wie viele Planierraupen werden gebraucht?

3. Ein Wasservorratsbecken wird durch 5 gleich starke Pumpen in 9 Stunden gefüllt.
   a) Wie lange dauert das Füllen, wenn nur 2 Pumpen in Betrieb sind?
   b) Das Becken soll in 15 Stunden gefüllt werden. Wie viele Pumpen werden benötigt?

4. Bei Navigationssystemen kann man in den Einstellungen häufig wählen, mit welchem „Fahrzeug" die Strecke zurückgelegt werden soll.
Lisa lässt die Route von Kassel nach Remsfeld berechnen. Ein Pkw mit einer Durchschnittsgeschwindigkeit von 100 $\frac{km}{h}$ hat eine Fahrzeit von 24 Minuten. Ein schneller Pkw mit einer Durchschnittsgeschwindigkeit von 120 $\frac{km}{h}$ hat eine Fahrzeit von 20 Minuten.

   a) Welche Fahrzeiten erhält sie für ein Motorrad $\left(80 \frac{km}{h}\right)$ oder ein Fahrrad $\left(20 \frac{km}{h}\right)$?
   b) Zeichne den Graphen der Zuordnung *Geschwindigkeit* $\left(in \frac{km}{h}\right) \rightarrow$ *Fahrzeit (in min)*.
   c) Welche Annahmen hast du bei allen Berechnungen machen müssen? Welche Beziehungen bestehen zwischen den beiden Größen?

5. Drei Lastwagen transportieren einen Schuttberg ab. Jeder Wagen muss 36-mal fahren.
   a) Es stehen vier Lastwagen zur Verfügung. Wie oft muss jeder Wagen fahren?
   b) Jeder Wagen soll höchstens 8-mal fahren. Wie viele Wagen sind dann erforderlich?

6. Man schätzt, dass 5 Schüler für das Ausheben der Grube für einen Schulteich 2 Tage benötigen. Alle 128 Sechstklässler wollen sich daran beteiligen. Wie lange dauert die Arbeit nun?

1.5 Quotientengleichheit bei proportionalen Zuordnungen – Proportionalitätsfaktor

Einstieg   Die Umwelt-AG des Sophie-Scholl-Gymnasiums hat für das Energiesparen der Schule geworben. Zur Erfolgskontrolle wird der Stand des Stromzählers abgelesen. Dabei werden die Unterrichtstage gezählt.

Ablesedatum	Anzahl der Unterrichtstage seit der letzten Ablesung	Zählerstand (in kWh)	Verbrauch seit der letzten Ablesung
3.12.2012	–	115 710	–
5.12.2012	2	128 850	
10.12.2012	3	148 560	
14.12.2012	4	174 840	
21.12.2012	5	207 690	

Untersucht, ob der Verbrauch proportional zur Anzahl der Unterrichtstage ist.

Aufgabe 1 Ein Teehändler auf dem Markt verkauft losen Tee in Tüten. Er kann seinen Tee in verschiedenen Größen von unterschiedlichen Großhändlern beziehen.
Vergleiche die Teepreise der verschiedenen Packungsgrößen.

Händler	Grüner Tee Extraqualität	
Tee-Eve	5 kg	310 €
Tea&more	12 kg	744 €
Teehaus	20 kg	1 240 €
T 4 U	30 kg	1 830 €

Lösung Wir berechnen für jede Verpackung den Preis pro kg. Die Ergebnisse können wir übersichtlich aufschreiben:

Menge (in kg)	Preis (in €)	Preis (in $\frac{€}{kg}$)
5	310	$310 : 5 = 62$
12	744	$744 : 12 = 62$
20	1 240	$1240 : 20 = 62$
30	1 830	$1830 : 30 = 61$

Bei den ersten drei Packungen stimmt der Preis pro kg bei den verschiedenen Teegroßhändlern überein, nur bei der 30-kg-Packung des Händlers T 4 U gibt es Mengenrabatt.

Information Der Mengenrabatt bei der 30-kg-Packung bewirkt, dass diese nicht sechsmal soviel kostet wie die 5-kg-Packung (1 830 € statt $6 \cdot 310$ € = 1 860 €). Die Zuordnung *Teemenge (in kg) → Preis (in €)* ist somit nicht proportional. Für eine proportionale Zuordnung darf es keinen Mengenrabatt geben. Alle Preise pro kg müssen gleich sein.

1.5 Quotientengleichheit bei proportionalen Zuordnungen – Proportionalitätsfaktor

> **Quotientengleichheit bei proportionalen Zuordnungen**
>
> Bei proportionalen Zuordnungen haben die Quotienten einander zugeordneter Größen stets den gleichen Wert. Man nennt diesen Quotienten den **Proportionalitätsfaktor** der proportionalen Zuordnung:
>
> $$\frac{\text{zugeordnete Größe}}{\text{Ausgangsgröße}} = \textbf{Proportionalitätsfaktor}$$
>
> Mit dieser Eigenschaft lässt sich bei einer gegebenen Zuordnungstabelle schnell überprüfen, ob sie zu einer proportionalen Zuordnung gehört.

Hinweis: In Aufgabe 1 haben wir nur die Quotienten der Maßzahlen berechnet also jeweils den Preis in € pro kg:

$$310 : 5 = 62$$

Du kannst diese Quotienten auch mit Einheiten bilden:

$$\frac{310\,\text{€}}{5\,\text{kg}} = \frac{310}{5}\,\frac{\text{€}}{\text{kg}} = 62\,\frac{\text{€}}{\text{kg}}.$$

Weiterführende Aufgabe

Aufstellen der Zuordnungstabelle einer proportionalen Zuordnung mithilfe des Proportionalitätsfaktors

2. a) Julias Mutter tauscht 300 € in schwedische Kronen (skr). Der Bankabrechnung entnimmt sie:

> eingezahlt: 300 €   Kurs: 8,86 skr/€   ausgezahlt: 2 658 skr

Was gibt der Kurs an? Vervollständige damit die nebenstehende Tabelle.

b) Erstelle eine Formel, mit der man den skr-Betrag aus dem Euro-Betrag berechnen kann.

c) Begründe, warum bei der so hergestellten Tabelle in jeder Zeile der Quotient von *Betrag (in skr)* und *Betrag (in €)* den gleichen Wert haben muss.

Betrag (in €)	Betrag (in skr)
1	
20	
500	
45	
275	

> Kennt man den Proportionalitätsfaktor, so kann man zu jeder Ausgangsgröße sofort die zugeordnete Größe berechnen:
>
> **Ausgangsgröße** $\xrightarrow{\;\cdot\,\text{Proportionalitätsfaktor}\;}$ **zugeordnete Größe**

Übungsaufgaben

3. Annekes Vater muss noch etwas Heizöl für den Winter nachbestellen. Er überlegt, welche Menge günstig ist. Prüfe, ob das Heizöl beim Kauf einer bestimmten Menge besonders günstig ist. Liegt eine proportionale Zuordnung vor?

Volumen (in ℓ)	Preis (in €)	$\frac{\text{Preis}}{\text{Volumen}}$ (in $\frac{\text{€}}{\ell}$)
500	420	
1000	840	
2000	1620	
3000	2250	
5000	3500	

Im Alltag sagt man auch Gewicht statt Masse.

4. a) Arbeite mit einem Partner zusammen. Einer entscheidet mithilfe der Quotientengleichheit, ob die Tabelle eine proportionale Zuordnung darstellt, der andere überprüft dieses Ergebnis mithilfe der Vielfachenregel von Seite 15. Tauscht die Rollen nach jeder Aufgabe.
Falls Quotientengleichheit besteht: Notiert den Proportionalitätsfaktor. Was gibt er an?

(1)
Masse (in kg)	Preis (in €)
1,5	6
4,5	18
0,5	2
2	8

(2)
Volumen (in cm^3)	Masse (in g)
120	180
30	45
150	235
270	425

(3)
Länge (in m)	Zeit (in s)
6	15,6
4	10,4
9	22,5
13	32,5

(4)
Stückzahl	Preis (in €)
240	655,20
180	491,40
150	409,50
330	900,90

b) Überlegt gemeinsam, welches Vorgehen geschickter ist, um zu entscheiden, ob eine Zuordnung proportional ist.

5. Zeige an einem Beispiel einer „Je mehr-desto mehr"-Zuordnung, die nicht proportional ist, dass die Quotienten einander zugeordneter Größen nicht immer den gleichen Wert haben.

6. a) Auf dem Preisschild rechts steht auch der Proportionalitätsfaktor. Gib ihn an und nenne seine Bedeutung.
b) Bestimme mithilfe des Proportionalitätsfaktors den Preis für 2 kg; 2,5 kg; 7 kg; 500 g; 750 g und 1,25 kg Birnen.

Birnen	**OBST-RENZ**
€ / kg	Nettogewicht
1,98 €	1,5 kg
PREIS	2,97 €

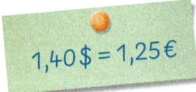

1,40 $ = 1,25 €

7. a) Wie viel US-Dollar ($) bekommt man für 50, 110, 180, 200, 300 €? Erstelle eine Tabelle.
b) Wie viel € muss man für 600, 1 000, 1 500, 2 000, 5 000 $ bezahlen?
c) Welches ist der Kurs des Euro in US-Dollar, d. h. der Proportionalitätsfaktor der Zuordnung *Wert (in $) → Wert (in €)*?

8. Die Tabelle enthält die Massen von drei Eisenstangen.
a) Bestätige mithilfe der Quotientengleichheit, dass die Zuordnung *Länge → Masse* proportional ist. Notiere den Proportionalitätsfaktor. Was gibt er an?
b) Setze die Tabelle für 8 m, 13 m und 17 m mithilfe des Proportionalitätsfaktors im Heft fort.

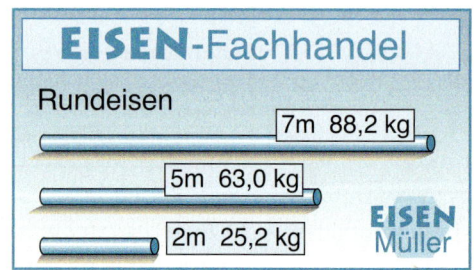

9. Beim Echoloten sendet man Schallwellen auf den Meeresgrund. Bei einer Wassertiefe von 1 500 m kehren diese nach 2 s zurück. Wie tief ist das Wasser, wenn die Schallwellen nach 1,5 s [2,9 s; 0,6 s; 0,2 s; 2,2 s] zurückkehren?

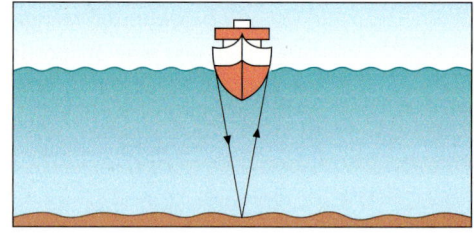

Im Blickpunkt

Erstellen einer Zuordnungstabelle mit einer Tabellenkalkulation

Tab 1. Sarah ist zu Besuch bei ihrer Brieffreundin in England. Dort ist nicht der Euro (€) eingeführt, sondern die Preise sind in englischen Pfund (£) ausgezeichnet. Da einige Waren recht teuer sind, rechnet Sarah die Preise im Kopf um. Dafür verwendet sie eine Faustformel: *Multipliziere den Preis in £ mit 1,5 und du erhältst den Preis in €.*
Zur Behandlung der Zuordnung *Preis (in €) → Preis (in £)* mit einer Tabellenkalkulation legst du zwei Spalten mit den Überschriften Preis in Pfund und Preis in Euro an.
Die gewünschten Preise in Pfund kannst du per Hand eintragen. Du kannst sie aber einfacher auch automatisch erzeugen lassen. Trage dazu in das Feld A2 den Startwert ein.
In das Feld A3 trägst du dann ein, wie du die Zahl A3 aus der in A2 erhältst: **=A2+0,5**.
Ziehst du nun mit der Maus den quadratischen Eckpunkt des dick umrandeten Feldes A3 herunter, so weit wie du möchtest, so berechnet das Tabellenkalkulationsprogramm die weiteren Werte automatisch nach der entsprechenden Regelmäßigkeit:
A4 = A3 + 0,5, A5 = A4 + 0,5, A6 = A5 + 0,5 usw.
Die Preise in Pfund erhältst du nun ganz einfach, indem du in Feld B2 die Formel eingibst, wie man die Preise in Pfund aus denen in Euro erhält: **=A2*1,5**. Dabei steht das Sternchen als Multiplikationszeichen. Die Gültigkeit dieser Formel kannst du dann mit der Maus wieder für alle Preise vereinbaren. So erhältst du auf einen Schlag alle umgerechneten Preise.

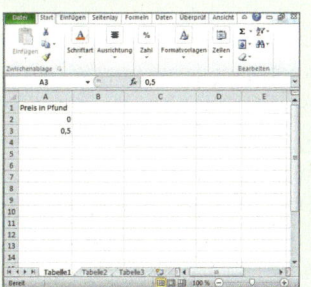 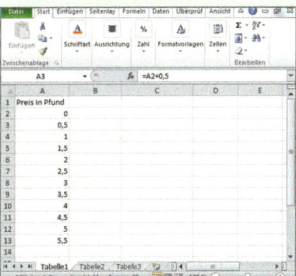

2. Kurse für Währungen ändern sich. Daher ist es sinnvoll, den Kurs an einer festen Stelle im Tabellenblatt einzugeben, das für die Berechnung verwendet wird. Rechts wurde der Kurs im Feld D1 eingegeben. In Aufgabe 1 hast du gesehen, dass das Programm zum vorteilhaften Berechnen Felder anpasst: Die Formel B2 = A2 * 1,5 wird in der nächsten Zeile automatisch zu
B3 = A3 * 1,5.
Das Kursfeld D1 soll aber unverändert für alle Berechnungen verwendet werden. Dies erreichst du, indem du mit dem Dollarzeichen die Feldbezeichnungen als fest markierst: D1. Probiere das mit deiner Tabellenkalkulation aus.

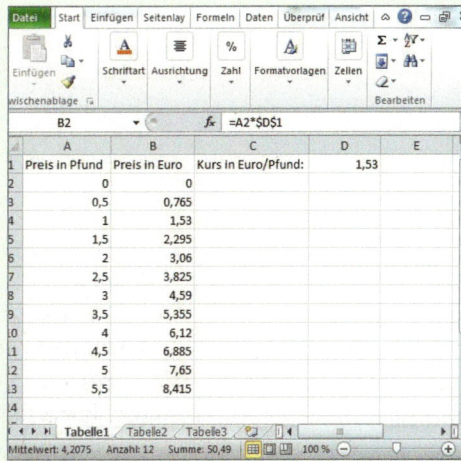

1.6 Produktgleichheit bei antiproportionalen Zuordnungen – Gesamtgröße

Einstieg

Lucie hat eine kleine Geschichte geschrieben, die sie mit ihrer Textverarbeitung gestalten möchte. Je nach der Breite, die sie für den Text vorsieht, ergibt sich eine andere Zeilenzahl. Sie betrachtet mit ihrer Tabellenkalkulation die Zuordnung *Textbreite → Zeilenanzahl*.
Rechts seht ihr in Spalte A die Textbreite in cm und in Spalte B die Anzahl der benötigten Zeilen. Untersucht diese Zuordnung. Welche Möglichkeiten habt ihr und welches Ergebnis erhaltet ihr?

A	B
Textbreite	Zeilenanzahl
16	15
12	20
10	24
9	27

Aufgabe 1

Produktgleichheit bei antiproportionalen Zuordnungen
Ein Kunstmaler hat den Auftrag, die Flure eines neuen Bürogebäudes mit Wandgemälden zu verschönern.
Da die Zeit bis zur Fertigstellung drängt, hat er überlegt, seine tägliche Arbeitszeit zu erhöhen, um die Arbeit schneller erledigen zu können. Die Tabelle rechts enthält seine Planungen. Untersuche, ob er von einer antiproportionalen Zuordnung
Tägliche Arbeitszeit (in h/Tag) → Zeitbedarf (in Tagen)
ausgegangen ist.

Tägliche Arbeitszeit (in h/Tag)	Zeitbedarf (in Tagen)
6	6
7	5
8	$4\frac{1}{2}$
9	4

Lösung

Wir können auf zwei verschiedenen Wegen prüfen, ob diese Zuordnung antiproportional ist.

1. Weg: Wir berechnen ausgehend von dem ersten Wertepaar die übrigen mithilfe des Dreisatzverfahrens.

Tägliche Arbeitszeit (in h/Tag)	Zeitbedarf (in Tagen)
6	6
1	36
7	$5\frac{1}{7}$
8	$4\frac{1}{2}$
9	4

2. Weg: Wir multiplizieren in jeder Zeile die tägliche Arbeitszeit mit der Anzahl der Arbeitstage, um den Zeitbedarf in Stunden zu erhalten. Dann kontrollieren wir, ob sich stets derselbe Wert ergibt.

Tägliche Arbeitszeit (in h/Tag)	Zeitbedarf (in Tagen)	Gesamtarbeitszeit (in Stunden)
6	6	6 · 6 = 36
7	5	7 · 5 = 35
8	$4\frac{1}{2}$	$8 \cdot 4\frac{1}{2}$ = 36
9	4	9 · 4 = 36

Ergebnis: Auf beiden Wegen ergibt sich, dass – mit Ausnahme einer täglichen Arbeitszeit von 7 Stunden – eine antiproportionale Zuordnung vorliegt. Für den Fall von 7 Stunden liegt anscheinend eine Rundung von $5\frac{1}{7}$ Tagen, d.h. einer Arbeitszeit von 5 Tagen und einer Stunde, auf 5 Tage vor.

Information

Um zu prüfen ob die Zuordnung *Tägliche Arbeitszeit (in h/Tag) → Zeitbedarf (in Tagen)* antiproportional ist, haben wir das Produkt dieser beiden Größen gebildet: Tägliche Arbeitszeit (in h/Tag) · Zeitbedarf (in Tagen). Damit erhalten wir die Gesamtarbeitszeit (in Stunden).

1.6 Produktgleichheit bei antiproportionalen Zuordnungen – Gesamtgröße

> **Produktgleichheit bei antiproportionalen Zuordnungen**
> Bei antiproportionalen Zuordnungen haben die Produkte einander zugeordneter Größen stets den gleichen Wert. Man nennt diesen Wert **Gesamtgröße**. Es gilt:
> **Ausgangsgröße · zugeordnete Größe = Gesamtgröße**
> Mit dieser Eigenschaft lässt sich bei einer gegebenen Zuordnungstabelle schnell überprüfen, ob sie zu einer antiproportionalen Zuordnung gehört.

Weiterführende Aufgabe

Herstellen der Zuordnungstabelle mithilfe der Gesamtgröße

2. Die Programmierzeit für ein Computerspiel wird auf 1 000 Manntage geschätzt, d. h. das Produkt aus der Anzahl der Programmierer und der benötigten Zeit in Tagen beträgt 1 000.
   a) Erstelle eine Tabelle, die zeigt, wie viele Programmierer gleichzeitig arbeiten müssen, damit das Spiel in 250, 200, 175, 150, 100, 50 Tagen fertig ist.
   b) Erstelle eine Formel, mit der man die Anzahl der Programmierer aus der zur Verfügung stehenden Zeit (in Tagen) berechnen kann.

> Kennt man die Gesamtgröße, so kann man zu jeder Ausgangsgröße sofort die zugeordnete Größe berechnen: **zugeordnete Größe = $\frac{\text{Gesamtgröße}}{\text{Ausgangsgröße}}$**

Übungsaufgaben

3. Ein rechteckiger Acker ist 80 m lang und 30 m breit. Sabine hat die Maße anderer Äcker berechnet, die die gleiche Größe haben. Kontrolliere, ob sie die Zuordnungstabelle der Zuordnung *Länge → Breite* korrekt erstellt hat.

Länge	Breite
80 m	30 m
25 m	96 m
48 m	50 m
125 m	20 m

4. Pascal möchte mit 12 m Palisadenzaun ein kleines Beet anlegen. Er hat sich verschiedene Möglichkeiten überlegt. Überprüfe, ob die Zuordnung *Länge → Breite* antiproportional ist.

Länge (in m)	4	3	2,5	2
Breite (in m)	2	3	3,5	4

5. Zeige, dass bei einer „Je mehr-desto weniger"-Zuordnung, die nicht antiproportional ist, die Produkte zugeordneter Größen nicht immer den gleichen Wert haben.

6. Entscheide mithilfe der Produktgleichheit, ob eine antiproportionale Zuordnung vorliegt. Falls sie antiproportional ist: Notiere die Gesamtgröße. Was gibt sie an?

a)
Länge (in m)	Breite (in m)
54	38
45	45,6
30	68,4
36	57

b)
Zahl der Personen	Zeit (in Tagen)
56	24
42	32
48	28
21	64

c)
Zahl der Personen	Anteil pro Person (in €)
48	27,50
35	35,72
31	43,10
25	52,80

7.
a) Bestätige mithilfe der Produktgleichheit, dass die Zuordnung *Geschwindigkeit → Fahrzeit* antiproportional ist. Was gibt die Gesamtgröße an?
b) Setze die Tabelle mithilfe der Gesamtgröße fort für $160\,\frac{km}{h}$, $48\,\frac{km}{h}$, $40\,\frac{km}{h}$, $32\,\frac{km}{h}$.

Geschwindigkeit (in $\frac{km}{h}$)	Fahrzeit (in h)
60	2
80	$1\frac{1}{2}$
96	$1\frac{1}{4}$
150	$\frac{4}{5}$

8. Im Lotto wird in der 2. Gewinnklasse ein Gewinn von 720 € ausgeschüttet. Verschiedene Tippgemeinschaften mit 12, 9, 8, 6 Mitgliedern teilen den Gewinn auf. Stelle eine Tabelle für die Zuordnung *Anzahl der Mitglieder → Gewinn pro Mitglied* auf.

9. Wie viele Tage kann eine vierköpfige Familie jeweils in den Schwarzwald verreisen, wenn für die Vollpension insgesamt nicht mehr als 3 600 € ausgegeben werden sollen? Stelle eine Tabelle auf und runde die Anzahl der Tage in sinnvoller Weise. Benutze einen Taschenrechner.

10. Annes Mutter hat beobachtet: Unternimmt sie mit dem Zweitwagen pro Tag 4 Fahrten in die benachbarte Stadt, so reicht eine Tankfüllung für 15 Tage, bei 6 Fahrten pro Tag nur 10 Tage und in den Ferien bei 2 Fahrten pro Tag sogar 30 Tage. Liegt eine antiproportionale Zuordnung vor? Warum?

11. Der Entwicklungsaufwand großer Computerprogramme wird in Mannjahren gemessen. Ein Programm hat einen geschätzten Bedarf von 60 Mannjahren.
Wie viele Programmierer müssen gleichzeitig daran arbeiten, damit es in
(1) 3 Jahren (2) 2 Jahren (3) $\frac{1}{2}$ Jahr (4) $\frac{1}{4}$ Jahr (5) 1,5 Jahren fertig wird?

12. Gehören die Tabellen zu proportionalen oder antiproportionalen Zuordnungen?

(1)

A	B
1	2
2	1
3	0,66666667
4	0,5
5	0,4
6	0,33333333
7	0,28514286

(2)

A	B
1	1
2	0,25
3	0,11111111
4	0,0625
5	0,04
6	0,02777778
7	0,02040816

(3)

A	B
1	3
2	1,5
3	1
4	0,75
5	0,6
6	0,5
7	0,42857143

(4)

A	B
1	19
2	18
3	17
4	16
5	15
6	14
7	13

Das kann ich noch!

A) Miss die Größen der Winkel.

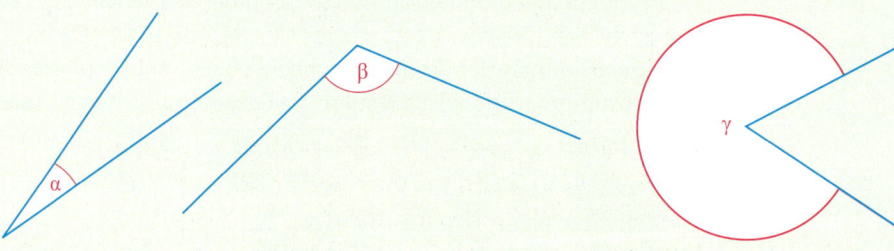

Modellieren mit proportionalen und antiproportionalen Zuordnungen

1. An Tankstellen sind die Kraftstoffpreise auf zehntel Cent genau angegeben. Die Zapfsäule weist nach dem Tanken aber einen auf ganze Cent gerundeten Preis auf. Berechne die Preise, die beim Tanken von 2 ℓ, 8 ℓ, sowie 10 ℓ Superbenzin zu zahlen sind. Fasse deine Ergebnisse im Heft in einer Tabelle zusammen:

Benzinmenge (in ℓ)	Theoretischer Preis (in €)	Zu zahlender Preis (in €)

Zeige dann, dass die Zuordnung *Benzinmenge (in ℓ) → zu zahlender Preis (in €)* genau genommen keine proportionale Zuordnung ist.

> Wenn sich die Werte einer Zuordnung bis auf kleine Abweichungen durch eine proportionale Zuordnung beschreiben lassen, so spricht man davon, dass diese Daten gut durch eine proportionale Zuordnung modelliert werden können.
> Entsprechend verfährt man bei antiproportionalen Zuordnungen.

2. Zeichne den Graphen der Zuordnung. Entscheide daran, ob sich die Daten durch eine proportionale Zuordnung modellieren lassen.

a)
Lebensalter (in Jahren)	Körpergröße (in cm)
0	52
1	80
5	116
10	142
15	180
20	189
40	189
70	188
90	185

b)
Speiseölmenge (in ℓ)	Masse (in g)
0	0
1	705
1,5	1048
3	2102
5,5	3855
10	7010
15	10503
20	13996

> Anhand des Graphen lässt sich auf einen Blick erkennen, ob die Daten mit einer proportionalen Zuordnung modelliert werden können:
> Der Graph einer proportionalen Zuordnung ist eine im Ursprung beginnende Halbgerade.

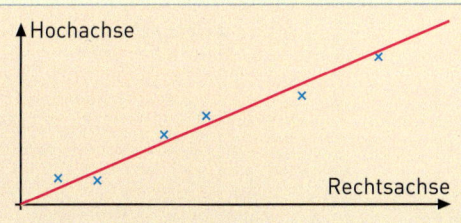

Auf den Punkt gebracht

3. a) Zeichne den Graphen der Zuordnung. Begründe, dass du daran nicht auf einen Blick entscheiden kannst, ob sich die Daten durch eine antiproportionale Zuordnung modellieren lassen.

(1)

Anzahl Personen, die ein Geschenk besorgen	Kosten je Person (in €)
1	9,99
2	5,00
3	3,33
4	2,50
5	2,00
6	1,67
7	1,43

(2)

Höhe eines 1 ℓ großen Quaders mit quadratischer Grundfläche (in cm)	Seitenlänge dieses Quaders (in cm)
1	32
5	14
10	10
20	7
40	5
50	4
100	3

b) Du weißt, dass bei einer antiproportionalen Zuordnung die Produkte einander zugeordneter Größen gleich sind. Bei Zuordnungen, die sich nur näherungsweise antiproportional modellieren lassen, sind diese Werte nicht alle exakt gleich. Entwickle ein graphisches Verfahren, um auf einen Blick zu entscheiden, ob die Werte als näherungsweise gleich betrachtet werden können. Untersuche so, ob die obigen Zuordnungen als antiproportionale modelliert werden können.

c) Die grafische Untersuchung auf Produktgleichheit lässt sich bequem mit einem Tabellenkalkulationsprogramm durchführen.
Erläutere das Vorgehen rechts.

4. Entwickle an den Beispielen von Aufgabe 2 ein Verfahren, um grafisch zu entscheiden, ob Quotientengleichheit vorliegt. Verwende dazu ein Tabellenkalkulationsprogramm.

Mithilfe von Quotienten- und Produktgleichheit kann man untersuchen, ob Daten mit einer proportionalen oder antiportionalen Zuordnung modelliert werden können. Wenn man anhand der Zahlen nicht gut entscheiden kann, kann man eine grafische Auftragung wählen, anhand derer man feststellen kann, ob die Werte um einen konstanten Wert schwanken oder systematisch davon abweichen.

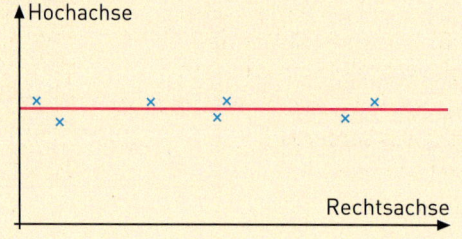
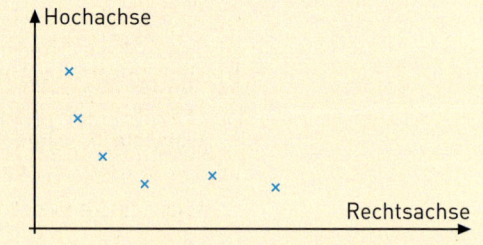

1.7 Vermischte Übungen

Das Anwenden der Rundungsregel ist nicht immer sinnvoll.

1. Ordne die Limonadensorten nach dem Preis pro Liter.

2. Ein Frachtschiff kann einen Trinkwasservorrat mitnehmen, der für 18 Personen 48 Tage reicht.
   a) Eine Fahrt dauert nur 40 Tage. Wie viele Personen können zusätzlich mitgenommen werden?
   b) Die Besatzung wird von 18 auf 22 Personen erhöht. Wie viele Tage kann das Schiff höchstens unterwegs sein?
   c) Von welchen Voraussetzungen musstest du ausgehen, um diese Aufgabe lösen zu können?

3. a) Ein Testfahrzeug braucht für eine Teststrecke bei einer gleich bleibenden Geschwindigkeit von $90 \frac{km}{h}$ eine Fahrzeit von 24 s. Bei welcher Geschwindigkeit legt es die Teststrecke in 18 s zurück?
   b) Ein Testfahrzeug durchfährt eine Teststrecke mit einer gleich bleibenden Geschwindigkeit von $125 \frac{km}{h}$ in 36 s. Wie lange braucht es für dieselbe Strecke, wenn es gleich bleibend mit $150 \frac{km}{h}$ fährt?
   c) Fährt das Testfahrzeug mit der größtmöglichen Geschwindigkeit, so legt es 300 m in 5 s zurück. Welche Entfernung legt es in 12 s zurück?

4. Jeder Partner füllt die Tabelle im Heft aus. Vergleicht dann, wie ihr vorgegangen seid.

   a) *Gleich große Rechtecke*

Länge (in cm)	Breite (in cm)
72	36
96	▪
84	▪
▪	48
▪	15

   b) *Verbrauch eines festen Hafervorrats*

Anzahl der Pferde	Anzahl der Tage
15	36
18	▪
12	▪
▪	60
▪	27

   c) *Fahrt bei fester Geschwindigkeit*

Zeit (in min)	Zurückgelegter Weg (in km)
10	12
15	▪
24	▪
▪	40
▪	54

5. Zum Stricken eines Pullovers nach Anleitung ist als Erstes eine Maschenprobe anzufertigen (siehe Bild).
   a) Zähle: Wie viele Maschen benötigt man für eine Breite von 10 cm? Wie viele Reihen benötigt man für eine Höhe von 10 cm?
   b) Das Vorderteil eines Pullovers soll 42 cm breit sein. Wie viele Maschen müssen aufgenommen werden, d. h. wie viele Maschen breit ist das Vorderteil?
   c) Das Vorderteil soll 52 cm hoch sein. Wie viele Reihen sind zu stricken?

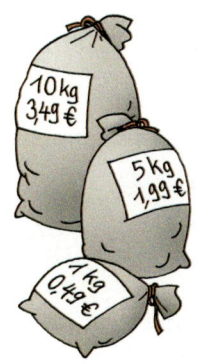

6. Die Klasse 7a kocht bei der Klassenfahrt selbst. In den ersten 3 Tagen sind schon 27 kg Kartoffeln verbraucht worden.
   a) Wie viel kg Kartoffeln müssen für die letzten 4 Tage noch gekauft werden?
   b) Wie ist einzukaufen, damit man möglichst wenig bezahlen muss?

7. Lena und Daniel spielen Schiffe versenken. Nach 3 Minuten hat Lena nur noch 8 von ihren 10 Schiffen, Daniel jedoch noch alle. Wann hat Lena verloren?

8. Herr Müller hat abends um 19 Uhr den Wasserhahn nicht dicht abgedreht. Morgens bemerkt er um 7 Uhr, dass seine 40-ℓ-Wanne zu $\frac{3}{4}$ mit Wasser aus dem tropfenden Hahn gefüllt ist.
   a) Wie lange hätte er bis zum Überlaufen der Wanne noch schlafen können?
   b) Wie viel ℓ Wasser wären aus dem Hahn gelaufen, wenn Herr Müller um 22 Uhr noch einmal nachgeschaut und dann den Wasserhahn richtig abgedreht hätte?

9. Öffnet einen Wasserhahn so weit, dass er gerade so eben tropft. Messt, wie viel Wasser heraustropft. Berechnet mithilfe der aktuellen Wasserpreise eurer Gemeinde, wie viel ein tropfender Wasserhahn im Monat kostet.

10. Sind die in den Tabellen angegebenen Größen proportional oder antiproportional zueinander oder keines von beiden? Begründe deine Antwort.

a)

Volumen (in m³)	Preis (in €)
3	75,00
5	125,00
2,5	62,50
11	275,00
4,5	112,50

b)

Länge (in cm)	Preis (in €)
178	76,00
158	36,00
185	105,00
170	70,00
166	65,20

c)

Anzahl der Maschinen	Arbeitszeit (in Stunden)
5	48
12	20
8	30
6	40
4	60

11. Setzt man an einer Grundstücksgrenze einen Zaun mit einem Pfostenabstand von 1,20 m, so benötigt man 16 Pfosten. Die Pfosten sollen nur 0,90 m voneinander entfernt sein. Wie viele Pfosten benötigt man nun? Fertige zunächst eine Skizze an.

12. Papier ist verschieden dick und schwer. Wie viel wiegt der Stapel links?

13. Ein Hausbesitzer hat seine Ölheizung so eingestellt, dass sie täglich 12 Stunden in Betrieb ist. Er weiß, dass sein Heizölvorrat bei dieser Einstellung 5 Monate reicht.
    a) Er beschließt die Heizung auf einen Betrieb von täglich 15 Stunden einzustellen. Wie lange reicht dann der Heizölvorrat?
    b) Das Öl soll 6 Monate reichen. Wie lange kann die Heizung täglich in Betrieb sein?
    c) Welche Voraussetzung hast du zur Lösung benutzt? Wie sieht es damit in der Praxis aus?

14. Eine Gärtnerei muss die Frühjahrspflege eines Freizeitparks in 20 Arbeitstagen erledigt haben. Im Vorjahr schafften 14 Angestellte die Arbeit bei 8-stündiger Arbeitszeit. Da aber die Arbeitszeit auf täglich 7 Stunden gesenkt worden ist, müssen noch Gärtnerinnen und Gärtner zusätzlich eingestellt werden. Wie viele sind das?

15. Herr Kasparie hat 150 quadratische Teppichfliesen der Seitenlänge 40 cm für insgesamt 161,25 € gekauft. In einem Sonderangebot sieht er nun quadratische Teppichfliesen der Seitenlänge 50 cm zu 1,80 € das Stück.

Tab 16. Dirk und Jan trainieren Langlauf. Heute sollen sie nicht nur ihre Ausdauer, sondern auch ihr Tempogefühl verbessern, das heißt, sie sollen ihre Trainingsstrecke mit einer möglichst gleichmäßigen, konstanten Geschwindigkeit laufen. Ihr Trainer stoppt einige Zwischenzeiten:

Strecke (in m)	400	1 000	1 600	3 000	4 800	5 000	6 000
Zeit (in min:s)	1:48	4:25	7:20	13:35	21:40	22:30	27:10

a) Stelle den Sachverhalt mit einer Tabellenkalkulation tabellarisch und grafisch dar.
b) Bewerte mit Begründung das Tempogefühl der beiden bei dieser Trainingseinheit.
c) Kannst du etwas über die Zwischenzeiten bei 2 000 m und 4 000 m aussagen?
d) Welche Endzeit nach 6 300 m ist zu erwarten?
e) Stelle den Zusammenhang dieses Sachverhaltes zum Thema Zuordnungen her.

17. Entscheide, ob es eine proportionale Zuordnung, eine antiproportionale Zuordnung, eine Je-mehr-desto-mehr-Zuordnung oder eine Je-mehr-desto-weniger-Zuordnung ist.

Sachverhalt	Zuordnung
Herr Rundlich macht eine Abmagerungs-Diät und wiegt sich täglich.	*Dauer der Diät → Körpergewicht*
Marie lernt am Nachmittag ihre Englisch-Vokabeln.	*Dauer des Lernens → Anzahl der gekonnten Vokabeln*
Frau Schwertau kocht Marmelade und füllt sie in Gläser.	*Größe der Gläser → Anzahl der benötigten Gläser*
Lucas gibt 0,33-Liter-Pfandflaschen zurück.	*Anzahl der Flaschen → Pfand, das er erhält*

18. a) Ein Ei hart zu kochen, dauert 5 Minuten.
Wie lange dauert es bei 4 Eiern?
b) Der Zeitbedarf beim Aufwärmen von Speisen in Mikrowellengeräten ist proportional zur Menge der Speise und antiproportional zur Leistung des Gerätes. Um 150 mℓ Milch zum Kochen zu bringen, benötigt ein Mikrowellengerät mit 600 W Leistung 8 Minuten.
Wie lange benötigt ein Gerät mit 850 W Leistung um 200 mℓ zum Kochen zu bringen?

1.8 Aufgaben zur Vertiefung

1. Für das Mauern der Wände eines Bungalows benötigen 5 Maurer 8 Tage. Nach dem 2. Tag erkrankt ein Maurer. Wie lange benötigen die übrigen Maurer nun noch?
   Anleitung: Betrachte die Restarbeit, die nach dem 2. Tag noch zu erledigen ist. Auch hierfür ist die benötigte Zeit antiproportional zur Anzahl der Maurer. Vervollständige die nebenstehende Tabelle.

Anzahl der Maurer	Anzahl der Tage für die Restarbeit
5	6

2. Zwei Bagger benötigen zum Ausbaggern einer Hafeneinfahrt 14 Monate.
   a) Die Arbeit soll in 4 Monaten erledigt sein. Wie viele Bagger muss man einsetzen?
   b) In welchem Zeitraum ist die Arbeit voraussichtlich getan, wenn 8 Bagger eingesetzt werden?
   c) Von den beiden Baggern fällt einer nach 7 Monaten wegen Defektes aus. Wie lange muss der andere insgesamt baggern?

3. 8 Maurer benötigen für den Hausrohbau bei 8-stündiger Arbeitszeit 24 Tage. Nach 19 Tagen wird ein Maurer krank. Die anderen arbeiten jetzt täglich 9 Stunden. Wird der Bau rechtzeitig fertig?

4. In einem Gestüt reicht der Futtervorrat für 16 Pferde 105 Tage lang. Nach 9 Tagen werden 4 Pferde verkauft und nach weiteren 23 Tagen wieder 3 Pferde erworben. Wie lange reicht der Vorrat nun insgesamt?

5. Für das Mauern eines Kellers benötigen 6 Maurer 12 Arbeitstage.
   a) Wie viele Maurer müssen eingesetzt werden, wenn der Keller innerhalb von 10 Arbeitstagen fertiggestellt werden soll?
   b) Wie lange benötigen 9 Maurer für dieselbe Arbeit?
   c) Prüfe folgende Behauptung: Wenn die Anzahl der Maurer um die Hälfte ansteigt, muss die benötigte Arbeitszeit um die Hälfte absinken.
   d) Wie lange dauern die Maurerarbeiten an diesem Keller, wenn zunächst 3 Tage lang 6 Maurer arbeiten und vom 4. Tag an zusätzlich 2 weitere Maurer eingesetzt werden?

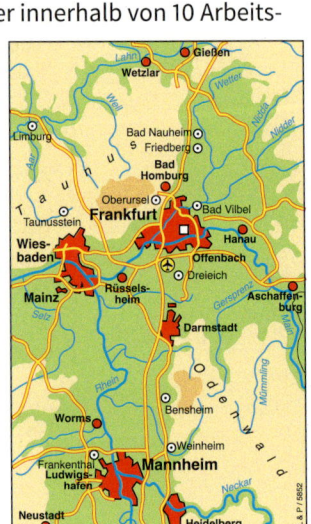

6. Auf der Autobahn benötigt man für die Fahrt von Gießen nach Heidelberg bei einer Durchschnittsgeschwindigkeit von $120\,\frac{km}{h}$ genau eine Stunde. Nachdem Frau Kroll das erste Viertel des Weges mit dieser Geschwindigkeit zurückgelegt hat, kann sie wegen kräftigen Regens auf dem weiteren Weg nur mit der Geschwindigkeit von $80\,\frac{km}{h}$ fahren. Wie lange dauert die Fahrt insgesamt?

Das Wichtigste auf einen Blick

Proportionale Zuordnungen

Eine Zuordnung heißt *proportional*, wenn gilt:
Verdoppelt (verdreifacht, …) man eine Ausgangsgröße, so verdoppelt (verdreifacht, …) sich auch die zugeordnete Größe. Bei proportionalen Zuordnungen liegen die Punkte des Graphen auf einer *Halbgeraden durch den Koordinatenursprung $O(0|0)$*.
Fragestellungen zu proportionalen Zuordnungen können mit dem Dreisatz tabellarisch gelöst werden.

– Trage dazu das gegebene Wertepaar ein.
– Trage nun den dritten bekannten Wert ein.
– Suche einen geeigneten Hilfswert.
– Nutze die Regeln für proportionale Zuordnungen zum Ausfüllen der Lücken.

Bei proportionalen Zuordnungen haben die *Quotienten* der einander zugeordneten Größen stets den gleichen Wert. Dieser Quotient heißt *Proportionalitätsfaktor*.

Es gilt: Proportionalitätsfaktor = $\frac{\text{zugeordnete Größe}}{\text{Ausgangsgröße}}$

Beispiel:
Länge einer Schnur (in m) →
Preis (in €)

Beispiel:

Länge (in m)	Preis (in €)
6	2,10
1	0,35
9	3,15

Beispiel:

$\frac{\text{Preis}}{\text{Länge}} = \frac{2{,}10\,€}{6\,m}$

$= 0{,}35\,\frac{€}{m}$

Antiproportionale Zuordnungen

Eine Zuordnung heißt *antiproportional*, wenn gilt:
Verdoppelt (verdreifacht, …) man eine Ausgangsgröße, so halbiert (drittelt, …) sich die zugeordnete Größe. Bei antiproportionalen Zuordnungen liegen die Punkte des Graphen auf einer Kurve, diese nennt man **Hyperbel**. Sie trifft keine der beiden Achsen.

Fragestellungen zu antiproportionalen Zuordnungen können mit dem *Dreisatz* tabellarisch gelöst werden.
– Trage dazu das gegebene Wertepaar ein.
– Trage nun den dritten bekannten Wert ein.
– Suche einen geeigneten Hilfswert.
– Nutze die Regeln für antiproportionale Zuordnungen zum Ausfüllen der Lücken.

Bei antiproportionalen Zuordnungen haben die Produkte der einander zugeordneten Größen stets den gleichen Wert. Dieses Produkt nennt man Gesamtgröße.
Es gilt:
Gesamtgröße = Ausgangsgröße · zugeordnete Größe

Beispiel:
Geschwindigkeit $\left(\text{in}\,\frac{km}{h}\right)$ →
benötigte Zeit (in h)

Beispiel:

Geschwindigkeit $\left(\text{in}\,\frac{km}{h}\right)$	Zeit (in h)
100	2
10	20
320	0,625

Beispiel:
Geschwindigkeit · Zeit
$= 100\,\frac{km}{h} \cdot 2\,h$
$= 200\,km$

Bist du fit?

1. a) Entscheide, ob eine proportionale oder eine antiproportionale Zuordnung vorliegt.

   (1) *Rechteck*

Länge	Breite
10 cm	57 cm
30 cm	19 cm
50 cm	11,4 cm
60 cm	9,5 cm

   (3) *Taxifahrt*

Entfernung	Preis
2 km	3,60 €
6 km	6,80 €
8 km	8,40 €
14 km	13,20 €

   (5) *Erdbeeren*

Menge	Preis
250 g	0,95 €
400 g	1,52 €
1,4 kg	5,32 €
3,0 kg	11,40 €

   (2) *Äpfel einer Sorte*

Menge	Preis
1 kg	1,99 €
2 kg	3,98 €
5 kg	9,95 €
10 kg	19,90 €

   (4) *Vorrat*

Anzahl der Personen	Zeit
56	24 Tage
42	32 Tage
48	28 Tage
21	68 Tage

   (6) *Kosten*

Anzahl der Personen	Anteil pro Person
48	27,50 €
35	35,72 €
31	43,10 €
25	52,80 €

   b) Zeichne auch den Graphen bei (1), (2) und (3).

2. Ein Paket mit 3 kg Rasendünger reicht für 450 m² Rasen.
   Wie viel Dünger benötigt man für eine 600 m² große Rasenfläche?

3. Drei Mähdrescher schaffen die Ernte eines großen Feldes in 12 Stunden.
   Wie lange benötigen fünf Mähdrescher?

4. 375 mℓ eines Farblackes reichen aus, um 3 m² zu streichen. Wie viel Lack muss man für eine Fläche von 10 m² haben?

5. Der Heuvorrat einer Landwirtin reicht für 60 Kühe 210 Tage. Wie lange reicht er für 72 Kühe?

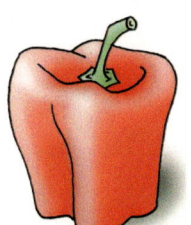

6. 100 g rote Paprika enthalten 107 mg Vitamin C. Der Tagesbedarf beträgt 75 mg.
   Wie viel rote Paprika muss man essen, um den Tagesbedarf nur damit zu decken?

7. Ein Reiseveranstalter bietet Flugreisen nach Mallorca mit Unterbringung und Verpflegung in einem Aparthotel an. Eine Reise von 7 Tagen kostet pro Person 374 €, für eine 14-tägige Reise werden 535 € verlangt.
   a) Herr Lang will 21 Tage auf Mallorca buchen. Mit welchen Kosten kann er rechnen?
   b) Frau Kurz kann nur 10 Tage bleiben. Wie teuer wird der Urlaub für sie?
   c) Zeichne für die Zuordnung *Reisedauer → Preis* einen Graphen und begründe, dass es sich nicht um eine proportionale Zuordnung handelt.

Bleib fit im ... Umgang mit Prozenten

Zum Aufwärmen

1. Schreibe den dargestellten Anteil als Bruch, als Dezimalbruch und in Prozent.

a) 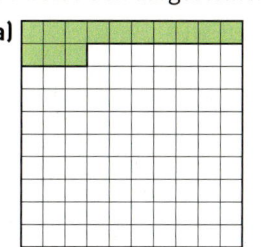 b) 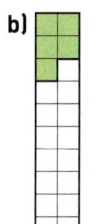 c) 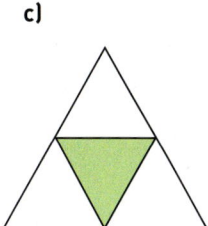 d) 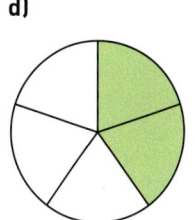 e)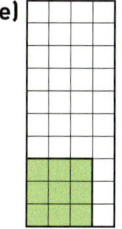

2. Bei verpacktem Aufschnitt ist oft der Fettanteil in Prozent angegeben.
   a) Ein Schinken enthält 20 % Fett. Wie viel g Fett enthält eine Scheibe, die 15 g wiegt?
   b) Eine Salami wird untersucht: In 80 g sind 24 g Fett enthalten. Welchen Fettanteil hat diese Salami?
   c) Eine Käsesorte trägt die nebenstehende Aufschrift. Wie viel wiegt eine Käsescheibe?

Zum Erinnern

(1) **Angabe von Anteilen in Prozent**

Anteile an einem Ganzen gibt man oft in Prozent an; Prozent bedeutet *Hundertstel*.

Das Ganze bezeichnet man als **Grundwert** G, den Teil als **Prozentwert** W, den Anteil als **Prozentsatz** p %.

$$p\% = \frac{p}{100}$$

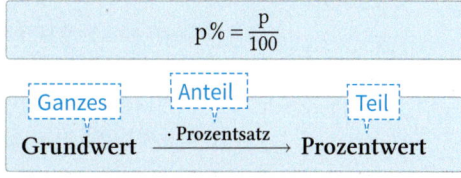

(2) **Grundaufgaben der Prozentrechnung**

- Man berechnet den Prozentwert, indem man den Grundwert mit dem Prozentsatz multipliziert.

  Wie viel sind 16 % von 300 €?
  Ansatz: $300\,€ \xrightarrow{\cdot\,16\%} W$
  Rechnung: $W = 300\,€ \cdot \frac{16}{100}$
  $= 300\,€ \cdot 0{,}16 = 48\,€$

- Man berechnet den Grundwert, indem man den Prozentwert durch den Prozentsatz dividiert.

  30 % eines Grundwertes sind 18 €.
  Ansatz: $G \xrightarrow{\cdot\,30\%} 18\,€$
  Rechnung: $G = 18\,€ : \frac{30}{100} = 18\,€ \cdot \frac{100}{30} = 60\,€$

  Mit dem Taschenrechner ist es einfacher $18:0{,}3$ zu rechnen.

- Man berechnet den Prozentsatz, indem man den Prozentwert durch den Grundwert dividiert und das Ergebnis in der Prozentschreibweise notiert.

  Wie viel % sind 24 € von 80 €?
  Ansatz: $80\,€ \xrightarrow{\cdot\,p\%} 24\,€$
  Rechnung: $p\% = \frac{24\,€}{80\,€} = 0{,}3 = \frac{30}{100} = 30\,\%$

Zum Trainieren

3. Betrachte die Packung mit dem Parma-Schinken links.
   a) Wie viel Fett nimmst du zu dir, wenn du eine Scheibe dieses Schinkens isst?
   b) Jemand macht Diät. Wie viel Scheiben von dem Schinken darf er noch essen, wenn er damit nur noch 5 g Fett zu sich nehmen möchte?
   c) Ein anderer Bratenaufschnitt enthält 5 g Fett in 90 g Braten. Wie viel Prozent Fett muss auf der Verpackung ausgezeichnet werden?

4. In einem kleinen Staat stellen sich 4 Parteien zur Wahl:
   Demokratische Mitte   25 471 Stimmen   Grünes Engagement   11 003 Stimmen
   Sozialer Fortschritt   19 323 Stimmen   Liberale Freiheit   2 517 Stimmen
   a) Berechne den Stimmenanteil jeder Partei und zeichne ein Kreisdiagramm.
   b) Nur die Parteien, die mehr als 5 % der abgegebenen Stimmen erhalten haben, kommen in das Parlament. Wie viele Stimmen hätte die Liberale Freiheit mehr erringen müssen, um in das Parlament einzuziehen?

5. Beim Herunterladen einer großen Datei aus dem Internet wird angegeben, dass nach 2 Minuten 34 % der Datei übertragen worden sind. Wie lange dauert der gesamte Vorgang voraussichtlich?

6. a) Wie viel Prozent des Mülls entfallen auf Hausmüll?
   b) Zeichne ein passendes Streifendiagramm.

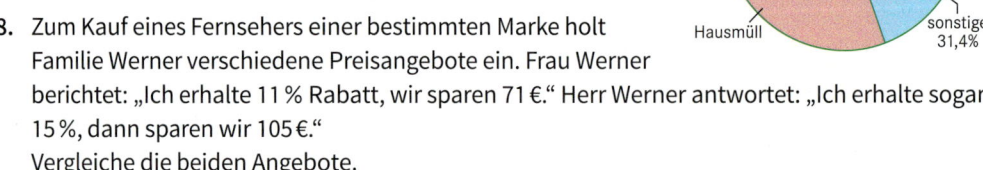

7. Schon 35,7 % der deutschen Urlauber buchten im Jahr 2011 ihren Haupturlaub über das Internet, das waren 23,4 Millionen. Wie viele Haupturlaube wurden insgesamt im Jahr 2011 gebucht?

8. Zum Kauf eines Fernsehers einer bestimmten Marke holt Familie Werner verschiedene Preisangebote ein. Frau Werner berichtet: „Ich erhalte 11 % Rabatt, wir sparen 71 €." Herr Werner antwortet: „Ich erhalte sogar 15 %, dann sparen wir 105 €."
   Vergleiche die beiden Angebote.

9. Betrachte die Grafik rechts.
   a) Wie viel kWh wurden für den Geschirrspüler benötigt?
   b) Eine Kilowattstunde kostet 0,25 €. Wie teuer ist das Fernsehen im Jahr?
   c) Stelle weitere Fragen und rechne.
   d) Erkundige dich nach eurem Stromverbrauch. Stelle Aufgaben und löse sie.

10. Im Diagramm sind die Bestandteile des menschlichen Körpers dargestellt.

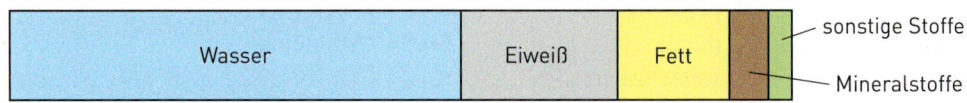

   a) Gib die Anteile in Prozent an.
   b) Aus wie viel kg Wasser, wie viel kg Eiweiß usw. besteht ein 70 kg schwerer Mensch?

2. Prozent- und Zinsrechnung

In vielen Bereichen des täglichen Lebens kommen Angaben in Prozent vor.
Einiges darüber weißt du schon aus Klasse 6.

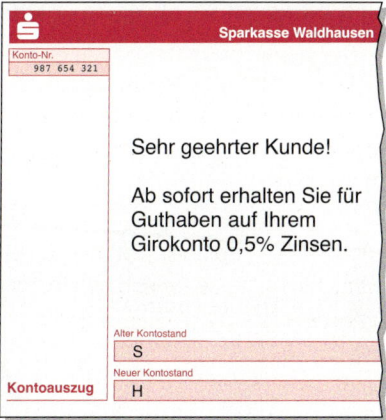

→ Wie viel g Fett enthält die Salami-Packung oben?
→ Wie viel g Fett enthält gewöhnliche Salami?
→ Was bedeutet die Angabe 0,5 % Zinsen?
→ Wie viele Zinsen sind pro Jahr für einen Amalfi-Kredit in Höhe von 8 000 € zu zahlen?

*In diesem Kapitel ...
lernst du, in welchen Situationen im Alltag Prozentangaben wichtig sind
und wie man mit Prozentangaben rechnen kann.*

Lernfeld: Mehr mit Prozenten

Prozentuale Veränderungen
Veränderungen werden oft mit Prozenten beschrieben.

→ Untersucht, welche Werte aus den Angaben im Zeitungsartikel berechnet werden können. Kontrolliert auf diese Weise auch die Angaben.

Land & Garten
Obstbäume
Gab es vor 10 Jahren noch ca. 1 700 Obstbäume auf unseren Streuobstwiesen, sind es heute 15 % weniger, weil viele alte und kranke Bäume gefällt werden mussten. Die Gemeinde hat ein Förderprogramm gestartet und will den jetzigen Bestand der Bäume wieder um 15 % aufstocken. Interessierte Bürger erhalten kostenlos junge Bäume, wenn sie sich verpflichten, sie mindestens 16 Jahre zu erhalten. So ist zu erwarten, dass der Obstbaumbestand bald wieder genauso groß ist wie vor 10 Jahren.

Geld bringt Zinsen

Jetzt günstig einkaufen!!!
3 000 Euro leihen für nur 30 Euro im Monat

Hier bekommen Sie 2,5 % für Ihr Geld (ab 4 000 Euro)
Kapital bilden mit Pfandbriefen

Bauen Sie sich ein Zuhause

Unser Zinssatz 6 %

Ein Sparbuch bringt Sicherheit
Bei einer Anlage von 1 000 Euro bekommen Sie jährlich 25 Euro Zinsen
Ihre Bank

→ Jeder von euch hat schon mal etwas von Zinsen gehört. Auf den Plakaten findet ihr verschiedene Angebote mit Zinsangaben. Bildet Vierergruppen und verteilt auf jeden in der Gruppe eines der Plakate. Er soll den anderen den Inhalt des Plakats auch mit eigenen Beispielen erklären.

→ Auf einigen Plakaten werden Zinsen in Euro angegeben, auf anderen Plakaten Zinssätze in Prozent. Besprecht in der Gruppe den Unterschied und formuliert gemeinsam einen Text, der den Unterschied beschreibt.

→ In den Angeboten mit Zinssätzen soll nun mit Zinsen geworben werden und umgekehrt. Gestaltet die Plakate entsprechend um. Arbeitet dabei zu zweit zusammen.

2.1 Prozentuale Änderungen

2.1.1 Prozentuale Erhöhung – Prozentsätze über 100 %

Einstieg Mit welchen Kosten muss man für ein Auto in den einzelnen Schadenklassen rechnen, wenn die Basisprämie für einen Kleinwagen 722,50 € beträgt?

Versicherungsprämien über 100 %
Fahranfänger oder Fahrzeughalter mit mehreren Unfällen zahlen für die Versicherung eines Autos mehr als die Basisprämie (100 %-Prämie).

Schaden-klassen	Beitragssatz Haftpflicht
S	155 %
Null	240 %
M	245 %

Aufgabe 1

Berechnen des erhöhten Wertes
Ein Auto kostet 21 500 €. Der Händler sagt: „Der Preis wird demnächst um 3 % erhöht."
Berechne den neuen Preis.

Lösung

Der alte Preis ist der Grundwert G = 21 500 €.
1. Weg: Wir bestimmen zunächst die Preiserhöhung. Der Prozentsatz beträgt 3 %.
3 % von 21 500 € = 21 500 € · $\frac{3}{100}$ = 645 €

    [Alter Preis] [Erhöhung] [Neuer Preis]

Neuer Preis: 21 500 € + 645 € = 22 145 €

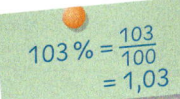

103 % = $\frac{103}{100}$ = 1,03

2. Weg: Wir berechnen den neuen Preis in einem Schritt. Sieh dir das Diagramm an: Der neue Preis setzt sich zusammen aus dem alten Preis (100 %) und der Preiserhöhung (3 %). Der neue Preis ist also 103 % des alten Preises: p % = 103 %.
Bei diesem Weg ist der Prozentwert W der neue Preis.
Du kannst demzufolge auch so rechnen:
Ansatz: 21 500 € $\xrightarrow{\cdot\,103\,\%}$ W
Rechnung: W = 21 500 € · 1,03 = 22 145 €
Ergebnis: Der neue Preis des Autos beträgt 22 145 €.

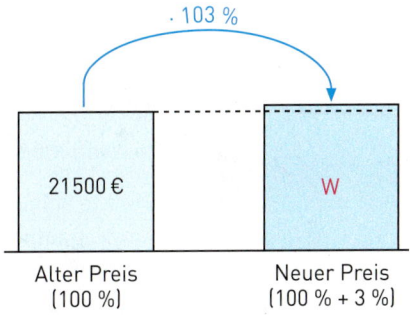

Information

(1) Erhöhung um … – Erhöhung auf …
Die Erhöhung einer Größe kann man durch die Angabe der Veränderung oder durch die Angabe des neuen Wertes beschreiben.

Statt Zunahmefaktor sagt man auch Wachstumsfaktor.

Beispiel:
„Eine Größe wird um 15 % erhöht" bedeutet:
(1) Erhöhe die Größe **um** 15 %.
(2) Erhöhe die Größe **auf** 115 %.
(3) Multipliziere die Größe mit dem **Zunahmefaktor** p = 115 % = 1,15.

Allgemein:
„Eine Größe wird um q % erhöht" bedeutet:
(1) Erhöhe die Größe **um** q %.
(2) Erhöhe die Größe **auf** (100 + q) %.
(3) Multipliziere die Größe mit dem **Zunahmefaktor** p = 1 + $\frac{q}{100}$.

Aufgabe 2 Berechnen des Prozentsatzes und des Grundwerts.

TSV aktuell

Handball:
Die Anzahl der Aktiven ist in diesem Jahr von 240 auf 258 gestiegen.

Fußball:
Durch die effektive Nachwuchsförderung ist die Anzahl von Aktiven um 12 % auf 868 gestiegen.

a) Betrachte die Handballer. Auf wie viel Prozent ist ihre Anzahl gestiegen?
b) Bei den Fußballspielern ist die Anzahl der Aktiven nicht angegeben. Berechne sie.

Lösung

a) Die Anzahl der Aktiven hat sich im letzten Jahr von 240 auf 258 erhöht. Die alte Anzahl ist der Grundwert $G = 240$, die neue der Prozentwert $W = 258$. Gesucht ist der Prozentsatz.
Das Diagramm liefert die Lösungsidee:

Ansatz: $240 \xrightarrow{\cdot\, p\,\%} 258$

Rechnung: $p\,\% = 258 : 240 = \frac{258}{240} = 1{,}075 = 107{,}5\,\%$

Ergebnis: Die Anzahl der Handballer ist auf 107,5 % der Anzahl des letzten Jahres gestiegen. Diese hat sich von 100 % auf 107,5 %, also um 7,5 %, erhöht.

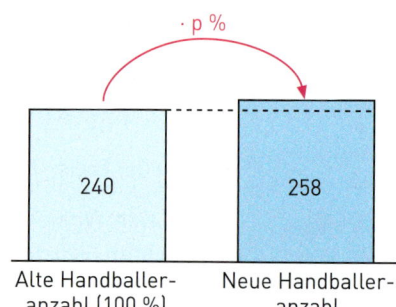

b) Die alte Spieleranzahl ist der gesuchte Grundwert G. Am Diagramm erkennst du:
Die neue Fußballeranzahl 868 setzt sich zusammen aus der alten Fußballeranzahl (Grundwert) und der Erhöhung um 12 % des Grundwertes.
Die neue Fußballeranzahl ist 100 % + 12 %, also 112 %, der alten Fußballeranzahl.

Ansatz: $G \xrightarrow{\cdot\, 112\,\%} 868$ ⟵ rückgängig machen
Rechnung: $G = 868 : 112\,\% = 868 : 1{,}12 = 775$
Ergebnis: Die alte Fußballeranzahl betrug 775 Mitglieder.

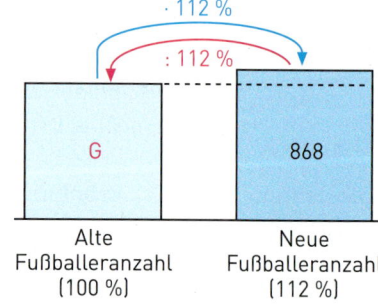

Weiterführende Aufgabe

Kombination von Wachstumsfaktoren

3. Bei den Tarifverhandlungen der Gewerkschaft mit den Arbeitgebern wird vereinbart, den Lohn in diesem Jahr um 2,4 % zu erhöhen und im nächsten Jahr um 1,8 % zu erhöhen.
Wie hoch ist die Erhöhung insgesamt?

2.1 Prozentuale Änderungen

Übungsaufgaben

4. a) Eine Stadtbücherei hat einen Bestand von 6 350 Büchern. Im nächsten Jahr soll der Bestand um 2 % steigen. Berechne den neuen Bestand.
   b) In diesem Jahr stieg die Anzahl der Musik-CDs in der Bücherei von 2 720 auf 3 060. Auf wie viel Prozent des Anfangsbestandes ist die Zahl der CDs angewachsen?
   c) Der Bestand an Hörbüchern in der Bücherei wurde um 14 % auf jetzt 285 erhöht. Wie hoch war der Bestand vor der Neuanschaffung?

5. a) Ein Preis steigt um 20 % [3 %; 17,5 %] an. Auf das Wievielfache steigt er an?
   b) Ein Preis steigt auf das 1,15-fache [1,2-fache] an. Um wie viel Prozent steigt er an?
   c) Ein Preis steigt auf 300 % [175 %; 210 %] an. Um wie viel Prozent steigt er an?

6. Herr und Frau Meier haben 2013 für ihr Geschäft einen Spiegel für 145 € (einschließlich 19 % Mehrwertsteuer) gekauft. Für ihre Buchführung gegenüber dem Finanzamt benötigen sie den Preis ohne Mehrwertsteuer. Entscheide, welcher Rechenweg korrekt ist.

Frau Meier	145 · 0,19	=	27,55
	145 − 27,55	=	117,45
	Preis ohne MwSt.	=	117,45 €
Herr Meier	145 : 1,19	=	121,85
	Preis ohne MwSt.	=	121,85 €

7. Familie Sommer will ihr gebrauchtes Auto verkaufen. Im Internet finden sie eine Preistabelle. Ihr Automodell ist mit 8 600 € angegeben. Da mit dem Auto nur wenig gefahren worden ist und es eine Sonderausstattung besitzt, können 12 % aufgeschlagen werden.

8. Ein Obstbauer hat den Ernteertrag von 15 800 kg auf 18 600 kg steigern können. Um wie viel Prozent nahm der Ertrag zu? Runde auf zehntel Prozent.

9. Die Miete von Familie Schreiber wurde um 8 % erhöht und beträgt jetzt 573,70 €. Wie hoch war die Miete vor der Erhöhung?

10. Ein Bett kostet 215 €. Der Preis wird um 5 % erhöht, der erhöhte Preis später nochmals um 5 %. „Dann ist der Preis um 10 % erhöht worden", sagt Herr Arl. Was meinst du?

11. a) Wie viel war vorher in den Packungen im Bild unten?
    b) Sucht selber Packungen mit solchen Angaben und rechnet.

Das kann ich noch!

A) Berechne im Kopf.
   1) 0,2 + 0,95
   2) 1,47 − 0,83
   3) 0,26 · 4
   4) 1,96 : 4
   5) 1,5 · 0,2
   6) 2,4 : 0,6
   7) 0,4 · 0,3
   8) 1,05 : 0,5

2.1.2 Prozentuale Abnahme

Einstieg

Berechnet den Aktionspreis für die Digitalkamera.

Aufgabe 1

Berechnen des verminderten Wertes
Durch energiesparende Elektrogeräte konnte Familie Sparsam den jährlichen Energiebedarf von 3 600 kWh (Kilowattstunden) um 6 % senken. Berechne den neuen Energiebedarf.

Lösung

1. Weg
Der alte Energiebedarf ist der Grundwert G. Wir bestimmen zunächst, um wie viele kWh der Energiebedarf gesenkt wurde. Der Prozentsatz beträgt p % = 6 %.
Für diesen gilt: (6 % von 3 600 kWh) = 3 600 kWh $\cdot \frac{6}{100}$ = 216 kWh

| Alter Bedarf | Verminderung | Neuer Bedarf |

Neuer Bedarf: 3 600 kWh − 216 kWh = 3 384 kWh

2. Weg
Wir berechnen den neuen Energiebedarf direkt in einem Schritt. Sieh dir das Diagramm an. Du erhältst den neuen Energiebedarf, indem du vom alten (100 %) die Verminderung (6 %) subtrahierst:
p % = 100 % − 6 % = 94 %.
Hier ist der Prozentwert W der neue Energiebedarf.
Damit kannst du so rechnen:
Ansatz: 3 600 kWh $\xrightarrow{\cdot\,94\,\%}$ W
Rechnung: W = 3 600 kWh · 0,94 = 3 384 kWh
Ergebnis: Der neue Energiebedarf beträgt 3 384 kWh.

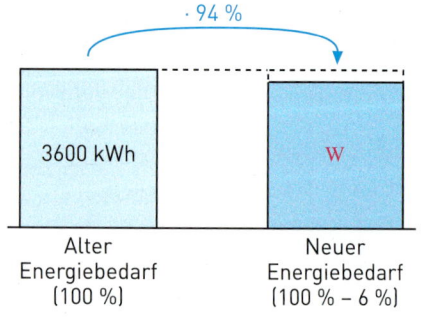

Information

Senkung um ... − Senkung auf ...
Der Energiebedarf sinkt *um* 6 % bedeutet auch: Er sinkt *auf* 94 % des ursprünglichen Bedarfs.

Beispiel:	*Allgemein:*
„Eine Größe sinkt um 6 %" bedeutet:	„Eine Größe sinkt um p %" bedeutet:
(1) Vermindere die Größe **um** 6 %.	(1) Vermindere die Größe **um** p %.
(2) Vermindere die Größe **auf** 94 %.	(2) Vermindere die Größe **auf** (100 − p) %.
(3) Multipliziere die Größe mit dem **Abnahmefaktor** q = 94 % = 0,94.	(3) Multipliziere die Größe mit dem **Abnahmefaktor** q = 1 − $\frac{p}{100}$.

2.1 Prozentuale Änderungen

Aufgabe 2 Berechnen des Prozentsatzes bzw. Grundwertes
a) Durch Modernisierung der Heizung hat Familie Sparsam die Heizkosten von 525 € auf 462 € absenken können.
Auf wie viel Prozent der alten Kosten wurden die neuen Kosten gesenkt? *Um* wie viel Prozent konnten die Heizkosten gesenkt werden?
b) Das neue Automodell von Familie Sparsam hat einen Durchschnittsverbrauch von 6,8 ℓ für 100 Kilometer. Wie hoch war der Verbrauch beim Vorgängermodell?

Lösung a) *1. Weg*
Die Heizkosten wurden von 525 € um 63 € auf 462 € gesenkt. Das ist eine Absenkung der Heizkosten *um* $\frac{63\,€}{525\,€} = 0{,}12 = 12\,\%$.
Die Kosten wurden somit *auf* 100 % − 12 %, also auf 88 %, gesenkt.

2. Weg
Die neuen Heizkosten (Prozentwert) sind durch eine Absenkung der alten Heizkosten (Grundwert) entstanden. Den zugehörigen Prozentsatz kannst du berechnen.
Ansatz: $525\,€ \xrightarrow{\cdot\,p\,\%} 462\,€$
Rechnung: $p\,\% = \frac{462\,€}{525\,€} = 0{,}88 = 88\,\%$
Ergebnis: Die Kosten wurden auf 88 % der alten Kosten gesenkt. Die neuen Kosten sind um 100 % − 88 %, also um 12 %, niedriger. Die Einsparung beträgt 12 %.

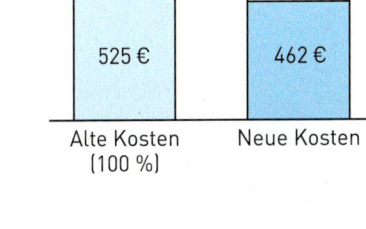

b) Der neue Verbrauch 6,8 ℓ ist entstanden aus dem alten Verbrauch (Grundwert) und der Reduzierung von 20 %. Der neue Verbrauch ist 100 % − 20 %, also 80 % des alten Verbrauchs.
Ansatz: $G \xrightarrow{\cdot\,80\,\%} 6{,}8\,ℓ$
Rechnung: $G = 6{,}8\,ℓ : 0{,}8 = 8{,}5\,ℓ$
Ergebnis: Der Benzinverbrauch für 100 km betrug vorher 8,5 ℓ.

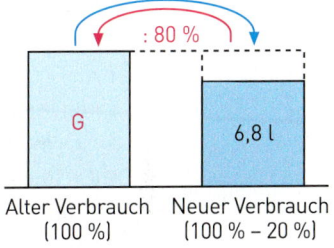

Weiterführende Aufgaben Kombination von Wachstumsfaktor und Abnahmefaktor
3. Ein Preis von 120 € wird zuerst um 10 % erhöht, der erhöhte Preis später um 10 % herabgesetzt. Jan behauptet: „Dann beträgt der Endpreis wieder 120 €." Was meinst du dazu? Begründe.

brutto (ital.)
ohne Abzug

netto (ital.)
nach Abzug

Preisnachlässe: Bruttopreis und Nettopreis
4. Ein Fernsehgerät kostet brutto 520 €. Da es ein Vorführgerät ist, gewährt die Händlerin einen Preisnachlass von 15 %. Wie viel kostet der Fernseher netto?

Information

Rabatt (ital.)
Abschlag

Besondere Arten von Preisnachlass – Rabatt
Beim Verkauf von Waren wird oft ein Preisnachlass **(Rabatt)** gewährt. Anlass dazu ist z.B. Saisonrabatt, Mengenrabatt, Treuerabatt, Einführungsrabatt, Barzahlungsrabatt bei sofortiger Zahlung. Der ursprüngliche Preis wird dabei als **Bruttopreis**, der Preis nach Abzug des Preisnachlasses als **Nettopreis** bezeichnet.

Übungsaufgaben

5. a) Alexander will ein City-Bike kaufen. Es kostet 470 €. Da es sich um ein Modell aus dem Vorjahr handelt, wird der Preis um 15 % herabgesetzt.
Wie viel muss Alexander bezahlen?
   b) Jasmin hat sich in einem Prospekt einen Fotoapparat für 212 € ausgesucht und will ihn in einem Fachgeschäft in ihrer Nachbarschaft kaufen. Da es sich um ein Auslaufmodell handelt, ist der Händler bereit, Jasmin den Fotoapparat für 185,50 € zu verkaufen.
Wie viel Prozent Preisnachlass gewährt der Händler?
   c) Beim Kauf eines Computers erhält Marias Mutter auf einer Messe einen Preisnachlass von 5 %. Daher zahlt sie nur 551 €. Wie teuer ist der Computer ohne Preisnachlass?

6. Vermindere um 20 % [5 %; 15 %; 90 %]. Rechne möglichst im Kopf.
   a) 160 €   b) 410 m   c) 1250   d) 860 t   e) 40 min

Skonto (ital.)
Preisnachlass bei Barzahlung oder Zahlung innerhalb einer vorgegebenen Frist

7. Mias Mutter muss eine Rechnung über 455 € bezahlen. Sie erhält bei Barzahlung 2 % Skonto. Wie viel € muss sie noch zahlen?

8. Ben kauft Inline-Skater für 112 €. Da es sich um ein Ausstellungsstück handelt, bekommt er 20 % Rabatt. Wie viel muss er für die Skater bezahlen?

9. Frau Kohfahl hat das Sondermodell zum ermäßigten Preis gekauft. Ihre Töchter möchten den Preis vor der Preissenkung berechnen. Entscheide, welcher Rechenweg korrekt ist.

```
Jasmin:
14 500 · 9 % = 1 305
14 500 + 1 305 = 15 805
           Alter Preis: 15 805
```

```
Sophie:
14 500 : 91 % = 15 934,07
         Alter Preis: 15 934,07 €
```

10. Tims Mutter fährt an jedem Arbeitstag 67,5 km zu ihrer Arbeitsstelle. Sie hat in einem anderen Ort eine neue Wohnung gefunden, die nur noch 21,3 km von der Arbeitsstelle entfernt ist.
Um wie viel Prozent wird die Fahrstrecke nach dem Umzug kürzer?

11. Nach Tarifverhandlungen wurden die Löhne um 50 € erhöht. Die Tabelle zeigt die neuen Löhne. Um wie viel Prozent sind die Löhne gestiegen?

Herr Sachse	Frau Weber	Frau Haase	Herr Weise
940 €	1230 €	1410 €	1670 €

12. Stellt geeignete Aufgaben und löst sie. Sucht auch selber Packungen und rechnet.

2.1.3 Prozentuale Veränderungen von Anteilen

Einstieg

In einem Stadtteil sind zu Beginn eines Jahres 40 % aller Haushalte an das Fernwärmenetz angeschlossen. In diesem Jahr soll der Anteil um 25 % gesteigert werden. Wie hoch ist der für das Jahresende geplante Anteil?

Aufgabe 1

Ein Parteivorsitzender behauptet: „Durch intensive bürgernahe Öffentlichkeitsarbeit konnten wir unseren Stimmenanteil um mehr als 10 % von 44 % auf 49 % steigern."
Kontrolliere diese Behauptung und berechne dabei den Anstieg genau.

Lösung

(1) *Kontrolle der Behauptung durch Berechnen eines Anstiegs von 10 %*
Der Grundwert ist der vorherige Stimmenanteil G = 44 %, der Prozentsatz p = 10 % = 0,1 und der Prozentwert die Erhöhung:
W = 44 % · 0,1 = 4,4 %.
Bei 10%iger Steigerung betrüge der neue Stimmenanteil 44 % + 4,4 % = 48,4 %.
Da der Stimmenanteil sogar bei 49 % liegt, hat der Parteivorsitzende Recht.

(2) *Berechnen des genauen prozentualen Anstiegs*
Aus dem Grundwert G = 44 % und dem Prozentwert W = 49 % – 44 % = 5 % ergibt sich für den prozentualen Anstieg
$$p\,\% = \frac{5\,\%}{44\,\%} = \frac{5}{44} \approx 0{,}114 = 11{,}4\,\%$$
Der Stimmenanteil wurde sogar um 11,4 % erhöht.

Information

Beim Berechnen der Veränderung von Anteilen kann man Prozente von Prozenten bilden. Dann ist der Grundwert selber auch eine Angabe in %.
Beispiel: 25 % von 80 % ⟵ ein Viertel von 80 %
80 % · 0,25 = 20 %

Übungsaufgaben

2. Berechne den Fettanteil gewöhnlicher Crème fraîche.

3. Ein Bürgermeister berichtet:
„Im letzten Jahr konnte der Anteil der Kindertagesstättenplätze für unter 3-jährige von 30 % auf 37,5 % gesteigert werden."
Berechne den prozentualen Anstieg.

4. Auch in anderen Zusammenhängen muss man genau darauf achten, ob „Prozent" oder „Prozentpunkte" genau unterschieden werden. Prüfe die Beispiele. Formuliere sie gegebenenfalls um.

> Obwohl diese Partei ihren Stimmenanteil um mehr als 10 % auf 5,2 % erhöhen konnte, bleibt sie noch in bedenklicher Nähe zur Fünfprozentklausel.

> Mit dem Jahreswechsel von 2010 auf 2011 erhöhen sich die einheitlichen Beitragssätze zur Krankenversicherung von 14,9 % um 0,6 % auf 15,5 %; der Arbeitnehmeranteil beträgt dann 8,2 %, der Arbeitgeberanteil 7,3 %.

5. Sammelt Pressemeldungen über prozentuale Erhöhungen und prüft, ob sie richtig formuliert sind.

2.2 Vermischte Übungen zur Prozentrechnung

1. Macht euch mit dem folgenden Artikel vertraut. Stellt euch dann abwechselnd gegenseitig geeignete Aufgaben und löst sie.

   a)
   ### Einsatz-Rekord der ADAC-Luftretter im Jahr 2011

   Niemals zuvor mussten die Hubschrauber der ADAC-Luftrettung häufiger in die Luft als im Jahr 2011: Die Gelben Engel der Luft absolvierten insgesamt 47 315 Einsätze und versorgten dabei 43 273 Patienten. Täglich hoben die gelben Helikopter bundesweit zu 130 Rettungsflügen ab. Die Zahl der Einsätze stieg im Vergleich zu 2010 um 7,3 Prozent.
   Bei fast jedem zweiten Einsatz (48,8 Prozent) wurden die ADAC-Hubschrauber zu internistischen Notfällen wie akuten Herzerkrankungen gerufen. Es folgen Verkehrsunfälle (10,7 Prozent) sowie neurologische Notfälle wie Schlaganfälle und Hirnblutungen (12,5 Prozent). Insgesamt gingen die unfallbedingten Einsätze im Vergleich zu den vergangenen Jahren zurück. Spitzenreiter bei den Luftrettungsstationen war „Christoph 5" in Ludwigshafen mit 1 970 Einsätzen. Die zweitmeisten Einsätze flogen die Gelben Engel von „Christoph 10" in Wittlich (1 961) vor „Christoph 31" in Berlin (1 944).

   b)
   ### Kinowirtschaft im Jahr 2011 in Deutschland

   Anzahl der Spielstätten
   - 1 671 Kinos wurden im Jahr 2011 in Deutschland betrieben.
   - Die Zahl der Kinosäle (Leinwände) sinkt um 59 auf 4 640.
   - Der Trend geht weiterhin in Richtung kleinerer Kinos. Seit dem Jahr 2011 ist die Zahl der Sitzplätze um rund 17 500 geschrumpft – bei einer Verringerung der Anzahl der Kinosäle um lediglich 59.

   Umsatz
   - Der bundesdeutsche Kinoumsatz lag im Jahr 2011 bei 958,1 Mio. €, was ein Plus von 4,1 % zum Vorjahr bedeutet.
   - Von 2006 bis 2011 sinkt der Kinoumsatz um rund 17,6 %.
   - Der durchschnittliche Eintrittspreis lag bei 7,39 €.

   Entwicklung der Besucherzahlen
   - 129,6 Mio. Kinobesucher wurden im letzten Jahr in Deutschland gezählt, davon besuchten 27,9 Mio. Zuschauer deutsche Filme. Im Vergleich von 2010 zu 2011 stiegen die Besucherzahlen um fast 2,4 %.
   - Der Marktanteil deutscher Filme stieg von 16,8 % (2010) auf 21,8 % (2011) erheblich.

   Kinobesuche pro Einwohner
   - Jeder Einwohner ging im Jahr 2011 rund 1,6-mal ins Kino. Die Anzahl der jährlichen Kinobesuche ist seit 2006 von 1,66 auf 1,54 gesunken.

   3D-Filme
   - Die Anzahl der Besucher von 3D-Filmen ist im Vergleich zum Vorjahr um 3,9 Mio. auf 29,3 Mio. angestiegen.
   - Der Marktanteil von 3D-Filmen liegt nur bei 22,8 %.

2.2 Vermischte Übungen zur Prozentrechnung

TAB 2. Im Großhandel sind die Preise ohne Mehrwertsteuer ausgezeichnet. Auf alle Waren ist Mehrwertsteuer zu zahlen; rechne mit dem 2013 gültigen Satz von 19 %. Betrachte die Zuordnung *Preis ohne Mehrwertsteuer → Preis einschließlich Mehrwertsteuer*.
   a) Lege mithilfe einer Tabellenkalkulation für diese Zuordnung eine Tabelle an: Preise ohne Mehrwertsteuer von 100 € bis 1 000 € in 50-€-Schritten
   b) Untersuche, ob die Zuordnung proportional ist.
   c) Zeichne den Graphen dieser Zuordnung.

3. Wer eine Fundsache im Fundbüro abgibt, hat Anspruch auf Finderlohn: Bis 500 € beträgt er 5 % vom Wert der Fundsache. Ist die Fundsache mehr als 500 € wert, so beträgt der Finderlohn 5 % von 500 € und zusätzlich 3 % des Wertes, der 500 € übersteigt.
   a) Tobias hat eine Uhr gefunden. Er erhält dafür 9 € Finderlohn.
   b) Cornelia hat eine Kette gefunden. Dafür erhält sie 34 € Finderlohn.

4. Zeichnet zu den Marktanteilen der Fernsehsender je ein Kreisdiagramm. Welcher Sender hat die größte, welcher die kleinste Veränderung in den Marktanteilen?
Stellt weitere Fragen und beantwortet sie.

Entwicklung der TV-Marktanteile in Deutschland (in %)					
Programme	1990	1995	2000	2005	2010
ARD	30,7	14,6	15,7	13,5	13,2
ZDF	28,4	14,7	15,5	13,5	12,7
Dritte	5,6	8,9	11,9	13,2	13,0
RTL	11,8	17,6	13,7	13,3	13,8
SAT 1	9,2	14,7	9,1	10,9	10,1
PRO 7	1,2	9,9	8,0	6,7	6,3

5. a) Ein Fernseher kostet im Großhandel 700 € plus 19 % Mehrwertsteuer. Bei Barzahlung gewährt der Händler einen Rabatt von 5 % des Gesamtpreises.
   b) Micha behauptet: „Das kann man ja einfacher rechnen, indem man 700 € um 14 % erhöht." Was meinst du dazu?

6. Betrachte die Anzeige rechts. Kontrolliere die prozentualen Angaben.

7. Ein Elektro-Markt verkauft einen neuen DVD-Player für schnell entschlossene Kunden 20 % unter der Preisempfehlung. Nach zwei Tagen erhöht er den Preis um 25 % auf 200 €.
Bestimme den empfohlenen Preis.

8. Lies den nebenstehenden Zeitungsartikel zur Präsidentenwahl in Kenia kritisch durch. Schreibe einen verbesserten Artikel.

9. Sucht in Zeitungen und Zeitschriften nach Artikeln, in denen Prozentangaben vorkommen. Überprüft sie kritisch.
Stellt deinen Mitschülern den Inhalt besonders geeigneter Artikel vor. Erläutere die Bedeutung der Prozentangaben.

Politik: Präsidentenwahl in Kenia:
„Dem Wahlrecht zufolge ist als Präsident gewählt, wer in fünf der acht Provinzen mehr als 25 Prozent der Stimmen auf sich vereinigt. Theoretisch könnte also ein Kandidat in den vier bevölkerungsreichsten Provinzen 100 %, in den anderen vier je 24 % bekommen und dennoch verlieren, während sein Gegner fünfmal knapp über die 25-Prozent-Hürde kommt – und gewinnt."

Im Blickpunkt

Prozent oder Prozentpunkte – was ist hier gemeint?

1. Dem Waldzustandsbericht der Bundesregierung für das Jahr 2012 kann man folgende Daten entnehmen:

   ## Der deutschen Eiche geht es schlechter!
   Bei der Eiche ist der Anteil der deutlichen Kronenverlichtung von 40 Prozent auf 50 Prozent angestiegen. Nur noch 17 Prozent weisen keine Schäden auf. Der Zustand der Baumart geht vor allem auf Schäden durch Insekten zurück, da die Raupen verschiedener Schmetterlingsarten im Frühling die jungen Blätter fressen.

   Ein Journalist veröffentlicht: „Der Anteil der Eichen mit deutlicher Kronenverlichtung hat um 10 % zugenommen." Ein anderer Journalist schreibt: „Der Anteil der Eichen mit deutlicher Kronenverlichtung ist um dramatische 25 % gestiegen."
   Beide meinen etwas Richtiges, obwohl sich ihre Aussagen unterscheiden. Erläutere die Überlegungen der beiden Journalisten.

   ### Prozent – Prozentpunkt
   Man verwendet die Bezeichnung Prozentpunkt, um zwischen mehreren in Prozent angegebenen Anteilen zu vergleichen. Ein Prozentpunkt entspricht der Veränderung, die notwendig ist, um eine prozentuale Angabe z. B. von 2 % auf 3 % zu erhöhen. Prozentpunkte werden unter anderem zum Vergleichen von Wahlergebnissen oder Zinssätzen verwendet. In § 288 des Bürgerlichen Gesetzbuches ist. z. B. festgelegt: *„Der Verzugszinssatz beträgt für das Jahr fünf Prozentpunkte über dem Basiszinssatz."*
   Eine Steigerung um einen Prozentpunkt darf nicht mit einer Steigerung um ein Prozent verwechselt werden. Eine Steigerung von einem Prozentpunkt etwa von 2 % auf 3 % entspricht einer Steigerung von 50 %. Dieser Unterschied von Prozentpunkten und Prozent wird häufig übersehen und kann zu Missverständnissen führen.

2. Im Waldschadensbericht der Bundesregierung für das Jahr 2012 ist auch angegeben:

   Der Zustand der **Buchen** hat sich stark verbessert. Der Anteil der deutlichen Kronenverlichtung ist von 57 Prozent auf 38 Prozent gesunken, der Anteil der Bäume ohne Schaden ist von 12 auf 22 Prozent gestiegen. Die hohe Verlichtung des Jahres 2011 war unter anderem darauf zurückzuführen, dass die Bäume viele Bucheckern gebildet hatten. Dieser natürliche Vorgang der Fortpflanzung bedeutet für die Bäume einen Kraftakt, der sich in einer entsprechend schlechteren Belaubung niederschlägt. 2012 haben die Bäume fast gar keine Bucheckern getragen und konnten sich daher erholen.

   Beschreibe die Veränderungen in Prozentpunkten und in Prozent.

2.3 Zinsen für 1 Jahr

Ziel

Wenn du Geld übrig hast, kannst du es einer Bank oder Sparkasse zur Verfügung stellen. Du bekommst später dein Geld (Kapital) zurück und einen bestimmten Prozentsatz davon zusätzlich. Dieser zusätzliche Betrag heißt Zinsen. Der Prozentsatz für das Anlegen des Geldes wird Zinssatz genannt. Wenn man sich Geld bei einer Bank oder Sparkasse leiht (z.B. für ein Haus, ein Auto usw.) muss man dafür Zinsen zahlen.
Hier lernst du, wie man Berechnungen mit Zinsen für ein ganzes Jahr durchführt.

Zum Erarbeiten

Berechnen der Jahreszinsen

Lukas hat 450 € gespart. Er bringt das Geld am Jahresanfang zur Sparkasse. Am Jahresende erhält er dafür auf seinem Sparkonto 2 % Zinsen.
Wie viel Euro Zinsen sind das?
Der Grundwert ist Lukas Kapital, also 450 €, der Prozentsatz der Zinssatz 2 %. Gesucht sind die Zinsen Z, also der Prozentwert.

Ansatz: 450 € $\xrightarrow{\cdot\ 2\,\%}$ Z 	Rechnung: Z = 450 € · 0,02 = 9 €

Ergebnis: Am Jahresende werden auf Lukas Sparbuch 9 € als Zinsen gutgeschrieben.

Berechnen des Kapitals

Frau Siede hat sich zu Beginn des Jahres Geld für den Kauf eines Autos geliehen; sie hat einen Zinssatz von 8 % vereinbart. Am Jahresende zahlt sie 1 200 € Zinsen.
Wie viel Geld hat sie sich geliehen?
Der Grundwert ist das geliehene Kapital K, dieses kennen wir nicht. Der Prozentsatz ist der Zinssatz 8 %, der Prozentwert ist der Betrag 1 200 € für die Zinsen.

Ansatz: K $\xrightarrow{\cdot\ 8\,\%}$ 1 200 € 	Rechnung: K = 1 200 € : 0,08 = 15 000 €

Ergebnis: Frau Siede hat sich 15 000 € für den Kauf des Autos geliehen.

Berechnen des Zinssatzes

Marie hat am Jahresanfang 580 € auf ihrem Sparbuch. Am Jahresende erhält sie 18,70 € Zinsen.
Welchen Zinssatz gewährt die Sparkasse für Guthaben auf diesem Konto?
Der Grundwert ist Maries Guthaben, also 580 €, der Prozentwert die Zinsen für ein Jahr, also 8,70 €. Gesucht ist der Prozentsatz p % für die Berechnung der Zinsen.

Ansatz: 580 € $\xrightarrow{\cdot\ p\,\%}$ 8,70 € 	Rechnung: p % = 8,70 € : 580 € = 0,015 = 1,5 %

Ergebnis: Der Zinssatz betrug 1,5 %.

Information

Zinsrechnung als besondere Prozentrechnung

> Wenn die Zinsen für ein Jahr berechnet werden, kann man in der **Zinsrechnung** wie in der Prozentrechnung verfahren.
> Ausdrucksweisen in der *Prozentrechnung*: Grundwert $\xrightarrow{\cdot\,\text{Prozentsatz}}$ Prozentwert
> Ausdrucksweisen in der *Zinsrechnung*: **Kapital** $\xrightarrow{\cdot\,\text{Zinssatz}}$ **Jahreszinsen**

Zum Üben

1. a) Alexander hatte einen Betrag von 480 € bei einem Zinssatz von $2\frac{1}{2}$ % angelegt, während Nina 600 € zu 1,75 % angelegt hatte. Wer erhielt mehr Zinsen?
   b) Laura bekam nach 1 Jahr für 800 € Guthaben 20 € Zinsen, Michelle für 1 500 € Guthaben 33,75 € Zinsen. Wer erhielt den höheren Zinssatz?
   c) Tim und Paul haben jeweils am Jahresanfang Geld auf einem Sparkonto angelegt. Am Jahresende wurden Tim 31,50 € Zinsen bei einem Zinssatz von 2 % gutgeschrieben. Pauls Gutschrift betrug 37,50 € bei $2\frac{1}{2}$ %. Wer hatte mehr Geld angelegt?

2. a) Sarahs Mutter möchte ihr Arbeitszimmer neu einrichten. Dafür fehlen ihr noch 1 400 €. Die Bank bietet ihr ein Darlehen an, das im Jahr 9 % der Darlehenssumme als Zinsen kostet. Wie viel Euro Zinsen muss sie für das geliehene Geld in einem Jahr bezahlen?
   b) Familie Krüger braucht zur Finanzierung eines Zweifamilienhauses ein möglichst hohes Darlehen. Für Zinsen kann sie jährlich 10 000 € aufbringen.
   Wie viel Euro kann sie bei einem Zinssatz von 4,5 % als Darlehen aufnehmen?
   c) Herr Homburg benötigt für den Kauf eines Autos 6 000 €, die er nach einem Jahr zurückzahlen will. Seine Autohändlerin verlangt dafür 390 € Zinsen. Welchen Zinssatz fordert sie?

3. Anna erhält auf ihrem Sparbuch einen Zinssatz von 2 %. Für ein Darlehen wird ein Zinssatz von 8,5 % berechnet. Überlege, warum Zinssätze für Darlehen in der Regel höher sind.

4. Auf Daniels Sparbuch waren am Jahresanfang 950 € Guthaben, am Jahresende 968 € Guthaben. Während des Jahres hat Daniel nichts eingezahlt und nichts abgehoben.
Wie hoch ist der Zinssatz?

5. Frau Rinne braucht zur Finanzierung einer Eigentumswohnung ein möglichst hohes Darlehen. Für die Zinsen kann sie jährlich bis zu 3 000 € aufbringen.
Wie viel Euro kann sie bei einem Zinssatz von 5,5 % als Darlehen aufnehmen?

6. Für den Kauf eines Hauses kann Frau Wehrmann drei Darlehensverträge abschließen:
25 000 € zu 4,5 %, 14 000 € zu 5 % und 40 000 € zu 6,5 %.
Ein Finanzierungsbüro macht ihr das Angebot, stattdessen die Gesamtsumme zu 5 % aufzunehmen. Sollte Frau Wehrmann auf dieses Angebot eingehen?

7. Diese Anzeigen stammen aus einer Zeitung. Was hältst du von solchen Angeboten?

Suche 6 000 €,	25 000 € gesucht	Suche 15 000 €.
zahle nach 1 Jahr	Rückzahlung 27 000 €	Zahle 18 000 € nach
300 € Zinsen.	nach 1 Jahr.	1 Jahr zurück.
Chiffre LG. 0197	Chiffre LG. 0198	Chiffre LG. 0199

8. Es gibt verschiedene Möglichkeiten, Geld bei der Bank oder Sparkasse zum Sparen einzuzahlen. Die Zinssätze sind dabei unterschiedlich. Ebenso gibt es verschiedene Möglichkeiten, sich Geld zu leihen. Auch diese unterscheiden sich im Zinssatz. Informiert euch über die verschiedene Möglichkeiten, Geld anzulegen und Geld zu leihen. Stellt die Möglichkeiten übersichtlich auf einem Plakat zusammen.

2.4 Zinsen für beliebige Zeitspannen

2.4.1 Zinsen für Bruchteile eines Jahres

Einstieg

Zur kurzfristigen Finanzierung von Anschaffungen bietet eine Bank ihren Kunden einen Kredit an. Frau Beierle leiht sich zum Kauf einer Einbauküche 9 500 €. Der Zinssatz beträgt 6% (für ein ganzes Jahr). Sie ist sich nicht sicher, ob sie den geliehenen Betrag bereits nach einem Vierteljahr oder erst nach 7 Monaten zurückbezahlen kann. Wie viel Zinsen muss sie
a) nach einem Vierteljahr;   b) nach 7 Monaten   zahlen?

Information

„3,5 % p. a." bedeutet: Zinssatz 3,5 % pro anno (für ein Jahr)

Zinsen für Bruchteile eines Jahres

Der für Zinsen angegebene Zinssatz bezieht sich auf ein Jahr. Geld bleibt oft für einen anderen Zeitraum als ein Jahr auf dem Sparkonto. Dann richten sich die Zinsen nach der Zeitdauer. Zur Hälfte (zum Drittel, ...) der Zeitdauer (1 Jahr) gehört auch die Hälfte (ein Drittel, ...) der Zinsen. In Deutschland wird in der Regel ein Zinsjahr mit 360 Zinstagen gerechnet, also gilt: 1 Zinstag = $\frac{1}{360}$ Zinsjahr. Jeder volle Monat wird mit 30 Zinstagen gerechnet.

Aufgabe 1

Zinsen für Bruchteile eines Jahres

Kristina hat zu Jahresbeginn 600 € auf ihrem Sparbuch. Der Zinssatz beträgt 1,5 %.
a) Sie hebt ihr Geld bereits nach einem $\frac{3}{4}$ Jahr ab. Wie viel Zinsen erhält sie?
b) Sie hebt ihr Geld schon nach 5 Monaten ab. Wie viel Zinsen erhält sie nun?
c) Berechne die Zinsen, wenn sie ihr Geld nach 258 Tagen abhebt.

Lösung

Der Zinssatz bezieht sich auf ein Jahr. Wir berechnen deshalb zunächst die Zinsen für ein Jahr:
600 € · 0,015 = 9 €.

Jahresbeginn: 600 € $\xrightarrow{\cdot 1{,}5\%}$ 9 €

anteilig: 9 € $\xrightarrow{\cdot \frac{3}{4}}$ 6,75 €

a) Von diesen Jahreszinsen erhält sie nur den Anteil $\frac{3}{4}$,
also: $\frac{3}{4}$ von 9 € = $\frac{3}{4}$ · 9 € = 6,75 €.
Ergebnis: Kristina erhält 6,75 € Zinsen.

b) Für einen Monat würde sie $\frac{1}{12}$ der Jahreszinsen erhalten: 9 € : 12 = 0,75 €.
Für 5 Monate erhält sie fünfmal so viel: 0,75 € · 5 = 3,75 €.
Ergebnis: Kristina erhält 3,75 € Zinsen.

c) Für einen Tag würde sie $\frac{1}{360}$ der Jahreszinsen erhalten: 9 € : 360 = 0,025 €.
Für 258 Tage erhält sie 258-mal so viel: 0,025 € · 258 = 6,45 €.
Ergebnis: Kristina erhält 6,45 € Zinsen.

Information

Zinssätze beziehen sich stets auf ein Jahr.

Berechnen von Zinsen für Teile eines Jahres

Beim Berechnen von Zinsen für einen Teil eines Jahres ist darauf zu achten, dass der Zinssatz sich stets auf die Zinsen für ein ganzes Jahr bezieht. Daher sind zunächst die Jahreszinsen zu berechnen. Dann berechnet man den Anteil, den der Teil des Jahres an einem ganzen Jahr ausmacht. Von den Jahreszinsen bildet man den zu diesem Anteil gehörenden Teil.

Grundschema der Zinsrechnung

Kapital $\xrightarrow{\cdot \text{Zinssatz}}$ Jahreszinsen $\xrightarrow{\cdot \text{Anteil am Jahr}}$ Zinsen

Übungsaufgaben

2. Höhere Geldbeträge ab 5 000 € kann man bei Banken und Sparkassen auf so genannten Tagesgeldkonten anlegen.
Von einem solchen Konto kann man dann jederzeit wieder Geld abheben. Der Zinssatz richtet sich nach der Höhe des angelegten Betrages.

Bankhaus Röder

Angelegter Betrag (in €)	Zinssatz
5 000,00– 9 999,99	1,40 %
10 000,00–24 999,99	1,65 %
25 000,00–49 999,99	1,89 %
ab 50 000,00	2,13 %

   a) Herr Müller zahlt auf ein Tagesgeldkonto 7 000 € ein und hebt das Geld nach einem $\frac{3}{4}$ Jahr wieder ab. Wie viel Zinsen erhält er?
   b) Frau Linde zahlt 18 000 € ein und hebt das Geld nach 7 Monaten ab. Wie viel Zinsen erhält sie?
   c) Frau Bode zahlt 43 000 € ein und hebt das Geld nach 164 Tagen ab. Wie viel erhält sie?

3. a) Herr Franke hat bei seiner Sparkasse 17 500 € zu 1,5 % angelegt. Nach einem $\frac{3}{4}$ Jahr hebt er sein Geld ab. Wie viel Zinsen bekommt er?
   b) Frau Maselli hat 8 700 € zu 1,25 % angelegt. Sie hebt das Geld nach 275 Tagen ab. Wie viel Zinsen bekommt sie?

4. Kens Mutter hat im Lotto 280 000 € gewonnen. Sie weiß, dass bei ihrer Bank der Zinssatz bei einem Sparbuch 1,5 % und bei einem Girokonto 0,25 % beträgt. Sie erkundigt sich bei der Bank nach einer besseren Anlagemöglichkeit. Sie erfährt, dass man bei Anlage eines Betrages über 50 000 € auf einem Tagesgeldkonto für Neukunden 2,15 % Zinsen erhält.
   a) Wie viel Zinsen verschenkt sie monatlich, wenn sie das Geld auf dem Girokonto lässt?
   b) Stelle weitere Aufgaben und löse sie.

5. Eine Unternehmerin braucht ein Darlehen von 125 000 € für ein Vierteljahr. Der Zinssatz beträgt 7,5 %.

Ein Konto überziehen bedeutet mehr abheben, als auf dem Konto steht.

6. Herr Meyer hat sein Konto 18 Tage um 1 160 € überzogen. Für diese Schulden werden 13,5 % jährlich berechnet. Wie viel Zinsen sind zu zahlen?

7. Annika sagt: „Wenn man das Konto nur ein paar Tage überzieht, macht das gar nicht viel aus". Was meinst du dazu?

Das kann ich noch!

A) Gib den blau markierten Anteil als Bruch, als Dezimalbruch und in der Prozentschreibweise an.

1)  2) 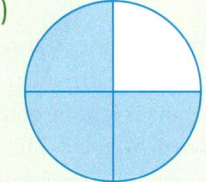 3) 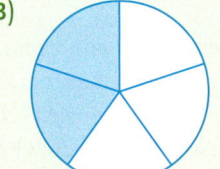 4)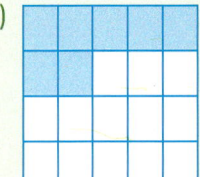

B) Berechne.

1) $\frac{1}{2} + \frac{2}{3}$ 3) $\frac{1}{2} \cdot \frac{2}{3}$ 5) $\left(\frac{2}{3}\right)^4$ 7) $1\frac{1}{2} - \frac{3}{4}$

2) $\frac{2}{3} - \frac{1}{2}$ 4) $\frac{1}{2} : \frac{2}{3}$ 6) $1\frac{1}{2} + \frac{3}{4}$ 8) $1\frac{1}{2} \cdot \frac{3}{4}$

2.4.2 Zinsen für mehrere Jahre

Einstieg

Aufgabe 1

Lena hat 8 000 € geerbt. Sie will das Geld zu Beginn des Jahres für 5 Jahre bei einer Bank anlegen. Die Bankangestellte macht ihr zwei Angebote. Vergleiche die Angebote.

Hüper Bank
Angebot 1:
Anlage 5 Jahre/ Zinssatz 2 %
Die Zinsen werden jeweils am Jahresende ausgezahlt.

Hüper Bank
Angebot 2:
Anlage 5 Jahre/Zinssatz 2 %
Die Zinsen werden nicht am Jahresende ausgezahlt, sondern dem Kapital hinzugefügt und im nächsten Jahr mitverzinst.

Lösung

(1) Berechnen der Zinsen bei jährlicher Auszahlung
Wir berechnen zunächst die Jahreszinsen Z:

Ansatz: 8 000 € $\xrightarrow{\cdot\, 0{,}02}$ Z

Rechnung: Z = 8 000 € · 0,02 = 160 €
Lena erhält nach einem Jahr 160 € Zinsen. Für 5 Jahre sind es 160 € · 5, also 800 €.
Ergebnis: Lena erhält beim Angebot 1 insgesamt 800 € Zinsen.

(2) Berechnen der Zinsen bei Auszahlung am Ende der Zinszeit
Wir berechnen zunächst, auf wie viel das Kapital nach 5 Jahren angewachsen ist.
Nach einem Jahr wächst das Anfangskapital K_0 auf das 1,02-fache an; es beträgt dann K_1:

8 000 € $\xrightarrow{\cdot\, 1{,}02}$ K_1

Nach dem zweiten Jahr wächst dann das Kapital K_1 ebenfalls auf das 1,02fache an; es beträgt dann K_2. Wenn wir so fort fahren, erhalten wir insgesamt:

Erinnere dich: Wächst um 2 % bedeutet: wächst auf 102 %

8 000 € $\xrightarrow{\cdot\, 1{,}02}$ K_1 $\xrightarrow{\cdot\, 1{,}02}$ K_2 $\xrightarrow{\cdot\, 1{,}02}$ K_3 $\xrightarrow{\cdot\, 1{,}02}$ K_4 $\xrightarrow{\cdot\, 1{,}02}$ K_5

Kapital nach dem 1. Jahr / dem 2. Jahr / dem 3. Jahr / dem 4. Jahr / dem 5. Jahr

Somit ergibt sich insgesamt: K_5 = 8 000 € · 1,02 · 1,02 · 1,02 · 1,02 · 1,02
= 8 000 € · $1{,}02^5$ = 8 832,64643 € ≈ 8 832,65 €

Das von Lena angelegte Kapital ist nach 5 Jahren auf 8 832,65 € angewachsen, davon sind 8 832,65 € − 8 000,00 €, also 832,65 € Zinsen.
Ergebnis: Lena erhält beim Angebot 2 insgesamt 832,65 € Zinsen.

Information

(1) Zinsfaktor
Zum Zinssatz 2%, 3%, 4%, ... gehört der *Zinsfaktor* 1,02; 1,03; 1,04; ...
Der Zinsfaktor gibt an, auf das Wievielfache ein Kapital nach 1 Jahr anwächst.

(2) Zinseszinsen
Werden die Zinsen aus einem Jahr vom Konto nicht abgehoben, so werden sie im nächsten Jahr mitverzinst. Die Zinsen von den Zinsen heißen *Zinseszinsen*.

(3) Zinseszinsformel – Kapitalwachstum nach 1, 2, 3, ... Jahren
Ein Kapital wächst zusammen mit den Zinseszinsen beim Zinssatz 4%
nach 1 Jahr auf das 1,04-fache,
nach 2 Jahren auf das 1,04 · 1,04-fache (das $1{,}04^2$-fache),
nach 3 Jahren auf das 1,04 · 1,04 · 1,04-fache (das $1{,}04^3$-fache) usw.

Allgemein: Bei einem Zinsfaktor q wächst ein Kapital K in n Jahren an auf $K \cdot q^n$.

Übungsaufgaben

2. Sarah hat 600 € gespart. Sie legt das Geld für 4 Jahre bei einer Bank mit einem Zinssatz von 1,5 % an. Die Zinsen werden am Jahresende dem Sparguthaben hinzugerechnet und jeweils im nächsten Jahr mitverzinst.
   a) Auf wie viel Euro wächst Sarahs Sparguthaben an?
   b) Wie viel Euro Zinsen erhält sie in den 4 Jahren insgesamt?
   c) Wie viel Euro Zinsen würde Sarah insgesamt erhalten, wenn sie sich die Zinsen am Ende eines jeden Jahres auszahlen ließe?

3. Berechne das Endkapital nach 6 [8; 10; 14] Jahren. Nach wie vielen Jahren hat sich das Kapital verdoppelt? Benutze eine Tabellenkalkulation.
   a) Anfangskapital 500 €; Zinssatz 2 %   b) Anfangskapital 975 €; Zinssatz 1,5 %

4. Florian hat 600 € zur Konfirmation geschenkt bekommen. Er überlegt, in welcher Sparform er sein Geld anlegen soll.

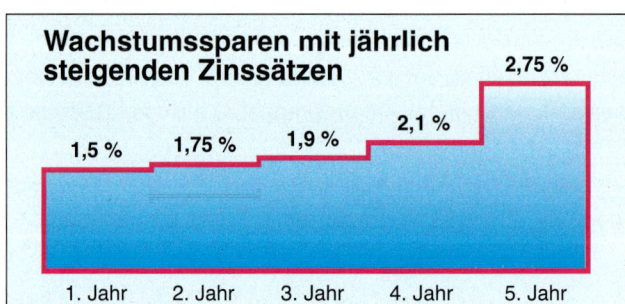 

5. a) Bestimme die Zeitspanne, die bei 2 % Verzinsung für die Verdoppelung eines Kapitals von   (1) 200 €,   (2) 57 000 € benötigt wird. Was fällt auf?
   b) Begründe: Die für die Verdoppelung eines Kapitals benötigte Zeitspanne hängt nur vom Zinssatz ab.
   c) Bestimme die Zeitspanne, die zur Verdoppelung eines Kapitals benötigt wird, für die Zinssätze 3 %; 4 %; 5 %; 6 %; 7 %. Was fällt auf?

2.5 Aufgaben zur Vertiefung

TAB 1. a) Ein Quadrat hat eine Seitenlänge von 10 cm. Auf wie viel Prozent erhöht sich der Flächeninhalt, wenn die Länge der Seite um 1 cm vergrößert wird? Untersuche weitere Quadrate und vergleiche.

b) Ein Würfel hat die Kantenlänge von 10 cm. Auf wie viel Prozent erhöht sich das Volumen [auf wie viel Prozent der Oberflächeninhalt], wenn die Länge der Kante um 1 cm vergrößert wird? Untersuche weitere Würfel und vergleiche.

2. Fisch stellt ein hochwertiges Lebensmittel dar und enthält wertvolles Eiweiß, Fett mit lebensnotwendigen Fettsäuren, Vitamine, Mineralstoffe (besonders Iod) und Spurenelemente. Allerdings essen die Bundesbürger viel zu wenig Fisch.

a) Im Jahre 2009 lag der Fischverbrauch in Deutschland bei 1,28 Mio Tonnen, von denen 79 % eingeführt wurden. Wie hoch war die Produktion im Inland?

b) Lies die Zeitungsmeldung kritisch. Überprüfe die genannten Daten.

Deutsche essen immer mehr Fisch

Hamburg (30.12.2010). Der Pro-Kopf-Verbrauch an Fisch lag im abgelaufenen Jahr bei 16 Kilogramm Fanggewicht, wie das Fisch-Informationszentrum (FIZ) am Donnerstag mitteilte. Im Vorjahr waren es 15,7 Kilogramm, das entspricht einer Steigerung um 2 % in nur einem Jahr. Das FIZ machte unter anderem ein zunehmendes Gesundheitsbewusstsein der Bevölkerung für den Boom bei Fisch verantwortlich. Im Jahr 2003 lag der Fisch-Durchschnittsverbrauch erst bei 14,3 bis 14,5 Kilogramm. In Deutschland gab es eine klare Vorliebe für Fisch aus dem Meer. Alaska-Seelachs (20,1 %), Hering (18,6 %), Lachs (12,8 %), Thunfisch (9,6 %) und Pangasius (6,5 %) waren die am meisten konsumierten Fische. Diese fünf Fischarten deckten rund zwei Drittel des Fischverbrauches in Deutschland ab.

c) Schon früher sollten die Bürger ermuntert werden, mehr Fisch zu verzehren. In einem Mathematikbuch von 1939 findet sich eine Grafik zum Fischverbrauch (Bild links oben). Überlege, ob die bildliche Darstellung die Daten korrekt wiedergibt.

 3. Zur Berücksichtigung der Zeit in der Zinsrechnung gibt es unterschiedliche Vereinbarungen.
- In Deutschland ist es weitgehend (noch) üblich, den Zinsmonat mit 30 Tagen und das Zinsjahr mit 360 Tagen zu zählen.
- Im europäischen Ausland werden die tatsächlichen Zinstage berücksichtigt, das Zinsjahr jedoch mit 360 Tagen (Eurozinsmethode).
- International ist es üblich, mit den tatsächlichen Zinstagen und Tagen im Jahr (365 Tage bzw. 366 Tage im Schaltjahr) zu rechnen.

In allen drei Fällen wird der Einzahlungstag nicht mitgezählt.
Ein Kapital von 15 000 € wird vom 17.3. bis zum 28.10. [29.02. bis zum 29.12.] desselben Jahres verzinst (Zinssatz 2 %). Vergleicht die Zinsen bei den verschiedenen Methoden.

Das Wichtigste auf einen Blick

Prozentuale Erhöhung

Die Erhöhung einer Größe um p% bedeutet eine Erhöhung der Größe auf (100 + p)%.

Den Prozentsatz $q = 1 + \frac{p}{100}$ bezeichnet man als *Wachstumsfaktor*.

Beispiel:
Erhöhung um 25 %
Erhöhung auf 125 %
q = 1,25

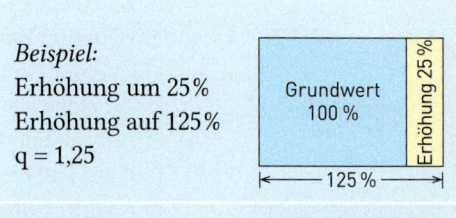

Prozentuale Abnahme

Die Abnahme einer Größe um p% bedeutet eine Abnahme auf (100 − p)%. Den Prozentsatz $q = 1 - \frac{p}{100}$ bezeichnet mal als *Abnahmefaktor*.

Beispiel:
Senkung um 25 %
Senkung auf 75 %
q = 0,75

Zinsen

Zinsrechnung als besondere Prozentrechnung:

Kapital $\xrightarrow{\cdot \text{ Zinssatz}}$ Jahreszinsen

Werden Zinsen aus einem Jahr nicht abgehoben, so werden sie im nächsten Jahr mitverzinst. Die Zinsen von Zinsen heißen Zinseszinsen.

Beispiel:
Kapital: 400 €
Zinssatz: 1,5 %
Jahreszinsen: 400 € · 1,5 %
   = 400 € · 0,015
   = 6 €

Bist du fit?

1. Durch einen Anbau konnte die Wohnfläche eines Einfamilienhauses von 148 m² um 28 m² vergrößert werden. Um wie viel Prozent wurde die Wohnfläche vergrößert?

2. Ein Möbelzentrum gewährt beim Selbstabholen der Möbel 5 % Rabatt. Frau Müller hat für ihre Tochter einen Schreibtisch gekauft und selbst abgeholt; sie hat 169,10 € gezahlt. Wie viel Euro hat sie gespart?

3. Ein Flachbildschirm kostet 259 €. Ein Geschäft erhöht den Preis um 20 %. Nach einiger Zeit stellt der Geschäftsinhaber fest, dass sich der Flachbildschirm nach der Preiserhöhung nicht mehr gut verkauft. Deswegen ordnet er an, den aktuellen Preis um 20 % zu verringern. Der für die Preisauszeichnung zuständige Mitarbeiter freut sich: „Prima. Arbeit gespart: Dann muss ich ja nur das alte Preisschild wieder aufstellen."
Was meinst du dazu? Begründe deine Meinung auch rechnerisch.

4. Frau Köhler hat am Jahresanfang 7 350 € auf ihrem Sparbuch. Der Zinssatz beträgt 3,5 %. Sie nimmt keine weiteren Einzahlungen vor. Wie viel Euro hat sie dann am Jahresende auf dem Konto?

5. Frau Michel hat im Lotto gewonnen. Der Bankangestellte sagt: „Wenn Sie den Gewinn zu 5,5 % anlegen, dann erhalten Sie nach einem Vierteljahr bereits 104,50 € Zinsen." Berechne aus dieser Äußerung, wie viel Euro Frau Michel gewonnen hat.

6. Herr Moser hat bei der Bank ein Darlehen von 5 600 € zu einem Zinssatz von 7,5 % aufgenommen. Wie viel muss er nach 7 Monaten zurückzahlen?

3. Winkel in Figuren

In der abstrakten Kunst haben Maler wie z. B. Wassily Kandinsky
viele Gemälde mit geometrischen Grundfiguren gestaltet.

Oben siehst du das Bild Horizontale von Wassily Kandinsky aus dem Jahr 1924.
➔ Welche geometrischen Formen hat der Maler verwendet?
➔ Welche Besonderheiten kannst du noch entdecken?

*In diesem Kapitel …
lernst du Zusammenhänge zwischen Winkeln in geometrischen Figuren
kennen und untersuchst besondere Dreiecke und Vierecke.*

Lernfeld: Winkel charakterisieren Formen und Figuren

Winkel falten
Durch Falten eines Blattes Papier kann man gerade Linien erzeugen. Durch mehrfaches Falten kann man dann auch Winkel erzeugen.

→ Erzeugt bei einem DIN-A4-Blatt durch Falten zwei Linien, die parallel zur oberen Kante des Papiers verlaufen. Faltet nun eine Linie, die diese beiden Faltlinien schneidet. Betrachtet die Schnittwinkel. Was fällt auf?

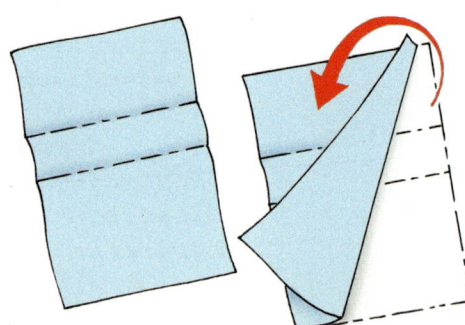

→ Erzeugt bei einem DIN-A4-Blatt durch Falten für jeden rechten Winkel eine Knicklinie, die ihn halbiert. Was fällt bei dem fertigen Bild auf? Begründet.

Winkelsummen in Vielecken
Jedes Rechteck hat vier rechte Winkel, also sind alle vier Innenwinkel zusammen 360° groß.

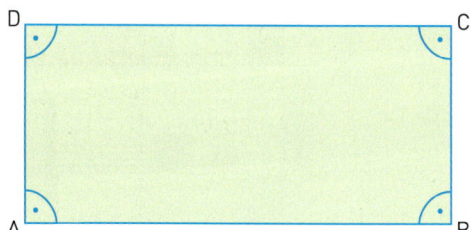

→ Zeichnet verschiedene Parallelogramme.
Untersucht, welche Besonderheiten ihr bei den Winkeln entdecken könnt.

→ Zeichnet andere Vierecke.
Messt die Innenwinkel. Was fällt auf? Formuliert eure Vermutung in einem Satz.

→ Zeichnet nun auch Vierecke mit einspringender Ecke.
Gilt eure Vermutung auch für diese Vierecke?

→ Gibt es einen entsprechenden Satz auch für Dreiecke, Fünfecke, …?
Sprecht einen Plan ab, wie man das herausbekommen kann.
Führt den Plan dann gemeinsam aus.

3.1 Winkel an Geradenkreuzungen

Einstieg

In Städten findet man ganz unterschiedliche Straßenkreuzungen. Häufig kreuzt eine gerade verlaufende Straße mehrere Querstraßen.
Zeichnet möglichst viele verschiedene Kreuzungen. Zeichnet dabei vereinfacht Geraden für Straßen. Tauscht dann eure Zeichnungen mit denen des Partners und messt alle an den Kreuzungen auftretenden Winkel. Kennzeichnet gleich große Winkel in derselben Farbe.
Tragt eure Ergebnisse zusammen.
Was fällt euch auf? Stellt allgemeine Vermutungen auf und versucht sie zu begründen.

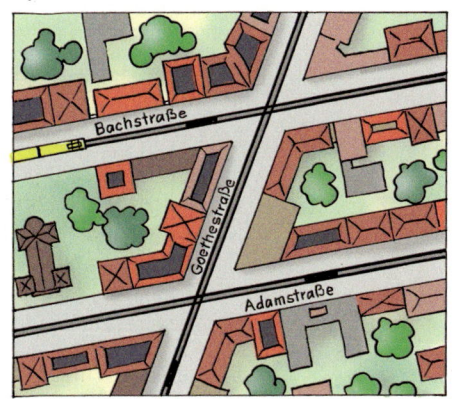

Aufgabe 1

Winkel an einer Geradenkreuzung
Zwei sich schneidende Geraden bilden die vier bezeichneten Winkel. Winkel α soll 34° groß sein. Wie groß sind die anderen drei Winkel? Begründe.

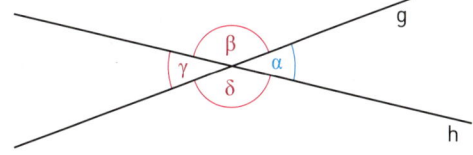

Lösung

1. Möglichkeit:
α und β bilden zusammen einen gestreckten Winkel an der Geraden h.
Deshalb ist $\beta = 180° - 34° = 146°$.
β und γ bilden zusammen einen gestreckten Winkel an der Geraden g.
Deshalb ist $\gamma = 34°$. Ebenso ist $\delta = 146°$.

2. Möglichkeit:
Du kannst die Geradenkreuzung auch als punktsymmetrische Figur auffassen.
Ihr Symmetriezentrum ist der Schnittpunkt der beiden Geraden. Du siehst sofort: $\gamma = 34°$.
Wie bei der 1. Möglichkeit ist dann $\beta = 146°$. Wegen der Punktsymmetrie ist auch $\delta = 146°$.

Gegeben sind zwei Geraden, die sich schneiden. Diese bilden eine *Geradenkreuzung*.

(1) Liegen zwei Winkel wie α und β in der Zeichnung rechts, so sagt man:
   α ist **Nebenwinkel** zu β;
   β ist **Nebenwinkel** zu α.
   Nebenwinkelsatz:
   Nebenwinkel ergänzen sich zu 180°.

(2) Liegen zwei Winkel wie γ und δ in der Zeichnung rechts, so sagt man:
   γ ist **Scheitelwinkel** zu δ;
   δ ist **Scheitelwinkel** zu γ.
   Scheitelwinkelsatz:
   Scheitelwinkel sind gleich groß.

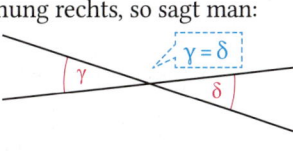

Aufgabe 2 Rechts siehst du zwei doppelte Geradenkreuzungen.
Bei jeder werden zwei Geraden von einer dritten geschnitten.
Bei beiden Geradenkreuzungen soll der Winkel α_1 genau 56° groß sein.
Bestimme – soweit möglich – die übrigen Winkel ohne zu messen.

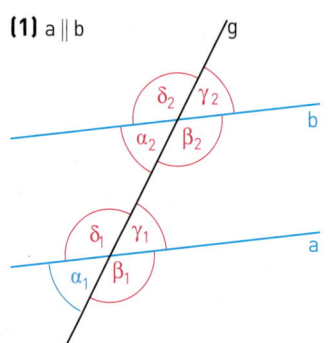
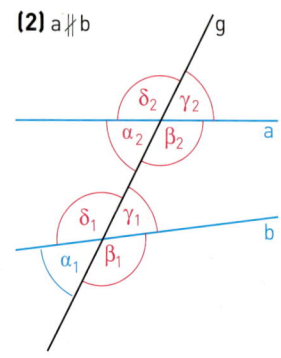

Lösung

Geradenkreuzung (1):

Die Geraden a und b sind parallel zueinander.
An den beiden Geradenkreuzungen entstehen acht Winkel.
Wir wissen $\alpha_1 = 56°$.

Die restlichen drei Winkel an der Geradenkreuzung von a und g lassen sich sofort berechnen:

$\gamma_1 = \alpha_1 = 56°$, da α_1 und γ_1 als Scheitelwinkel gleich groß sind.
$\beta_1 = 180° - 56° = 124°$, da α_1 und β_1 als Nebenwinkel zusammen 180° betragen.
$\delta_1 = \beta_1 = 124°$, da β_1 und δ_1 als Scheitelwinkel gleich groß sind.

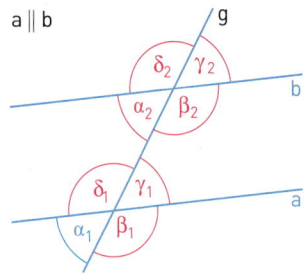

Da die Geraden a und b parallel zueinander sind, kann man den Winkel α_1 durch die Parallelverschiebung mit dem Verschiebungspfeil $\overrightarrow{S_1S_2}$ auf den Winkel α_2 abbilden. Also gilt:
$\alpha_1 = \alpha_2 = 56°$.
Entsprechend gilt:
$\beta_2 = \beta_1 = 124°$
$\gamma_2 = \gamma_1 = 56°$
$\delta_2 = \delta_1 = 124°$

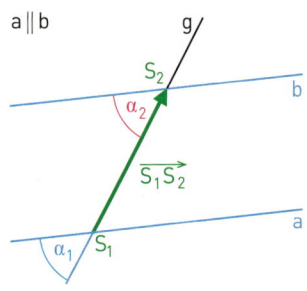

Geradenkreuzung (2):

Die Geraden a und b sind *nicht* parallel zueinander.
Hier kann man wie oben die Winkel an der Geradenkreuzung von a und g berechnen:
Wegen $\alpha_1 = 56°$ gilt $\gamma_1 = 56°$ und $\beta_1 = \delta_1 = 124°$.

Bei der Geradenkreuzung von b und g jedoch kann man den Winkel α_2 und damit die restlichen Winkel nicht mithilfe der obigen Überlegungen bestimmen. Bei der Verschiebung mit dem Verschiebungspfeil $\overrightarrow{S_1S_2}$ wird nämlich a *nicht* auf b abgebildet. Folglich sind α_1 und α_2 verschieden groß. Man muss einen der Winkel an der Geradenkreuzung von g und b noch zusätzlich angeben, um die Winkel an der Geradenkreuzung von b und g zu berechnen.

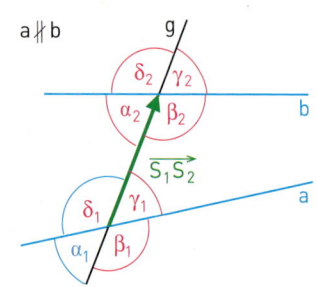

3.1 Winkel an Geradenkreuzungen

Information

(1) Stufen- und Wechselwinkel an einer doppelten Geradenkreuzung

> **Definition**
> Gegeben sind zwei Geraden a und b, die von einer dritten Geraden g geschnitten werden *(doppelte Geradenkreuzung)*.
> (1) Die Winkel α und β liegen auf *derselben* Seite der schneidenden Geraden g und auf *entsprechenden* Seiten der geschnittenen Geraden a und b. Wir sagen:
> Die beiden Winkel α und β sind **Stufenwinkel** zueinander.
>
>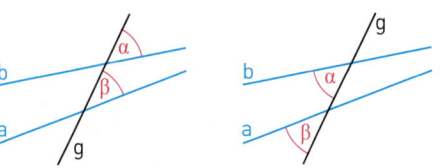
>
> (2) Die Winkel α und γ liegen auf *verschiedenen* Seiten der schneidenden Geraden g und auf *entgegengesetzten* Seiten der geschnittenen Geraden a und b. Wir sagen:
> Die beiden Winkel α und γ sind **Wechselwinkel** zueinander.
>
>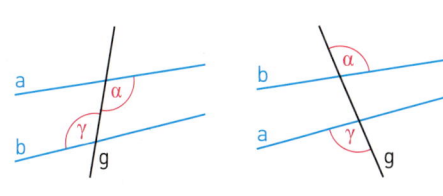

(2) Winkelsätze an geschnittenen Parallelen

Die Lösung der Aufgabe 2 führt uns zu dem folgenden Satz:

> **Stufenwinkelsatz**
> α und β sollen Stufenwinkel an einer doppelten Geradenkreuzung sein.
> Dann gilt:
> Wenn a ∥ b, dann sind die Stufenwinkel α und β gleich groß.
>
> **Wechselwinkelsatz**
> α und γ sollen Wechselwinkel an einer doppelten Geradenkreuzung sein.
> Dann gilt:
> Wenn a ∥ b, dann sind die Wechselwinkel α und γ gleich groß.
>
>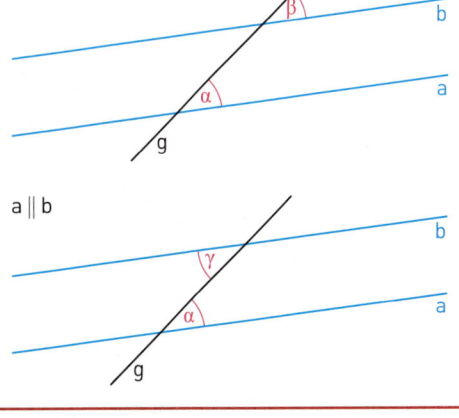

(3) Unterscheidung: Definition – Satz

Definition (lat.) genaue Bestimmung eines Begriffs.

Mit einer Definition wird ein Begriff festgelegt. Man notiert, was man unter diesem Begriff verstehen will. Definitionen sind Vereinbarungen, zum Beispiel:
Einander gegenüberliegende Winkel an einer Geradenkreuzung nennt man Scheitelwinkel.

Behauptungen, die man begründen (beweisen) muss, bezeichnen wir in der Mathematik als *Sätze*, zum Beispiel:
Scheitelwinkelsatz: *Scheitelwinkel sind gleich groß.*

Begründung des Scheitelwinkelsatzes
Eine Geradenkreuzung ist punktsymmetrisch zum Schnittpunkt der beiden Geraden. Scheitelwinkel sind Symmetriepartner zueinander, also gleich groß.

(4) Begründung des Wechselwinkelsatzes mithilfe des Stufen- und Scheitelwinkelsatzes

Die Geraden a und b sollen parallel zueinander sein. Dann gilt:
$\beta = \alpha$, da β und α als Stufenwinkel an geschnittenen Parallelen gleich groß sind.
$\gamma = \beta$, da γ und β als Scheitelwinkel gleich groß sind.
Also: $\gamma = \alpha$

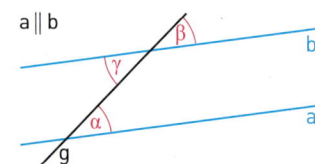

Weiterführende Aufgaben

Winkel am Parallelogramm

3. Du weißt schon: Ein Viereck, bei dem gegenüberliegende Seiten parallel zueinander sind, nennt man *Parallelogramm*.
   a) Begründe für ein Parallelogramm ABCD:
      (1) $\alpha + \beta = 180°$; $\gamma + \delta = 180°$
      (2) $\alpha = \gamma$ und $\beta = \delta$
      (3) $\alpha + \beta + \gamma + \delta = 360°$
      Suche zum Beweis geeignete geschnittene Parallelen.
   b) Begründe: Wenn in einem Parallelogramm ein Winkel ein rechter ist, dann ist das Parallelogramm bereits ein Rechteck.

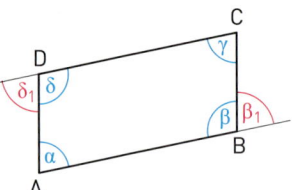

Definition
Ein Viereck, bei dem gegenüberliegende Seiten parallel zueinander sind, heißt **Parallelogramm**.

Satz
Für jedes *Parallelogramm* gilt:
- Benachbarte Winkel ergänzen sich zu 180°.
- Gegenüberliegende Winkel sind gleich groß.
- Die Summe aller vier Winkelgrößen beträgt 360°.

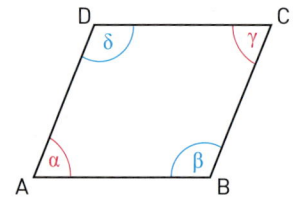

Winkel am Trapez

4. Ein Viereck, bei dem mindestens zwei gegenüberliegende Seiten parallel zueinander sind, nennt man *Trapez*.
   a) Es soll gelten: $\alpha = 70°$; $\beta = 50°$ [$\beta = 40°$; $\delta = 135°$].
      Berechne die übrigen Winkel. Was fällt auf?
   b) Verallgemeinere deine Entdeckung aus Teilaufgabe a). Formuliere einen Satz und begründe ihn.

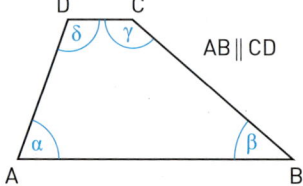

Trapez (griech.)
Tisch

Definition
Ein Viereck, bei dem wenigstens zwei gegenüberliegende Seiten parallel zueinander sind, heißt **Trapez**.
Die beiden zueinander parallelen Seiten heißen **Grundseiten**, die beiden anderen Seiten nennt man **Schenkel** des Trapezes.

Satz
In jedem Trapez gilt: Zwei Winkel, die an einem gemeinsamen Schenkel des Trapezes liegen, ergänzen sich zu 180°.

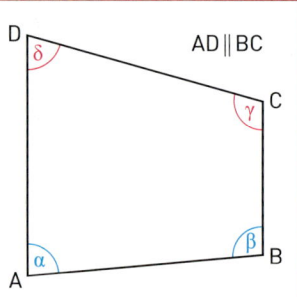

3.1 Winkel an Geradenkreuzungen

Übungsaufgaben

5. a) Welche der Winkel sind Scheitelwinkel, welche Nebenwinkel zueinander?
   b) Es soll gelten:
   (1) α = 42°   (3) α = 150°   (5) γ = 23°
   (2) α = 134° (4) δ = 92°   (6) β = 176°
   Berechne die übrigen Winkelgrößen.

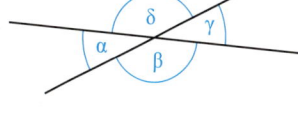

6. Begründe: Wenn an einer Geradenkreuzung ein Winkel ein rechter ist, dann sind alle Winkel an ihr rechte Winkel.

7. a) α und β liegen nebeneinander.
      Erläutere, warum α kein Nebenwinkel zu β ist.
   b) γ und δ sind beide gleich groß.
      Erläutere, warum γ kein Scheitelwinkel zu δ ist.

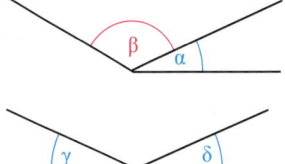

8. Berechne in der Figur rechts die übrigen Winkelgrößen.
   a) α = 37°   b) β = 19°   c) ε = 96°   d) α + δ = 210°
      γ = 52°   δ = 63°   β = 34°   γ = 30°

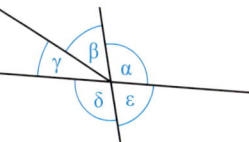

9. a) Ein Winkel ist um 30° größer als sein Nebenwinkel.
      Wie groß sind die beiden Winkel?
   b) Ein Winkel ist dreimal so groß wie sein Nebenwinkel.
      Wie groß sind die beiden Winkel?

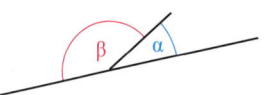

10. Zeichne eine Geradenkreuzung mit den Winkeln α, β, γ und δ. Gib auch deren Größe an.
    a) β soll dreimal so groß sein wie α.
    b) γ soll halb so groß sein wie β.
    c) α und γ sollen zusammen genauso groß sein wie β und δ zusammen.

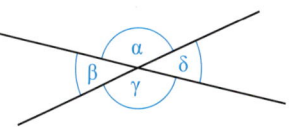

11. Zeichne zwei zueinander parallele Geraden a und b im Abstand von 3,5 cm. Zeichne eine Gerade g, sodass gilt:
    a) α = 33°   b) β = 125°   c) γ = 137°   d) δ = 68°
    Markiere den zum gegebenen Winkel gehörigen Stufenwinkel blau, markiere den zum gegebenen Winkel gehörigen Wechselwinkel grün. Berechne die übrigen sieben Winkel. Trage die Ergebnisse in die Figur ein.

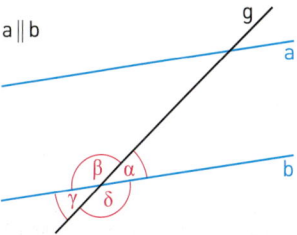

12. a) Auf dem Foto kannst du Stufen- und Wechselwinkel entdecken. Gib sie an.
    b) Sucht in eurer Umwelt weitere Beispiele für Stufen- und Wechselwinkel. Ihr könnt sie auch fotografieren und die Fotos auf Plakaten im Klassenraum aushängen.

13. Bestimme die übrigen Winkel an der doppelten Geradenkreuzung rechts. Es soll gelten:
    a) δ_2 ist doppelt so groß wie α_1.
    b) β_1 ist dreimal so groß wie α_1.
    c) δ_1 ist um 60° größer als γ_1.

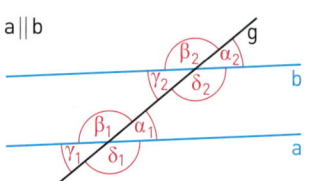

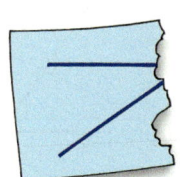

14. Zeichnet jeder auf ein loses Blatt Papier eine einfache Geradenkreuzung. Trenne nun den Teil des Blattes ab, der den Kreuzungspunkt enthält und gib deinem Nachbarn den Rest des Blattes. Den Teil mit dem Kreuzungspunkt behältst du. Er soll nun die Schnittwinkel der beiden Geraden bestimmen; dabei darf er nur auf dem Restblatt arbeiten, also keinen anderen Papierbogen zuhilfe nehmen.
    Du arbeitest mit dem Restblatt deines Nachbarn. Vergleicht anschließend euer Vorgehen.

15. a) Welche der Vierecke sind Parallelogramme, welche sind Trapeze?

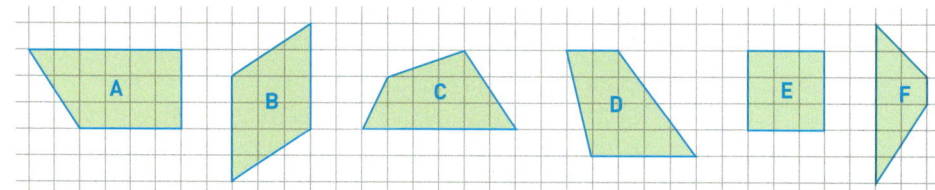

   b) Sucht in eurer Umwelt Beispiele für Parallelogramme und Trapeze.

16. Zeichne mit dem Geodreieck den Zaun in dein Heft. Vereinfache dabei auf gerade Linien. Wo findest du gleich große Winkel? Markiere sie farbig und begründe.

Jägerzaun
Der Jägerzaun, auch Scherengitter- oder Kreuzzaun genannt, wird in manchen Gegenden sehr gerne beim Privathausbau angelegt. Der Zaun besteht aus sich x-förmig kreuzenden Halbrundprofilplatten, die an zwei Querbalken befestigt sind.

Ursprünglich stammen solche Holzzäune wie der Jägerzaun aus holzreichen Gegenden, wo sie zum Schutz gegen Wild preiswerte Einfriedungen für Nutzflächen waren. Jägerzäune werden heute aus vorgefertigten, ausziehbaren Zaunfeldern hergestellt, wobei die Zaunpfähle etwa im Abstand von 2,8 m gesetzt werden.

17. a) In einem Parallelogramm ABCD ist ein Winkel bekannt. Berechne die übrigen Winkel.
    (1) $\gamma = 59°$ (2) $\beta = 117°$ (3) $\alpha = 23°$ (4) $\gamma = 90°$ (5) $\alpha = 1°$ (6) $\beta = 60°$
   b) Berechne alle vier Winkel im Parallelogramm ABCD, in dem gilt:
    (1) α ist doppelt so groß wie β;   (2) α ist viermal so groß wie β.

Das kann ich noch!

A) Zeichne das Schrägbild eines Würfels mit der Kantenlänge 2 cm und berechne Volumen und Oberflächeninhalt.

B) Bei einem Quader hat die Grundfläche die Längen 3 cm und 5 cm. Sein Volumen beträgt 60 cm³. Wie hoch ist er? Zeichne ein Schrägbild und berechne den Oberflächeninhalt.

3.1 Winkel an Geradenkreuzungen

18. a) In dem Parallelogramm ABCD werden die Winkel bei A und C durch die Diagonale $\overline{AC}$ in jeweils zwei Winkel zerlegt.
Welche Winkel sind gleich groß? Begründe.
b) Zeichne ein Parallelogramm mit den beiden Diagonalen. Markiere gleich große Winkel; begründe.

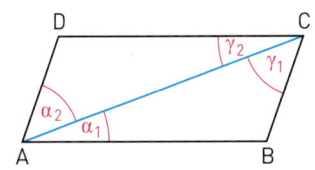

19. Berechne die übrigen Winkel des Trapezes.

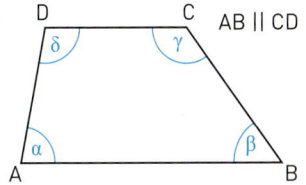

AB ∥ CD

α	57°		85°		127°		61°	
β		63°	42°			99°		25°
γ	134°			30°			39°	
δ		108°		55°		5°		

20. Es soll g parallel zu h sein. Wie groß sind die jeweiligen Winkel? Begründe.

a) g ∥ h   **b)** g ∥ h   **c)** g ∥ h

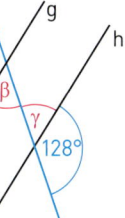 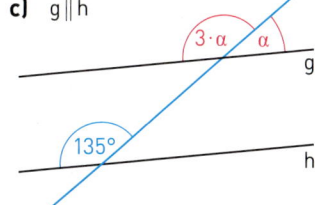

21. Skizziere eine entsprechende Figur in dein Heft.
Berechne die rot markierten Winkel und trage die Ergebnisse ein.

a ∥ b ∥ c

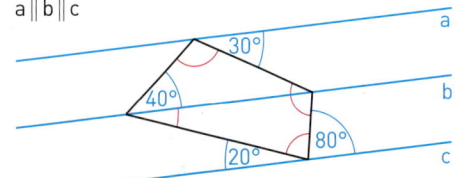

22. Das Leuchtfeuer Süderoogsand wird von einem Schiff aus in Richtung N 8° O gesehen, d. h., sieht man genau in Richtung Norden, muss man sich um 8° in Richtung Osten drehen, um das Feuer zu sehen.
Der Leuchtturm Westerheversand wird in Richtung N 75° Ost gesehen.
Die Lage des Feuers und des Leuchtturms sind in einem Koordinatensystem mit der Einheit km durch folgende Koordinaten gegeben:
Süderoogsand (3|10) und Westerheversand (7|4).
Bestimme die Position des Schiffes.

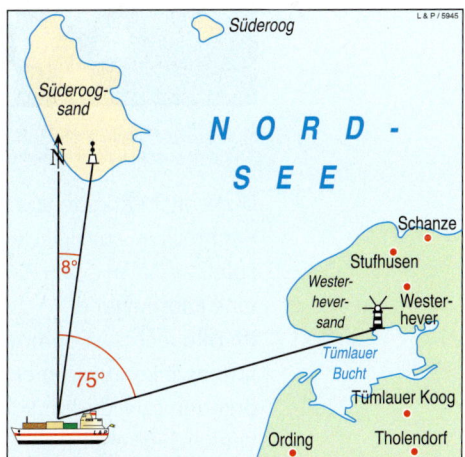

3.2 Winkelsumme in Dreiecken

Einstieg 1 Zeichnet auf ein DIN-A4-Blatt ein möglichst großes, beliebiges Dreieck.
Legt einen möglichst kleinen Bleistift in die Lage 1. Verschiebt dann den Bleistift längs der Seite $\overline{AB}$ in die Lage 2, dreht ihn um B in die Lage 3; fahrt fort, bis er wieder auf der Seite $\overline{AB}$ in der Ecke A liegt.
Was stellt ihr fest? Um wie viel Grad wurde der Bleistift insgesamt gedreht?

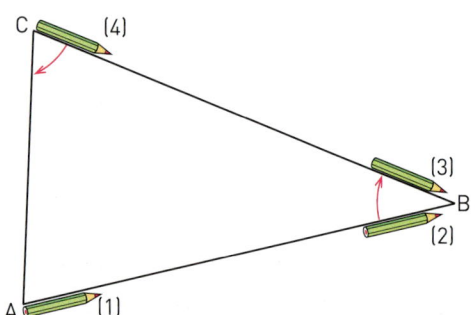

Einstieg 2 Zeichnet ein Dreieck, dessen Form sich durch Ziehen an den Eckpunkten verändern lässt. Lasst die Innenwinkel messen. Was fällt auf? Formuliert eine Vermutung.

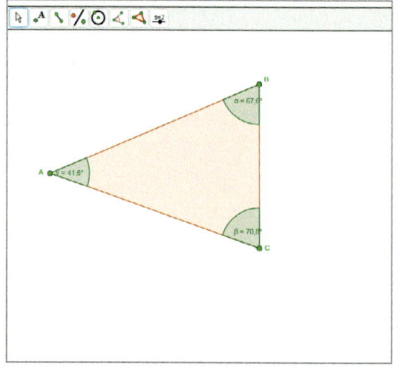

Aufgabe 1 Betrachte den Bildausschnitt „Metamorphose" von Escher. Hier hat der Künstler die Bildfläche mithilfe von Figuren lückenlos ausgefüllt, man sagt auch *parkettiert*.

M.C. Escher's "Metamorphosis II" © 2013 The M.C. Escher Company – Baarn – Holland.
All rights reserved. www.mcescher.com

Du kennst Parkette aus deckungsgleichen Rechtecken, speziell Quadraten. Denke beispielsweise an einen Parkettfußboden und an eine Fliesenwand.
Im Bild rechts ist unmittelbar klar, dass die vier Innenwinkel zusammengelegt einen Vollwinkel ergeben bzw. die Winkelsumme der vier Innenwinkel 360° ergibt.
Quadrate und Rechtecke lassen beim Parkettieren keine Lücken.

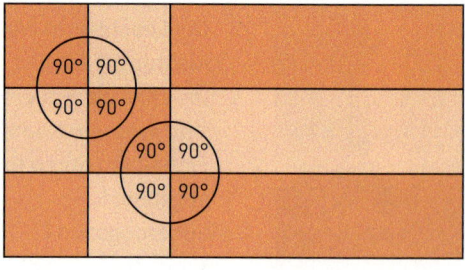

Überlege, ob man auch mit zueinander deckungsgleichen Dreiecken parkettieren kann. Begründe deine Antwort. Stelle dir dazu geeignete deckungsgleiche Dreiecke her.

3.2 Winkelsumme in Dreiecken

Lösung

Dem Augenschein nach kann man mit zueinander deckungsgleichen Dreiecken ein Parkett herstellen. In jedem Gitterpunkt stoßen sechs Winkel aneinander. Je zwei sind als Scheitelwinkel gleich groß; drei unterschiedlich gefärbte Winkel bilden zusammen einen gestreckten Winkel.

Information

Winkelsummensatz für Dreiecke
Die Lösung der Aufgabe 1 lässt folgenden Satz vermuten.

Winkel α liegt am Eckpunkt A.

> **Winkelsummensatz für Dreiecke**
> In *jedem* Dreieck sind die drei Innenwinkel zusammen 180° groß.
> $\alpha + \beta + \gamma = 180°$

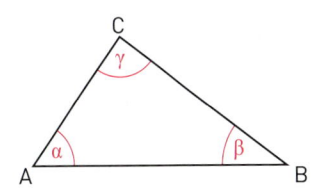

Zur Begründung des Winkelsummensatzes zeichnen wir zur Seite $\overline{AB}$ des Dreiecks ABC die Parallele g durch C.
Dann gilt: $\alpha_1 + \gamma + \beta_1 = 180°$
Ferner gilt:
$\alpha_1 = \alpha$ und $\beta_1 = \beta$, da α_1 und α bzw. β_1 und β als Wechselwinkel an geschnittenen Parallelen gleich groß sind.
Damit erhalten wir: $\alpha + \beta + \gamma = 180°$.

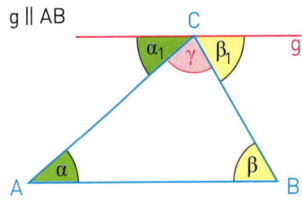

Weiterführende Aufgabe

Spitzwinklige, rechtwinklige, stumpfwinklige Dreiecke
2. a) Wie viele rechte, wie viele stumpfe Winkel kann ein Dreieck besitzen? Begründe.

> Ein Dreieck heißt **spitzwinklig**, wenn *jeder* der drei Innenwinkel kleiner als 90° ist.
> Es heißt **stumpfwinklig**, wenn *ein* Innenwinkel größer als 90° ist.
> Es heißt **rechtwinklig**, wenn *ein* Innenwinkel 90° groß ist.

spitzwinklig

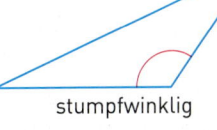
stumpfwinklig

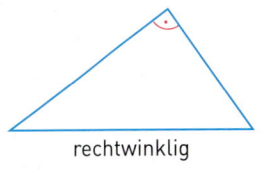
rechtwinklig

b) Entscheide, ob das Dreieck spitzwinklig, rechtwinklig oder stumpfwinklig ist.
(1) $\alpha = 67°$; $\beta = 23°$
(2) $\gamma = 19°$; $\beta = 54°$
(3) $\beta = 60°$; $\gamma = 60°$
(4) $\alpha = 37°$; $\gamma = 53°$
(5) $\beta = 15°$; $\gamma = 10°$
(6) $\alpha = 45°$; $\beta = 45°$

Übungsaufgaben

3. Berechne den dritten Innenwinkel des Dreiecks ABC.
(1) $\alpha = 56°$; $\gamma = 85°$
(2) $\alpha = 90°$; $\gamma = 61°$
(3) $\beta = 77°$; $\gamma = 56°$
(4) $\beta = 90°$; $\gamma = 27°$
(5) $\alpha = 112°$; $\beta = 25°$
(6) $\alpha = 126°$; $\gamma = 43°$

4. a) Gegeben sind zwei Winkel eines Dreiecks. Beschreibe, wie man den dritten Winkel berechnen kann.
  b) Kann man ein Dreieck ABC mit den angegebenen Winkeln zeichnen?
   (1) α = 89°; β = 89°   **(2)** α = 89°; β = 91°   **(3)** β = 86°; γ = 25°

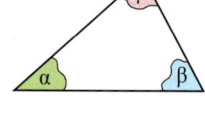

5. a) Hier sind von drei Dreiecken die Ecken abgerissen worden. Welche gehören zum selben Dreieck?

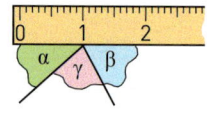

  b) Zeichnet vier Dreiecke. Messt alle Innenwinkel und tragt die Werte in die Winkel ein. Reißt dann alle Ecken ab, mischt sie und gebt sie eurem Partner. Er soll dann herausfinden, welche Ecken zusammen gehören.

6. ABC soll ein rechtwinkliges Dreieck mit dem rechten Winkel an C sein.
  a) Gegeben ist **(1)** α = 37°; **(2)** β = 49°; **(3)** β = 71°; **(4)** α = 53°. Berechne den dritten Winkel.
  b) Beschreibe, wie man α aus β bzw. β aus α berechnen kann.

7. Entscheide, ob das Dreieck rechtwinklig, spitzwinklig oder stumpfwinklig ist.
  a) α = 12°; β = 67°   **c)** α = 46°; γ = 44°   **e)** α = 32°; β = 57°
  b) β = 106°; γ = 37°   **d)** α = 60°; β = 58°   **f)** α = 90°; γ = 17°

8. In einem Dreieck soll die Summe zweier Innenwinkel so groß wie der dritte Innenwinkel sein. Um was für ein Dreieck handelt es sich?

9. Mia sagt: „Ich habe ein Dreieck gezeichnet, in dem der größte Innenwinkel 58° groß ist."

10. Zeichne eine entsprechende Figur in dein Heft. Berechne die rot markierten Winkel und trage die Ergebnisse ein.

a)
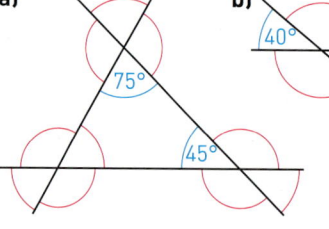
b)
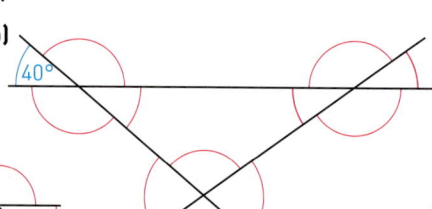
c)
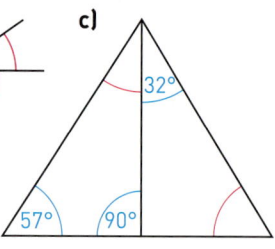

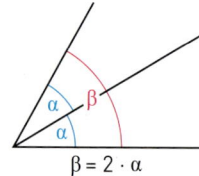

11. Wie groß sind die Winkel des Dreiecks ABC? Es soll gelten:
  a) β = 2·α und γ = 5·α   **d)** α ist 50 % von der Summe β + γ
  b) β = $\frac{1}{2}$·α und γ = $\frac{3}{2}$·α   **e)** β = α + 25° und γ = α + 35°
  c) β = 2·α und α = 3·γ   **f)** β ist 50 % von α; γ ist 30 % von α

3.3 Winkelsumme in Vierecken und anderen Vielecken

Ziel
Du hast im vorigen Abschnitt erfahren, dass in *jedem* Dreieck die Winkelsumme 180° beträgt. Hier sollst du nun untersuchen, ob eine entsprechende Gesetzmäßigkeit auch bei anderen Vielecken gilt.

Zum Erarbeiten

Winkelsumme im Viereck

Wie groß sind die vier Innenwinkel eines Vierecks zusammen? Begründe deine Vermutung. Zerlege dazu das Viereck durch eine Diagonale in zwei Dreiecke.

→ In jedem der beiden Teildreiecke beträgt die Winkelsumme 180°, also gilt: $\alpha + \beta_1 + \delta_1 = 180°$ sowie $\delta_2 + \beta_2 + \gamma = 180°$
Durch Addieren folgt daraus:
$\alpha + \beta_1 + \delta_1 + \delta_2 + \beta_2 + \gamma = 180° + 180° = 360°$
Durch Umsortieren der Summanden ergibt sich:
$\alpha + \underbrace{\beta_1 + \beta_2} + \gamma + \underbrace{\delta_2 + \delta_1} = 360°$
Da aber $\beta_1 + \beta_2$ die Größe des Winkels β und ebenso $\delta_1 + \delta_2$ die Größe des Winkels δ ist, erhalten wir damit: $\alpha + \beta + \gamma + \delta = 360°$
Das bedeutet, dass alle vier Winkel im Viereck zusammen 360° groß sind.

Winkelsumme bei Vierecken mit einspringender Ecke

Die Begründung für die Winkelsumme eines Vierecks erfolgte oben an einem Viereck ohne einspringende Ecke. Begründe, dass sich dieselbe Winkelsumme auch bei einem Viereck mit einspringender Ecke ergibt.

→ Man kann dieses Viereck nicht durch die Diagonale $\overline{BD}$ in zwei Teildreiecke zerlegen, da diese Diagonale außerhalb des Vierecks liegt. Aber mit der anderen Diagonale $\overline{AC}$ kann man es in zwei Teildreiecke zerlegen, aus denen man wieder als Winkelsumme des Vierecks 360° erhält.

Information

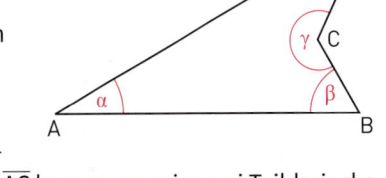

> **Winkelsummensatz für Vierecke**
> In *jedem* Viereck sind die vier Innenwinkel zusammen 360° groß.
> $\alpha + \beta + \gamma + \delta = 360°$

Zum Üben

1. Zeichne auf ein DIN-A4-Blatt ein möglichst großes, beliebiges Viereck. Lege einen möglichst kleinen Bleistift in die Lage 1. Verschiebe dann den Bleistift längs der Seite $\overline{AB}$ in Lage 2, drehe ihn um B in die Lage 3; fahre fort bis er wieder auf der Seite $\overline{AB}$ liegt. Was stellst du fest? Begründe auf diese Weise, dass die Winkelsumme des Vierecks 360° beträgt.

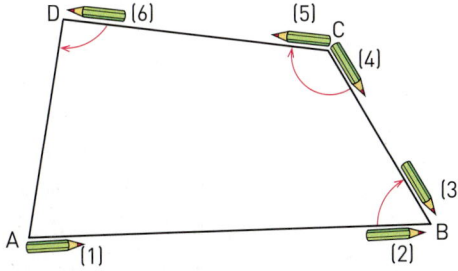

2. Wo steckt der Fehler in Tims Überlegung?

„Ich kann ein Viereck in vier Dreiecke zerlegen. Also beträgt die Winkelsumme im Viereck 4·180°. Das sind 720°."

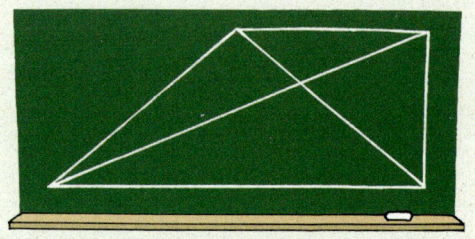

3. Berechne die rot markierten Viereckswinkel. Beachte bei (4) die Symmetrieachse.

(1)   (2)   (3)   (4)

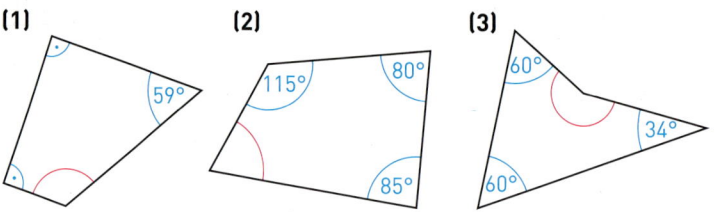

4. Zeichne ein Viereck ABCD. Es soll gelten:
   a) $\alpha = 50°$; γ ist doppelt so groß wie α; δ ist doppelt so groß wie β.
   b) β ist doppelt so groß wie α; γ ist dreimal so groß wie α; δ ist viermal so groß wie α.

5. Betrachte ein Viereck, welches kein Rechteck ist.
   a) Wie viele spitze Winkel hat das Viereck mindestens, wie viele höchstens?
   b) Wie viele stumpfe Winkel hat das Viereck mindestens, wie viele höchstens?
   c) Wie viele überstumpfe Winkel hat das Viereck mindestens, wie viele höchstens?

Winkelsumme in Vielecken

6. Die Winkelsumme in Dreiecken und Vierecken kennst du schon.
   a) Untersuche, wie groß jeweils alle Innenwinkel eines
      (1) Fünfecks,
      (2) Sechsecks,
      (3) Siebenecks, …
      zusammen sind.
   b) Versuche herauszufinden, wie man aus der Anzahl n der Ecken eines Vielecks die Winkelsumme der Innenwinkel berechnen kann.

Vielecke	Winkelsumme
Dreieck	180°
Viereck	360°
Fünfeck	

7. Vivian behauptet: „Mein Fünfeck hat nur eine Winkelsumme von 360°."
Was würdest du ihr sagen?

8. Wie viele Ecken hat ein Vieleck, dessen Winkelsumme
   (1) 3600°
   (2) 1800° beträgt?

3.4 Gleichschenklige Dreiecke – Basiswinkelsatz

Einstieg 1

Die Pyramiden von Gizeh sind etwa 4500 Jahre alt und gehören zum Weltkulturerbe. Es handelt sich um quadratische Pyramiden, d. h. die Spitzen der Pyramiden stehen genau senkrecht über der Mitte der quadratischen Grundfläche.
Jede Pyramide hat ein Quadrat als Grundfläche und alle ihre Seiten sind gleich lang.
Bastelt eine solche Pyramide aus Papier oder Karton. Beschreibt, wie ihr vorgeht, um die Seitenflächen zu zeichnen.
Welche Besonderheiten weisen die Seiten auf?

Einstieg 2

Die nebenstehende Abbildung zeigt zwei Dreiecke, die jeweils zwei gleich lange Seiten haben. Konstruiert ein solches Dreieck mit einem dynamischen Geometrieprogramm so, dass ihr an den Ecken des Dreieckes ziehen könnt, sich dabei zwar seine Form verändert, aber immer noch zwei Seiten gleich lang sind.
a) Versucht, ein solches Dreieck auf verschiedene Weisen zu konstruieren. Vergleicht eure Konstruktionsschritte in der Klasse.
b) Welche besonderen Eigenschaften weist das Dreieck auf?

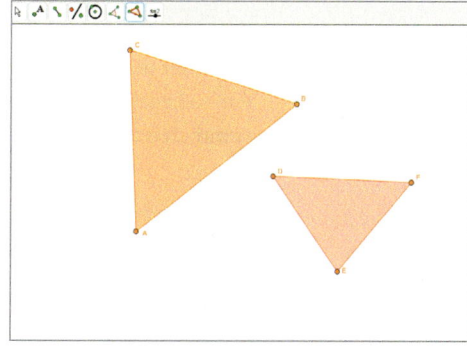

Aufgabe 1

Zwei Straßen kreuzen sich unter einem Winkel von 50°. Auf dem Grundstück zwischen ihnen soll ein Bürohochhaus mit dreieckiger Grundfläche errichtet werden. Die beiden Schenkel des 50° großen Winkels sind 50 m lang. Zeichne die dreieckige Grundfläche. Wähle einen geeigneten Maßstab.
Welche besonderen Eigenschaften hat das Dreieck?

Lösung

Wir wählen den Maßstab 1:2 000, d. h. für 20 m in der Wirklichkeit zeichnen wir 1 cm = 10 mm.

(1) Wir zeichnen eine 2,5 cm lange Strecke $\overline{AB}$.

(2) Wir tragen im Punkt A der Strecke $\overline{AB}$ den Winkel $\alpha = 50°$ ein.

(3) Auf dem freien Schenkel von α tragen wir den Eckpunkt C in 2,5 cm Entfernung von A ein.

(4) Danach verbinden wir B und C.
Das Dreieck ist achsensymmetrisch zur Winkelhalbierenden des Winkels α. Also sind die Winkel β und γ gleich groß und zwar jeweils 65° aufgrund der Winkelsumme des Dreiecks.

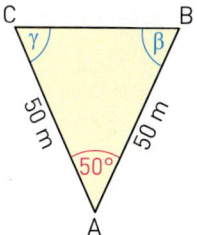

Information

(1) Bezeichnungen am Dreieck

Du weißt schon, dass man in einem Dreieck ABC den Winkel am Eckpunkt A mit α bezeichnet. Weiter vereinbaren wir, die Seite gegenüber dem Eckpunkt A mit a zu bezeichnen; wir verwenden a auch für die Länge dieser Seite.
Entsprechendes gilt für die übrigen Seiten und Winkel.

(2) Gleichschenkliges Dreieck als besonderes Dreieck

Ein Dreieck mit (wenigstens) zwei gleich langen Seiten nennt man **gleichschenkliges Dreieck**. Die beiden gleich langen Seiten heißen **Schenkel**; die dritte Seite heißt **Basis**. Die der Basis anliegenden Winkel heißen **Basiswinkel**.

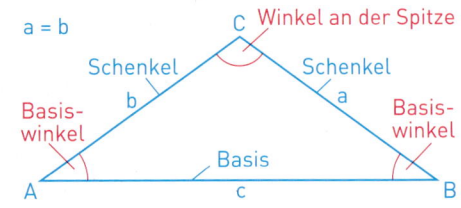

Basiswinkelsatz

Zeichnet man in einem gleichschenkligen Dreieck die Winkelhalbierende des Winkels der Spitze ein, so liegen die Schenkel symmetrisch zueinander. Das gleichschenklige Dreieck ist somit achsensymmetrisch. Also gilt folgender Satz:

Basiswinkelsatz
Für jedes *gleichschenklige* Dreieck gilt:
Die beiden Basiswinkel sind gleich groß.

Gleich langen Seiten liegen gleich große Winkel gegenüber.

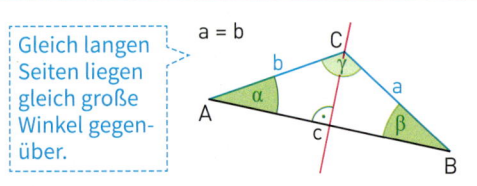

Weiterführende Aufgaben

Gleichseitige Dreiecke – Eigenschaften

2. Rechts siehst du ein dreieckiges Verkehrsschild. Es ist ein besonderes gleichschenkliges Dreieck. Alle drei Seiten sind gleich lang. Man bezeichnet es als *gleichseitiges* Dreieck.
Was kannst du über die Winkel im gleichseitigen Dreieck aussagen?

Jedes gleichseitige Dreieck ist auch gleichschenklig; jede Seite kann man als Basis wählen.

Definition
Ein Dreieck, in dem alle drei Seiten gleich lang sind, heißt **gleichseitiges Dreieck**.
Satz
Für jedes *gleichseitige* Dreieck gilt:
Alle drei Winkel sind 60° groß.

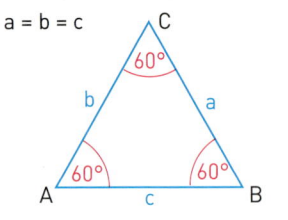

Kehrsatz des Basiswinkelsatzes

3. Konstruiere ein Dreieck ABC aus c = 5,4 cm; α = 55°; β = 55°. Was für ein Dreieck erhältst du? Was vermutest du für Dreiecke mit zwei gleich großen Innenwinkeln?

3.4 Gleichschenklige Dreiecke – Basiswinkelsatz

> **Kehrsatz des Basiswinkelsatzes**
> Wenn in einem Dreieck zwei Innenwinkel gleich groß sind, dann sind auch zwei Seiten gleich lang, d. h. das Dreieck ist gleichschenklig.

Gleich großen Winkeln liegen gleich lange Seiten gegenüber.

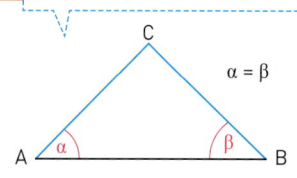

Übungsaufgaben

4. a) Der Hausgiebel rechts ist ein Dreieck mit zwei gleich langen Seiten; die rechte Dachfläche hat eine Neigung von 45°.
   Wie groß ist die Neigung der linken Dachfläche, wie groß ist der Winkel an der Spitze? Begründe deine Antwort.
   b) Für Dachneigungen in einem neuen Baugebiet sind Winkel zwischen 30° und 45° zugelassen. Was kannst du dann über den Winkel an der Spitze aussagen?

5. Gleichschenklige Dreiecke und gleichseitige Dreiecke findet ihr in eurer Umwelt. Gebt Beispiele an. Ihr könnt sie auch fotografieren und ein Plakat für eure Klasse gestalten.

6. Entscheide, welche der folgenden Aussagen wahr oder falsch sind.
   (1) Es gibt gleichschenklige Dreiecke, die gleichseitig sind.
   (2) Nicht alle gleichschenkligen Dreiecke sind gleichseitig.
   (3) Nicht alle gleichseitigen Dreiecke sind gleichschenklig.
   (4) Es gibt gleichschenklige Dreiecke, die rechtwinklig sind.
   (5) Es gibt gleichseitige Dreiecke, die stumpfwinklig sind.
   (6) Es gibt gleichschenklige Dreiecke, die stumpfwinklig sind.

Der Kreisbogen zeigt gleich lange Seiten.

7. Gib bei dem gleichschenkligen Dreieck an, welches die Basis, welches die Basiswinkel, welches der Winkel an der Spitze, welches die Schenkel sind. Berechne die rot markierten Winkel.

    a) 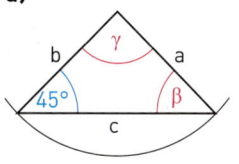 b) 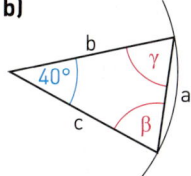 c) 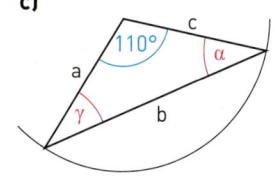 d)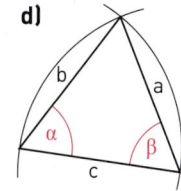

8. a) In einem Dreieck ABC gilt (1) $a = c$; (2) $b = c$. Welche Winkel sind gleich groß?
   b) In einem Dreieck DEF gilt (1) $d = e$; (2) $e = f$. Welche Winkel sind gleich groß?

9. Anne und Tim zeichnen jeweils ein gleichschenkliges Dreieck. Bei Annes Dreieck ist ein Innenwinkel 93° groß, bei Tim 52°. Was kannst du über die anderen Winkel aussagen?

10. Im Dreieck ABC gilt $\alpha = 120°$ und $\beta = 30°$. Was kannst du über das Dreieck aussagen?

3.5 Berechnen von Winkeln mithilfe der Winkelsätze

Einstieg
In der Figur rechts sind einige Angaben weggewischt worden. Ergänzt die fehlenden Winkelgrößen im Heft. Erläutert und begründet euer Vorgehen.

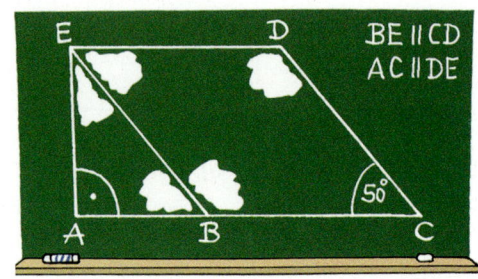

Aufgabe 1 **Schrittweises Berechnen von Winkeln**
In der rechts (nicht maßstabsgetreu) skizzierten Figur halbiert die Gerade w den Winkel bei A. Der eingezeichnete Kreisbogen um A zeigt, dass die Strecken $\overline{AB}$ und $\overline{AC}$ gleich lang sind. Wie groß ist der Winkel γ?
Anleitung:
Skizziere die Figur in dein Heft – auch dabei müssen die Maße nicht stimmen.
Berechne schrittweise weitere Winkel, bis du den Winkel γ angeben kannst.
Begründe jeweils mit einem Winkelsatz.

Lösung Wir notieren die Schritte übersichtlich in einer Tabelle.

Winkel	Begründung
$\alpha_1 = 180° - 90° - 50° = 40°$	Winkelsumme im Dreieck ADG
$\alpha_2 = \alpha_1 = 40°$	w halbiert den Winkel bei A
$\beta = \gamma' = (180° - \alpha_2) : 2 = 70°$	Basiswinkel im gleichschenkligen Dreieck ABC
$\gamma = 180° - \gamma' = 110°$	γ ist Nebenwinkel von γ'

Ergebnis: Der Winkel γ ist 110° groß.

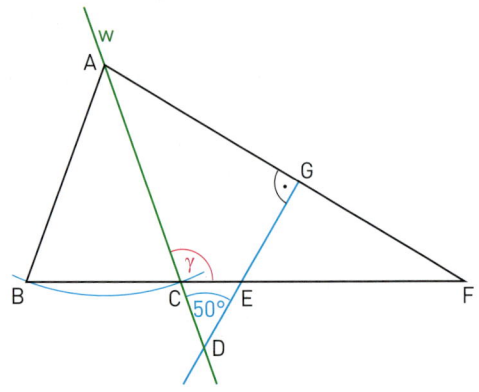

Aufgabe 2 **Verwenden von Hilfslinien zum Berechnen von Winkeln**
Tanja und Tim wollen den Steigungswinkel α einer Straße bestimmen. Mithilfe eines Geodreiecks und eines Gewichtsstücks an einem Band haben sie sich das nebenstehende Gerät gebaut.
Wie funktioniert es?

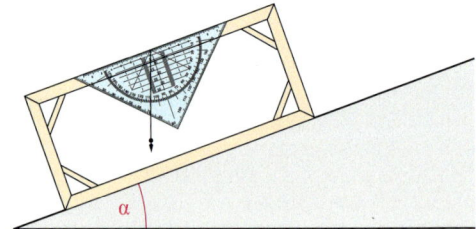

3.5 Berechnen von Winkeln mithilfe der Winkelsätze

Lösung   Wir skizzieren die Apparatur vereinfacht und verlängern den senkrecht nach unten hängenden Faden (mit dem Gewichtsstück). Gesucht ist der Zusammenhang des gemessenen Winkels β zum Steigungswinkel α der Straße. Wir berechnen schrittweise weitere Winkel aus α.

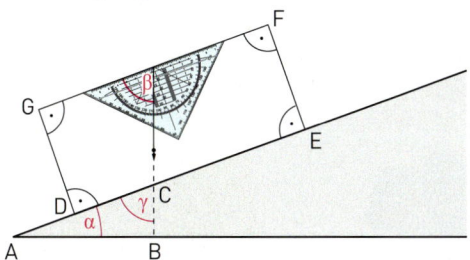

Winkel	Begründung
γ = 180° − 90° − α = 90° − α	Winkelsumme im Dreieck ABC
β = γ = 90° − α	Da DEFG ein Rechteck ist, gilt DE ∥ GF; damit ist β ein Stufenwinkel zu γ

Ergebnis: Um den Steigungswinkel α der Straße zu erhalten, muss man den gemessenen Winkel β von 90° subtrahieren.

Übungsaufgaben

3. Stellt auf einem Poster eure Kenntnisse über Winkel in Figuren zusammen. Ihr könnt diese als Hilfe für die folgenden Aufgaben auch auf einem Plakat im Klassenraum aushängen.

4. Die Geraden a und b sind parallel zueinander. Berechne die rot markierten Winkel.

    a) 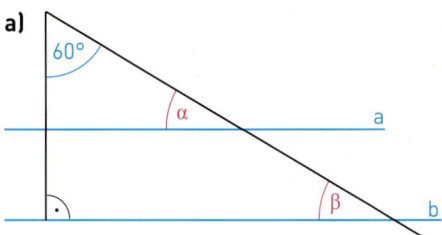   b)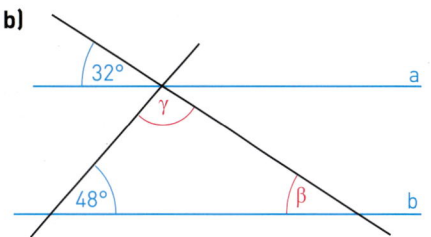

5. Zeichne eine entsprechende Figur in dein Heft. Berechne die rot markierten Winkel und trage die Ergebnisse ein.

    a) a ∥ b 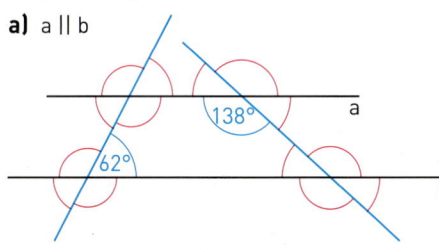   b) a ∥ b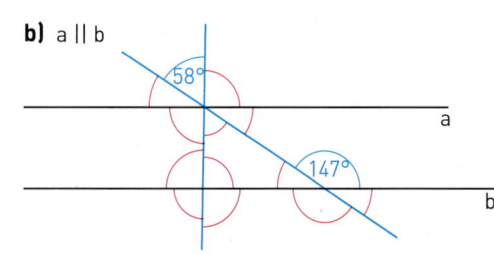

6. Berechne den Winkel β.

    a) $α_1 = 70°$; $α_2 = 30°$ b) $α_1 = 50°$; $α_2 = 70°$ c) $α_1 = 50°$; $α_2 = 20°$; $α_3 = 35°$

    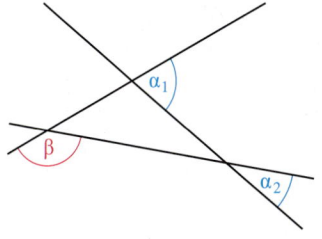 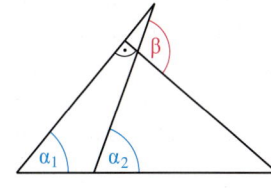 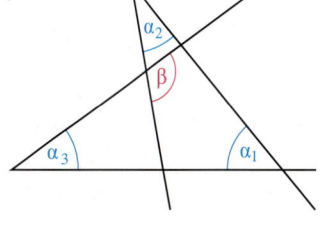

7. Der Kranführer kann den Kranarm um den Winkel α heben oder senken. Wie ändert sich dadurch der Winkel γ, den der Kranarm und das Lastenseil bei S miteinander bilden?

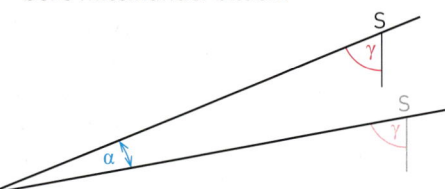

8. Berechne die rot markierten Winkel. Begründe jeden Schritt.
   a) α = 20°
   b) α = 150°
   c) α = 40°

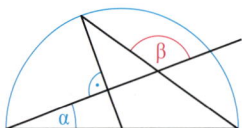
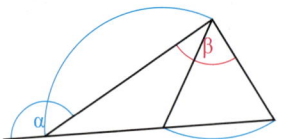
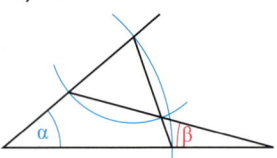

9. a) Gegeben ist die Figur mit g ∥ h und α = 112°.
   Berechne den Winkel β.
   Anleitung: Suche Teildreiecke in der Figur. Ergänze dazu die Figur durch eine geeignete Strecke als Hilfslinie.

   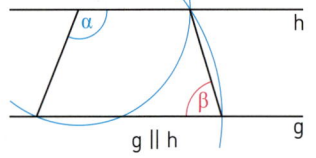

   b) Berechne den Winkel β.
   (1) α = 28°
   (2) α = 80°
   (3) α = 22°

   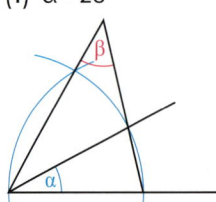
   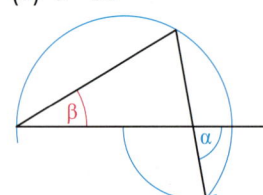
   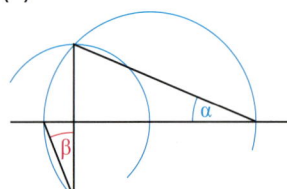

10. Suche in der Figur gleichschenklige Dreiecke. Begründe deine Aussage.
    a)
    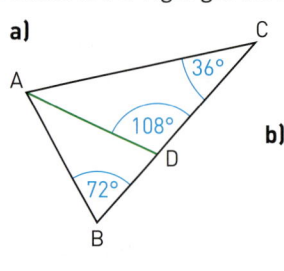
    b)
    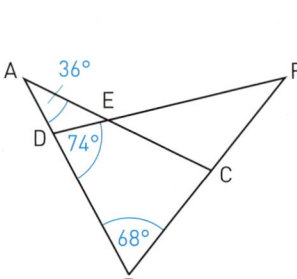
    c)
    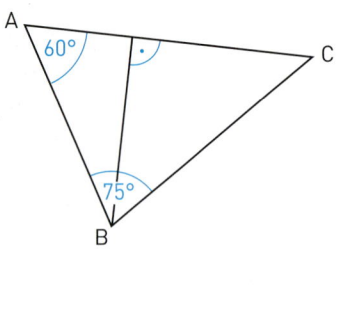

Auf den Punkt gebracht

Argumentieren

1. Jasper ist ganz aufgeregt:
   „Ich glaube, ich werde Mathematiker. Ich habe gerade meine erste mathematische Entdeckung gemacht: Ihr habt vielleicht schon von Palindromen gehört. Das sind Zahlen wie 101 oder 12 321. Verdoppelt man eine solche symmetrische Zahl, dann ist das Ergebnis auch wieder symmetrisch, also ein Palindrom. Das ist jetzt der Satz von Jasper. Ich kann euch ganz viele Beispiele nennen und schreibe sie an die Tafel."

   Nach fünf Minuten Vortrag hat Sophie genug, sie rechnet selbst das Beispiel
   1 234 321 · 2 = 2 468 642 und glaubt Jasper.
   Hannah hat gut aufgepasst, weiter gedacht und rechnet vor: „151 · 2 = 302 ist nicht symmetrisch. Also wird das wohl nichts mit dem Satz von Jasper!"
   a) Erläutere an Hannahs Beispiel, woran es liegt, dass Jaspers Behauptung nicht für alle Palindrome gilt.
   b) Was für Beispiele hätte Jasper noch nennen können, für die seine Vermutung zutrifft?
   c) Jasper gibt sich noch nicht geschlagen: „Ok! Du hast recht! Ich weiß auch schon, warum. Aber ich habe eine Idee für eine kleine Änderung und dann habe ich wirklich einen neuen Satz, der immer gilt. Passt mal auf …"
   Formuliere den geänderten Satz so, dass er stets gilt. Begründe ihn dann.
   d) Untersuche, ob es einen ähnlichen Satz für das Verdreifachen von Palindromen gibt.
   e) Formuliere und begründe noch weitere solcher Sätze.

> Viele Beispiele und ein überzeugendes Auftreten sind noch kein sicheres Argument für die Wahrheit einer mathematischen Behauptung. Wohl aber genügt ein einziges Gegenbeispiel, um eine Behauptung zu widerlegen. Andererseits können viele Beispiele und das aufmerksame Beobachten helfen, neue Erkenntnisse zu gewinnen.

2. Maries Lehrer hat der Klasse berichtet, dass man keine Formel kennt, mit der man nacheinander alle Primzahlen berechnen kann. Marie hat lange probiert und eine Vorschrift gefunden: „Meine Vorschrift liefert zwar nicht alle Primzahlen 2, 3, 5, 7, 11, … nacheinander. Aber meine Vorschrift liefert auf jeden Fall nur Primzahlen und keine anderen. Ich quadriere eine Zahl, addiere dann dazu die Zahl selbst und noch 11.
   Das Ergebnis ist immer eine Primzahl."
   a) Überprüfe Maries Vorschrift an einigen Zahlen und untersuche so, ob sie Recht hat.
   b) Max sagt: „Ich weiß von vornherein, dass diese Vorschrift angewendet auf die Zahl 11 keine Primzahl ergibt." Stelle fest, ob seine Behauptung stimmt und überlege, warum.

   c) Untersucht, ob folgende Vorschriften ausschließlich Primzahlen liefern:
   (1) Quadriere eine Zahl, addiere sie und dann noch 17.
   (2) Quadriere eine Zahl, subtrahiere sie vom Ergebnis und addiere dann wieder 41.

Auf den Punkt gebracht

3. Miriam hat beobachtet, dass bei allen symmetrischen Dreiecken, die sie gesehen hat, die Symmetrieachse durch einen der Eckpunkte geht. Sie fragt sich, ob es immer so sein muss und wenn ja, warum? Jens sagt: „Das sieht man doch!"
Karin meint: „Mit den Beispielen ist das so eine Sache. Wer garantiert denn, dass es nach langem Suchen nicht doch ein Gegenbeispiel gibt? Und ein einziges reicht schon. Ich finde es sicherer, zu begründen, warum das so ist."
   a) Lies Karins folgende Begründung durch und untersuche, ob sie einwandfrei ist.

   > Wenn das Dreieck achsensymmetrisch ist, muss für jeden Eckpunkt auch der Symmetriepartner zum Dreieck gehören. (Bedingung für Achsensymmetrie)
   > Liegt ein Eckpunkt neben der Achse, dann liegt auch sein Symmetriepartner neben der Achse, auf der gegenüberliegenden Seite und wir haben zwei Eckpunkte.
   > Liegt ein Eckpunkt auf der Achse, dann bleibt er an seiner Stelle und wir haben weiterhin nur einen. (Eigenschaft der Achsensymmetrie)
   > Also kann es nur eine gerade Anzahl von Eckpunkten geben, die nicht auf der Achse liegen. Das sind zwei. Der dritte Eckpunkt muss auf der Achse liegen, sonst gäbe es mit seinem Symmetriepartner vier Eckpunkte.

   b) Können beim Dreieck auch zwei Eckpunkte auf der Symmetrieachse liegen?
   c) Wie ist das bei Vierecken? Wie viele Eckpunkte können da auf der Symmetrieachse liegen?

> Beim Begründen einer Behauptung dürfen nur Tatsachen verwendet werden, die vorher festgelegt wurden (als Voraussetzung) oder solche, die schon vorher begründet (bewiesen) worden sind.

4. Untersucht:
   a) Bei Rechtecken halbieren sich die Diagonalen und sind gleich lang. Ist das bei allen Parallelogrammen so?
   b) Wann teilen die Diagonalen ein Viereck in symmetrische Dreiecke?
   c) Welche Möglichkeiten gibt es für Vierecke, die sich aus symmetrischen Dreiecken zusammensetzen?

5. Im Alltag werden viele Flächen lückenlos mit Rechtecken ausgelegt. Aber es kommen auch andere Figuren vor.
   a) Begründe, dass man mit jedem beliebigen Viereck lückenlos parkettieren kann.
   b) Untersuche, ob das auch für Dreiecke und Fünfecke gilt.

3.6 Symmetrische Vierecke

Einstieg 1

Auf den Bildern seht ihr verschiedene besondere Vierecke. Beschreibt sie. Welche Symmetrieeigenschaften besitzen sie? Gebt weitere Beispiele für solche Vierecke an.

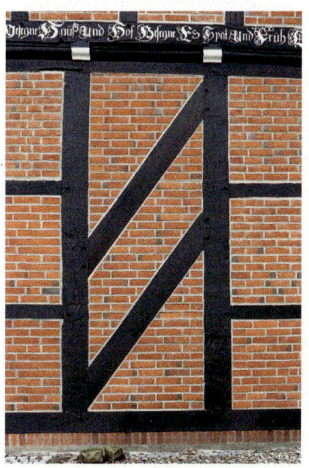

Einstieg 2 DGS

a) Zeichne mit einem Dynamischen Geometrie-System ein beliebiges Viereck ABCD und eine Gerade g. Spiegele dann das Viereck ABCD an g.
Verforme ABCD so zu einem achsensymmetrischen Viereck: Verändere die Lage von A, B, C, D so, dass das Viereck mit seinem Bild übereinstimmt.
Untersuche:
(1) Welche gemeinsamen Eigenschaften besitzen alle achsensymmetrischen Vierecke?
(2) Welche besonderen achsensymmetrischen Vierecke gibt es?

b) Führe entsprechende Untersuchungen wie in Teilaufgabe a) für punktsymmetrische Vierecke durch. Beginne dabei mit einem beliebigen Viereck ABCD und einem Punkt M.

Aufgabe 1

a) Zeichne ein Quadrat und beschreibe alle seine Symmetrien.
b) Schneide ein Quadrat aus. Versuche es nun in ein Viereck zu verwandeln, das nur noch zu zwei der vier eingezeichneten Geraden symmetrisch ist. Schneide dazu Stücke des Quadrates ab. Prüfe, ob die Punktsymmetrie erhalten bleibt.
c) Versuche nun ein Viereck herzustellen, das nur noch zu einer der vier Geraden symmetrisch ist und prüfe auch hier, ob das Viereck noch punktsymmetrisch ist.
d) Versuche nun ein Viereck herzustellen, das keine einzige Symmetrieachse hat, aber punktsymmetrisch ist.

Lösung

a) Das Quadrat ABCD hat vier Symmetrieachsen und zwar
- die beiden *Diagonalgeraden* AC und BD (das sind die Verbindungsgeraden der gegenüberliegenden Eckpunkte); sowie
- die beiden *Mittellinien* EG und HF (das sind die Verbindungsgeraden der gegenüberliegenden Seitenmitten).

Darüber hinaus ist das Quadrat punktsymmetrisch zum Schnittpunkt der Symmetrieachsen.

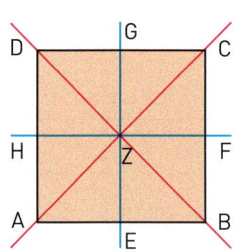

b) Wir versuchen von einem Quadrat passende Stücke so abzuschneiden, dass entweder beide Mittellinien oder beide Diagonalgeraden als Symmetrieachsen erhalten bleiben.

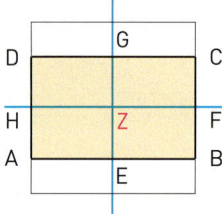

Hier sind nur noch die beiden Mittellinien HF und EG Symmetrieachsen.
Wir erhalten ein *Rechteck*.

Hier sind nur noch die beiden Diagonalgeraden AC und BD Symmetrieachsen.
Wir erhalten eine *Raute*.

Die Punktsymmetrie bleibt in beiden Fällen erhalten.

c) Wir gehen nun von einem Rechteck und einer Raute aus, die nur noch zwei Symmetrieachsen haben. Wir versuchen, passende Stücke so abzuschneiden, dass nur noch eine Mittellinie bzw. eine Diagonalgerade als Symmetrieachse erhalten bleibt.

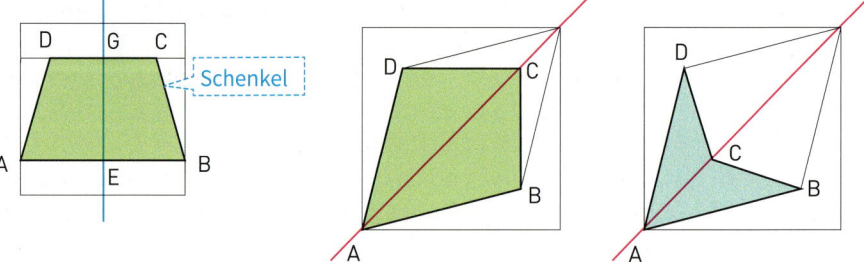

Hier ist nur noch die Mittellinie EG Symmetrieachse.
Wir erhalten so ein *achsensymmetrisches Trapez*.

Hier ist nur noch die Diagonalgerade AC Symmetrieachse.
Wir erhalten ein *Drachenviereck*.
Das Drachenviereck kann auch eine einspringende Ecke besitzen.

In beiden Fällen geht die Punktsymmetrie verloren.

d) Wir schneiden von einem Rechteck und einer Raute, die punktsymmetrisch sind, Teile so ab, dass die Achsensymmetrie verletzt, die Punktsymmetrie aber erhalten bleibt.

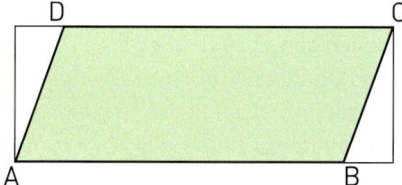
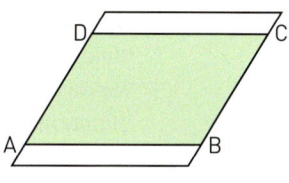

In beiden Fällen erhalten wir ein Parallelogramm. Dieses ist punktsymmetrisch zum Schnittpunkt seiner Diagonalen.

Information

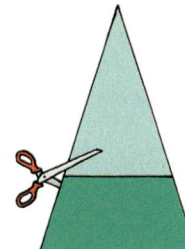

(1) Raute, gleichschenkliges Trapez und Drachenviereck

Die Aufgabe 1 führte uns auf besondere Vierecke, die du häufig in der Umwelt findest. Einige kennst du schon aus Klasse 5 und 6. Die Lösung der Teilaufgabe c) führt auf ein Viereck, das Sonderfall eines Trapezes ist. Links siehst du, wie man sich ein solches Trapez entstanden denken kann.

> **Definition**
> (1) Ein Trapez, bei dem zwei Winkel an einer gemeinsamen Grundseite gleich groß sind, heißt **gleichschenkliges Trapez**.
> (2) Ein Viereck, bei dem zwei benachbarte Seiten und ebenso die beiden anderen benachbarten Seiten jeweils gleich lang sind, heißt **Drachenviereck**.
>
>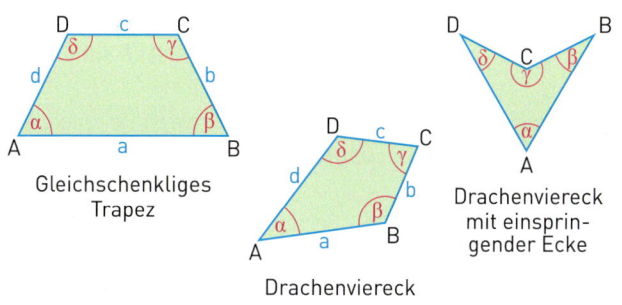

(2) Symmetrische Vierecke

> **Satz: Symmetrie bei Quadrat, Rechteck, Raute, Trapez und Drachenviereck**
> (1) Jedes Quadrat ist achsensymmetrisch zu den beiden Diagonalgeraden und zu den beiden Mittellinien, sowie punktsymmetrisch zu deren Schnittpunkt.
> (2) Jedes Rechteck ist achsensymmetrisch zu den beiden Mittellinien, sowie punktsymmetrisch zu deren Schnittpunkt.
> (3) Jede Raute ist achsensymmetrisch zu den beiden Diagonalgeraden, sowie punktsymmetrisch zu deren Schnittpunkt.
> (4) Jedes gleichschenklige Trapez ist achsensymmetrisch zu der Mittellinie einer Grundseite.
> (5) Jedes Drachenviereck ist achsensymmetrisch zu einer Diagonalgeraden.
> (6) Jedes Parallelogramm ist punktsymmetrisch zum Schnittpunkt der Diagonalgeraden.
>
>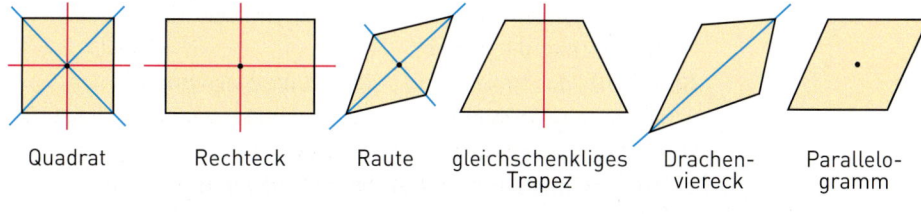

Weiterführende Aufgabe

Haus der Vierecke

2. Die Übersicht rechts nennt man *Haus der symmetrischen Vierecke*. Die Verbindungslinien zeigen Beziehungen zwischen den Vierecken. So ist zum Beispiel das Quadrat (über das Rechteck) mit dem Parallelogramm verbunden, weil es ein besonderes Parallelogramm ist.
Das Diagramm lässt sich in zwei Richtungen lesen.

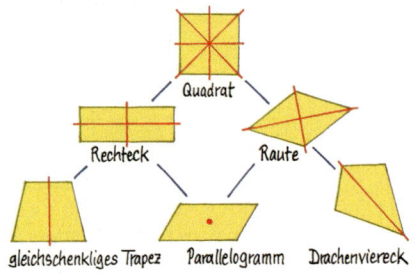

Von oben nach unten:
Jedes Quadrat ist ein Rechteck;
jedes Rechteck ist ein Parallelogramm;
jedes Quadrat ist ein Parallelogramm.

Von unten nach oben:
Manche Rechtecke sind Qudrate; manche Parallelogramme sind Rechtecke
manche Parallelogramme sind Quadrate.

a) Lies weitere solche Beziehungen aus dem Haus der symmetrischen Vierecke ab. Lies sowohl von oben nach unten als auch von unten nach oben.

b) Beschreibe am Haus der Vierecke, wie viele Symmetrieeigenschaften die einzelnen besonderen Vierecke aufweisen. Was fällt auf?

Übungsaufgaben

Viereck	A	B
Rechteck		
Quadrat		

3. Sucht in eurer Umwelt Beispiele für achsensymmetrische Vierecke. Ihr könnt sie fotografieren, sie beschriften und damit eure Bildersammlung im Klassenraum ergänzen.

4. a) Fertige eine Tabelle wie links an; kreuze an, falls für die Figur die Besonderheit zutrifft.
   b) Falls die Figur symmetrisch ist, zeichne sie ab und trage die Symmetrieachsen und Symmetriezentren ein.

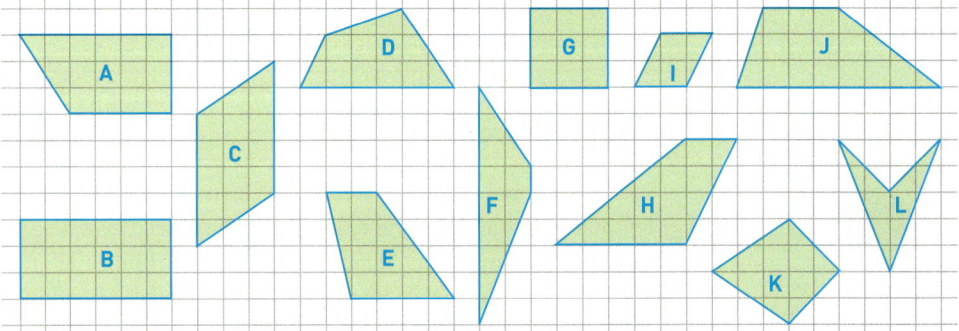

5. Zeichne ein symmetrisches Viereck mit seinen Diagonalen. Welche besonderen Dreiecke entdeckst du?

6. a) Ergänze das stumpfwinklige Dreieck ABC zu einem achsensymmetrischen Viereck.
Es gibt verschiedene Möglichkeiten. Um was für ein Viereck handelt es sich?

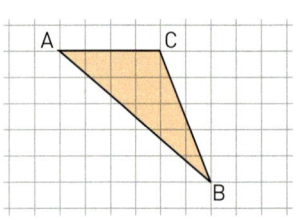

   b) Ergänze das Dreieck nun durch Punktspiegelung zu einem punktsymmetrischen Viereck. Wie viele Möglichkeiten gibt es? Was für ein Viereck entsteht?
   c) Wähle einen anderen Dreieckstyp und verfahre entsprechend.

3.6 Symmetrische Vierecke

7. Zeichne die Figur ins Heft und ergänze sie wenn möglich
   (1) zu einem Trapez;
   (2) zu einem gleichschenkligen Trapez;
   (3) zu einem Drachenviereck;
   (4) zu einem Parallelogramm.

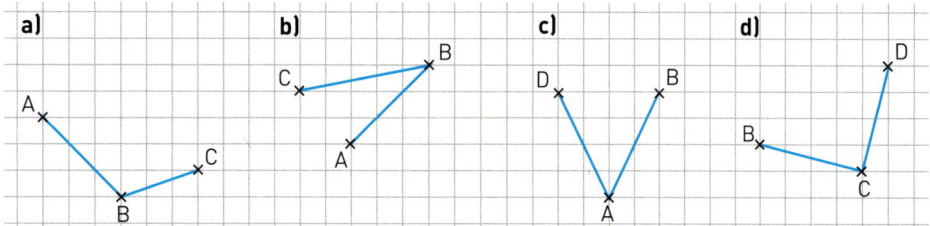

8. Berechne die fehlenden Winkel des Drachenvierecks ABCD mit BD als Symmetrieachse.
   a) $\beta = 36°$
      $\delta = 120°$
   b) $\gamma = 105°$
      $\delta = 80°$
   c) $\beta = 90°$
      $\gamma = 62°$
   d) $\gamma = 100°$
      $\beta = 100°$

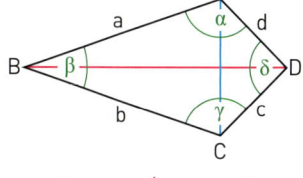

9. Berechne die übrigen Winkel in dem gleichschenkligen Trapez ABCD mit AB ∥ CD und:
   a) $\alpha = 72°$
   b) $\beta = 124°$
   c) $\gamma = 109°$
   d) $\delta = 56°$

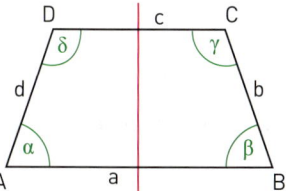

10. a) Zeichne drei *nicht* zueinander deckungsgleiche Drachenvierecke, deren Diagonalen 3 cm und 5 cm lang sind.
   b) Zeichne drei verschiedene nicht zueinander deckungsgleiche Parallelogramme, deren Seiten 3 cm und 5 cm lang sind.

11. Zum Bau eines Drachens werden zwei Holzleisten der Länge 70 cm und 40 cm verwendet. Der Kreuzungspunkt beider Leisten zerlegt die längere Leiste in 20 cm und 50 cm lange Teilstrecken. Fertige eine Zeichnung an. Wähle den Maßstab 1:10.

12. Hier sind schon die halben Diagonalen eines Vierecks gezeichnet.
   Zeichne sie ab und ergänze die Figur zu einem punktsymmetrischen Viereck. Um was für ein Viereck handelt es sich?

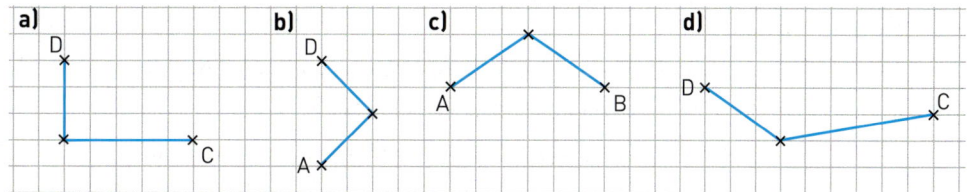

13. a) Felix sagt: „Mein Viereck ist punktsymmetrisch, besitzt aber keine Symmetrieachse." Welches Viereck hat Felix gezeichnet?
   b) Finde selbst weitere Rätsel und lasse sie deine Mitschülerin oder deinen Mitschüler lösen. Tauscht nach jedem Rätsel die Rollen.

14. Zeichnet jeder ein Viereck, das die angegebenen Eigenschaften besitzt. Vergleicht eure Vierecke. Um was für ein Viereck handelt es sich?
    a) Zwei benachbarte Seiten stehen orthogonal aufeinander.
    b) Je zwei Seiten stehen orthogonal aufeinander.
    c) Zwei Seiten sind parallel zueinander.
    d) Je zwei gegenüberliegende Seiten sind parallel zueinander.
    e) Zwei gegenüberliegende Winkel sind gleich groß.
    f) Je zwei gegenüberliegende Winkel sind gleich groß.
    g) Die Diagonalen halbieren einander.
    h) Die Diagonalen stehen orthogonal aufeinander.

15. Welche besonderen Vierecke erkennst du im Bild? Welche besonderen Vierecke können noch bei der Bewegung des Gerätes auftreten?
    Was bewirken die Vierecke bei der Bewegung des Gerätes?

 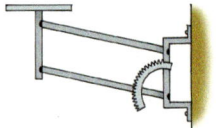

16. Zeichne in ein gleichschenkliges Dreieck eine Raute, die einen Winkel mit dem Winkel an der Spitze des Dreiecks gemeinsam hat und deren Gegenecke auf der Basis des Dreiecks liegt.

17. Bei einem Drachenviereck ist eine Seite 3 cm lang, eine andere 5 cm und ein Winkel ist 40° groß. Wie kann dieses Drachenviereck aussehen?

18. Entscheide anhand des Hauses der Vierecke, ob die Aussage wahr oder falsch ist. Erläutere deine Überlegungen.
    (1) Jedes Quadrat ist ein Parallelogramm.
    (2) Jedes Parallelogramm ist eine Raute.
    (3) Manche Parallelogramme sind Rauten.
    (4) Manche Rechtecke sind Quadrate.
    (5) Jedes Drachenviereck ist ein Parallelogramm.
    (6) Jedes Parallelogramm ist ein Trapez.

19. Ergänze das auf Seite 92 abgebildete Haus der Vierecke um das Trapez.

Das kann ich noch!

A) Beschreibe die Grafik. Was kannst du ihr entnehmen?

Was die Deutschen essen (in kg pro Kopf)

	1980	2010		1980	2010
Gemüse	64,2	92,6	Schweinefleisch	58,2	55,1
Geflügel	9,9	19,3	Fisch	11,2	15,7

Im Blickpunkt

Messen von Winkeln in Grad, Minuten und Sekunden

1. Manchmal ist die Einheit Grad zur Winkelangabe nicht genau genug.
   Für genauere Angaben wird ein Grad in 60 Winkelminuten (′) eingeteilt (1° = 60′).
   Für noch feinere Angaben unterteilt man eine Winkelminute in 60 Winkelsekunden (″):
   1′ = 60″.
   a) Schreibe in gemischten Einheiten mit ° und ′: $\frac{1}{2}°$; 12,5°; 30,2°; 19,25°
   b) Rechne die Winkelgröße in Grad um: 1′; 1,5′; 5° 15′; 81° 24′
   c) Schreibe in gemischten Einheiten mit °, ′ und ″: $\frac{1}{3600}°$; $\frac{7267}{3600}°$; 7,05°; 32,2225°
   d) Rechne die Winkelgrößen in Grad um: 6″; 12′ 2″; 78° 30′ 15″

2. Das Netz der Längen- und Breitenkreise dient dazu, jeden Ort der Erde genau zu bestimmen. Die Erde ist näherungsweise eine Kugel. Der Äquator ist 40 000 km lang.
   a) Wie weit ist es auf dem Äquator vom 30. östlichen Längengrad zum 60. östlichen Längengrad?
   b) Welcher Länge entspricht ein Längengrad auf dem Äquator, welcher Länge einer Winkelminute?
   c) In der Seefahrt werden Streckenlängen nicht in Kilometern, sondern in Seemeilen angeben. Eine Seemeile entspricht 1,852 km.
      Kannst du diesen Wert erklären?
   d) Der 50. Breitengrad ist nur etwa 25 727 km lang. „Geht" man auf dem 50. Breitengrad vom 30. zum 31. Längengrad, so ist diese Strecke kürzer als die entsprechende Strecke auf dem Äquator. Wie lang ist sie hier?
   e) Wie weit ist es auf dem 0. Längengrad vom 30. zum 31. Grad nördlicher Breite? Welcher Entfernung entspricht 1 Winkelminute? Ändert sich diese Entfernungen, wenn man entlang des 30. östlichen Längengrades geht?

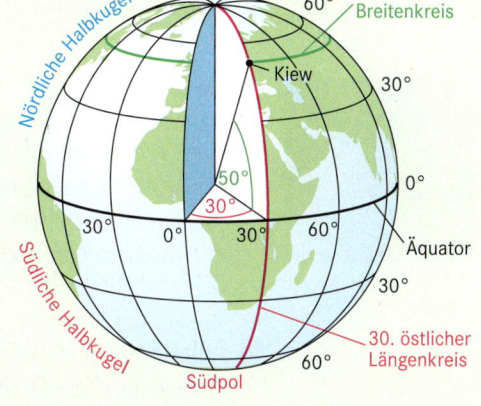

3. a) Die geographischen Koordinaten von Frankfurt am Main sind ausgegeben mit 50° 7′ nördlicher Breite und 8° 41′ östlicher Länge.
   Rechne in Grad um.
   b) Die geographischen Koordinaten des Frankfurter Rathauses, des Römers, sind: 50° 6′ 37″ nördlicher Breite und 8° 40′ 55″ östlicher Länge.
   Rechne auch hier um.
   Wie genau in Nord-Süd-Richtung ist diese Angabe?

3.7 Aufgaben zur Vertiefung

1. ABC ist ein beliebiges Dreieck, die sechs rot gefärbten Winkel heißen **Außenwinkel** des Dreiecks.
   a) Welche Beziehung besteht zwischen einem Innenwinkel und einem benachbarten Außenwinkel? Erkläre so, was man unter einem Außenwinkel eines Dreiecks versteht.
   b) Begründe den folgenden Satz:

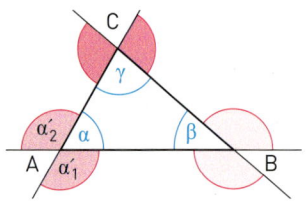

> **Außenwinkelsatz für Dreiecke**
> In einem Dreieck ist ein Außenwinkel genau so groß wie die beiden nicht anliegenden Innenwinkel zusammen,
> z.B. $\alpha' = \beta + \gamma$.

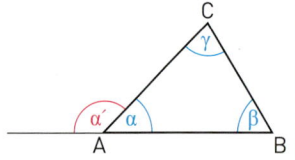

2. Du weißt aus dem Alltag, dass man Flächen lückenlos mit Rechtecken pflastern („parkettieren") kann. Bei der Betrachtung der Winkelsumme im Dreieck hast du gesehen, dass man sogar mit beliebige Dreiecke parkettieren kann.
   a) Untersuche, ob man mit beliebigen Vierecken parkettieren kann.
   b) Finde ein Beispiel für ein Fünfeck, mit dem man parkettieren kann und auch eines, mit dem man nicht parkettieren kann.

3. Du kennst schon Körper, die von lauter regelmäßigen Vielecken begrenzt sind: Würfel sind nur von Quadraten begrenzt; an jeder Ecke stoßen drei zusammen. Tetraeder sind nur von gleichseitigen Dreiecken begrenzt, an jeder Ecke stoßen drei zusammen. Auch Oktaeder sind nur von gleichseitigen Dreiecken begrenzt, hier stoßen an jeder Ecke 4 Dreiecke zusammen. Solche Körper sind nach dem griechischen Mathematiker Platon benannt:

> **Definition**
> Ein **platonischer Körper** ist ein Körper, der von lauter deckungsgleichen, regelmäßigen Vielecken begrenzt wird. Außerdem müssen an jeder Ecke gleich viele dieser Vielecke zusammenstoßen.

Schon der griechische Mathematiker Euklid wusste, dass es nur *fünf* platonische Körper gibt. Im Folgenden kannst du einsehen, warum das so ist.

a) An einer Körperecke müssen mindestens drei regelmäßige Vielecke zusammenstoßen. Die Summe der dort zusammenstoßenden Innenwinkel muss kleiner als 360° sein. Erläutere, warum. Begründe dann, welche regelmäßigen Vielecke überhaupt nur infrage kommen.

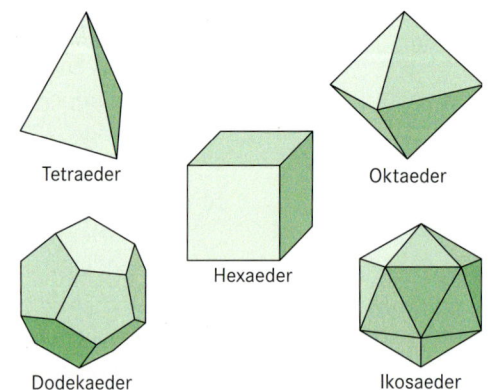

b) Baut Kantenmodelle der platonischen Körper.

Das Wichtigste auf einen Blick

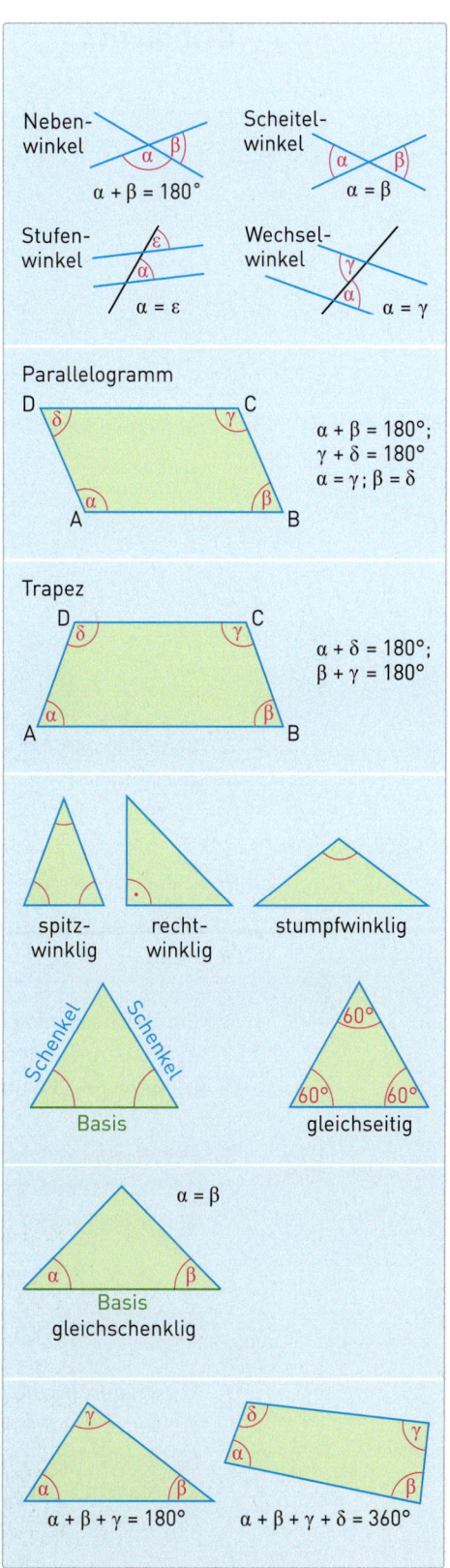

Winkel an Geradenkreuzungen	**Nebenwinkel** ergänzen sich zu 180°. **Scheitelwinkel** sind gleich groß. **Stufenwinkel** an geschnittenen Parallelen sind gleich groß. **Wechselwinkel** an geschnittenen Parallelen sind gleich groß.
Parallelogramm	Ein Viereck, bei dem gegenüberliegende Seiten parallel zueinander sind, heißt **Parallelogramm**. Für jedes Parallelogramm gilt: – Benachbarte Winkel ergänzen sich zu 180°. – Gegenüberliegende Winkel sind gleich groß.
Trapez	Ein Viereck, bei dem mindestens zwei gegenüberliegende Seiten zueinander parallel sind, heißt **Trapez**. Die parallelen Seiten nennt man Grundseiten, die anderen beiden Seiten Schenkel des Trapezes.
Besondere Dreiecke	In **spitzwinkligen Dreiecken** sind alle Winkel kleiner als 90°. In **rechtwinkligen Dreiecken** ist ein Winkel 90° groß. In **stumpfwinkligen Dreiecken** ist ein Winkel größer als 90°. Ein **gleichschenkliges Dreieck** hat zwei gleich lange Seiten; diese nennt man Schenkel, die dritte Seite heißt Basis. Beim **gleichseitigen Dreieck** sind alle drei Seiten gleich lang.
Basiswinkelsatz	Beim gleichschenkligen Dreieck sind die Winkel an der Basis gleich groß.
Winkelsummensatz	In jedem Dreieck beträgt die Summe aller drei Innenwinkel 180°. In jedem Viereck beträgt die Summe aller vier Innenwinkel 360°.

Bist du fit?

1. Wie groß ist $\alpha + \beta$?

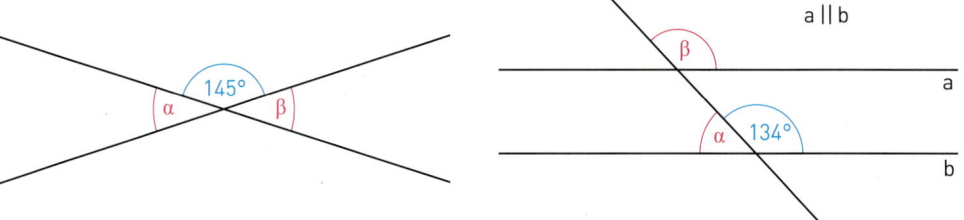

2. Berechne die fehlenden Winkel.

   a)   b)   c) Parallelogramm   d) Trapez

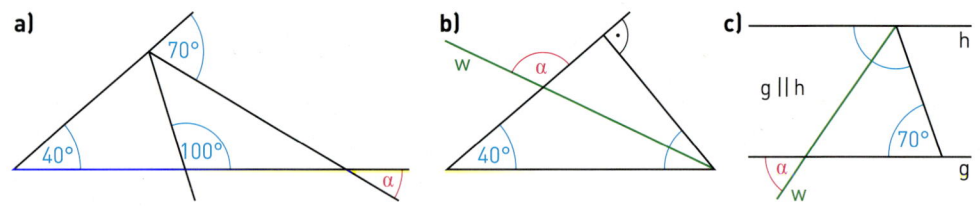

3. Berechne den Winkel α. Begründe jeden Schritt. Die Halbgerade w halbiert einen Winkel.

   a)   b)   c)

4. Ein gleichschenkliges Dreieck ABC hat die Basislänge c = 4,2 cm und $\beta = 70°$.
   a) Konstruiere die Symmetrieachse des Dreiecks.
   b) Berechne die übrigen Winkel des Dreiecks ABC.

5. Der Neigungswinkel eines mit Schiefer gedeckten Satteldachs muss mindestens 30° betragen. Was kannst du über den Winkel an der Spitze aussagen?

6. In einem rechtwinkligen Dreieck ist ein weiterer Winkel 45° groß. Was kannst du über das Dreieck aussagen?

7. Entscheide, ob die Aussage wahr oder falsch ist. Begründe.
   (1) Jedes Quadrat ist ein Trapez.
   (2) Es gibt Trapeze, die Rauten sind.
   (3) Manche Rauten sind Quadrate.
   (4) Jede Raute ist ein Quadrat.
   (5) Manche Trapeze sind Quadrate.
   (6) Jedes Trapez ist ein Parallelogramm.
   (7) Es gibt Quadrate, die Rechtecke sind.
   (8) Manche Drachenvierecke sind Quadrate.

4. Rationale Zahlen

Bei der Angabe negativer Zahlen verwendet man auch Dezimalbrüche und Brüche.

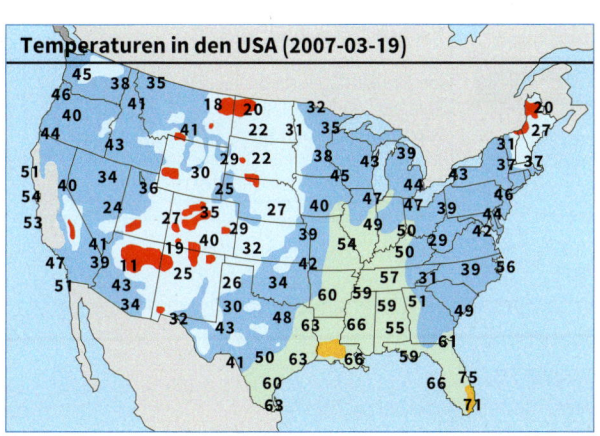
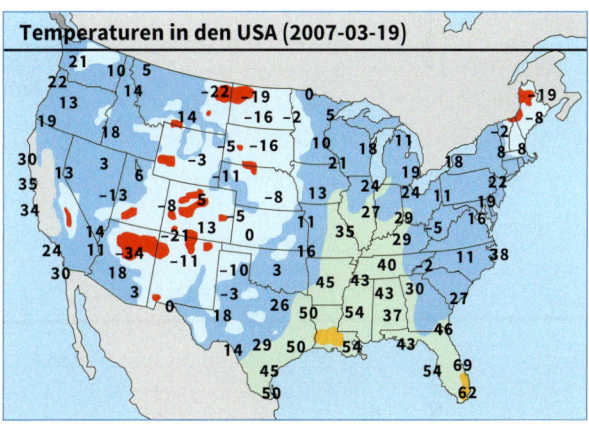

In den USA werden Temperaturen noch heute in der Einheit *Grad Fahrenheit* (°F) gemessen. Diese Temperaturskala wurde 1714 von dem deutschen Wissenschaftler Gabriel Daniel Fahrenheit entwickelt. Die bei uns gebräuchliche Temperaturangabe in *Grad Celsius* (°C) wurde im Jahr 1742 vom schwedischen Astronom Anders Celsius vorgeschlagen.

→ Informiere dich darüber, wie Fahrenheit und Celsius jeweils den Nullpunkt und die Gradeinteilung festgelegt haben.
→ Was bedeuten negative Zahlen bei der Angabe in °C, was bei der Angabe in °F?

*In diesem Kapitel …
lernst du, Zustände auch dann mit negativen Zahlen zu beschreiben,
wenn keine ganzen Zahlen vorliegen.
Weiter lernst du das Rechnen mit negativen Zahlen.*

Lernfeld: Rechnen mit negativen Zahlen

Wetterbeobachtungen

Wetterstationen erheben eine Vielzahl von Daten. Diese Daten werden auch im Internet zur Verfügung gestellt, zum Beispiel vom Deutschen Wetterdienst (www.dwd.de).

→ Bestimme den Temperaturunterschied zwischen der höchsten und der niedrigsten jemals in Deutschland gemessenen und registrierten Temperatur.

Deutschland **Weltweit**
Höchste Temperatur: 40.2 °C
am 27.07.1983 in Gärmersdorf bei Amberg (Oberpf.)
am 09.08.2003 in Karlsruhe, am 13.08.2003 in Freiburg und Karlsruhe
Niedrigste Temperatur: – 37.8 °C
am 12.02.1929 in Hüll, Ortsteil von Welnzach/ Kr. Pfaffenhofen / Ilm Oberbayern

→ Recherchiere im Internet nach Extremtemperaturen an verschiedenen Orten oder an verschiedenen Tagen (z. B. an deinem Geburtstag).
Wie groß sind die maximalen Abweichungen?
Wie verändern sich diese, wenn man verschiedene Orte betrachtet?

→ Zu einem Zeitpunkt ist es an verschiedenen Orten ganz unterschiedlich warm bzw. kalt. Informiert euch und erstellt damit eine Wetterübersicht, die ihr in der Klasse präsentiert.

Rechenregeln für das Addieren und Multiplizieren erkunden
Eigentlich ist das Rechnen mit dem Taschenrechner ganz einfach. Viele lästige Rechnungen kann er bequem übernehmen, ohne sich zu verrechnen.
Marie und Robin wollten mit dem Taschenrechner die einfache Aufgabe (+4) + (– 3) berechnen. Bei vielen Eingaben erhalten sie Fehlermeldungen des Rechners.

→ Untersuche, wie du bei deinem Rechner positive und negative Zahlen eingeben musst. Denke dir dann Additions- und Multiplikationsaufgaben mit ganzen Zahlen aus. Löse sie im Kopf und kontrolliere mit dem Rechner.

Lernfeld: Rechnen mit negativen Zahlen

 → Löst die auf dem Zettel rechts stehenden Aufgaben auf die folgende Weise:
Partner 1 tippt ein und notiert seine Ergebnisse.
Partner 2 überlegt und schreibt auf, was er ohne Taschenrechner für das richtige Ergebnis hält.
Habt ihr dieselben Ergebnisse?
Überlegt euch im Zweifel für jede der Rechnungen eine Rechengeschichte als Begründung für das richtige Ergebnis.

$3{,}8 + 1{,}7 =$
$3{,}8 + (-1{,}7) =$
$(-3{,}8) + 1{,}7 =$
$(-3{,}8) + (-1{,}7) =$

Rechenregel für das Subtrahieren erkunden

  → Ihr könnt negative Zahlen noch nicht subtrahieren. Bearbeitet die Aufgaben von dem Zettel rechts mit dem Taschenrechner. Könnt ihr Regeln erkennen?
Wenn ja, schreibt sie auf. Könnt ihr eine Begründung finden? Besprecht eure Ideen und schreibt ein Ergebnis auf.
Wenn nein, schreibt auf, was euch verwundert.

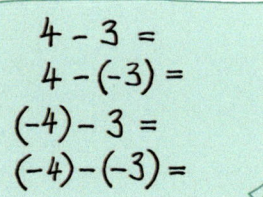

$4 - 3 =$
$4 - (-3) =$
$(-4) - 3 =$
$(-4) - (-3) =$

Rechengesetze für die Addition erkunden

 → Berechnet für beide Konten den neuen Kontostand. Was fällt auf? Formuliert ein Rechengesetz für das Addieren rationaler Zahlen.

 → Führt Philines Vorschlag durch und rechnet zum Vergleich auch schrittweise.

„Auf meinem Konto waren gestern 35,20 € Guthaben. Jetzt wurden für mein Zeitschriftenabo 38,75 € abgebucht. Aber zum Glück erhalte ich auch noch eine Rücküberweisung über 43,75 €. Wie viel Geld ist nun wohl noch auf meinem Konto?"

„Das ist doch nicht schwierig. Rechne nicht schrittweise, sondern fasse erst die beiden Buchungen zusammen."

 → Aus den obigen Beispielen könnt ihr Regeln erkennen. Diskutiert eure Regeln in der Klasse. Vielleicht erinnert euch dies an Gesetze, die ihr schon einmal kennen gelernt habt. Fertigt ein Plakat dazu an.

4.1 Rationale Zahlen – Anordnung und Betrag

Einstieg

Für eine Fahrradtour in den Niederlanden haben Lena und Florian ein Höhenprofil erstellt.
a) Was könnt ihr aus dem Diagramm ablesen?
b) Lest am Diagramm ab, wie hoch die beiden nach 5 km, 15 km, 25 km und 35 km sind.
c) Wie weit sind Lena und Florian vom Ausgangsort entfernt, wenn sie sich 2 m über NN bzw. wenn sie sich 2 m unter NN befinden?
d) Zu Hause angekommen wollen sie die Höhen einiger Orte ihrer Fahrradtour festhalten. Sie haben folgende Werte notiert: Naarden +4 m; Weesp −1 m; Amstelveen −2 m; Aalsmeer −2 m; Hoofddorp −5 m; Heemstede +4 m
Zeichne auf Milimeterpapier eine Skala für die Höhe von −5 m bis +5 m. Wähle 1 cm für 1 m. Markiere anschließend die Höhenangaben. Notiere auch die Orte.

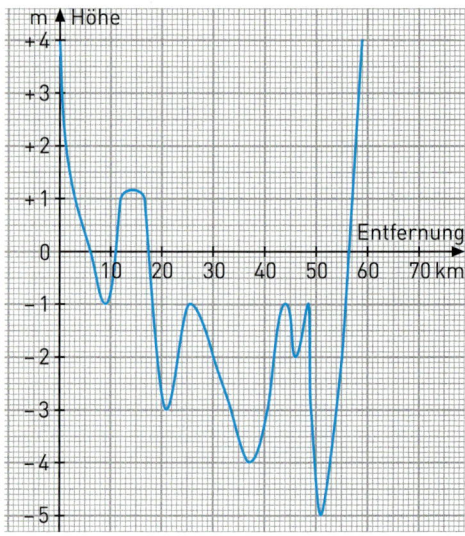

e) Maria sagt: „Die Steigungen, die ihr gezeichnet habt, sehen steiler aus als Gebirgsstraßen. Da kommt man doch nicht mit dem Fahrrad hoch." Was meinst du dazu?

Aufgabe 1

Anordnung rationaler Zahlen
Die Schüler der Klasse 7 b haben in einem Projekt zum Thema Wetter die Temperatur über einen Tag hinweg gemessen. Dafür stand ihnen ein Temperaturschreiber zur Verfügung.

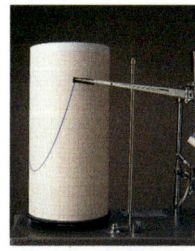
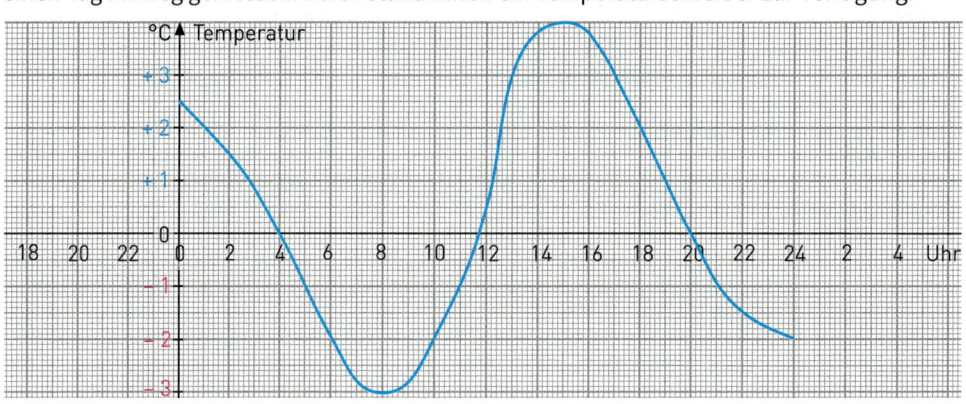

a) Was kannst du aus dem Diagramm ablesen? Gib verschiedene gebräuchliche Sprech- und Schreibweisen bei den Temperaturen an.
b) Lies am Diagramm zu den Zeitpunkten 0 Uhr, 4 Uhr, 8 Uhr, 12 Uhr, 16 Uhr, 20 Uhr, 24 Uhr die zugehörige Temperatur ab und trage sie in eine Tabelle ein.
c) Wann betrug die Temperatur (1) −1 °C; (2) +1,5 °C?
d) Um 10 Uhr wurde in einer Radiomeldung die Temperatur an verschiedenen Orten genannt:

Ort	Freiburg	Köln	Hannover	Berlin	Dresden
Temperatur (in °C)	−5,5	−1,0	+1,4	+0,7	+3,5

Zeichne auf Millimeterpapier eine Temperaturskala von −7 °C bis +7 °C. Wähle 1 cm für 1 °C. Markiere anschließend die angegebenen Temperaturen. Notiere auch die Orte.

4.1 Rationale Zahlen – Anordnung und Betrag

Lösung

a) Von Mitternacht bis 8 Uhr morgens sank die Temperatur. Die niedrigste Temperatur betrug –3 °C; man sagt auch 3 °C unter null oder 3 Grad minus.
Danach stieg die Temperatur bis 15 Uhr wieder an. Die höchste Temperatur betrug +4 °C (4 °C über null; 4 Grad plus). Schließlich wurde es wieder kälter.

b)
Zeitpunkt der Messung	0 Uhr	4 Uhr	8 Uhr	12 Uhr	16 Uhr	20 Uhr	24 Uhr
Temperatur (in °C)	+2,5	0,0	–3,0	+0,5	+3,8	0,0	–2,0

c) (1) Um 5 Uhr, um 11 Uhr und um 21 Uhr betrug die Temperatur –1 °C.
(2) Um 2 Uhr, um 12.25 Uhr und um 18.30 Uhr betrug die Temperatur +1,5 °C.

d)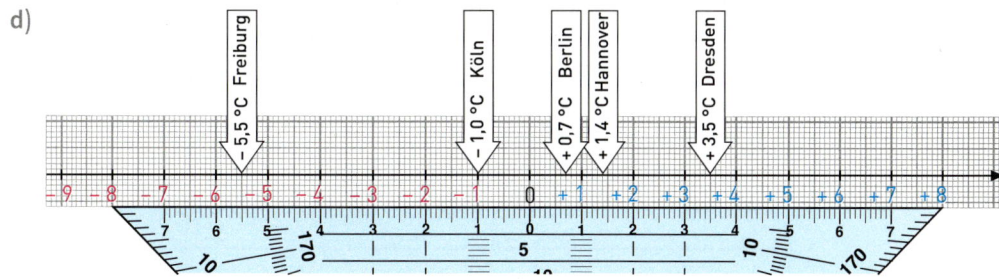

Information

Normalnull
mittlere Höhe des Meeresspiegels (in Amsterdam).

Haben
Der Kontoinhaber hat Geld auf dem Konto.

Soll
Der Kontoinhaber schuldet dem Geldinstitut Geld.

(1) Rationale Zahlen

Bei der Aufgabe 1 kommen Angaben vor, die wir mit den bisher bekannten gebrochenen Zahlen nicht vollständig beschreiben können. Wir mussten eine zusätzliche Angabe hinzufügen, nämlich ob die Temperatur über null oder unter null liegt. Im täglichen Leben gibt es mehrere Beispiele, bei denen ähnliche Zusatzinformationen gegeben werden müssen:

- Temperaturen (über oder unter dem Gefrierpunkt von Wasser)
- Höhenangaben (über NN (Normalnull) oder darunter)
- Geldangaben auf Bankkonten (Haben oder Soll)

In der Mathematik unterscheidet man solche Zustände über und unter einem festgelegten Normalzustand (dem Nullpunkt) durch das **Vorzeichen** + (plus) oder – (minus).

Wir erweitern den *Zahlenstrahl der gebrochenen Zahlen*

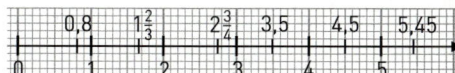

zur *Zahlengeraden*:

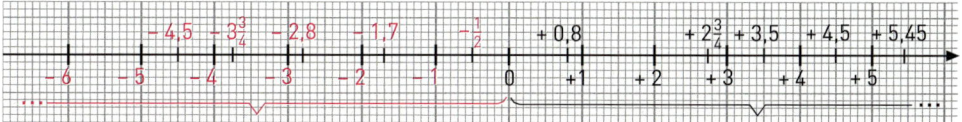

Zahlen mit dem Vorzeichen –   Zahlen mit dem Vorzeichen +

Für die Zahl 0 vereinbaren wir: $+0 = -0 = 0$

Zahlen wie $-\frac{1}{2}$; $-3\frac{3}{4}$; $+\frac{3}{4}$; –4,5; +3,5; 0; –7; +11 heißen **rationale Zahlen**.

Die Zahlen mit dem Vorzeichen + nennt man **positiv**, die Zahlen mit dem Vorzeichen – **negativ**.
Die Zahl 0 ist weder positiv noch negativ.
Natürliche Zahlen und gebrochene Zahlen sind besondere rationale Zahlen: Sie sind positiv oder null.

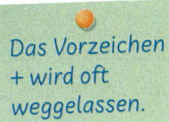
Das Vorzeichen + wird oft weggelassen.

(2) Besondere Zahlenmengen

Du kennst bereits die Menge der **natürlichen Zahlen**:
$\mathbb{N} = \{0;\ 1;\ 2;\ 3;\ 4;\ ...\}$.

Eine weitere Zahlenmenge ist die Menge der **ganzen Zahlen**:
$\mathbb{Z} = \{...;\ -2;\ -1;\ 0;\ 1;\ 2;\ ...\}$.

Die natürlichen Zahlen sind eine Teilmenge der ganzen Zahlen.

Die Menge aller **rationalen Zahlen** wird mit $\mathbb{Q}$ bezeichnet. $\mathbb{Z}$ ist eine Teilmenge von $\mathbb{Q}$.

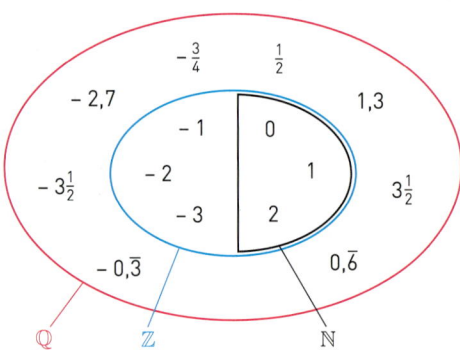

(3) Anordnung der rationalen Zahlen

Temperaturen kann man mit „ist niedriger als" vergleichen. Auf einer waagerechten Skala liegt die niedrigere Temperatur links von der höheren.

Hier ist es kälter als **dort**.

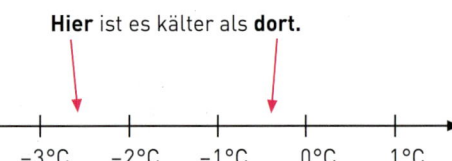

> „Ist kleiner als" bedeutet „ist niedriger als".

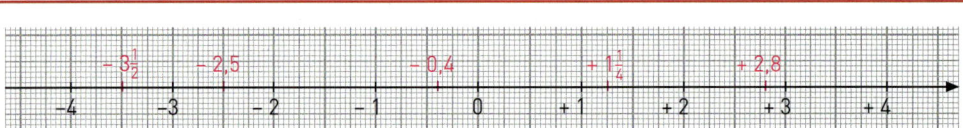

Rationale Zahlen kann man nach *ist kleiner als* ordnen.

Auf der (waagerechten) Zahlengeraden liegt die kleinere von zwei Zahlen stets links, die größere von zwei Zahlen stets rechts. In Richtung der Pfeilspitze werden die Zahlen größer.

Beachte: Die positiven Zahlen liegen dabei rechts von 0. Die negativen Zahlen liegen dabei links von 0.

Beispiele: $-2{,}5$ liegt links von $-0{,}4$; also $-2{,}5 < -0{,}4$

$-3\tfrac{1}{2}$ liegt links von $+1\tfrac{1}{4}$; also $-3\tfrac{1}{2} < +1\tfrac{1}{4}$

$+1\tfrac{1}{4}$ liegt links von $+2{,}8$; also $+1\tfrac{1}{4} < +2{,}8$

Weiterführende Aufgabe

Betrag einer rationalen Zahl – Gegenzahl einer rationalen Zahl

2. Markiere die Zahlen $+4{,}5$ und $-4{,}5$ auf der Zahlengeraden. Beschreibe ihre Lage zueinander.

> Bilden der Gegenzahl bedeutet: Spiegeln an 0.

Definition

(1) Ändert man bei einer Zahl das Vorzeichen, so erhält man ihre **Gegenzahl**.
Die Gegenzahl von 0 ist 0 selbst.
Beispiele:
Die Zahl -3 ist Gegenzahl zu der Zahl $+3$.
Ebenso ist $+3$ die Gegenzahl zu -3.

(2) Der Abstand einer Zahl von 0 heißt **Betrag** dieser Zahl.
Wir bezeichnen den Betrag einer rationalen Zahl mit $|r|$ (gelesen: *Betrag von r*).
Beispiele: $|+3| = 3$; $|-3| = 3$; $|0| = 0$

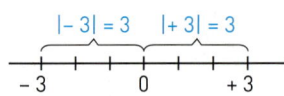

4.1 Rationale Zahlen – Anordnung und Betrag

Übungsaufgaben

3. Auf der Zahlengeraden sind Zahlen durch Pfeile markiert. Notiere diese Zahlen.

   (1)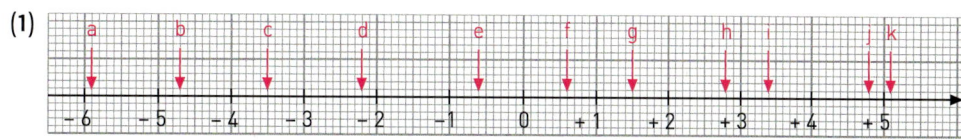

   (2)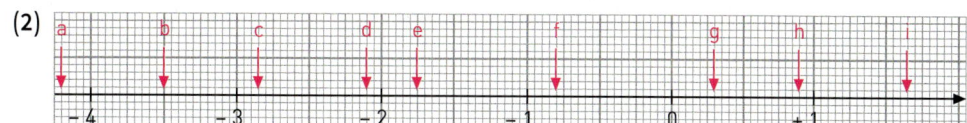

4. In dem Diagramm siehst du den Pegelstand im Hamburger Hafen im Verlauf eines Tages.
   a) Wie ist der Pegelstand um 6 Uhr, 12 Uhr, 18 Uhr?
   b) Wann ist der Pegelstand am höchsten, wann am niedrigsten?
   c) Zu welchen Zeiten ist der Pegelstand 1,5 dm über NN, wann 1,5 dm unter NN?

   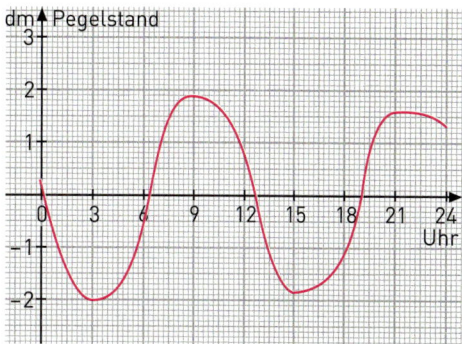

5. Schreibt eine kleine Zusammenfassung:
   Wo kommen negative, positive, ganze, rationale Zahlen im Alltag vor?

6. a) Wer knackt die Botschaft? Zu jeder Zahl gehört ein Buchstabe.
      +0,5; −5,1; +3,7; −3,6; +1,8; −2,9; −3,4; +6,6; −0,3; +5,4; +4,2; −4,1; −2,3

   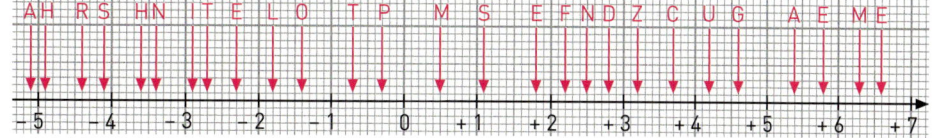

   b) Verschlüssele deinem Nachbarn auf diese Art eine Botschaft. Er entschlüsselt deine Botschaft und du seine.

7. Markiere auf einer Zahlengeraden die rationalen Zahlen.
   a) +1,8; −3,4; −2,8; +4,1; 0; −0,7
   b) −25; +13; −3; +18; −8; −17
   c) +50; +220; −130; −20; −290
   d) +4; −0,4; +2,5; +1$\frac{1}{4}$; −2$\frac{1}{10}$; −3,75

8. Anna hat Zahlen auf der Geraden markiert und ihre Freundin Mia gebeten, das Blatt zu korrigieren. Die gibt es Anna zurück mit den Worten: „Du hast drei Fehler gemacht".
   Suche die Fehler und überlege, wie du Anna erklären könntest, was sie falsch gemacht hat.

   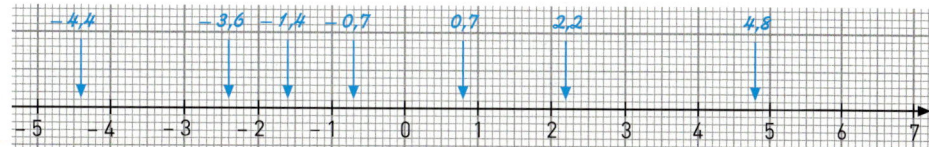

9. Nenne drei
   a) rationale Zahlen;
   b) positive Zahlen;
   c) negative Zahlen;
   d) natürliche Zahlen;
   e) ganze Zahlen;
   f) gebrochene Zahlen.

10. Zu welchen der Mengen ℕ, ℤ, ℚ gehören folgende Zahlen? Gib jeweils alle Möglichkeiten an.
    $-7;\ +\frac{2}{3};\ -\frac{18}{13};\ 0;\ -12;\ 43;\ +\frac{121}{11};\ -\frac{300}{15}$

    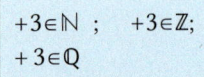
    $+3 \in \mathbb{N}\ ;\ \ +3 \in \mathbb{Z};\ +3 \in \mathbb{Q}$

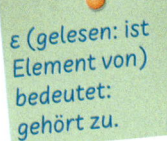
ε (gelesen: ist Element von) bedeutet: gehört zu.

11. Ordne nach *ist niedriger als*.
    Temperaturen: −3,2 °C; −9,1 °C; +8,5 °C; 0 °C; −9,15 °C; +7,3 °C
    Höhenangaben: −2,7 m; +1,5 m; +0,3 m; −1,2 m; −3,1 m; −3,4 m; −0,2 m; +0,9 m
    Kontostände: −11,70 €; +3,25 €; −0,75 €; −3,50 €; +12,80 €; −9,70 €

12. Setze < oder > im Heft ein. Du kannst z. B. an Temperaturen oder Höhenangaben denken.
    a) −7 ▪ −9;   −13 ▪ −11;   −8 ▪ +2;   +9 ▪ −7;   +14 ▪ +5
    b) −7,4 ▪ −7,1;   −4,9 ▪ +0,9;   −0,6 ▪ +0,8;   +9,8 ▪ +9,1;   +4,3 ▪ −2,8
    c) $-\frac{1}{2}$ ▪ $+\frac{1}{3}$; $-\frac{1}{3}$ ▪ $-\frac{1}{2}$; $+\frac{1}{8}$ ▪ $+\frac{2}{3}$; 0 ▪ $-\frac{1}{4}$; -5 ▪ $-\frac{4}{5}$
    d) −1,8 ▪ 2,3;   0 ▪ −0,1;   −5,7 ▪ 0; $+2\frac{1}{2}$ ▪ $+2\frac{1}{4}$; $-2\frac{1}{2}$ ▪ $-2\frac{1}{4}$

13. Nenne drei rationale Zahlen zwischen
    a) −4 und −2;
    b) −1 und 2;
    c) −4,7 und −3,4;
    d) $-3\frac{9}{10}$ und $-3\frac{1}{4}$.

14. Übertrage in dein Heft. Setze (soweit möglich) für die Variable eine passende
    a) ganze Zahl,   b) rationale Zahl,   c) natürliche Zahl   ein.
    (1) −3 < x < +2   (3) −4 < z < 0   (5) −5 < x < −4   (7) −2 < z < +3
    (2) −3 < y < −2   (4) 0 < x < +4   (6) −4 < y < +5   (8) +2 < z < +3
    Tausche die Ergebnisse mit deinem Nachbarn aus. Korrigiert euch gegenseitig.

15. a) Welche Zahl liegt von 0 ebenso weit entfernt wie −4; +1000; −7,84; $+8\frac{2}{3}$; $-5\frac{3}{7}$?
    b) Bestimme |−7|; |+13|; |−13|; |+8,3|; |−14,8|; $|-2\frac{3}{20}|$; $|+5\frac{4}{15}|$; |−123|.
    c) Welche Zahlen haben den Betrag 11; 7,25; $4\frac{1}{2}$; 0; 1000; −3?

16. a) Bestimme die Gegenzahl zu: −1000; +82; +25,7; −15,34; $-7\frac{5}{8}$; $+12\frac{2}{3}$
    b) Beschreibe an der Zahlengeraden: Wie liegen Zahl und Gegenzahl zueinander?
    c) Für welche rationalen Zahlen ist die Gegenzahl
       (1) negativ;   (2) positiv;   (3) null?

17. Begründe an der Zahlengeraden oder widerlege durch ein Beispiel.
    a) Die Gegenzahl einer rationalen Zahl ist immer negativ.
    b) Zahl und Gegenzahl sind stets verschieden.
    c) Zahl und Gegenzahl haben denselben Betrag.
    d) Bildet man die Gegenzahl der Gegenzahl einer Zahl r, so erhält man wieder die Zahl r.

18. Untersuche bei deinem Taschenrechner: Wie gibt man negative Zahlen ein? Wie erhält man die Gegenzahl einer Zahl? Gibt es eine Taste für die Bildung des Betrages?

4.1 Rationale Zahlen – Anordnung und Betrag

19. Beim Abfüllen von Getränken kann die Füllhöhe einer jeden Flasche mithilfe von Lichtschranken geprüft werden. Eine Maschine sortiert dann alle Flaschen aus, deren Füllhöhe mehr als 1 cm von der genauen Füllhöhe abweicht.
   a) Für sechs Flaschen wurden folgende Abweichungen (in cm) gemessen:
   −1,4; +0,3; −0,7; −1; −0,8; −1,1; +0,9
   Welche müssen aussortiert werden?
   b) Welche der Flaschen aus Teilaufgabe a) ist am genauesten gefüllt worden?

20. a) Liegt −3 oder +4 näher an 0?
   b) Liegt −2,75 oder +2,75 näher an 0?
   c) Liegt −2,7 näher an −2 oder an −3?
   d) Liegt +3$\frac{2}{7}$ näher an −3,1 oder an +3,2?
   e) Liegt −0,35 näher an −1,2 oder an −0,53?

21. Gib zu jeder der Zahlen −3,7; −7,1; +7,1; −5,9 die nächstkleinere und die nächstgrößere ganze Zahl an.

$-3 < -2,8 < -2$

22. Kontrolliere Lenas Hausaufgaben.

a) |−7| < |−2| b) −7 < −2   c) +8 < −8   d) |+8| < |−8| e) 5 < |−9| f) |−4| < 0

23. Vergleiche; setze anstelle von ■ das richtige Zeichen (<, >, =) im Heft ein.
   a) |−3| ■ 5   b) −2 ■ |−2| c) |−5| ■ |+5| d) |−3| ■ −2

24. Lies die Zahlen an den Stellen a und b ab. Welche Zahl hat den größeren Betrag?

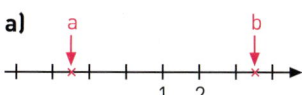 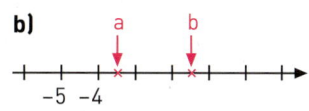 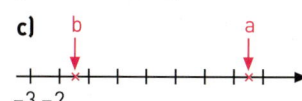

25. Ordne die Zahlen nach der Größe. Überlege, wie sich die Reihenfolge ändert, wenn du statt nach der Größe der Zahlen nach der Größe der Gegenzahlen oder nach der Größe der Beträge ordnest. Überprüfe deine Vermutungen an den folgenden Beispielen.
   a) −5; −7; 0; −2; +4; −8; +1
   b) −34,2; −34,9; +7,3; +7,1; −39,4
   c) +$\frac{3}{4}$; −4$\frac{3}{10}$; −5$\frac{1}{4}$; −2$\frac{3}{5}$; −2$\frac{4}{5}$; +2$\frac{7}{10}$
   d) −6,3; +3,8; −6$\frac{1}{3}$; +3$\frac{3}{4}$; −6$\frac{1}{4}$

26. Gib fünf Zahlen an, für die Folgendes gilt:
   a) Sie sind kleiner als 2.
   b) Sie sind größer als −3.
   c) Ihre Beträge sind kleiner als 2.
   d) Sie sind größer als −8, aber kleiner als −5.
   e) Ihre Beträge sind größer als 5.
   f) Ihre Beträge sind größer als 2, aber kleiner als 5.
   Tausche die Ergebnisse mit deinem Nachbarn aus. Korrigiert euch gegenseitig.

27. Welchen Abstand haben die beiden Zahlen auf der Zahlengeraden?
Welche rationale Zahl liegt genau in der Mitte zwischen ihnen?
- a) −4 und 6
- b) −2 und −12
- c) −4,5 und +0,5
- d) −5,5 und −2,7
- e) −2,25 und +0,25
- f) $-\frac{2}{3}$ und $+\frac{5}{6}$

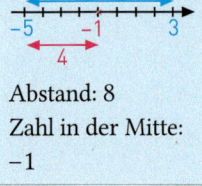

Abstand: 8
Zahl in der Mitte: −1

28. Begründe an der Zahlengeraden oder widerlege mit einem Gegenbeispiel.
- a) Jede negative Zahl ist kleiner als jede positive Zahl.
- b) Von zwei positiven Zahlen ist diejenige die kleinere, die den größeren Betrag hat.
- c) Von zwei negativen Zahlen ist diejenige die kleinere, die den größeren Betrag hat.
- d) Wenn eine Zahl r kleiner ist als eine Zahl s, dann ist |r| kleiner als |s|.
- e) Wenn eine Zahl r kleiner ist als eine Zahl s, dann ist die Gegenzahl von r größer als die Gegenzahl von s.

29. a) Welche ganzen Zahlen kommen infrage? Sie sind um mindestens 2 kleiner als −3 und liegen auf der Zahlengeraden rechts von −10.
b) Welche ganzen Zahlen sind das? Sie sind größer als −6 und haben von −9 einen Abstand von höchstens 15 und ihre Beträge sind durch 2 teilbar.

30. a) Welches ist die größte zweistellige ganze negative Zahl?
b) Welches ist die kleinste dreistellige ganze negative Zahl?

31. a) Welche Zahl ist um 3 [1,5; $\frac{1}{2}$; $2\frac{1}{4}$; 1,75] größer als (1) −1; (2) −2,2; (3) $-\frac{4}{5}$?
b) Welche Zahl ist um 4 [2,3; $1\frac{1}{4}$; $2\frac{4}{5}$; 2,15] kleiner als (1) +1; (2) −1,4; (3) $+\frac{1}{2}$?

32. Für gebrochene Zahlen gilt, wenn man sie als Bruch schreibt:
(1) Vergrößert man den Zähler und verändert den Nenner nicht, so wird die Zahl größer.
(2) Vergrößert man den Nenner und verändert den Zähler nicht, so wird die Zahl kleiner.
Untersuche, ob dies auch für negative Zahlen gilt.

Das kann ich noch!

A) Untersuche, ob durch die Tabellen zueinander proportionale Größen gegeben sind.

Deutsche Damen- und Herrenschuhgrößen:

Gr.	34	35	36	37	38	39	40	41	42	43	44	45	46	47
cm	22,7	23,3	24,0	24,6	25,3	26,0	26,7	27,3	28,0	28,6	29,3	30,0	30,7	31,4

Englische Damen- und Herrenschuhgrößen:

Gr.	$2\frac{1}{2}$	3	$3\frac{1}{2}$	4	$4\frac{1}{2}$	5	$5\frac{1}{2}$	6	$6\frac{1}{2}$	7	$7\frac{1}{2}$	8	$8\frac{1}{2}$	9	$9\frac{1}{2}$	10	$10\frac{1}{2}$	11	$11\frac{1}{2}$
cm	23,1	23,5	24,0	24,5	24,9	25,3	25,8	26,2	26,7	27,1	27,6	28,0	28,4	28,9	29,3	29,7	30,2	30,6	31,0

Kinderschuhgrößen:

Gr.	18	19	20	21	22	23	24	25
cm	12,1	12,7	13,3	14,0	14,6	15,3	16,0	16,6

Gr.	26	27	28	29	30	31	32	33
cm	17,3	18,0	18,6	19,3	20,0	20,6	21,3	22,0

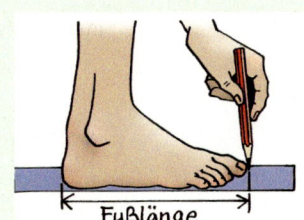

Fußlänge

4.2 Koordinatensystem

Einstieg

Auf Toms Geburtstag sollen bei einem Spiel vier Aufgaben gelöst werden. Die Zettel mit den Lösungen sollen nacheinander in die Kästen mit den Standorten A, B, C und D eingeworfen werden. Jede Gruppe besitzt einen Kompass. Die Anweisungen für den Weg findest du rechts. Für die Auswertung sollen die Zettel aus den Kästen geholt werden.
Wie kommt ihr vom Start aus direkt zu den Standorten B, C und D?

Gehe folgenden Weg:
- *vom Start: 100 m nach Osten und 150 m nach Norden (Kasten A)*
- *danach von A aus: 400 m nach Westen (Kasten B)*
- *dann von B aus: 500 m nach Süden (Kasten C)*
- *dann von C aus: 550 m nach Osten (Kasten D)*

Aufgabe 1

Erweitern des Koordinatensystems
Zeichne das Dreieck mit den Eckpunkten A(1|3), B(7|1), C(6|5).
a) Spiegele das Dreieck ABC an der Rechtsachse. Du erhältst das Dreieck $A_1 B_1 C_1$. Bestimme die Koordinaten der Eckpunkte A_1, B_1 und C_1.
b) Spiegele das Dreieck ABC an der Hochachse. Du erhältst das Dreieck $A_2 B_2 C_2$. Bestimme die Koordinaten der Eckpunkte A_2, B_2 und C_2.
c) Spiegele das Dreieck $A_2 B_2 C_2$ an der Rechtsachse. Du erhältst das Dreieck $A_3 B_3 C_3$. Bestimme die Koordinaten der Eckpunkte A_3, B_3 und C_3.

Lösung

Zum Ablesen der Koordinaten müssen wir die Rechtsachse und Hochachse von Zahlenstrahlen zu Zahlengeraden erweitern.

Statt Rechts- und Hochachse sagt man auch x-Achse und y-Achse.

a) Die Eckpunkte des Bilddreiecks haben die Koordinaten $A_1(1|-3)$, $B_1(7|-1)$, $C_1(6|-5)$.
b) Die Eckpunkte des Bilddreiecks haben die Koordinaten $A_2(-1|3)$, $B_2(-7|1)$, $C_2(-6|5)$.
c) Die Eckpunkte des Dreiecks haben die Koordinaten $A_3(-1|-3)$, $B_3(-7|-1)$, $C_3(-6|-5)$.

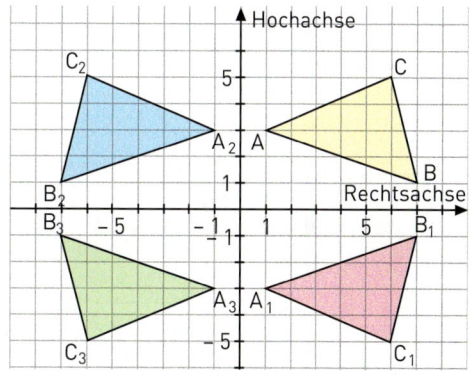

Information

Ein vollständiges **Koordinatensystem**, besteht aus zwei Zahlengeraden (Rechtsachse und Hochachse). Sie schneiden sich orthogonal (senkrecht) im Punkt O(0|0), dem Koordinatenursprung.
Wie die Koordinaten eines Punktes bestimmt werden, siehst du rechts. Der Punkt A hat die erste Koordinate −2,5 auf der Rechtsachse und die zweite Koordinate 0,5 auf der Hochachse. Wir schreiben A(−2,5|0,5) (gelesen: Punkt A mit den Koordinaten −2,5 und 0,5).
Die Koordinatenachsen zerlegen die Ebene in vier Bereiche, die man die vier Quadranten nennt. Die Nummerierung der Quadranten entnimmst du der nebenstehenden Zeichnung. Jeder Punkt, der nicht auf einer der beiden Koordinatenachsen liegt, gehört genau einem Quadranten an.

Quadrant (lat.) der vierte Teil

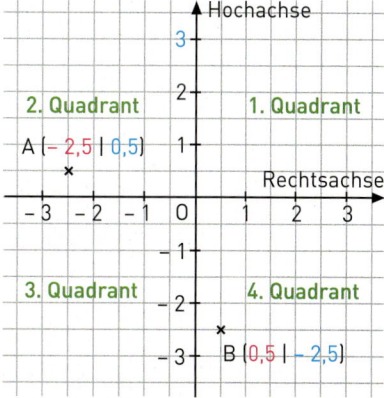

2. Lies die Koordinaten der Punkte ab und notiere sie, z. B. P(−2,5|1,8).

3. Zeichne ein Koordinatensystem mit der Einheit 1 cm und trage die Punkte ein. In welchem Quadranten liegen sie?
A(−4|−2), B(3|7), C(4|−2), D(2|5), E(−3|7), F(−1|−1), G(0|−7), H(−7|9), K(7|−9), L(−1,3|3,6), M(−2,7|3,4), N(1,9|−2,9), P(3,6|1,2).

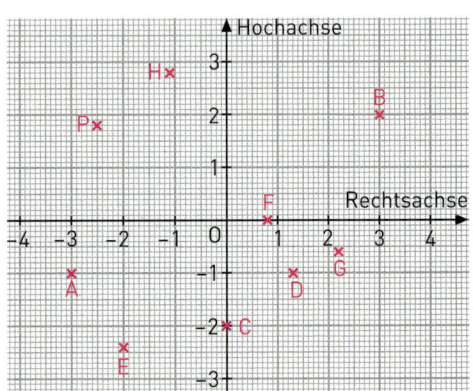

4. a) Trage in ein Koordinatensystem die Punkte A(5|−3), B(6|4), C(−6|9) und D(−7|2) ein. Verbinde sie der Reihe nach mit einem Lineal. Was für eine Figur entsteht?
   b) Zeichne die Punkte A(−2|−7), B(0|−7), C(−1|−5), D(1|0) und E(−3|0) in ein Koordinatensystem. Verbinde A mit B, B mit C, C mit D und D mit E jeweils geradlinig. Ergänze das Bild mit einer Strecke zu einer sinnvollen Figur.

   c) Zeichne in ein Koordinatensystem eine schöne Figur (Maske, Schiff, …). Teile deinem Nachbarn die Koordinaten mit, sodass er die Figur nachzeichnen kann.

5. Ergänze zu einer symmetrischen Figur. Gib die Koordinaten aller Punkte an. Beginne bei A.

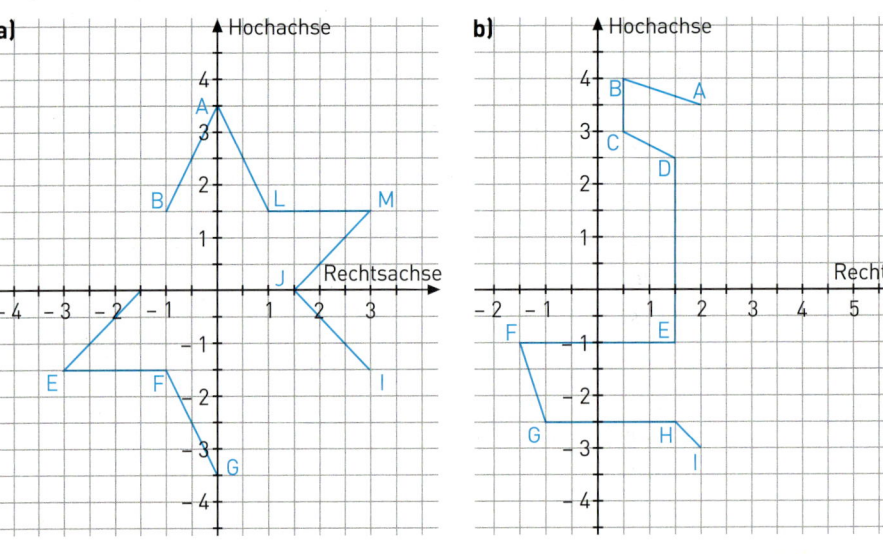

6. Zeichne das Dreieck ABC mit A(−1,5|2), B(5|−3,5) und C(2,5|4,5).
   a) Spiegele das Dreieck ABC an der Rechtsachse. Lies die Koordinaten des Bilddreiecks A′B′C′ ab. Was fällt auf?
   b) Das Dreieck ABC soll an der Hochachse gespiegelt werden. Gib - ohne zu zeichnen – an: Welche Koordinaten haben die Bildpunkte A′, B′ und C′? Du kannst danach zur Kontrolle spiegeln.
   c) Untersuche, wie sich die Koordinaten bei einer Punktspiegelung am Ursprung O(0|0) ändern.

4.3 Beschreiben von Änderungen mit rationalen Zahlen

Ziel

Bisher hast du mit den rationalen Zahlen *Zustände* wie Temperaturen auf dem Thermometer, Soll und Haben beim Kontoauszug oder Wasserstände am Pegel bezeichnet.

Hier lernst du, wie man auch *Zustandsänderungen* wie z. B. das Steigen und Fallen der Temperatur, das Steigen und Fallen des Wasserstandes oder das Buchen von Gutschrift und Lastschrift auf einem Konto mit rationalen Zahlen beschreiben kann.

Zum Erarbeiten

Beschreiben von Zustandsänderungen mit rationalen Zahlen

Rechts siehst du einen Kontoauszug von Florians Jugendkonto.
Stelle die einzelnen Buchungen als Pfeile auf einer Zahlengeraden dar. Welchen Kontostand weist Florians Konto am Schluss auf?
Wähle als Maßstab z. B. 1 cm für 1 €.
Du erhältst folgende Darstellung (hier verkleinert abgebildet):

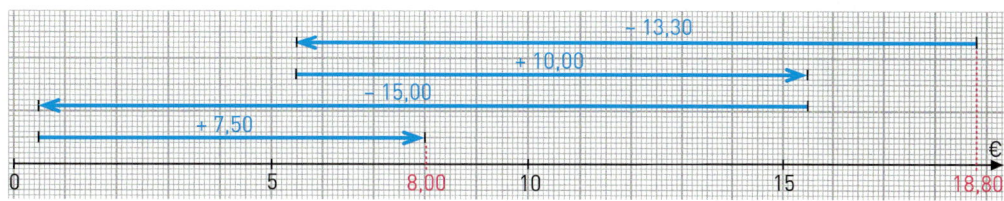

Aus ihr kannst du ablesen, dass Florian am Schluss 8,00 € Guthaben hat.

> Rationale Zahlen beschreiben Änderungen wie folgt:
> Der Betrag der rationalen Zahl gibt den Betrag der Änderung an.
> Das Vorzeichen + bedeutet Übergang zu einem höheren Zustand (Steigen), das Vorzeichen − bedeutet Übergang zu einem niedrigeren Zustand (Fallen).
> An der Zahlengeraden bedeutet:
>
> (1) Zustandsänderung +3,5:
>   Gehe 3,5 nach rechts. $-2 \xrightarrow{+3,5} +1,5$
>
> (2) Zustandsänderung −4,5:
>   Gehe 4,5 nach links. $+3 \xrightarrow{-4,5} -1,5$
>
>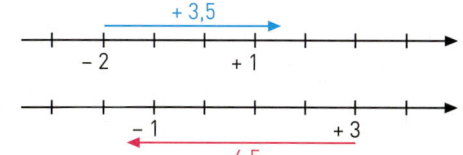

Grundtypen zu Aufgaben mit Zustandsänderungen

Sind in einer Sachsituation zwei der drei Angaben Ausgangszustand, Änderung, Endzustand bekannt, so kann man die dritte berechnen.
Stelle selbst zu jeder Möglichkeit eine Aufgabe und löse sie.

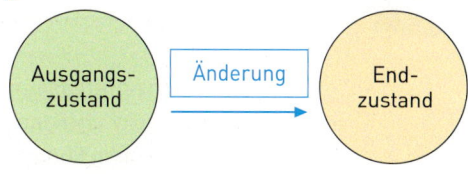

Zum Selbstlernen Rationale Zahlen

Aufgaben des folgenden Typs sind möglich:
- Die Temperatur fällt von −3 °C um 4,5 Grad. Wie kalt ist es dann?
  Die Temperatur beträgt dann −7,5 °C.
- Der Wasserstand ging von 3 m ü NN auf 2,50 m u NN zurück.
  Um wie viel m ist er gesunken?
  Der Wasserstand ist um 5,50 m gesunken.
- Nach dem Aufsteigen um 4 m befindet sich ein Tauchboot noch 6,50 m unter dem Meeresspiegel. In welcher Tiefe befand es sich vorher?
  Das Tauchboot befand sich 10,50 m unter der Oberfläche.

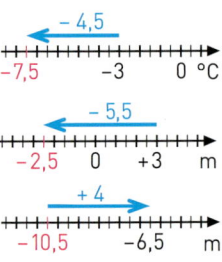

Zum Üben

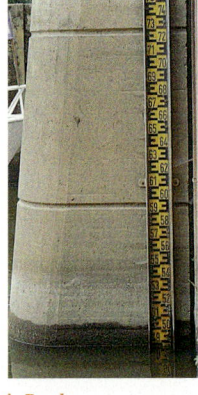

Pegel: Wasserstandsmesser

1. Im Radio wurde alle 2 Stunden durchgegeben, wie sich der Wasserstand (Pegel) eines Flusses ändert. Patrick hat mitgeschrieben:

Zeitpunkt	10 Uhr	12 Uhr	14 Uhr	16 Uhr
Durchsage	um 0,50 m gefallen	um 0,40 m gefallen	um 0,30 m gestiegen	um 0,45 m gestiegen

Um 8 Uhr betrug der Pegelstand 0,60 m über NN.
Zeichne eine Wasserstandsskala und trage die Wasserstandsänderungen ein. Gib dann die Wasserstände zu den verschiedenen Zeitpunkten an.

2. Bestimme jeweils die Zustandsänderung und notiere sie mithilfe einer rationalen Zahl.

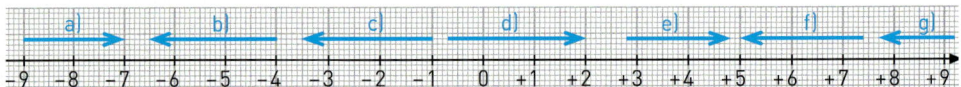

3. Stelle Fragen und beantworte sie.
   a) Ein Thermometer zeigt 3 °C unter null an. Die Temperatur steigt [fällt] um 9,5 Grad.
   b) Über Nacht ist die Temperatur um 8,5 Grad gefallen. Morgens sind es −3 °C [+8 °C].
   c) Nach einer Gutschrift von 28 € [Lastschrift von 33 €] betrug der Kontostand 52 €.
   d) Ein Tauchboot sank [stieg] um 156 m auf nun 233 m unter dem Meeresspiegel.

4. In dem Schema ist die Änderung eines Zustandes dargestellt. Fülle die Lücken im Heft aus. Du kannst die Zahlengerade benutzen und z. B. auch an Temperaturen denken.

a) ☐ $\xrightarrow{+8}$ +5   d) −4,1 $\xrightarrow{}$ −7,3   g) −6,3 $\xrightarrow{+8,4}$ ☐   j) 5,7 $\xrightarrow{}$ −1,4

b) ☐ $\xrightarrow{-6}$ −2   e) ☐ $\xrightarrow{+3,7}$ −8,4   h) −3$\frac{1}{4}$ $\xrightarrow{+8}$ ☐   k) ☐ $\xrightarrow{-4,9}$ 13,2

c) +7,1 $\xrightarrow{}$ +3,1   f) ☐ $\xrightarrow{-2,8}$ −5,2   i) −24 $\xrightarrow{-30,4}$ ☐   l) −8,8 $\xrightarrow{-2,7}$ ☐

5. Finde zu dem Schema eine passende Geschichte.

a) −36 $\xrightarrow{+1,9}$ ☐   b) ☐ $\xrightarrow{+4,2}$ −8,6   c) +23,5 $\xrightarrow{}$ −11,0   d) ☐ $\xrightarrow{-2,7}$ −1,2

6. a) Ein Konto hat ein Guthaben von 30,50 €. Der Kontostand ändert sich zunächst um 35,50 € und dann um 80 €.
      Welchen Endstand kann das Konto haben? Gib alle Möglichkeiten an.
   b) Ein Tauchboot befindet sich 200 m unter dem Meeresspiegel. Es ändert seine Tiefe zunächst um 50 m und dann um 20 m.
      Gib alle Möglichkeiten an, in welchen Tiefen sich das Tauchboot danach befinden kann.

4.4 Addieren rationaler Zahlen

4.4.1 Einführung der Addition – Additionsregel

Einstieg

a) An den folgenden Aufgaben könnt ihr erarbeiten, wie man rationale Zahlen addiert.

(1) $(+2{,}5) + (+2) =$ (2) $(+2) + (+2{,}3) =$ (3) $(+2) + (-1{,}2) =$
$(+2{,}5) + (+1) =$ $(+1) + (+2{,}3) =$ $(+1) + (-1{,}2) =$
$(+2{,}5) + 0 =$ $0 + (+2{,}3) =$ $0 + (-1{,}2) =$
$(+2{,}5) + (-1) =$ $(-1) + (+2{,}3) =$ $(-1) + (-1{,}2) =$
$(+2{,}5) + (-2) =$ $(-2) + (+2{,}3) =$ $(-2) + (-1{,}2) =$
$(+2{,}5) + (-3) =$ $(-3) + (+2{,}3) =$ $(-3) + (-1{,}2) =$

Berechnet zunächst in dem ersten Block die blauen Aufgaben. Welche Gesetzmäßigkeiten erkennt ihr von einer Aufgabe zur nächsten? Wendet diese Gesetzmäßigkeit zur Berechnung der roten Aufgaben an. Verfahrt entsprechend bei den anderen Blöcken.

b) Bildet selbst Beispiele für solche Blöcke.

Aufgabe 1

Die Änderung des Wasserstandes eines Stausees wird täglich gemessen. Fasse die Wasserstandsänderungen zweier aufeinander folgender Tage zu *einer* Gesamtänderung von einem zum übernächsten Tag zusammen. Zeichne und rechne.

a) Der Wasserstand fällt am ersten Tag um 2 cm, am zweiten Tag um 6,5 cm.
b) Der Wasserstand steigt am ersten Tag um 4,5 cm, am zweiten Tag um 3 cm an.
c) Der Wasserstand fällt am ersten Tag um 8 cm und steigt am zweiten Tag um 3,5 cm an.
d) Der Wasserstand steigt am ersten Tag um 8,5 cm und fällt am zweiten Tag um 6 cm.

Lösung

Die Wasserstandsänderungen lassen sich durch Pfeile darstellen. Diese werden so aneinander gelegt, dass der zweite dort beginnt, wo der erste endet.
Bei den gebrochenen Zahlen veranschaulicht die Aneinanderlegung von *Strecken* die Addition. Auch bei den rationalen Zahlen wollen wir das Aneinanderlegen von *Pfeilen* als Addition auffassen.

a) Der Wasserstand fällt am ersten Tag um 2 cm, am zweiten Tag um 6,5 cm.

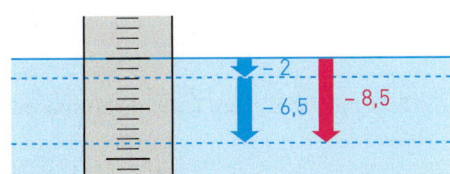

Additionsaufgabe: $(-2) + (-6{,}5) = -8{,}5$
Die Gesamtänderung beträgt $-8{,}5$ cm.

b) Der Wasserstand steigt am ersten Tag um 4,5 cm, am zweiten Tag um 3 cm.

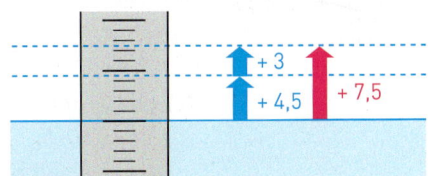

Additionsaufgabe: $(+4{,}5) + (+3) = +7{,}5$
Die Gesamtänderung beträgt $+7{,}5$ cm.

> ⚠ Hier kommt das Pluszeichen in doppelter Bedeutung vor:
> • als Vorzeichen positiver Zahlen
> • als Rechenzeichen für das Addieren.

c) Der Wasserstand fällt am ersten Tag um 8 cm und steigt am zweiten Tag um 3,5 cm an.

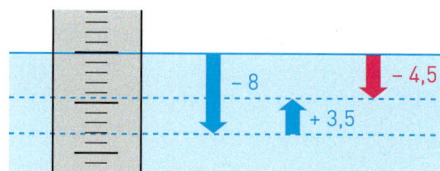

Additionsaufgabe: $(-8) + (+3,5) = -4,5$
Die Gesamtänderung beträgt $-4,5$ cm.

d) Der Wasserstand steigt am ersten Tag um 8,5 cm und fällt am zweiten Tag um 6 cm.

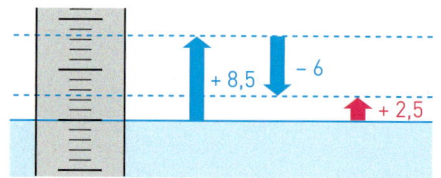

Additionsaufgabe: $(+8,5) + (-6) = +2,5$
Die Gesamtänderung beträgt $+2,5$ cm.

Beachte: Um Vorzeichen und Rechenzeichen voneinander zu trennen, haben wir Klammern um die Zahlen gesetzt.

Information

In Aufgabe 1 hast du gesehen, dass man beim Zusammenfassen von Wasserstandsänderungen darauf achten muss, ob beide gleich gerichtet sind oder nicht. Daher muss man beim Addieren rationaler Zahlen zwei Fälle unterscheiden:

(1) Additionsregel für rationale Zahlen bei gleichem Vorzeichen

Haben die Summanden *gleiche* Vorzeichen, so addiert man wie folgt:
Man setzt das gemeinsame Vorzeichen und man addiert die Beträge.

Beispiel:
$(-2,5) + (-6) = -8,5$ $(+4) + (+3,5) = +7,5$

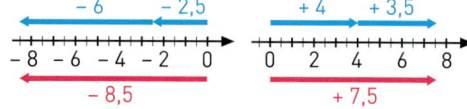

(2) Additionsregel für rationale Zahlen bei verschiedenen Vorzeichen

Haben die Summanden *verschiedene* Vorzeichen und *verschiedene* Beträge, so addiert man wie folgt:
Man setzt das Vorzeichen, das bei dem größeren Betrag steht. Dann subtrahiert man den kleineren Betrag von dem größeren Betrag.

Beispiel:
$(-6,5) + (+3) = -3,5$ $(+7,5) + (-6) = +1,5$

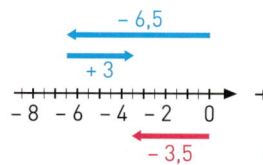 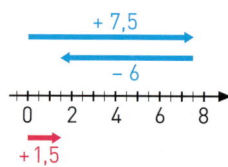

Beachte:
(1) Haben die Summanden *verschiedene* Vorzeichen, aber *gleiche* Beträge, so ist die Summe 0.

$(+2,6) + (-2,6) = 0$

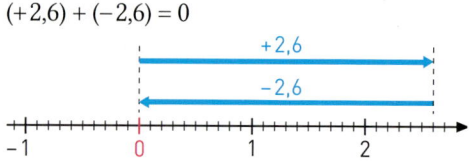

(2) Ist ein Summand 0, so ist die Summe gleich dem anderen Summanden:
$0 + (-3) = -3$;
Entsprechend gilt z.B.
$(-7) + 0 = -7$; $0 + 0 = 0$

4.4 Addieren rationaler Zahlen

Weiterführende Aufgaben

Unterschiedliche Deutung der Addition rationaler Zahlen

2. Frau König eröffnet ein Konto und zahlt 500 € ein. Danach erteilt sie einen Überweisungsauftrag von 650 €, um eine Rechnung zu bezahlen. Die 650 € gehen zulasten ihres Kontos.

(1) Fasse die Gutschrift (Einzahlung) und die Lastschrift (Überweisung) zu *einer* Buchung zusammen.
Beachte: Hier werden zwei Kontostandsänderungen zu *einer* Änderung zusammengefasst.

(2) Der Kontostand nach der Einzahlung wird durch die Lastschrift verändert. Berechne den neuen Kontostand.
Beachte: Hier berechnest du aus einem Kontostand und einer Änderung einen neuen Kontostand.

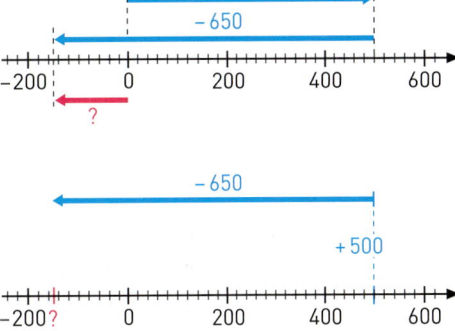

Notiere in beiden Fällen eine Summe mit rationalen Zahlen. Was stellst du fest?

Anschauliche Deutung der Addition rationaler Zahlen

Das Addieren rationaler Zahlen kann man auf zweifache Weise deuten:

a) *Zwei Zustandsänderungen werden zu einer Änderung zusammengefasst.*

$(+3) + (-7{,}5) = -4{,}5$

b) *Auf einen Zustand wird eine Änderung angewandt; man erhält einen neuen Zustand.*

$(+3) + (-7{,}5) = -4{,}5$

Richtiger Gebrauch des Gleichheitszeichens

3. Anna und Sarah haben ihre Hausaufgabe von Felix kontrollieren lassen. Beide haben dasselbe Endergebnis. Dennoch hat Felix eine Aufgabe als falsch durchgestrichen. Warum?

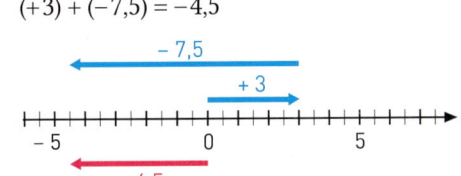

Richtiger Gebrauch des Gleichheitszeichens

Beim Berechnen eines Terms muss man darauf achten, dass das Gleichheitszeichen richtig gebraucht wird.
Beim richtigen Gebrauch des Gleichheitszeichens stehen vor und hinter dem Gleichheitszeichen Terme mit demselben Wert.

Beispiel:

$(+317) + (-67) + (+24) + (-19)$ ⟵ Wert: +255

$= (+250) + (+24) + (-19)$ ⟵ Wert: +255

$= (+274) + (-19)$ ⟵ Wert: +255

$= +255$

Übungsaufgaben

4. Eine Klima-Arbeitsgemeinschaft misst an verschiedenen Tagen die Temperaturänderung nachts (von 18 Uhr bis 8 Uhr) und die Temperaturänderung tagsüber (von 8 Uhr bis 18 Uhr).

Tag	Montag	Dienstag	Mittwoch	Donnerstag	Freitag
Temperaturänderung nachts	−2,5 °C	+1 °C	−2,5 °C	+0,5 °C	±0 °C
Temperaturänderung tagsüber	−1 °C	+4,5 °C	+3,5 °C	−1,5 °C	+4,5 °C

Fasse für jeden Tag die Temperaturänderungen nachts und tagsüber zu einer Änderung von einem zum nächsten Tag zusammen. Zeichne dazu für jeden Tag eine Temperaturskala mit den Pfeilen für die einzelnen Temperaturänderungen und die Gesamtänderung.

5. Fasse die Buchungen zusammen und notiere dazu eine Additionsaufgabe:
   a) eine Lastschrift über 4,20 € und eine Lastschrift über 10,90 €;
   b) eine Lastschrift über 3,70 € und eine Gutschrift über 12,40 €.

6. Hier ist eine Additionsaufgabe dargestellt. Notiere sie und gib das Ergebnis an.

a)

c)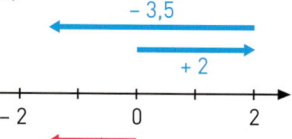

e)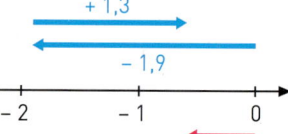

b)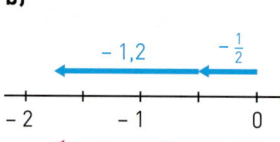

d)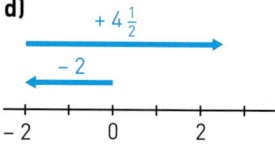

f)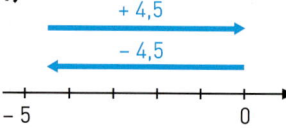

7.
a) $(-53) + (-31)$
b) $(-22) + (+65)$
c) $(-32) + (-55)$
d) $(+43) + (+28)$
e) $(-360) + (-150)$
f) $(+170) + (-450)$
g) $0 + (-290)$
h) $(+321) + 0$
i) $(+6,5) + (+4,6)$
j) $(-8,9) + (-3,4)$
k) $(+2,7) + (-9,4)$
l) $(-7,6) + (+3,9)$
m) $(-11,8) + (+9,9)$
n) $(+8,7) + (-5,8)$
o) $(-6,3) + (+6,3)$
p) $(+5,4) + (-9,8)$

8. Untersuche, ob richtig gerechnet wurde. Korrigiere jedes falsche Ergebnis.
a) $(-9) + (+4) = -5$
b) $(-9) + (-2) = +11$
c) $(+8) + (-15) = -23$
d) $(+1,6) + (-2,1) = +0,5$
e) $(-4,4) + (+5,4) = +0,1$
f) $(-6,6) + (-6,6) = -12,12$
g) $\left(-\frac{1}{4}\right) + \left(+\frac{1}{5}\right) = -\frac{1}{20}$
h) $\left(+\frac{1}{3}\right) + \left(-\frac{1}{2}\right) = +\frac{1}{6}$

9.
a) $\left(-\frac{2}{9}\right) + \left(+\frac{7}{9}\right)$
b) $\left(-\frac{2}{9}\right) + \left(-\frac{7}{9}\right)$
c) $\left(-\frac{3}{8}\right) + \left(+\frac{1}{4}\right)$
d) $\left(+\frac{2}{3}\right) + \left(+\frac{1}{6}\right)$
e) $\left(-\frac{5}{4}\right) + \left(-\frac{5}{6}\right)$
f) $\left(+\frac{4}{5}\right) + \left(-\frac{2}{7}\right)$
g) $\left(-\frac{9}{10}\right) + \left(+\frac{4}{15}\right)$
h) $\left(-\frac{5}{12}\right) + \left(-\frac{14}{15}\right)$
i) $\left(+\frac{3}{4}\right) + \left(-\frac{5}{8}\right)$
j) $\left(-2\frac{3}{5}\right) + \left(+3\frac{4}{5}\right)$
k) $\left(+4\frac{1}{5}\right) + (-4,2)$
l) $(-14,25) + \left(3\frac{1}{4}\right)$

10. Setze im Heft für ■ das passende Zeichen >, < bzw. =.
a) $(+23) + (-19) \;■\; +23$
b) $(-2,8) + (-0,7) \;■\; -2,8$
c) $0 \;■\; (-22) + (-22)$
d) $0 \;■\; (-4,8) + (-4,8)$
e) $(-0,9) + (+8,3) \;■\; +8,3$
f) $0 \;■\; (+0,3) + \left(-\frac{1}{3}\right)$

11. a) Von einem Konto mit 437,75 € Guthaben wurden 750,00 € abgehoben. Gib den Kontostand an.
    b) Auf einem Bankkonto werden nacheinander eine Lastschrift von 36,78 € und eine Gutschrift von 203,50 € verbucht. Fasse beide Buchungen zusammen.
    c) Lies noch einmal den roten Kasten auf Seite 115 oben. Zu welchem Typ gehört die Teilaufgabe a), zu welchem die Teilaufgabe b)?

12. Rechts wurden mit dem Schwamm ein paar Zahlen weggewischt. Wie lauten sie? Notiere die vollständigen Aufgaben im Heft.

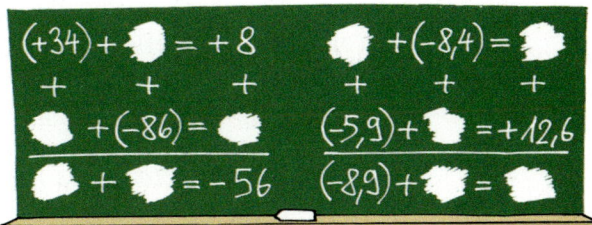

13. Versuche die Zahl –1 so als Summe zweier rationaler Zahlen zu schreiben, dass
    a) ein Summand positiv und einer negativ ist;
    b) beide Summanden negativ sind;
    c) beide Summanden positiv sind.

14. Formuliere jeweils eine sinnvolle Frage und schreibe zur Antwort eine Rechenaufgabe auf.
    a) Die heutige Sturmflut hat zum höchsten Wasserstand in diesem Jahr geführt: 3,80 m über Normalnull. Man rechnet damit, dass das Wasser noch um weitere 50 cm ansteigt.
    b) Nachdem der Wasserstand heute Nacht um 60 cm gefallen war, stieg er heute im Laufe des Tages wieder um 20 cm.
    c) Von Frau Siedes Konto werden zum Monatsersten die Miete von 675 € abgebucht und als Nachschlagszahlung für Strom und Wasser 58,30 €.
    d) Erst als Herrn Wiemanns Konto schon 358,23 € im Soll steht, trifft die Überweisung des Gehaltes von 2 491,78 € ein.

15. In den Bildern ist die Zusammenfassung zweier Zustandsänderungen oder die Änderung eines Zustands dargestellt.

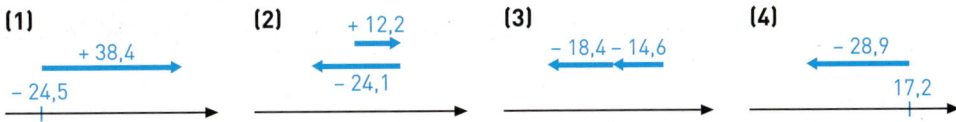

    a) Schreibe zu jedem Bild eine Summe und gib den Wert der Summe an.
    b) Schreibe zu jedem Bild eine Rechengeschichte. Denke dabei z. B. an Temperaturen, Buchungen, Kontostände, Wasserstände und Höhenangaben. Lasse sie von deinem Nachbarn kontrollieren. Vergleicht anschließend eure Rechengeschichten.

16. Achte auf richtigen Gebrauch des Gleichheitszeichens beim Notieren des Rechenweges.
    a) $(-67)+(+58)+(-96)$
    b) $(+93)+(-68)+(-47)$
    c) $(-0,7)+(-0,5)+(+3,2)$
    d) $\left(-\frac{3}{5}\right)+\left(+\frac{1}{2}\right)+(+0,1)$
    e) $(-20)+(+40)+(-50)+(-10)$
    f) $(-27)+(-50)+(-46)+(+72)$
    g) $(-1,2)+(+1,8)+(-4,2)+(-4)$
    h) $\left(-\frac{1}{2}\right)+\left(-\frac{1}{4}\right)+(+1)+(-0,7)$

17. Addiert man zwei gebrochene Zahlen, so ist das Ergebnis größer als beide Summanden. Überprüfe an Beispielen, ob das auch für rationale Zahlen so ist.

18. Ist die Behauptung richtig? Begründe die Antwort.
  a) Die Summe zweier negativer Zahlen ist kleiner als jeder der Summanden.
  b) Damit die Summe positiv ist, muss mindestens ein Summand positiv sein.
  c) Wenn keiner der Summanden null ist, kann auch die Summe nicht gleich null sein.

19. a) Eine Summe besteht aus drei Summanden und hat den Wert null. Der erste Summand ist die Gegenzahl des dritten Summanden. Wie groß ist der zweite Summand?
  b) Der erste Summand ist +12,5. Die Summe hat den Wert −12,5. Wie groß ist der zweite Summand?
  c) Die Summe ist so groß wie jeder der beiden Summanden. Bestimme die Summanden.

20. In welchem Bereich kann null liegen?

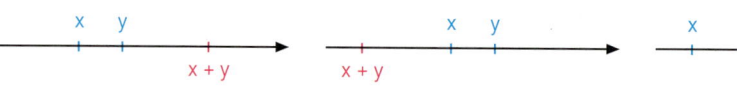

4.4.2 Rechengesetze für die Addition rationaler Zahlen

Einstieg Hier seht ihr einen Weg zur Berechnung von $(+3,8) + (−7,6) + (+2,2)$.
Erläutert, wie vorgegangen wurde.

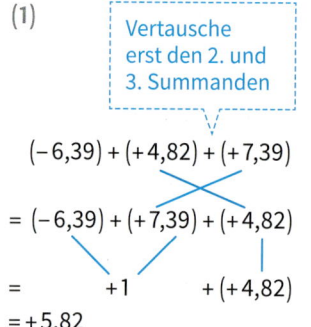

Aufgabe 1 Wie kannst du die Aufgaben rechts vorteilhaft im Kopf lösen?
Welche Rechengesetze verwendest du dabei?

(1) $(−6,39) + (+4,82) + (+7,39)$
(2) $(+12,93) + (−3,25) + (−6,75)$

Lösung

(1) *Vertausche erst den 2. und 3. Summanden*

$(−6,39) + (+4,82) + (+7,39)$
$= (−6,39) + (+7,39) + (+4,82)$
$= \quad +1 \quad + (+4,82)$
$= +5,82$

Es wurde das *Kommutativgesetz (Vertauschungsgesetz)* der Addition angewandt.

(2) *Rechne nicht von links nach rechts, sondern verbinde die beiden letzten Summanden*

$(+12,93) + (−3,25) + (−6,75)$
$= (+12,93) + [(−3,25) + (−6,75)]$
$= (+12,93) + \quad (−10)$
$= +2,93$

Es wurde das *Assoziativgesetz (Verbindungsgesetz)* der Addition angewandt.

4.4 Addieren rationaler Zahlen

Information

(1) Zahlklammern und Rechenklammern
Bei Termen verwenden wir zwei Arten von Klammern:
- *Zahlklammern* stehen um eine rationale Zahl mit ihrem Vorzeichen. Dadurch folgen nicht mehrere Plus- oder Minuszeichen aufeinander. Man kann dann den Aufbau des Terms klarer erkennen.
- *Rechenklammern* schreiben die Reihenfolge der Berechnung von Termen vor.

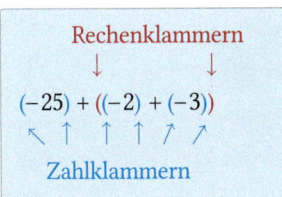

Um einen Term besser überblicken zu können, verwendet man für die Rechenklammern häufig auch eckige Klammern, z.B, schreibt man dann $(-25) + [(-2) + (-3)]$.

Vereinbarung: Was in (Rechen-)Klammern steht, wird zuerst ausgerechnet.

(2) Einsparen von Zahlklammern bei positiven Zahlen
Wir wissen: Bei einer positiven Zahl darf man das Vorzeichen weglassen. Dann dürfen wir auch die (Zahl-)Klammern um diese Zahl weglassen.
Beispiel: $(+7{,}6) + (-4{,}5) + (+2{,}9) = 7{,}6 + (-4{,}5) + 2{,}9 = 6$

(3) Assoziativgesetz und Kommutativgesetz
Das Assoziativgesetz für die Addition und das Kommutativgesetz für die Addition gelten auch für rationale Zahlen. Man verwendet die Gesetze häufig zum vorteilhaften Rechnen.

assoziativ (lat.)
verbindend

kommutativ (lat.)
vertauschbar

Kommutativgesetz (Vertauschungsgesetz) für die Addition
In einer Summe darf man die Summanden vertauschen. Dabei ändert sich der Wert der Summe nicht.
Denke dir rationale Zahlen anstelle von a, b.
Stets gilt: **a + b = b + a**
Beispiel:
$(-2) + (+3) = (+3) + (-2)$

Begründung des Kommutativgesetzes (mithilfe eines Sachverhalts)
Wir deuten das Addieren rationaler Zahlen als ein Zusammenfassen von Buchungen auf einem Konto: Wenn zwei Buchungen auf einem Konto hintereinander ausgeführt werden sollen, dann hängt die gesamte Änderung des Kontostandes nicht davon ab, in welcher Reihenfolge die Buchungen ausgeführt werden (Kommutativgesetz).

Assoziativgesetz (Verbindungsgesetz) für die Addition
In einer Summe aus drei Summanden darf man Klammern beliebig setzen. Dabei ändert sich der Wert der Summe nicht. Denke dir rationale Zahlen anstelle von a, b, c. Stets gilt:
(a + b) + c = a + (b + c)
Daher kann man die Klammern auch weglassen: **a + b + c**
Beispiel:
$[(-5) + (+7)] + (-4)$
$= (-5) + [(+7) + (-4)]$
$= (-5) + (+7) + (-4)$

Übungsaufgaben

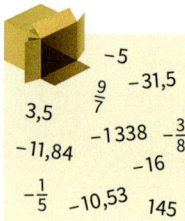

2. Rechne vorteilhaft.
   a) $(+697)+(-355)+(-197)$
   b) $(-499)+(-538)+(-301)$
   c) $(-2,35)+(-9,84)+(+0,35)$
   d) $(-8,91)+(+2,91)+(-4,53)$
   e) $(+4,63)+(-1,5)+(+0,37)$
   f) $(-19,5)+(-8,4)+(-3,6)$
   g) $\left(-\frac{1}{2}\right)+\left(+\frac{4}{5}\right)+\left(-\frac{1}{2}\right)$
   h) $\left(-\frac{2}{3}\right)+\left(-\frac{3}{9}\right)+\left(+\frac{5}{8}\right)$
   i) $(+1,25)+\left(+\frac{2}{7}\right)+\left(-\frac{1}{4}\right)$
   j) $(-12,04)+(-0,83)+(-7,96)+(+4,83)$
   k) $(+6,55)+(-7,55)+(+2,26)+(-6,26)$

3. Vereinfache die Schreibweise durch Weglassen von Klammern. Begründe. Berechne dann.
   a) $(+2)+(-4)+(+7)$
   b) $(-4)+(+2)+(+9)$
   c) $(-9)+(-3)+(+11)$
   d) $[(-3)+(+2)]+(+5)$
   e) $(-5)+[(-3)+(+6)]$
   f) $(+9)+[(-3)+(+4)]$
   g) $[(-2)+(+3)]+[(+3)+(+2)]$
   h) $[(-1)+(+2)]+[(-3)+(+5)]$
   i) $[(+7)+(-2)+(-4)]+(+3)$

4. a) $195+(-37)+(-63)$
   b) $(-571)+(-271)+571$
   c) $4,7+(-1,8)+6,8+(-4,7)$
   d) $(-3,1)+1,4+(-9,4)+6,1$
   e) $\left(-\frac{1}{3}\right)+\frac{1}{2}+\left(-\frac{6}{9}\right)$
   f) $\frac{3}{4}+\left(-\frac{5}{8}\right)+\left(-\frac{1}{2}\right)$
   g) $\left(-\frac{4}{5}\right)+\frac{1}{4}+\left(-\frac{7}{10}\right)$
   h) $\frac{3}{5}+(-3,1)+1\frac{1}{2}$
   i) $(-0,125)+(-0,75)+\frac{7}{8}$
   j) $0,5+\frac{2}{3}+(-1,5)$

5. Welche Zahl musst du für ■ einsetzen, damit die Aussage richtig ist? Begründe.
   a) $(-9,846)+■=16,07+(-9,846)$
   b) $(-4,9)+■+8\frac{1}{2}=8\frac{1}{2}+(-4,9)+\left(-\frac{1}{3}\right)$

6. Versuche, das Assoziativgesetz an einem Sachverhalt zu begründen.

Das kann ich noch!

A) Übertrage in dein Heft und untersuche, mit welcher Abbildung die grüne aus der gelben Figur entsteht.

Im Blickpunkt

Ebbe und Flut

Das Leben an der Nordseeküste wird von den Gezeiten bestimmt, wobei sich Hoch- und Niedrigwasser regelmäßig abwechseln. Das Ansteigen des Wassers heißt Flut, das Ablaufen Ebbe. Die Differenz zwischen den Wasserständen bei Hoch- und Niedrigwasser bezeichnet man als Tidenhub. Entlang der Küsten werden die Wasserstände an vielen Pegelanlagen kontinuierlich gemessen und aufgezeichnet.

1. Für den Pegel Pellworm gilt: Das mittlere Hochwasser liegt 6,40 m über dem Pegelnullpunkt (PNP).

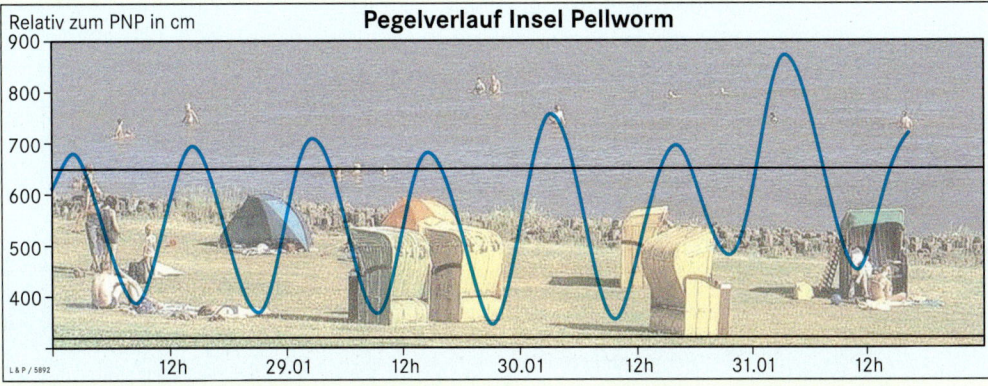

   a) Vergleiche das mittlere Hochwasser mit den hier aufgezeichneten Wasserständen.
   b) Was lässt sich darüber hinaus über den Verlauf der Gezeiten aus der hier abgebildeten Pegelaufzeichnung ablesen? (Zum Beispiel: mittlerer Wasserstand, Tidenhub, Dauer von Ebbe und Flut, …)

2. Halligen sind kleine Inseln vor der nordfriesischen Küste zwischen der Insel Föhr und der Halbinsel Eiderstedt. Für die Bewohner von Halligen sind die  Gezeiten von ganz besonderer Bedeutung. Halligen haben nur flache Sommerdeiche und werden deshalb bei besonders starken Fluten (Sturmfluten) überspült. Dann herrscht „Landunter" und es schauen nur noch die Häuser aus dem Wasser heraus, die alle auf kleinen Hügeln, den Warften stehen.
Beschreibe anhand der Fotos von der Hallig Hooge, welche Auswirkungen die Gezeiten auf das Leben der Halligbewohner haben. Denke dabei auch an die Schifffahrt.

Im Blickpunkt

3. Auch für die Schifffahrt im Wattenmeer spielen die Gezeiten eine große Rolle, da sich die Wassertiefe ständig ändert: das Wattenmeer ist so flach, dass manche Bereiche nur bei Hochwasser überspült werden; an anderen Stellen liegt der Meeresgrund auch bei Niedrigwasser noch einige Meter unter dem Wasserspiegel. Diese Informationen sind für die Schifffahrt extrem wichtig und deshalb in allen Seekarten eingetragen. Als Bezugspunkt dient nicht wie bei Landkarten Normalnull (NN), sondern Seekartennull (SKN). Dies ist der niedrigst mögliche Gezeitenstand.

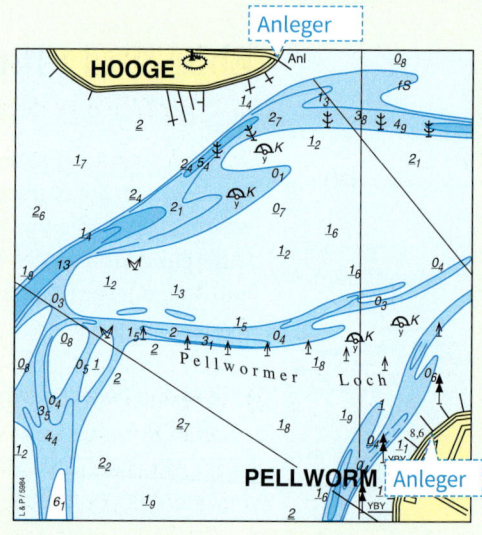

2_1 in der Seekarte bedeutet: Hier liegt der Meeresgrund 2,1 m unter SKN. Dagegen bedeutet $\underline{2}_1$, der Grund liegt 2,1 m über SKN. Um herauszufinden, wie tief das Wasser ist, muss man zusätzlich im Tidenkalender nachschauen, wie hoch der Wasserstand an diesem Ort bei mittlerem Niedrigwasser und bei mittlerem Hochwasser ist.

Die folgende Tabelle zeigt einen Ausschnitt aus dem Tidenkalender.

Ort	MHW		MTH	MNW	
	NN	SKN		NN	SKN
Hooge, Anleger	1,4	3,5	2,8	–1,4	0,7

(MHW: mittleres Hochwasser, MTH: mittlerer Tidenhub, MNW: mittleres Niedrigwasser)

a) Entnimm der Seekarte, welche Bereiche niemals trocken fallen und wo man bei mittlerem Niedrigwasser laufen könnte.
b) Welchen Tiefgang darf ein Boot haben, mit dem man bei Hochwasser auf direktem Wege vom Anleger Pellworm zum Anleger Hooge fahren kann?
c) Eine Gruppe Seekajakfahrer möchte drei Stunden nach Niedrigwasser vom Anleger Pellworm zum Anleger Hooge paddeln. Ein Kajak benötigt einen Wasserstand von etwa 50 cm. Welchen Weg sollte sie nehmen?

4. Da Pellworm und Hooge benachbart sind, sind die Wasserstände dort etwa gleich.
a) Ermittle die Lage der verschiedenen Nullpunkte (PNP, SKN, NN) anhand der Angaben zum mittleren Hochwasser in den Aufgaben 1 und 3.
Zeichne eine geeignete Messlatte und trage die drei Nullpunkte maßstabsgetreu ein.
b) Die Hallig Hooge liegt nur 0,5 – 1 m über NN. Ein Sturmflutpfahl zeigt die Höhe der schwersten Sturmfluten. Der bisher höchste Wasserstand auf Hooge wurde am 3.1.1976 mit 4,44 m über NN gemessen. Gib den Wasserstand bezüglich Pegel- und Seekartennull an. Um wie viel war er höher als das mittlere Hochwasser?

4.5 Subtrahieren rationaler Zahlen

4.5.1 Einführung der Subtraktion – Subtraktionsregel

Einstieg Hier findet ihr drei Blöcke von Subtraktionsaufgaben.

(1) $(+3) - (+2) =$
$(+3) - (+1) =$
$(+3) - 0 =$
$(+3) - (-1) =$
$(+3) - (-2) =$
$(+3) - (-3) =$

(2) $(+2) - (+2) =$
$(+1) - (+2) =$
$0 - (+2) =$
$(-1) - (+2) =$
$(-2) - (+2) =$
$(-3) - (+2) =$

(3) $(+2) - (-1) =$
$(+1) - (-1) =$
$0 - (-1) =$
$(-1) - (-1) =$
$(-2) - (-1) =$
$(-3) - (-1) =$

a) Berechnet zunächst in dem ersten Block die blauen Aufgaben. Welche Gesetzmäßigkeit erkennt ihr von einer Aufgabe zur nächsten? Wendet diese Gesetzmäßigkeit zur Berechnung der roten Aufgaben an. Verfahrt entsprechend bei den anderen Blöcken.
b) Bildet selbst Beispiele für solche Blöcke.
c) Welche Regeln erkennt ihr für das Subtrahieren rationaler Zahlen?

Einführung

Für ein Konto liegt bei einer Bank ein Sammelauftrag aus mehreren Buchungsanweisungen vor. Die letzte Anweisung, eine Lastschrift über 20 €, ist irrtümlich ausgestellt worden.
Wie kann man diesen Irrtum bereinigen?

(1) Wenn die Buchung noch nicht ausgeführt ist, wird die Anweisung −20 € einfach von dem Sammelauftrag weggenommen.

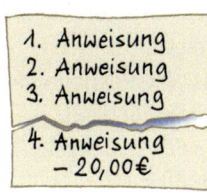

(2) Wenn die Fehlanweisung schon gebucht ist, wird die Gegenanweisung +20 € dem Sammelauftrag noch hinzugefügt.

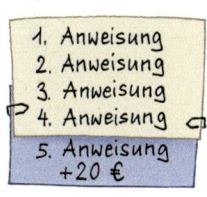

Statt die Anweisung −20 € *wegzunehmen,* kann man die Gegenanweisung +20 € *hinzufügen.*
Das *Wegnehmen* einer Anweisung deuten wir als *Subtrahieren,* das *Hinzufügen* als *Addieren.*
Wir erkennen: Das Subtrahieren einer Zahl bewirkt dasselbe wie das Addieren ihrer Gegenzahl.

Aufgabe 1

Ein Sammelauftrag lautet insgesamt auf −83 €. In dem Sammelauftrag ist irrtümlich eine Lastschrift über 30 € enthalten. Wie lautet der neue, berichtigte Sammelauftrag?

Lösung

$(-83) - (-30) = (-83) + (+30) = -53$
Ergebnis: Der berichtigte Sammelauftrag lautet −53 €.

Information

Da das Subtrahieren das Addieren auch für rationale Zahlen rückgängig machen soll, vereinbaren wir:

> **Subtraktionsregel für rationale Zahlen**
> Eine rationale Zahl subtrahieren heißt, ihre Gegenzahl addieren.
> $(+8) - (+2) = (+8) + (-2) = +6$
> $(+3) - (-6) = (+3) + (+6) = +9$
> $(-4) - (+7) = (-4) + (-7) = -11$
> $(-5) - (-3) = (-5) + (+3) = -2$

Hier kommt das Minuszeichen in doppelter Bedeutung vor:
• als Vorzeichen negativer Zahlen
• als Rechenzeichen für die Subtraktion.

Weiterführende Aufgaben

Zusammenhang zwischen Addition und Subtraktion

2. Beim Rechnen mit natürlichen Zahlen und mit gebrochenen Zahlen wissen wir: Das Subtrahieren einer Zahl wird durch das Addieren der Zahl rückgängig gemacht (und umgekehrt). Prüfe an selbstgewählten Beispielen, ob dies auch für rationale Zahlen und damit auch für negative Zahlen gilt.

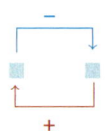

Umwandeln in eine Summe rationaler Zahlen

3. Schreibe als Summe rationaler Zahlen, berechne dann.
   (1) $12 + (-17) - (+3,8)$
   (2) $0,9 - (-1,1) - (+0,3)$
   (3) $(-6,5) - (+4,2) - (-0,9) + (-3,6)$

$$3 - (-5) - (+4)$$
$$= 3 + (+5) + (-4) \quad \text{Summe rationaler Zahlen}$$
$$= 8 \qquad + (-4)$$
$$= 4$$

> Ein Term, in dem rationale Zahlen addiert oder subrahiert werden, kann stets so umgeformt werden, dass nur Additionen vorkommen.

Übungsaufgaben

Storno (lat.)
Rückbuchung
Löschung

4. a) Rechts siehst du zwei Möglichkeiten, einen Kassenbon mit einem fehlerhaft eingetippten Betrag zu korrigieren. Vergleiche die Möglichkeiten. Schreibe auch jeweils eine Rechenaufgabe für die Korrekturmöglichkeit.
   b) Auf dem Kassenbon ist das Rückgeld für Pfand irrtümlich enthalten. Korrigiere auf zwei Weisen im Heft und schreibe jeweils die Rechenaufgabe.

5. Rechne im Kopf.
   a) $(-9) - (-3)$
   b) $(+6) - (-7)$
   c) $(-5) - (+9)$
   d) $(-12) - (+3)$
   e) $(-19) - (-12)$
   f) $(+5) - (+13)$
   g) $(-8) - (-17)$
   h) $(+5) - (+23)$
   i) $(-15) - (+9)$
   j) $(-17) - (-14)$
   k) $(+19) - (+31)$
   l) $(-12) - (-29)$
   m) $(+42) - (+15)$
   n) $(-73) - (-25)$
   o) $(-58) - (+17)$
   p) $(-234) - (+174)$
   q) $(-325) - 0$
   r) $(+218) - (-82)$
   s) $(+8,3) - (-2,5)$
   t) $(-4,3) - (-12,8)$
   u) $(-15,4) - (+18,2)$
   v) $\left(+\frac{2}{5}\right) - \left(-\frac{1}{5}\right)$
   w) $\left(-\frac{7}{8}\right) - \left(+\frac{3}{4}\right)$

Erinnere dich: Bei positiven Zahlen kann man das Vorzeichen und die Zahlklammern weglassen.

6. Wende die Subtraktionsregel an.
   a) $(+765) - (+235)$
   b) $(+254) - (-310)$
   c) $(-561) - (+127)$
   d) $(-876) - (-161)$
   e) $(+56,7) - (-88,6)$
   f) $(-45,9) - (+95,4)$
   g) $(-16,2) - (-62,1)$
   h) $(+30,2) - (-92,8)$
   i) $15,8 - 21,45$
   j) $(-0,306) - (-15,11)$
   k) $300 - (-4,862)$
   l) $43,85 - 85,43$
   m) $\left(+\frac{2}{7}\right) - \left(+\frac{6}{7}\right)$
   n) $\left(-\frac{3}{4}\right) - \left(+\frac{7}{8}\right)$
   o) $\left(-\frac{5}{6}\right) - \left(-\frac{4}{9}\right)$

7. Subtrahiert man eine gebrochene Zahl von einer anderen, so wird diese verkleinert. Prüfe an Zahlenbeispielen, ob das auch bei rationalen Zahlen so ist.

8. Schreibe die Summe als Differenz.
   a) $(+20) + (-14)$
   b) $(-11) + (-30)$
   c) $-8 + 12$
   d) $-11 + 9$
   e) $-27 + 0$
   f) $0 + 29$

$(+7) + (-3) = (+7) - (+3)$

4.5 Subtrahieren rationaler Zahlen

Spiel

9. Ein Spieler beginnt, indem er eine Zahl nennt, die sich als Differenz oder Summe zweier Zahlen von der Pinnwand rechts bilden lässt. Der Spieler, der die dazu gehörige Aufgabe als Erster findet, erhält einen Punkt und nennt die nächste Zahl.

10. a) Der Minuend ist 12,5; die Differenz hat den Wert 8,7. Wie lautet der Subtrahend?
    b) Der Subtrahend ist 4,5; die Differenz hat den Wert −1,9. Wie lautet der Minuend?
    c) Die Summe hat den Wert −9,4; der erste Summand ist 4,9. Wie heißt der zweite Summand?
    d) Die Summe ist 0; einer der beiden Summanden ist $-5\frac{1}{2}$. Wie heißt der andere?

11. a) Beginne mit der Zahl 2,5. Subtrahiere die Zahl 1,7 so lange, bis das Ergebnis eine ganze Zahl ist. Gib diese Zahl an.
    b) Beginne mit der Zahl −9,7. Subtrahiere die Zahl −2,8 so lange, bis das Ergebnis größer als 5 ist. Gib das Ergebnis an.

12. Schreibe als Summe und berechne.
    a) $(-4) - (+12) - (-8)$
    b) $2,5 - (-1,3) + (-8,1)$
    c) $4,25 - (-2,75) - 6,39 + (-1,61)$
    d) $\left(-\frac{1}{2}\right) - \left(-\frac{1}{4}\right) - \frac{3}{5} - \left(-\frac{7}{10}\right)$

13. a) Setze bei den Aufgaben rechts das passende Rechenzeichen + oder − ein.
    b) Denke dir dann selbst solche Aufgaben aus und stelle sie deinem Nachbarn.

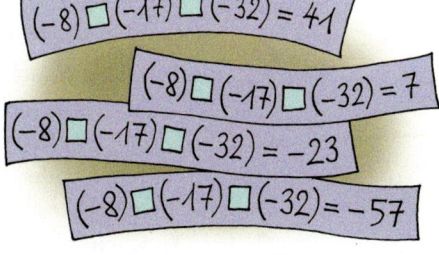

14. Bilde mit den Zahlen links eine Differenz mit möglichst großem Wert und eine mit möglichst kleinem Wert.

15. Gibt es Zahlen r und s, für die gilt: a) $|r| - |s| = |r - s|$; b) $|r - s| > |r| - |s|$?

4.5.2 Auflösen von Zahlklammern – Vereinfachen eines Terms

Einstieg

a) Einige der nebenstehenden Terme sind wertgleich. Findest du sie? Kannst du die Wertgleichheit erkennen, ohne die Terme zu berechnen?
b) Diskutiere mit deinem Nachbarn darüber, ob man jeden Term, in dem nur addiert und subtrahiert wird, so umformen kann, dass man ohne Zahlklammern auskommt. Begründet eure Auffassung.

Aufgabe 1 Du weißt: Zahlklammern und Vorzeichen darf man bei positiven Zahlen fortlassen.
Dadurch lässt sich ein Term vereinfachen.

$$(+7,5) - (+3,2) = 7,5 - 3,2$$

Forme die folgenden Terme mit negativen Zahlen so um, dass keine Zahlklammer mehr vorkommt, die Zahlklammer also aufgelöst wird. Begründe dein Vorgehen.
a) $9 - (-5)$
b) $9 + (-5)$

Lösung
a) $9 - (-5) = 9 + (+5) = 9 + 5$
Begründung: Subtrahieren von -5 bewirkt nach der Subtraktionsregel dasselbe wie das Addieren von $+5$, also von 5.

b) $9 + (-5) = 9 - (+5) = 9 - 5$
Begründung: Addieren von -5 bewirkt nach der Subtraktionsregel dasselbe wie das Subtrahieren von $+5$, also von 5.

Information

Einsparen von Zahlklammern
Ein Term, in dem rationale Zahlen addiert oder subtrahiert werden, kann so geschrieben werden, dass nur *positive* Zahlen addiert bzw. subtrahiert werden. Dann kann man die Zahlklammern und Vorzeichen der positiven Zahlen weglassen.

Beispiel: $(+7) + (-4,5) - (+2,1) - (-8,6)$
$= (+7) - (+4,5) - (+2,1) + (+8,6)$ ← Nur noch + in den Zahlklammern
$= 7 - 4,5 - 2,1 + 8,6$

Hierbei steht vor einem Betrag jeweils nur eines der Zeichen + oder −.
Das jeweilige Zeichen kann aufgefasst werden als Rechenzeichen vor einer positiven Zahl oder als Vorzeichen einer rationalen Zahl, die addiert wird.

Regel über das Auflösen einer Zahlklammer
Beim Auflösen einer Zahlklammer setzt man
- ein Pluszeichen, falls gleiche Zeichen nebeneinander stehen, und
- ein Minuszeichen, falls verschiedene Zeichen nebeneinander stehen.

Gleiche Zeichen, also +
$7 + (+4) = 7 + 4$ $7 - (-4) = 7 + 4$
$7 - (+4) = 7 - 4$ $7 + (-4) = 7 - 4$
Verschiedene Zeichen, also −

Wir vereinbaren außerdem:
Steht eine negative Zahl am Anfang, so darf man die Klammer um die Zahl fortlassen.
Beispiel: $(-0,8) + (-7,2) + (+3) = -0,8 - 7,2 + 3 = -5$

Weiterführende Aufgaben

Vertauschen von Additions- und Subtraktionsschritten zum vorteilhaften Rechnen
2. Berechne und vergleiche. Welcher der beiden Rechenwege ist günstiger?
a) $(-12) - (-9) + (-8)$
   $(-12) + (-8) - (-9)$
b) $4,3 - 9,2 - 5,8 + 6,7$
   $4,3 + 6,7 - 9,2 - 5,8$

Geschickt rangieren!

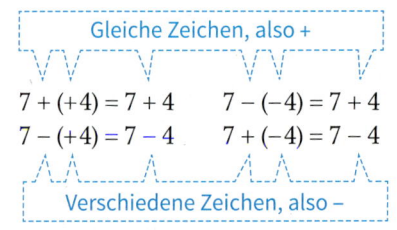

Begründe, warum man die Rechenschritte vertauschen darf. Beachte dazu die Subtraktionsregel für rationale Zahlen.
Du kannst die Terme auch als eine Folge von Buchungsanweisungen deuten, die hinzugefügt oder weggenommen werden.

> Aufeinander folgende Additions- und Subtraktionsschritte darf man vertauschen.
> Dabei ändert sich der Wert des Terms nicht.
> Denke dir rationale Zahlen anstelle von a, b und c. Stets gilt:
> **a + b − c = a − c + b**   **a − b − c = a − c − b**
> *Beispiele:* $(+2) + (−3) − (−7) = (+2) − (−7) + (−3)$
> $(+7) − (−2) − (+6) = (+7) − (+6) − (−2)$
> $5 − 7 + 3 − 1 = 5 + 3 − 1 − 7$

Unterscheidung zwischen Vorzeichen und Rechenzeichen beim Taschenrechner

3. Berechne mit einem Taschenrechner $(−3) − (−5)$.
   Worauf musst du bei der Eingabe achten?

> Die meisten Taschenrechner unterscheiden beim Minuszeichen zwischen Vorzeichen und Rechenzeichen. Auf die Eingabe von Zahlklammern kann man daher verzichten. Unterscheidet man bei der Eingabe nicht zwischen Vorzeichen und Rechenzeichen, so erhält man Fehleranzeigen.
> Das Vorzeichen + muss bei der Eingabe in den Taschenrechner weggelassen werden.

Übungsaufgaben

4. Löse die Zahlklammern auf und begründe die Umformung. Berechne dann.
   a) $19 − (−4)$
   b) $−43 − (−18)$
   c) $78 + (−84)$
   d) $−20 + (−31)$
   e) $12 − (+19)$
   f) $−14 − (−12) + (−13)$
   g) $(−84) + (+9) − (−2)$
   h) $31 + (−19) − (+24)$
   i) $28 − (+12) + (−42)$

5. Schreibe ausführlich als Summe und berechne.
   a) $3 − 5$
   b) $−11 + 7$
   c) $−9 − 13$
   d) $9 − 13 + 11$
   e) $−9 + 5 − 3$
   f) $−6 − 5 − 13$
   g) $1 − 2 + 3 − 4$
   h) $−1 + 2 + 3 − 4$

6. Vereinfache die Schreibweise und berechne.
   a) $36 + (−19)$
   b) $24 + (−70)$
   c) $11 − (+83)$
   d) $−8,5 + (−4,5)$
   e) $12,3 + (−15,4)$
   f) $21,8 − (+28,1)$
   g) $44 − (+35) − 20$
   h) $59 + (−81) + 34$
   i) $−16 − (−63) − 17$
   j) $3,5 − (−7,5) − 14,1$
   k) $−8,2 − (+9,7) + 17,9$
   l) $0 + (−24,6) + 26,4$

7. Begründe durch Umwandlung in eine Summe: $−8 + 5 − 12 − 13 + 15 = 5 + 15 − 8 − 12 − 13$

8. Niklas und Anna kommen zu unterschiedlichen Ergebnissen. Wer hat richtig gerechnet? Erkläre, worin der Fehler besteht.

   Niklas:
   $12,5 − 3\tfrac{1}{4} + 0,75$
   $= 12,5 − 4$
   $= 8,5$

   Anna:
   $12,5 − 3\tfrac{1}{4} + 0,75$
   $= 9,25 \quad + 0,75$
   $= 10$

9. Rechne vorteilhaft.
   a) $86 − 39 + 14 − 11$
   b) $−4,8 + 3,5 − 3,2 + 6,5$
   c) $3,12 − 3,38 − 4,52 + 2,78$
   d) $−\tfrac{3}{8} + \tfrac{2}{5} − \tfrac{5}{8} − \tfrac{6}{7} + \tfrac{3}{5}$
   e) $−\tfrac{1}{2} + \tfrac{3}{5} + \tfrac{1}{4} + \tfrac{6}{15} − \tfrac{3}{8}$
   f) $−12,3 + 8,8 − 5,6 − 3,7 + 1,2 − 4,4$

4.6 Multiplizieren rationaler Zahlen
4.6.1 Einführung der Multiplikation – Multiplikationsregel

Einstieg

An den folgenden Aufgaben könnt ihr erarbeiten, wie man rationale Zahlen multipliziert.

(1) $(+3{,}5) \cdot (+3) =$ (2) $(+3) \cdot (+1{,}5) =$ (3) $(+2{,}5) \cdot (+3) =$ (4) $(-2{,}5) \cdot (+3) =$
$(+2{,}5) \cdot (+3) =$ $(+2) \cdot (+1{,}5) =$ $(+2{,}5) \cdot (+2) =$ $(-2{,}5) \cdot (+2) =$
$(+1{,}5) \cdot (+3) =$ $(+1) \cdot (+1{,}5) =$ $(+2{,}5) \cdot (+1) =$ $(-2{,}5) \cdot (+1) =$
$(+0{,}5) \cdot (+3) =$ $0 \cdot (+1{,}5) =$ $(+2{,}5) \cdot 0 =$ $(-2{,}5) \cdot 0 =$
$(-0{,}5) \cdot (+3) =$ $(-1) \cdot (+1{,}5) =$ $(+2{,}5) \cdot (-1) =$ $(-2{,}5) \cdot (-1) =$
$(-1{,}5) \cdot (+3) =$ $(-2) \cdot (+1{,}5) =$ $(+2{,}5) \cdot (-2) =$ $(-2{,}5) \cdot (-2) =$
$(-2{,}5) \cdot (+3) =$ $(-3) \cdot (+1{,}5) =$ $(+2{,}5) \cdot (-3) =$ $(-2{,}5) \cdot (-3) =$

a) Berechnet zunächst in dem ersten Block die blauen Aufgaben. Welche Gesetzmäßigkeit erkennt ihr von einer Aufgabe zur nächsten? Wendet diese Gesetzmäßigkeit zur Berechnung der roten Aufgaben an. Verfahrt entsprechend bei den anderen Blöcken.
b) Bildet selbst Beispiele für solche Blöcke.
c) Welche Regeln erkennt ihr für das Multiplizieren rationaler Zahlen?

Einführung

(1) Der zweite Faktor ist positiv
Um eine allgemeine Regel für das Multiplizieren rationaler Zahlen zu erarbeiten, unterscheiden wir zwei Fälle. Zunächst betrachten wir nur den Fall, dass der zweite Faktor des Produkts positiv ist. Ramin spendet einem Tierschutzverein vierteljährlich einen Betrag von 2,50 €, der von seinem Konto abgebucht wird. Wie viel Euro werden dafür im Jahr insgesamt von seinem Konto abgebucht?
Wir können auf zwei Weisen rechnen:

durch Addieren: $(-2{,}50) + (-2{,}50) + (-2{,}50) + (-2{,}50) = -10$;
durch Multiplizieren: $(-2{,}5) \cdot 4 = -10$

Beide Rechnungen können wir an der Zahlengeraden veranschaulichen:

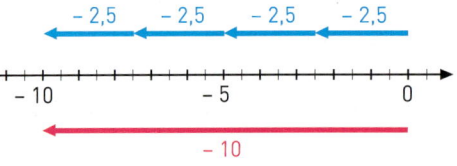
4 Pfeile für −2,5 werden aneinander gelegt.

Der erste Faktor von $(-2{,}5) \cdot 4$ wird als Pfeil dargestellt.
Die Länge des Pfeils wird vervierfacht. Oder auch:
Der Pfeil für −2,5 wird mit dem Faktor 4 gestreckt.
Der zweite Faktor, die 4, gibt die Veränderung des Pfeiles an.

> **Erster Faktor:** Pfeil
> **Zweiter Faktor:** Veränderung des Pfeils
> Das Strecken mit einem positiven Faktor kleiner als 1 nennt man auch Stauchen.

Anschauliche Deutung des Multiplizierens einer rationalen Zahl mit einer positiven Zahl

Das Multiplizieren einer beliebigen Zahl mit einer *positiven* Zahl entspricht einem Strecken des Pfeils für die beliebige Zahl mit der positiven Zahl.
Beispiel: $(-8) \cdot 2{,}5 = -20$

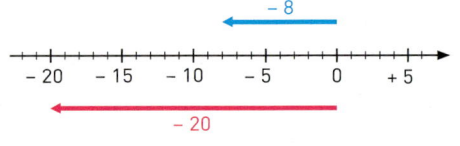

Für $(-8) \cdot \frac{3}{4} = -6$ gilt:
Der Pfeil wird auf drei Viertel seiner Länge verkürzt (gestaucht). Wir sagen auch:
Der Pfeil für −8 wird mit dem Faktor $\frac{3}{4}$ gestreckt.

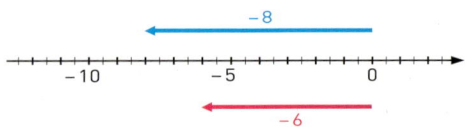

(2) Der zweite Faktor ist negativ

Es gilt: $(-2) \cdot (+3{,}5) = -7$. Was aber bedeutet $(+3{,}5) \cdot (-2)$?

Dazu vereinbaren wir: Das Kommutativgesetz soll auch für die Multiplikation rationaler Zahlen gelten: $(+3{,}5) \cdot (-2) = (-2) \cdot (+3{,}5) = -7$.

Auch bei der Multiplikationsaufgabe $(+3{,}5) \cdot (-2)$ wollen wir den ersten Faktor $(+3{,}5)$ als Pfeil darstellen und den zweiten Faktor (-2) als Veränderung dieses Pfeils. Wie erhält man dann an der Zahlengeraden aus dem Pfeil für $+3{,}5$ den Pfeil für -7?

Der Pfeil für $+3{,}5$ wird zunächst mit dem Faktor 2 gestreckt und dann am Nullpunkt gespiegelt (umgewendet).

Wir sagen kurz: Es wird ein Strecken am Nullpunkt mit Richtungsumkehr durchgeführt.

Wir setzen daher fest:

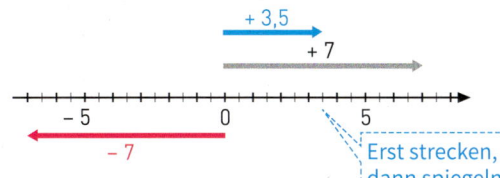

Erst strecken, dann spiegeln.

Spiegeln am Nullpunkt bedeutet Richtungsumkehr bzw. Vorzeichenwechsel.

Anschauliche Deutung des Multiplizierens einer rationalen Zahl mit einer negativen Zahl

Das Multiplizieren einer beliebigen Zahl mit einer negativen Zahl entspricht einem *Strecken mit Richtungsumkehr* des Pfeils für die beliebige Zahl mit dem Betrag der negativen Zahl.

Beispiel: $(+1{,}5) \cdot (-3) = -4{,}5$

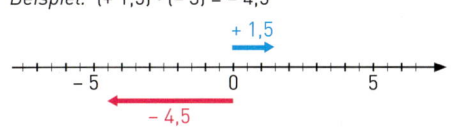

Mit dieser Deutung kann man auch das Produkt von zwei negativen Zahlen erhalten:

$(-1{,}5) \cdot (-2) = +3$

Als Pfeil zeichnen | Strecken mit 2 und Richtungsumkehr

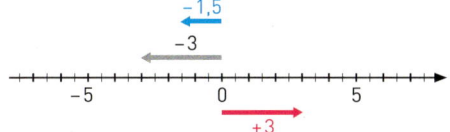

Information

(1) Regel für das Multiplizieren rationaler Zahlen

Man multipliziert zwei rationale Zahlen, indem man ihre Beträge miteinander multipliziert und das Vorzeichen nach folgender Regel setzt: Bei gleichen Vorzeichen der Faktoren ist das Produkt positiv, bei verschiedenen Vorzeichen ist das Produkt negativ.
Außerdem gilt: Ist ein Faktor 0, dann ist das Produkt 0.
Beispiel: $(-2{,}5) \cdot 0 = 0$

plus mal plus ergibt plus
minus mal minus ergibt plus
plus mal minus ergibt minus
minus mal plus ergibt minus

Beispiele:
$(+2{,}5) \cdot (+4) = +(2{,}5 \cdot 4) = +10$
$(-2{,}5) \cdot (-4) = +(2{,}5 \cdot 4) = +10$
$(+2{,}5) \cdot (-4) = -(2{,}5 \cdot 4) = -10$
$(-2{,}5) \cdot (+4) = -(2{,}5 \cdot 4) = -10$

(2) Begründung der Multiplikationsregel für rationale Zahlen

(a) Die Multiplikation der Beträge der beiden Zahlen ergibt sich aus der anschaulichen Bedeutung der Multiplikation als Streckung (gegebenenfalls mit Richtungsumkehr).

(b) Das Vorzeichen ergibt sich so: Ist der zweite Faktor positiv, so findet nur eine Streckung statt. Das Vorzeichen des ersten Faktors bleibt bestehen.
Ist der zweite Faktor negativ, so findet außerdem noch eine Spiegelung am Nullpunkt statt. Das Vorzeichen des ersten Faktors wird geändert.

Weiterführende Aufgaben

Multiplikation mit (−1)

1. Multipliziere verschiedene rationale Zahlen mit (−1). Was stellst du fest? Begründe auch.

> Die Multiplikation einer rationalen Zahl mit (−1) ergibt deren Gegenzahl.

Es ist üblich, die Multiplikation mit (−1) durch ein vorgesetztes Minuszeichen abzukürzen.
Beispiele: −(−7) = (−1) · (−7) = +7 ist die Gegenzahl zu −7
−(+5) = (−1) · (+5) = −5 ist die Gegenzahl zu +5

Potenzen mit rationalen Zahlen als Basis

2. Du weißt:
Eine Potenz ist ein Produkt aus gleichen Faktoren. Dabei ist die Basis (die Grundzahl) der mehrfach auftretende Faktor. Der Exponent (die Hochzahl) gibt an, wie oft der gleiche Faktor vorkommt.
Wie für natürliche Zahlen gilt auch für negative Zahlen als Basis:
$(-7)^0 = 1$ $(-7)^1 = -7$

$(-2)^4 = (-2) \cdot (-2) \cdot (-2) \cdot (-2) = 16$

Potenz $(-2)^4$ = 16

Basis (Grundzahl)   Exponent (Hochzahl)   Wert der Potenz

a) Schreibe als Produkt und berechne.

(1) $(-2)^5$; $(-6)^3$; $(+5)^4$ (2) $(-0{,}5)^3$; $(-1{,}5)^3$; $(-1)^7$ (3) $(-1)^6$; 0^4; $\left(-\tfrac{2}{3}\right)^2$; $(-2)^0$

b) Schreibe als Potenz und berechne.

(1) $(-3) \cdot (-3) \cdot (-3) \cdot (-3) \cdot (-3)$ (2) $\left(+\tfrac{2}{7}\right) \cdot \left(+\tfrac{2}{7}\right) \cdot \left(+\tfrac{2}{7}\right)$ (3) $(-1{,}5) \cdot (-1{,}5)$

Übungsaufgaben

3. Deute an der Zahlengeraden. Rechne auch.

a) $(+2{,}5) \cdot (+3)$ b) $(-1{,}5) \cdot (+4)$ c) $(-4) \cdot (+0{,}5)$ d) $(-6) \cdot \left(+\tfrac{2}{3}\right)$

4. Deute an der Zahlengeraden. Rechne auch.

a) $(+1{,}5) \cdot (-4)$ b) $(+4) \cdot (-1{,}5)$ c) $(-2{,}5) \cdot (-4)$ d) $(-7{,}5) \cdot \left(-\tfrac{1}{3}\right)$

5. Der blaue Pfeil ist in den roten Pfeil übergegangen. Beschreibe die Veränderung. Notiere dazu eine Gleichung.

a)

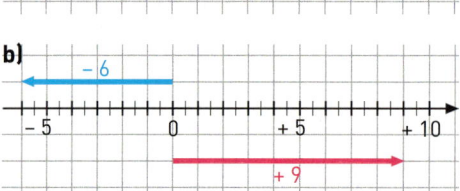

c)

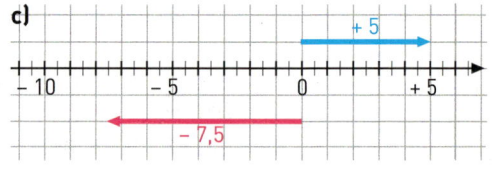

b)

d)

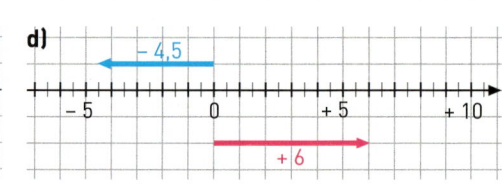

4.6 Multiplizieren rationaler Zahlen

6. a) $(-4) \cdot (+7)$
   $(+4) \cdot (-7)$
   $(+4) \cdot (+7)$
   $(-4) \cdot (-7)$

   b) $(-3,5) \cdot (-2)$
   $(+3,5) \cdot (+2)$
   $(-3,5) \cdot (+2)$
   $(+3,5) \cdot (-2)$

   c) $(-1,7) \cdot (+3)$
   $(+1,7) \cdot (-3)$
   $(-1,7) \cdot (-3)$
   $(+1,7) \cdot (+3)$

   d) $(+0,5) \cdot (+0,2)$
   $(-0,5) \cdot (+0,2)$
   $(+0,5) \cdot (-0,2)$
   $(-0,5) \cdot (-0,2)$

Erinnere dich: Bei positiven Zahlen kann man das Vorzeichen und die Zahlklammern weglassen.

7. a) $\left(-\frac{2}{3}\right) \cdot \left(-\frac{3}{4}\right)$
   $\left(+\frac{2}{3}\right) \cdot \left(-\frac{3}{4}\right)$
   $\left(-\frac{2}{3}\right) \cdot \left(+\frac{3}{4}\right)$
   $\left(+\frac{2}{3}\right) \cdot \left(+\frac{3}{4}\right)$

   b) $\left(+\frac{1}{3}\right) \cdot \left(-\frac{2}{7}\right)$
   $\left(+\frac{2}{9}\right) \cdot \left(-\frac{3}{4}\right)$
   $\left(+\frac{7}{9}\right) \cdot \left(-\frac{1}{2}\right)$
   $\left(+\frac{5}{8}\right) \cdot \left(-\frac{2}{15}\right)$

   c) $\frac{3}{4} \cdot \left(-\frac{12}{21}\right)$
   $\frac{7}{4} \cdot \left(-\frac{20}{49}\right)$
   $\frac{14}{33} \cdot \left(-\frac{121}{98}\right)$
   $\frac{24}{65} \cdot \left(-\frac{91}{60}\right)$

   d) $\left(-\frac{1}{2}\right) \cdot (-2)$
   $\frac{1}{3} \cdot (-6)$
   $\left(-\frac{4}{7}\right) \cdot (-14)$
   $\left(-\frac{3}{4}\right) \cdot 28$

8. a) Führe die Berechnung von $(-1,2) \cdot \left(+\frac{3}{4}\right)$ auf den drei angegebenen Wegen durch.

   b) Berechne möglichst geschickt.

   (1) $(-3,5) \cdot \left(+\frac{3}{5}\right)$ (5) $\left(-\frac{9}{2}\right) \cdot (-0,5)$

   (2) $(+0,16) \cdot \left(-\frac{5}{8}\right)$ (6) $\left(-\frac{13}{4}\right) \cdot (-0,2)$

   (3) $(-0,36) \cdot \left(+\frac{2}{3}\right)$ (7) $\left(-\frac{3}{5}\right) \cdot (-2,25)$

   (4) $(-4,9) \cdot \left(-\frac{4}{7}\right)$ (8) $\left(-\frac{3}{8}\right) \cdot 0$

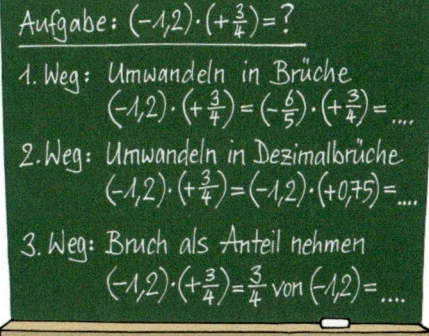

   c) Erfinde je eine Aufgabe, für die der 1. Weg, der 2. Weg, der 3. Weg am günstigsten ist.

9. Carolina möchte die Aufgabe $3517 \cdot (-348)$ mit ihrem Taschenrechner berechnen. Untersuche mit deinem Taschenrechner, welche der folgenden Eingaben korrekt ist.

   `3517*-348`   `3517*(-348)`   `3517* -348`

10. Ein Partner überschlägt die Aufgabe im Kopf, der zweite berechnet sie mit dem Taschenrechner. Vergleicht die Ergebnisse und wechselt euch nach jedem Aufgabenblock ab.
    a) $(-2,35) \cdot (-6,97)$
    b) $(-7,34) \cdot 2,8$
    c) $21,5 \cdot 1,93$
    d) $(-6,73) \cdot (-2,1)$
    e) $(-14,9) \cdot 0$
    f) $2,17 \cdot (-3,49)$
    g) $(-374) \cdot 194$
    h) $(-354) \cdot (-891)$
    i) $(-44,7) \cdot (-7,49)$
    j) $(-3,85) \cdot 6,67$
    k) $(-74,3) \cdot 0$
    l) $7,96 \cdot (-6,95)$

11. In welchem Bereich liegt das Ergebnis? Überlege im Kopf.
    a) $(-3,7) \cdot (+0,01)$
    b) $\left(+10\frac{2}{3}\right) \cdot \left(-\frac{8}{5}\right)$
    c) $\left(-\frac{1}{10}\right) \cdot \left(-\frac{11}{9}\right)$

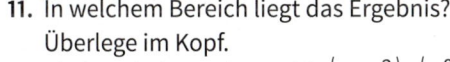

12. Schreibe die vorgegebene Zahl auf vier Weisen als Produkt.
    a) 36 b) -36 c) 2 d) -2 e) $\frac{1}{8}$ f) $-\frac{1}{8}$ g) $\frac{1}{3}$ h) $-\frac{1}{3}$

13. a) $-(+2)$ b) $-\left(-\frac{2}{3}\right)$ c) $-(-1)$ d) $-(-0)$ e) $-\left(-\frac{1}{3}\right)$ f) $-(-(-7))$

14. a) $-((-23)+(-43))$
    b) $-((+27)-(-86))$
    c) $-[(-12) \cdot 3]$
    d) $-[-17 \cdot (-4)]$
    e) $-[-((-2,4)+(-1,7))]$
    f) $-(-2,3) \cdot [(-3,5) \cdot (-(-1,4))]$

15. Jetzt kennst du drei verschiedene Bedeutungen für das Minuszeichen:
- als Vorzeichen einer Zahl
- als Rechenzeichen für die Subtraktion
- als Zeichen für das Bilden der Gegenzahl

a) Schreibe für jede Bedeutung einen Term, in dem nur ein Minuszeichen vorkommt.
b) Schreibe einen Term, in dem das Minuszeichen in jeder Bedeutung einmal vorkommt.

16. Schreibe als Potenz. Berechne auch den Wert der Potenz.

a) $(-1) \cdot (-1) \cdot (-1) \cdot (-1) \cdot (-1) \cdot (-1) \cdot (-1) \cdot (-1)$

b) $(-10) \cdot (-10) \cdot (-10) \cdot (-10) \cdot (-10) \cdot (-10) \cdot (-10)$

c) $(-0{,}1) \cdot (-0{,}1) \cdot (-0{,}1) \cdot (-0{,}1) \cdot (-0{,}1)$

d) $(-4) \cdot (-4) \cdot (-4) \cdot (-4) \cdot (-4)$

e) $\left(-\frac{1}{3}\right) \cdot \left(-\frac{1}{3}\right) \cdot \left(-\frac{1}{3}\right)$

f) $\left(+\frac{2}{5}\right) \cdot \left(+\frac{2}{5}\right) \cdot \left(+\frac{2}{5}\right)$

17. Anna und Lukas sind verschiedener Meinung. Erklärt beiden, wer Recht hat.

18. Vereinfache

a) $(-3)^4$
b) -3^4
c) $(+7)^3$
d) $(-2)^7$
e) -2^7
f) $(+2)^0$
g) $(-6)^1$
h) 0^{12}
i) $(-0{,}2)^5$
j) $(-0{,}3)^0$
k) $-2{,}5^2$
l) $\left(-\frac{1}{2}\right)^6$

19. Julian wollte -35 mit 6 potenzieren.
Das Ergebnis des Taschenrechners überrascht ihn.
Was meinst du dazu?

20. Entscheide, ob die Aussage falsch oder richtig ist. Begründe.

a) $(-9)^{75}$ ist negativ
b) -47^{28} ist positiv
c) $(-91)^{21} > 0$
d) $(-276)^{48} < 0$
e) $(-715)^{39} > 0^5$
f) $(-23)^5 < (-34)^5$
g) $(-12)^6 < (-17)^6$
h) $(-15)^4 < (-15)^6$

21. Entscheide, ob die Aussage falsch oder richtig ist. Begründe.
a) Eine Potenz mit ungeradem Exponenten ist stets negativ.
b) Eine Potenz mit geradem Exponenten ist stets positiv.
c) Ist eine Potenz negativ, so ist der Exponent ungerade.
d) Ist eine Potenz positiv, so ist der Exponent gerade.

22. Übertrage die Rechenmauern in dein Heft. Multipliziere nebeneinander stehende Zahlen. Schreibe das Ergebnis im Heft in das Feld darüber.

a) $-277{,}83$; 2,5 ; $-1{,}4$; $-3{,}0$; $-1{,}5$

b) $\frac{54}{125}$; $\frac{9}{4}$; $-\frac{6}{5}$; $-\frac{2}{3}$; $\frac{3}{8}$

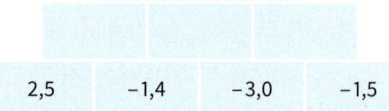

4.6.2 Rechengesetze der Multiplikation

Einstieg Ronja und Robin haben eine Aufgabe gelöst. Vergleicht ihre Wege und erläutert ihr Vorgehen.

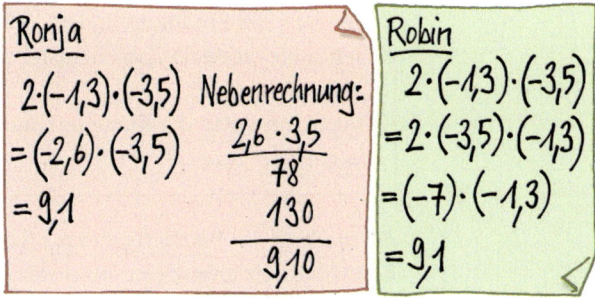

Aufgabe 1 Wie kannst du ohne viel zu rechnen die Aufgaben rechts im Kopf vorteilhaft lösen? Welche Rechengesetze wendest du dabei an?

$$(1) \quad \left(-\frac{3}{37}\right) \cdot \frac{5}{2} \cdot \left(-\frac{37}{9}\right)$$

$$(2) \quad \frac{7}{19} \cdot \left(-\frac{43}{17}\right) \cdot \left(-\frac{34}{43}\right)$$

Lösung Eigentlich müsste man die Terme von links nach rechts berechnen. Günstiger ist folgendes Vorgehen:

(1) $\left(-\frac{3}{37}\right) \cdot \frac{5}{2} \cdot \left(-\frac{37}{9}\right)$

$= \left(-\frac{3}{37}\right) \cdot \left(-\frac{37}{9}\right) \cdot \frac{5}{2}$ ⟵ Vertausche den 2. und den 3. Faktor.

$= \frac{3 \cdot 37}{37 \cdot 9} \cdot \frac{5}{2}$

$= \frac{5}{3 \cdot 2} = \frac{5}{6}$

Es wurde das Kommutativgesetz (Vertauschungsgesetz) der Multiplikation angewandt.

(2) $\frac{7}{19} \cdot \left(-\frac{43}{17}\right) \cdot \left(-\frac{34}{43}\right)$

$= \frac{7}{19} \cdot \left[\left(-\frac{43}{17}\right) \cdot \left(-\frac{34}{43}\right)\right]$ ⟵ Rechne nicht von links nach rechts.

$= \frac{7}{19} \cdot \left(+\frac{43 \cdot 34}{17 \cdot 43}\right)$

$= \frac{7}{19} \cdot \frac{2}{1} = \frac{14}{19}$

Es wurde das Assoziativgesetz (Verbindungsgesetz) der Multiplikation angewandt.

Information **Kommutativgesetz und Assoziativgesetz der Multiplikation für rationale Zahlen**
Diese Gesetze gelten nicht nur für gebrochene Zahlen, sondern auch für rationale Zahlen.

> **Kommutativgesetz (Vertauschungsgesetz) für die Multiplikation**
> In einem Produkt darf man die Faktoren vertauschen. Der Wert des Produktes ändert sich dabei nicht.
> Denke dir rationale Zahlen anstelle von a und b. Stets gilt:
> **a · b = b · a**
> Beispiel: $(-4) \cdot (+6) = (+6) \cdot (-4)$

Begründung des Kommutativgesetzes (Vertauschungsgesetzes)
Bei der Multiplikation rationaler Zahlen werden die Beträge multipliziert.
Für das Multiplizieren dieser gebrochenen Zahlen gilt das Kommutativgesetz.
Außerdem ändert sich beim Vertauschen das Vorzeichen im Ergebnis nicht.

	+	−
+	+	−
−	−	+

> **Assoziativgesetz (Verbindungsgesetz) für die Multiplikation**
> In einem Produkt aus drei Faktoren darf man Klammern beliebig setzen oder auch weglassen.
> Der Wert des Produktes ändert sich dabei nicht.
> Denke dir rationale Zahlen anstelle von a, b, c. Stets gilt:
> **(a · b) · c = a · (b · c)**
> Daher kann man die Klammern auch weglassen: **a · b · c**
> *Beispiel:* $[(+2) \cdot (-3)] \cdot (+5) = +2 \cdot [(-3) \cdot (+5)] = (+2) \cdot (-3) \cdot (+5)$

Begründung des Assoziativgesetzes (Verbindungsgesetzes)
Beim Multiplizieren dreier rationaler Zahlen werden die Beträge multipliziert. Für die Multiplikation dieser gebrochenen Zahlen gilt das Assoziativgesetz. Das Vorzeichen des Produktes hängt nur von den Vorzeichen der Faktoren ab, nicht aber davon, wie die Faktoren durch Klammern verbunden sind.

Übungsaufgaben

2. Berechne möglichst vorteilhaft.
   a) $11 \cdot (-4) \cdot 25$
   b) $(-13) \cdot 25 \cdot (-12)$
   c) $(-125) \cdot (-7) \cdot (-8)$
   d) $2{,}5 \cdot (-1{,}5) \cdot 8$
   e) $(-0{,}8) \cdot (-3{,}7) \cdot 1{,}25$
   f) $(-0{,}1) \cdot (-0{,}02) \cdot (-0{,}05)$
   g) $\left(-\frac{2}{9}\right) \cdot \left(-\frac{3}{8}\right) \cdot \frac{3}{2}$
   h) $\frac{5}{7} \cdot \frac{4}{9} \cdot \left(-\frac{7}{10}\right)$
   i) $\left(-2\frac{1}{2}\right) \cdot \left(-\frac{3}{11}\right) \cdot \frac{4}{5}$

3. Berechne möglichst vorteilhaft. Welche Gesetze wendest du dabei an?
   a) $\left(\frac{17}{32} \cdot \frac{2}{3}\right) \cdot \left(-\frac{37}{17}\right)$
   b) $\left(-\frac{4}{6}\right) \cdot \left(\frac{3}{4} \cdot \frac{1}{7}\right)$
   c) $\frac{8}{11} \cdot \left(\frac{2}{3} \cdot \frac{22}{8}\right)$
   d) $\left(-\frac{2}{3}\right) \cdot \left(\left(\frac{-5}{11}\right) \cdot \left(-\frac{3}{2}\right)\right)$

4. a) $0{,}7 \cdot (-20) \cdot (-0{,}3) \cdot (-5)$
   b) $1{,}2 \cdot (-25) \cdot (-1{,}5) \cdot (-40)$
   c) $4 \cdot (-7) \cdot \frac{1}{14} \cdot (-1)$

Das kann ich noch!

A) Bestimme die Größe der Winkel.

1)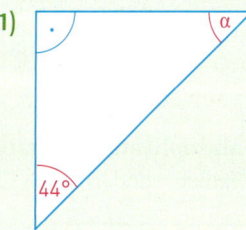
2) a∥c, b∥d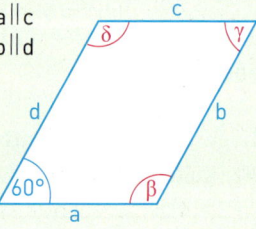
3) a∥b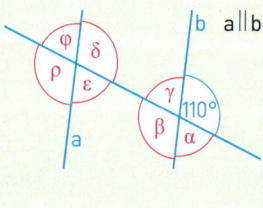
4)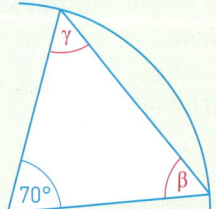
5)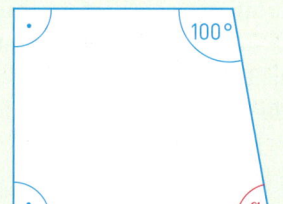
6)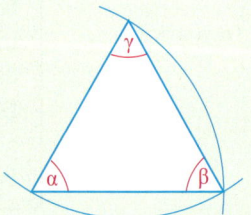

B) Untersuche auf Symmetrie
   1) gleichschenkliges Dreieck
   2) gleichseitiges Dreieck
   3) Rechteck
   4) Parallelogramm
   5) Raute
   6) Drachen

4.7 Dividieren rationaler Zahlen

Einstieg

a) Bestimmt die Zahl, die Marie sich gedacht hat. Schreibt eine Rechnung dazu auf. Wie könnt ihr euer Ergebnis überprüfen?
b) Denke dir selbst entsprechende Multiplikationsaufgaben aus, schreibe sie auf und stelle sie deinem Partner. Wechselt euch nach jeder Aufgabe ab.
c) Seht euch eure Aufgaben noch einmal gemeinsam an und versucht, eine Regel für die Division rationaler Zahlen zu formulieren.

Aufgabe 1

Regel für das Dividieren rationaler Zahlen
a) Toms Eltern haben eine Tageszeitung abonniert. Toms Mutter möchte im kommenden Jahr das Abonnement monatlich bezahlen.
Welcher Betrag wird im Monat abgebucht? Rechne mit negativen Zahlen.
Kontrolliere dein Ergebnis mithilfe der entgegengesetzten Rechenart.
b) Welche Ergebnisse vermutest du für
(1) $(+144):(-6)$, (2) $(-98):(-14)$?
Kontrolliere jeweils mithilfe der entgegengesetzten Rechenart.

Lösung

a) Der Jahresbetrag ist durch Verzwölffachen des Monatsbetrages entstanden.
Also muss jetzt durch 12 dividiert werden: $(-348):12 = -29$
Ergebnis: Monatlich müssen 29 € abgebucht werden.
Kontrolle: Verzwölffacht man die monatliche Abbuchung, so muss sich die jährliche Abbuchung ergeben: $(-29) \cdot 12 = -348$

b) (1) $(+144):(-6) = -24$, denn $(-24) \cdot (-6) = +144$
(2) $(-98):(-14) = +7$, denn $(+7) \cdot (-14) = -98$

Information

(1) Dividieren macht Multiplizieren rückgängig
Bei gebrochenenen Zahlen, also positiven rationalen Zahlen, gilt:
Die Division macht rückgängig, was die Multiplikation bewirkt.
Das soll auch bei negativen Zahlen, also bei allen rationalen Zahlen gelten.

> Das Dividieren durch eine von 0 verschiedene rationale Zahl macht rückgängig, was das Multiplizieren mit derselben rationalen Zahl bewirkt hat.

Dividend durch Divisor gleich Quotient.

(2) Divisionsregel

Die Kontrolle der Beispiele in der Aufgabe zeigt, dass für das Dividieren die entsprechende Vorzeichenregel wie beim Multiplizieren gelten muss.

Regel für die Division rationaler Zahlen

Man dividiert eine rationale Zahl durch eine von 0 verschiedene rationale Zahl, indem man die Beträge dividiert und das Vorzeichen nach folgender Regel setzt:
Bei gleichen Vorzeichen von Dividend und Divisor ist der Quotient positiv,
bei verschiedenen Vorzeichen von Dividend und Divisor ist der Quotient negativ.

plus durch plus ergibt plus
minus durch minus ergibt plus
plus durch minus ergibt minus
minus durch plus ergibt minus

Beispiele:
$(+21):(+3) = +(21:3) = +7$
$(-21):(-3) = +(21:3) = +7$
$(-21):(+3) = -(21:3) = -7$
$(+21):(-3) = -(21:3) = -7$

Weiterführende Aufgaben

Division durch null

2. Untersuche, ob folgende Aufgaben ein eindeutiges Ergebnis haben.
   Mache dazu stets die Kontrolle durch Multiplikation.
   a) $0:(-5)$ b) $(-5):0$ c) $0:0$

Auf mich muss man aufpassen!

Durch 0 kann man nicht dividieren.
$(-5):0$ und $0:0$ bezeichnen keine rationale Zahl.

Division rationaler Zahlen, die mit Brüchen geschrieben sind

3. a) Erläutere die Rechnung rechts.
   b) Rechne ebenso:
   (1) $\left(-\frac{2}{3}\right):\left(-\frac{7}{3}\right)$ (2) $\left(-\frac{4}{9}\right):(+5)$ (3) $\left(-1\frac{1}{2}\right):\left(-\frac{1}{5}\right)$
   c) Du weißt, dass man bei gebrochenen Zahlen anstelle einer Division auch die Multiplikation mit dem Kehrwert des Divisors durchführen kann.
   Welche Multiplikationsaufgabe ist gleichbedeutend mit $\left(+\frac{4}{9}\right):\left(-\frac{5}{6}\right)$?

$$\left(+\frac{4}{9}\right):\left(-\frac{5}{6}\right) = -\left(\frac{4}{9}:\frac{5}{6}\right)$$
$$= -\left(\frac{4}{\underset{3}{9}} \cdot \frac{\overset{2}{6}}{5}\right)$$
$$= -\frac{8}{15}$$

(1) Man erhält den **Kehrwert** einer rationalen Zahl (ungleich 0), indem man Zähler und Nenner vertauscht und das Vorzeichen beibehält.
Beispiele: $-\frac{9}{2}$ ist der Kehrwert von $-\frac{2}{9}$; $+\frac{5}{2}$ ist der Kehrwert von $+\frac{2}{5}$

(2) Durch eine (von 0 verschiedene) Zahl wird dividiert, indem man mit dem Kehrwert multipliziert.
Beispiele:

$\left(+\frac{2}{5}\right):\left(-\frac{3}{4}\right)$ $\left(-\frac{3}{8}\right):\left(+\frac{2}{5}\right)$ $6:\left(-1\frac{1}{2}\right)$ $(-24):(+6)$
$= \left(+\frac{2}{5}\right)\cdot\left(-\frac{4}{3}\right)$ $= \left(-\frac{3}{8}\right)\cdot\left(+\frac{5}{2}\right)$ $= 6:\left(-\frac{3}{2}\right)$ $= (-24)\cdot\left(+\frac{1}{6}\right)$
$= -\frac{8}{15}$ $= -\frac{15}{16}$ $= 6\cdot\left(-\frac{2}{3}\right)$ $= -4$
            $= -4$

4.7 Dividieren rationaler Zahlen

Vertauschen von Multiplikations- und Divisionsschritten zum vorteilhaften Rechnen

4. a) Berechne von links nach rechts.
   Kannst du das Ergebnis auch einfacher erhalten?
   (1) $(-46) \cdot 7 : (-23)$ (2) $\left(-20\tfrac{2}{3}\right) : (-4) : 10\tfrac{1}{3}$

   b) Begründe die folgende Regel.
   Ersetze dazu jeden Divisionsschritt durch den
   Multiplikationsschritt mit dem Kehrwert.

> Aufeinander folgende Multiplikations- und Divisionsschritte darf man vertauschen.
> Dabei ändert sich der Wert des Terms nicht. Denke dir rationale Zahlen für a, b, c. Stets gilt:
> $a \cdot b : c = a : c \cdot b$ (für $c \neq 0$) $a : b : c = a : c : b$ (für $b \neq 0; c \neq 0$)
> *Beispiel:* $(-8) \cdot (-3) : (+2) = (-8) : (+2) \cdot (-3)$ $36 : (-4) : 3 = 36 : 3 : (-4)$

Übungsaufgaben

5. Berechne die durchschnittliche monatliche Schuldenaufnahme der Gemeinde Neuhausen. Notiere eine Aufgabe mit negativen Zahlen.

   Finanzmisere in Neuhausen
   Zum Jahresbeginn stand die Gemeinde Neuhausen noch schuldenfrei da. Der Ausbau neuer Wohngebiete erforderte in nur einem Vierteljahr eine Verschuldung von 300 000 €.

6. Von Herrn Lehmanns Konto wird einmal im Jahr 192 € als Familienbeitrag für den Sportverein abgebucht. Man kann den Beitrag auch in monatlichen Raten abbuchen lassen.
   Wie hoch wäre die monatliche Abbuchung? Notiere eine Aufgabe mit negativen Zahlen.

7. Jeder Partner berechnet die angegebenen Quotienten und lässt die Ergebnisse von seinem Partner mit der entgegengesetzten Rechenart kontrollieren.

Partner A	Partner B	Partner A	Partner B
$(+32):(-4)$	$(-21):(-3)$	$(-56):(-7)$	$(-72):(+6)$
$(+32):(+4)$	$(+21):(-3)$	$(+56):(-7)$	$(-72):(-6)$
$(-32):(+4)$	$(+21):(+3)$	$(+56):(+7)$	$(+72):(+6)$
$(-32):(-4)$	$(-21):(+3)$	$(-56):(+7)$	$(+72):(-6)$

8. Berechne.
   a) $(-45):(-9)$ e) $(-280):(-4)$ i) $(-270):(-90)$ m) $(-96):(-12)$
   b) $(+77):(-7)$ f) $(+360):(+2)$ j) $(-240):(+60)$ n) $(-169):(+13)$
   c) $(-96):(-3)$ g) $(+480):(-8)$ k) $(+480):(-60)$ o) $(+144):(-8)$
   d) $(+54):(+6)$ h) $(-360):(+3)$ l) $(+630):(+70)$ p) $(+121):(+11)$

Erinnere dich: Bei positiven Zahlen kann man das Vorzeichen und die Zahlklammern weglassen.

9. a) $(-3):8$ e) $(-1,5):3$ i) $(-1,5):(-0,5)$ m) $12:(-0,5)$
   b) $(-4):(-1)$ f) $(-0,72):(-6)$ j) $4,2:2,1$ n) $(-6):(-0,1)$
   c) $6:(-6)$ g) $6:(-0,3)$ k) $(-3,6):0,9$ o) $5:0,2$
   d) $(-6):8$ h) $(-4):(-0,75)$ l) $6,8:(-1,7)$ p) $(-9):0,3$

10. Fülle folgende Tabelle in deinem Heft aus.

Zahl a	$-\frac{2}{3}$	$+\frac{3}{4}$		$+\frac{12}{5}$		$+4$	$-\frac{1}{4}$	$+\frac{1}{4}$	$+0{,}5$	
Kehrwert von a	$-\frac{3}{2}$									$-1{,}5$
Gegenzahl von a	$+\frac{2}{3}$		$-\frac{7}{9}$		$+3$					

Verwechsle nicht Kehrwert und Gegenzahl.

11.
a) $\left(-\frac{3}{4}\right):\frac{2}{7}$
b) $\left(-\frac{2}{9}\right):\frac{8}{5}$
c) $\left(-\frac{1}{2}\right):\frac{3}{2}$
d) $\frac{7}{8}:\left(-\frac{2}{3}\right)$
e) $\frac{5}{9}:\frac{8}{3}$
f) $\left(-\frac{5}{9}\right):\frac{25}{18}$
g) $\frac{2}{3}:\left(-\frac{5}{2}\right)$
h) $\left(-\frac{2}{3}\right):\frac{5}{3}$
i) $\left(-\frac{2}{3}\right):\left(-\frac{5}{2}\right)$
j) $\left(-1\frac{1}{2}\right):2\frac{3}{5}$
k) $\left(-3\frac{2}{3}\right):1\frac{3}{4}$
l) $\left(-2\frac{2}{3}\right):\left(-1\frac{1}{2}\right)$

12. Berechne, wenn möglich. Gib den Grund an, wenn du nicht weiterrechnen kannst.
a) $0:(-5)$
b) $(-7):0$
c) $0:0$
d) $0:\left(-\frac{2}{3}\right)$
e) $\left(-\frac{2}{3}\right):0$

13. Merle wollte -518 durch $\frac{1}{2}$ dividieren.
Das Ergebnis überrascht sie. Was meinst du dazu?

14. Berechne mit dem Taschenrechner. Runde das Ergebnis auf zwei Nachkommastellen.
a) $(-4{,}753):(-7{,}25)$
b) $(-3{,}49):2{,}85$
c) $(-4{,}75):3{,}25$
d) $(-34{,}795):(-21{,}76)$
e) $(-42{,}76):12{,}47$
f) $(-78{,}21):(-36{,}25)$
g) $194{,}764:(-13{,}85)$
h) $18{,}734:73{,}66$
i) $24{,}145:(-62{,}14)$

Bruch in Dezimalbruch umwandeln oder umgekehrt?

15.
a) $(-0{,}6):\frac{1}{2}$
b) $\frac{7}{8}:(-0{,}25)$
c) $\left(-2\frac{1}{4}\right):(-0{,}75)$
d) $1{,}75:\left(-\frac{3}{4}\right)$
e) $\left(-\frac{2}{3}\right):0{,}5$
f) $\left(-\frac{1}{3}\right):(-0{,}2)$
g) $\frac{2}{3}:(-0{,}6)$
h) $(-0{,}4):\left(-1\frac{2}{3}\right)$
i) $-\frac{4}{7}:0{,}8$
j) $0{,}9:\left(-\frac{2}{7}\right)$
k) $1\frac{1}{7}:(-1{,}2)$
l) $(-2{,}5):\left(-\frac{5}{7}\right)$

16. Was für eine Zahl erhält man, wenn man eine Zahl a durch (-1) dividiert?

17. Entscheide, ob falsch oder richtig. Begründe.
a) Wenn man in einem Quotienten zum Dividenden $+1$ und zum Divisor -1 addiert, ändert sich der Wert des Quotienten nicht.
b) Wenn man in einem Quotienten den Dividenden mit -1 multipliziert und den Divisor durch -1 dividiert, ändert sich der Wert des Quotienten nicht.
c) Wenn man in einem Quotienten den Divisor mit -2 multipliziert, verdoppelt sich der Wert des Quotienten und wechselt sein Vorzeichen.

18. Berechne möglichst vorteilhaft.
a) $(-8{,}4) \cdot 1{,}5 : 2{,}1$
b) $6{,}4:(-3):0{,}8$
c) $(-2{,}5):0{,}8 \cdot (-4)$
d) $165:(-0{,}3):(-5)$
e) $17\frac{1}{4} \cdot \left(-1\frac{1}{6}\right):5\frac{3}{4}$
f) $8\frac{4}{5}:4\frac{1}{8}:\left(-3\frac{2}{3}\right)$

19. Kontrolliere Hendriks Hausaufgaben. Welche Fehler hat er gemacht?

a) $(-10):2 = 2 \cdot (-10)$
b) $(-16) \cdot (-2):8 = (-16) \cdot 8 \cdot (-2)$
c) $-\frac{15}{8}:5 = -(15:5:8)$
d) $(-3) \cdot 4 + 5 = (-3) \cdot 5 + 4$

Mindmaps

Übersichtliches kann man besser lernen

Kevin stöhnt: „Jetzt haben wir schon so vieles über rationale Zahlen gelernt. Das soll man sich alles merken und nicht durcheinander bringen. Wie kann man da nur den Überblick behalten?" Seine große Schwester Lina entgegnet: „Ich ordne meine Gedanken immer mit einer Mindmap – das ist so etwas wie eine Gedächtnis-Landkarte. Da werden Zusammenhänge deutlich – und wenn ich mir ein bisschen Mühe gebe, sieht es so gut aus, dass ich mich sofort über das Aussehen an die Inhalte erinnere." Gemeinsam entwickeln sie eine solche Mindmap:

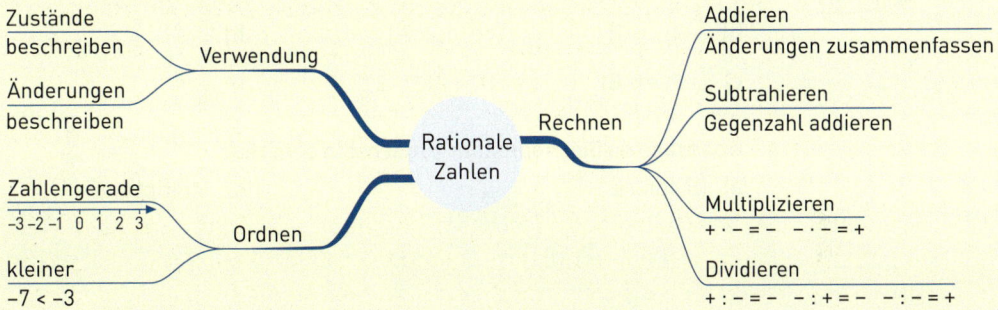

> **Mindmaps**
> Mindmaps können helfen, Ideen zu sammeln und Wissen strukturiert zusammenzufassen.
>
> **Regeln für das Anfertigen einer Mindmap:**
> 1. Verwende ein weißes Blatt im Querformat.
> 2. Schreibe in die Mitte das Thema oder das Problem in einen Kreis, eine Wolke o. ä.
> 3. Von diesem Kreis führen Linien (Hauptäste) ab, auf denen jeweils ein Begriff in Druckbuchstaben notiert wird.
> 4. Von diesen Hauptästen können Nebenäste abzweigen.
> 5. Farben, Symbole und Bilder können die Struktur optisch unterstützen.

1. Vergleiche die Mindmap unten mit der oben: Wäge Vor- und Nachteile gegeneinander ab.

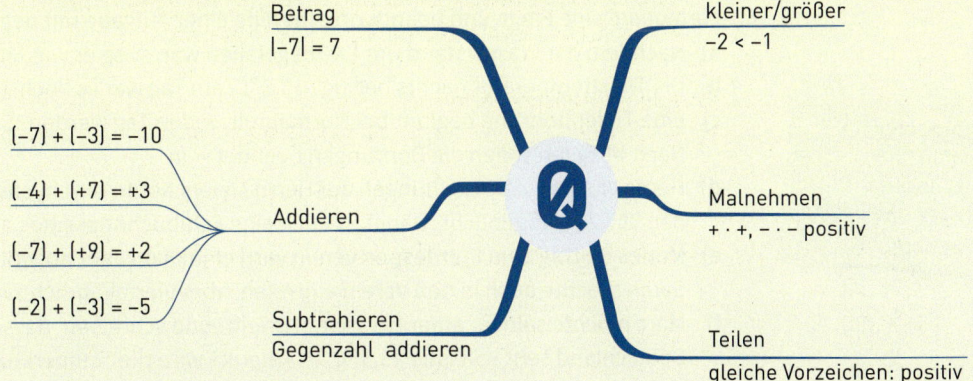

4.8 Vermischte Übungen zu den Grundrechenarten

1. a) $(-48) + (-12)$
      $(-48) - (-12)$
      $(-48) \cdot (-12)$
      $(-48) : (-12)$
   b) $36 + (-9)$
      $36 - (-9)$
      $36 \cdot (-9)$
      $36 : (-9)$
   c) $(-21) + 7$
      $(-21) - 7$
      $(-21) \cdot 7$
      $(-21) : 7$
   d) $(-4,5) + (-5)$
      $(-4,5) - (-5)$
      $(-4,5) \cdot (-5)$
      $(-4,5) : (-5)$

2. Die Buchstaben ergeben in der Reihenfolge der Ergebnisse ein Wort.
   a) $5 \cdot (-7)$
   b) $(-8) \cdot 4$
   c) $7 + (-5)$
   d) $12 : (-3)$
   e) $(-4) \cdot (-6)$
   f) $-7 + 4$
   g) $(-18) : 3$
   h) $-2 - 14$

3. a) $(-3) : 8$
   b) $(-4) \cdot (-1)$
   c) $(+6) + (-6)$
   d) $(-1,5) - (-0,5)$
   e) $4,2 : 2,1$
   f) $\left(-1\tfrac{1}{2}\right) \cdot 2\tfrac{3}{5}$
   g) $\left(-\tfrac{3}{4}\right) \cdot \tfrac{2}{7}$
   h) $\left(-\tfrac{2}{9}\right) - \tfrac{8}{5}$
   i) $\tfrac{7}{8} : \tfrac{2}{3}$
   j) $\tfrac{5}{9} + \tfrac{8}{3}$
   k) $\left(-\tfrac{3}{2}\right) - \tfrac{5}{2}$
   l) $\left(-\tfrac{3}{2}\right) : \left(-\tfrac{5}{2}\right)$

4. Übertrage die Rechenmauer zunächst in dein Heft.
   a) Dividiere.

   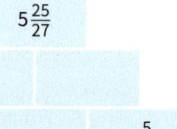

   c) Multipliziere.

   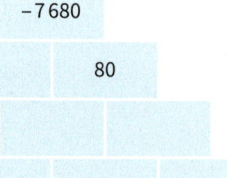

   b) Addiere.

   d) Subtrahiere.

   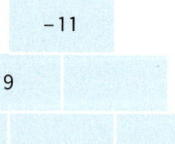

5. a) $|8 - 12|$
   b) $|-8 - 12|$
   c) $|-8 + 12|$
   d) $|8 + 12|$
   e) $|-2 + 5| - |-2|$
   f) $|5 - 7| - |7 - 5|$

   $|7 - 9| = |-2| = 2$

6. Formuliere eine Frage und beantworte mithilfe einer Aufgabe mit negativen Zahlen.
   a) Nachdem der Wasserstand um 1,40 m gefallen war, stieg er wieder um 0,50 m an.
   b) Die Tiefsttemperatur nachts betrug $-15,5\,°C$, am Tag war es höchstens um $8\,°C$ wärmer.
   c) Eine Tiefenbohrung beginnt bei Normalnull. Jeden Tag werden 15 m gebohrt. Nach 14 Tagen sollen die Bohrungen beendet sein.
   d) Heute wurden viele Buchungen auf Herrn Meiers Konto durchgeführt. Insgesamt wurden 367,20 € abgebucht. Dabei ist auch eine Fehlbuchung: eine Lastschrift von 33,10 €.
   e) Maries Beitrag zum Pferdesportverein wird einmal im Jahr abgebucht: 96 €. Sarah möchte auch in den Verein eintreten, aber vierteljährlich zahlen.
   f) Marc möchte seinem amerikanischen Brieffreund schreiben, dass es zurzeit in Deutschland sehr kalt ist: $-13,5\,°C$. In Amerika wird die Temperatur in Grad Fahrenheit (°F) gemessen.

Umrechnen von °C in °F: Multipliziere mit $\tfrac{9}{5}$ und addiere dann 32.

4.8 Vermischte Übungen zu den Grundrechenarten

7. Jeder füllt zunächst das Rechengitter rechts im Heft aus. Danach erstellt jeder zwei solche Aufgaben für seinen Partner.

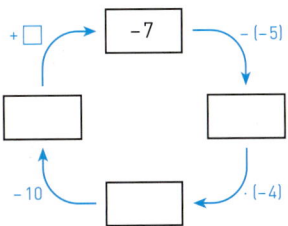

8. Berechne, wenn möglich. Gib den Grund an, wenn du nicht weiterrechnen kannst.
   a) $0:(-2)$ c) $(-3)\cdot 0$ e) $0:0$ g) $0\cdot 0$ i) $(-9{,}5)-0$
   b) $0\cdot(-4{,}2)$ d) $0-(-1{,}5)$ f) $(-3)+0$ h) $(-7{,}2):0$ j) $0-0$

9. a) Addiere zu 75 die Zahl –14,4. Addiere zu dem Ergebnis wieder –14,4. Fahre so fort, bis das Ergebnis negativ ist. Wie heißt dann das letzte Ergebnis?
   b) Multipliziere 75 mit –0,4. Multipliziere das Ergebnis wieder mit –0,4. Fahre so fort, bis der Betrag des Ergebnisses kleiner als 1 ist. Wie heißt dann das letzte Ergebnis?
   c) Subtrahiere von –100 die Zahl –13,5. Subtrahiere von dem Ergebnis wieder –13,5. Fahre so fort, bis das Ergebnis positiv ist. Wie heißt dann das letzte Ergebnis?
   d) Dividiere –1 durch –0,25. Dividiere das Ergebnis wieder durch –0,25. Fahre so fort, bis der Betrag des Ergebnisses größer als 100 ist. Wie heißt dann das letzte Ergebnis?

10. ### Konstruktionspunkt
    Jede Sprungschanze hat einen Konstruktionspunkt. Bei der Wurmbergschanze liegt dieser K-Punkt bei 83 m. Der K-Punkt markiert den Übergang vom Aufsprunghang in den Auslauf. Erreicht ein Springer diesen Punkt, so erhält er dafür 60 Weitenpunkte. Ist der Sprung kürzer, werden pro Meter 1,8 Punkte von den 60 Punkten abgezogen.
    Für Sprünge über den K-Punkt hinaus werden für jeden Meter 1,8 Punkte zu den 60 Punkten hinzuaddiert.

    Lens Loban fliegt 5 m weiter als der K-Punkt, Pierre Komal landet 3 m vor dem K-Punkt und Claudio Felici landet bei 73 m.
    Notiere für die Weitenpunkte der drei Sprünge je einen Term und berechne ihn.

Spiel
11. Das Bild rechts zeigt zwei verschieden farbige Ikosaeder (Zwanzigflächner) für positive und negative Zahlen.
    a) Die gewürfelten Zahlen werden addiert. Gewonnen hat, wer zuerst z. B. die Summe –19 schafft.
    b) Die Zahl des roten Ikosaeders wird von der Zahl des weißen subtrahiert. Vereinbart selbst die Gewinnzahl.
    c) Ihr könnt auch multiplizieren und dividieren. Vereinbart jeweils eine geeignete Gewinnzahl.

4.9 Terme – Distributivgesetz

4.9.1 Regeln für das Berechnen von Termen

Einstieg

Pumpspeicherwerk

In Pumpspeicherwerken wird nachts mithilfe überschüssiger elektrischer Energie Wasser in ein höheres Becken gepumpt. In der Mittagszeit wird wegen des hohen Bedarfs Wasser zur Stromerzeugung in das untere Becken abgelassen. Dabei wird eine Turbine angetrieben und elektrische Energie in das Stromnetz eingespeist.

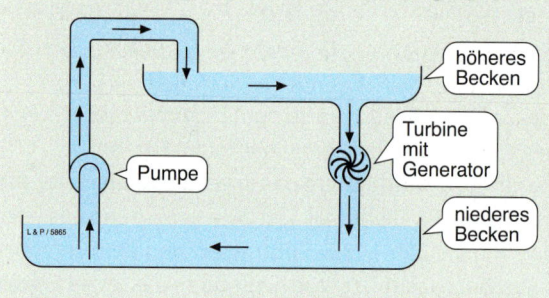 

An einem bestimmten Tag betrug der Wasserstand im höheren Becken 18,5 m über dem Beckenboden. An folgenden Tagen wurde nachts Wasser hochgepumpt, sodass der Wasserstand um 5,5 m anstieg. Abgelassen wurden tagsüber 7,5 m. An den nächsten beiden Tagen wurden genau dieselben Veränderungen des Wasserstandes vorgenommen.
Wie hoch war der Wasserstand nach den drei Tagen? Schreibt den Rechenweg als einen Term.

Aufgabe 1   **Punkt- vor Strichrechnung**
Notiere zu den folgenden Wort-Formen eines Terms den Rechenbaum und den Term. Berechne ihn auch.
(1) Addiere (−3) und 5 und multipliziere das Ergebnis mit (−2).
(2) Addiere zu −3 das Produkt von 5 und (−2).

Lösung

(1)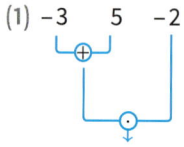

$[(-3) + 5] \cdot (-2) = 2 \cdot (-2) = -4$
Damit erst die Summe aus (−3) und 5 gebildet wird, müssen Klammern darum gesetzt werden.

(2)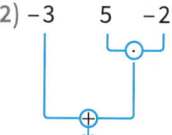

$(-3) + 5 \cdot (-2) = -3 + (-10) = -13$
Bei diesem Term wird erst das Produkt aus 5 und (−2) gebildet, bevor addiert wird.
Man könnte daher das Produkt 5 · (−2) in Klammern setzen.
Das ist aber nicht nötig, da man vereinbart hat, dass Punktrechnungen vor Strichrechnungen ausgeführt werden sollen.

4.9 Terme – Distributivgesetz

Weiterführende Aufgaben

Terme mit Potenzen, verschachtelten Klammern sowie gleichberechtigten Rechenarten

2. a) $4{,}5 - 7 + 8 \cdot (-0{,}5)^3$ b) $0{,}5 : [-4 - (2{,}5 + 3{,}5)]$ c) $6 : (-4) : (-2)$

     ⌞Potenz zuerst⌟   ⌞innere Klammer zuerst⌟   ⌞von links nach rechts⌟

Quotient als Bruch geschrieben

3. Du hast gelernt, dass man den Quotienten zweier Terme auch als Bruch schreiben kann, z.B.: $\dfrac{4+\frac{1}{2}}{3 \cdot 0{,}5}$ anstelle von $\left(4+\frac{1}{2}\right):(3 \cdot 0{,}5)$.

   Der Hauptbruchstrich ersetzt das Divisionszeichen und die Klammern um Zähler und Nenner. Diese Schreibweise wollen wir auch bei rationalen Zahlen verwenden.

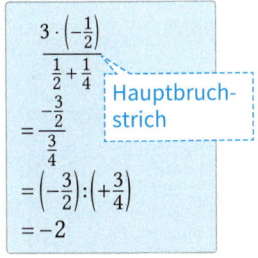

   Berechne.
   a) $\dfrac{3-8}{-2 \cdot (-3)}$ b) $\dfrac{-\frac{2}{5} \cdot \frac{3}{10}}{-1+\frac{1}{3}}$ c) $\dfrac{\left(-\frac{1}{2}\right)}{-0{,}5 \cdot 3}$

Rechenbaum

4. Die Reihenfolge der Berechnungen in einem Term kann man gut mit einem Rechenbaum veranschaulichen.

   a) Erstelle den Term zum Rechenbaum rechts.
   b) Zeichne den Rechenbaum für den Term $-5 - (-4 + 1) \cdot \frac{1}{2}$.

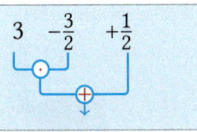

Information

Vorrangregeln für das Berechnen von Termen

Für das Berechnen von Termen hast du Regeln kennen gelernt, die auf Vereinbarungen beruhen (z. B. Punktrechnung geht vor Strichrechnung). Diese Vereinbarungen für die Reihenfolge des Berechnens wollen wir auch für das Rechnen mit rationalen Zahlen beibehalten.

> **Vorrangregeln für das Berechnen von Termen**
> - Das Innere einer Rechenklammer wird zuerst berechnet.
> - Bei verschachtelten Rechenklammern wird die innerste Rechenklammer zuerst berechnet.
> - Wo keine Rechenklammer steht, geht Punktrechnung vor Strichrechnung.
> - Das Berechnen einer Potenz geht noch vor Punkt- und Strichrechnung.
> - Sonst wird von links nach rechts gerechnet.

Terme enthalten somit einen Rechenweg zur Berechnung, den man auf einen Blick erkennen kann.

Übungsaufgaben

5. a) $(-7-3) \cdot (-5)$ d) $(-2)^4 - 24$ g) $(-12) \cdot (-5) \cdot (-9) \cdot (-1)$
   b) $(-4) : (3-11)$ e) $-6 + (-4)^3$ h) $200 : (-40) : 5$
   c) $12 + 8 : (-2)$ f) $14 - 4 \cdot (-2)^5$ i) $-7 + 48 - 100 + 50 - 99$

6. Carolins Rechnung ist fehlerhaft. Finde den Fehler und korrigiere die Rechnung.

   a) $2{,}5 - 12{,}5 : 0{,}4$
   $= -10 : 0{,}4$
   $= -25$

   b) $-\frac{1}{3} - 2 + \frac{1}{6}$
   $= -\frac{1}{3} - 2\frac{1}{6}$
   $= -2\frac{1}{2}$

   c) $1 - 1{,}2 \cdot 0{,}5^2$
   $= 1 - 0{,}6^2$
   $= 1 - 0{,}36$
   $= 0{,}64$

7. a) $(-2,4+1,4):(-0,1)$ e) $\left(-\frac{1}{6}\right)\cdot\frac{6}{7}+\frac{1}{4}\cdot\left(-\frac{4}{7}\right)$ i) $(-15)\cdot[-4-(1-3)]+1$

   b) $(-0,25)\cdot(7-9,2-4,8)$ f) $\left(-3\frac{3}{4}+4,5-1\frac{3}{4}\right)^2$ j) $[-80+(-7-3)\cdot 2]:(-5)$

   c) $1-\frac{1}{2}\cdot\frac{14}{5}-\frac{4}{5}$ g) $\left(\frac{1}{2}-0,8\right)^2-\frac{4}{5}:10$ k) $-\frac{1}{24}-\left[\frac{1}{18}+\left(\frac{3}{4}\cdot\frac{2}{9}\right)^2\right]$

   d) $-\frac{1}{2}+\left(-\frac{2}{3}\right):\left(-\frac{8}{9}\right)$ h) $8\cdot\left(-\frac{3}{4}\right)^2-4\cdot 1,5^3$ l) $\left(\frac{1}{3}-\frac{7}{9}\right):\left(-\frac{2}{5}\cdot\frac{3}{10}\right)$

Spiel

8. Ein Spieler gibt einen Rechenbaum mit Platzhaltern für die Zahlen vor. Die übrigen Spieler versuchen, die Lücken so mit den Zahlen von den Kärtchen links zu füllen, dass sich ein möglichst großer [möglichst kleiner] Wert ergibt.
Der Gewinner erhält einen Punkt und gibt den nächsten Rechenbaum vor.

9. Notiere in Wortform und zeichne den Rechenbaum. Berechne auch.

   a) $5\cdot(-7,2)+14$ b) $6,4-(3,2+2,3)$ c) $(1,3-9,5):4,1$ d) $\left(-\frac{2}{3}+\frac{1}{2}\right)\cdot\left(-\frac{2}{3}\right)$

10. a) $\dfrac{\frac{3}{4}+1}{\frac{3}{4}-1}$ b) $\dfrac{-0,5+\frac{2}{5}}{(-0,5)\cdot\frac{3}{5}}$ c) $\dfrac{\frac{5}{12}-\frac{5}{8}}{\frac{5}{9}\cdot\frac{5}{6}}$ d) $\dfrac{3\cdot\left(-\frac{1}{2}\right)+1}{3\cdot\left(-\frac{1}{2}+1\right)}$ e) $\dfrac{7\cdot\left(-\frac{3}{7}\right)+7,6}{\frac{3}{7}-7}$ f) $\dfrac{-\frac{2}{5}:\left(-\frac{5}{2}\right)}{\frac{2}{5}:\left(-\frac{5}{2}+3\right)}$

11. Der Term $\dfrac{-32\cdot 18}{8-4}$ soll mit einem Taschenrechner berechnet werden.
Entscheide, welche der folgenden Eingaben bei deinem Rechner richtig ist.

    `-32*18/8-4`   `((-32)*18)/(8-4)`   `-32*18/(8-4)`

4.9.2 Distributivgesetz

Einstieg

Fabian erhält auf sein Konto monatlich 15 € Taschengeld überwiesen. Er hebt jeden Monat 8 € ab, um sie auszugeben. Den Rest spart er auf dem Konto.
Wie ändert sich sein Kontostand innerhalb eines Jahres?
Gebt mehrere mögliche Terme dazu an.

Aufgabe 1

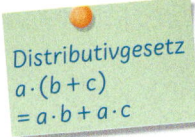

Distributivgesetz
$a\cdot(b+c)$
$=a\cdot b+a\cdot c$

Distributivgesetz für die Multiplikation und Addition
Für natürliche Zahlen und für gebrochene Zahlen kennst du schon das Distributivgesetz.
Prüfe, ob dieses Gesetz auch für rationale Zahlen gilt.
Berechne dazu $(-3)\cdot[(+5)+(-9)]$ und $(-3)\cdot(+5)+(-3)\cdot(-9)$.
Vergleiche anschließend die Ergebnisse.

Lösung

$(-3)\cdot[(+5)+(-9)]$ $(-3)\cdot(+5)+(-3)\cdot(-9)$
$=(-3)\cdot(-4)$ *Klammer zuerst* $=(-15)+(+27)$ *Punkt- vor Strichrechnung*
$=+12$ $=+12$

Die Ergebnisse stimmen überein. Also gilt: $(-3)\cdot[(+5)+(-9)]=(-3)\cdot(+5)+(-3)\cdot(-9)$

4.9 Terme – Distributivgesetz

Information

(1) Distributivgesetz

Die Beispiele aus der obigen Aufgabe zeigen:

> **Distributivgesetz (Verteilungsgesetz) für die Multiplikation und Addition**
> Es ist gleichgültig, ob man eine Summe von Zahlen mit einer Zahl multipliziert oder ob man jeden Summanden einzeln mit der Zahl multipliziert und dann die Teilprodukte addiert. Denke dir rationale Zahlen anstelle von a, b, c. Stets gilt:
> $a \cdot (b + c) = a \cdot b + a \cdot c$
> Beispiel: $(-3) \cdot \left[4 + \left(-\frac{1}{3}\right)\right] = (-3) \cdot 4 + (-3) \cdot \left(-\frac{1}{3}\right)$

Da man die Faktoren eines Produktes vertauschen darf, gilt auch:
$(a + b) \cdot c = a \cdot c + b \cdot c$

(2) Anschauliche Begründung für das Distributivgesetz

Wir deuten das Addieren als Aneinanderlegen von Pfeilen, das Multiplizieren als Strecken von Pfeilen (mit Richtungsumkehr gegebenenfalls). Hierbei ist es günstiger, die Summe als ersten Faktor zu haben. Das ist nach dem Kommutativgesetz für das Multiplizieren möglich.
Beispiel: $[(+5) + (-3)] \cdot (-2) = (+5) \cdot (-2) + (-3) \cdot (-2)$

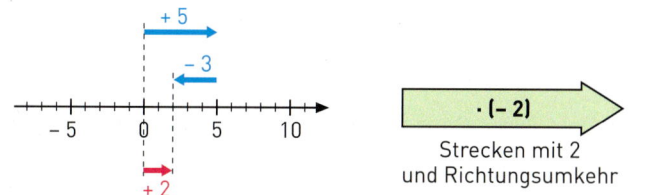

Auch nach dem Strecken und Spiegeln passen die Pfeile genau aneinander. Daher ist es gleichgültig, ob man erst addiert und dann streckt (und gegebenenfalls spiegelt) oder in umgekehrter Reihenfolge vorgeht.

Weiterführende Aufgabe

Weitere Formen des Distributivgesetzes

2. Rechne günstig.

a) $(-6) \cdot \left[\frac{1}{2} - \left(-\frac{1}{3}\right)\right]$ b) $[393 + (-186)] : (-3)$ c) $[(-484) - (-248)] : (-4)$

Information

(3) Weitere Formen des Distributivgesetzes

Da jede Subtraktion auch als Addition geschrieben werden kann und jede Division als Multiplikation, ergibt sich aus dem Distributivgesetz auch:

> Denke dir rationale Zahlen anstelle von a, b, c. Stets gilt:
> $a \cdot (b - c) = a \cdot b - a \cdot c$
> $(a + b) : c = a : c + b : c$ falls $c \neq 0$
> $(a - b) : c = a : c - b : c$ falls $c \neq 0$

(4) Anwenden eines Rechengesetzes zum Berechnen eines Terms

Manchmal ist es vorteilhafter, zur Berechnung eines Terms ein Rechengesetz anzuwenden (siehe Beispiel rechts). Man weicht dann von dem Rechenweg ab, den der Term beschreibt.

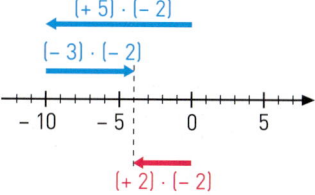

Übungsaufgaben

3. Rechne und vergleiche.

   a) $-2,5 \cdot (-7,2 + 17,2)$
   $-2,5 \cdot (-7,2) + (-2,5) \cdot 17,2$

   b) $(2,2 - 7,7) : 1,1$
   $2,2 : 1,1 - 7,7 : 1,1$

   c) $(-6,9 + 3,1) : (-5)$
   $-6,9 : (-5) + 3,1 : (-5)$

4. Max und Marie haben eine Aufgabe gelöst. Erläutert und vergleicht ihr Vorgehen.

   Max
   $\frac{1}{3} \cdot (-\frac{4}{7}) + \frac{1}{3} \cdot \frac{1}{7}$
   $= \frac{1}{3} \cdot (-\frac{4}{7} + \frac{1}{7})$
   $= \frac{1}{3} \cdot (-\frac{3}{7})$
   $= -\frac{1}{7}$

   Marie
   $\frac{1}{3} \cdot (-\frac{4}{7}) + \frac{1}{3} \cdot \frac{1}{7}$
   $= -\frac{4}{21} + \frac{1}{21}$
   $= -\frac{3}{21}$
   $= -\frac{1}{7}$

5. Rechne günstig.

   a) $(-100 + 4) \cdot 0,2$
   b) $1,5 \cdot (-10 - 0,1)$
   c) $(-42 + 0,7) : 0,7$
   d) $(0,09 - 0,35) : (-0,01)$
   e) $-1,9 \cdot 3,3 + 1,9 \cdot 8,3$
   f) $-4,13 \cdot 9 - 1,87 \cdot 9$
   g) $-1,12 : 3 + 1,3 : 3$
   h) $-8,72 : 1,2 - 3,28 : 1,2$
   i) $-24 \cdot (\frac{7}{8} + \frac{5}{6})$
   j) $(\frac{1}{3} - \frac{1}{2}) : (-\frac{1}{6})$
   k) $14 \cdot \frac{5}{6} - 14 \cdot \frac{4}{3}$
   l) $-1,4 : \frac{2}{5} + 7,4 : \frac{2}{5}$

6. Nicks Rechnung ist fehlerhaft. Finde Fehler und korrigiere.

   a) $(\frac{3}{5} - \frac{4}{3}) : (-30) = -18 - 40 = -58$
   b) $(-14,1 + 1,3) : (-0,1) = 141 - 13 = 118$
   c) $(45 - 35) : (-5) = -9 + 35 = -44$
   d) $(\frac{2}{3} - 4) : \frac{1}{3} = 2 - \frac{4}{3} = \frac{2}{3}$

7. Setze eine Klammer mithilfe eines Distributivgesetzes. Berechne dann den Term.

   a) $-\frac{3}{11} \cdot 4,9 + \frac{14}{11} \cdot 4,9$
   b) $\frac{14}{9} : (-\frac{1}{25}) + \frac{4}{9} : (-\frac{1}{25})$
   c) $-7,13 \cdot (-\frac{5}{6}) - 4,87 \cdot (-\frac{5}{6})$
   d) $2,21 \cdot (-3,42) + 2,79 \cdot (-3,42)$
   e) $1,39 : 0,25 - 6,39 : 0,25$
   f) $1,9 : 1,5 + 2,6 : 1,5$

   $4\frac{1}{7} \cdot (-\frac{3}{5}) + 5\frac{6}{7} \cdot (-\frac{3}{5})$
   $= [4\frac{1}{7} + 5\frac{6}{7}] \cdot (-\frac{3}{5})$
   $= 10 \cdot (-\frac{3}{5})$
   $= -6$

Das kann ich noch!

A) Rechts siehst du einen Würfel, bei dem eine Ecke gefärbt ist. Skizziere die gezeichneten Netze in dein Heft und markiere alle Quadratecken, die an der gefärbten Ecke zusammen stoßen.

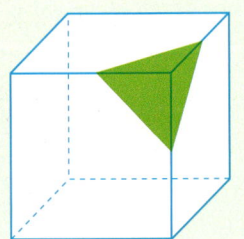

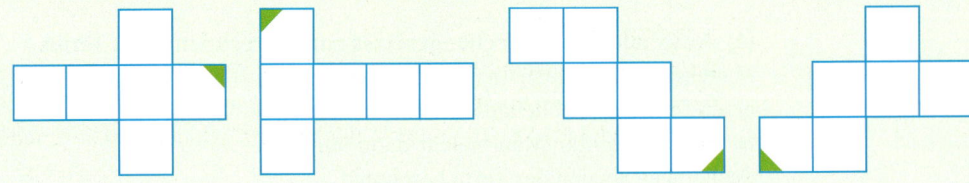

4.10 Vergleich der Zahlbereiche $\mathbb{N}$, $\mathbb{Q}_+$, $\mathbb{Q}$ und $\mathbb{Z}$

Einführung

Bis zur Klasse 5 hast du dich mit dem Zahlbereich der natürlichen Zahlen beschäftigt: $\mathbb{N} = \{0; 1; 2; 3; ...\}$. Danach haben wir diesen Bereich schrittweise erweitert.

Zunächst hast du in Klasse 5 und in Klasse 6 die gebrochenen Zahlen sowie danach die negativen Zahlen kennengelernt. In diesem Kapitel hast du die Menge der rationalen Zahlen $\mathbb{Q}$ kennen gelernt. Wir wollen Unterschiede und Gemeinsamkeiten beim Rechnen in diesen Zahlbereichen vergleichen.

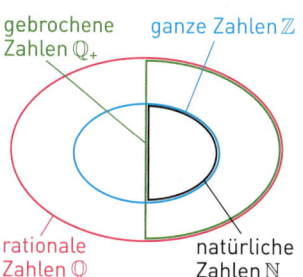

1. Zahlbereich $\mathbb{N}$ der natürlichen Zahlen

Wenn man zwei natürliche Zahlen addiert oder multipliziert, erhält man immer wieder eine natürliche Zahl. Man sagt auch:

Das Addieren und Multiplizieren ist im Bereich der natürlichen Zahlen immer ausführbar.

Beim Subtrahieren und Dividieren erhältst du *nicht immer* eine natürliche Zahl.
$3 - 7$ und $2 : 5$ ergeben zum Beispiel keine natürlichen Zahlen.

2. Zahlbereich $\mathbb{Q}_+$ der gebrochenen Zahlen

Das Addieren, Multiplizieren und Dividieren (durch eine Zahl ungleich 0) ist im Bereich der gebrochenen Zahlen immer ausführbar.

Beim Subtrahieren erhältst du nicht immer eine gebrochene Zahl. Nenne ein Beispiel.

3. Zahlbereich $\mathbb{Q}$ der rationalen Zahlen

Das Addieren, Multiplizieren, Subtrahieren und Dividieren (durch eine Zahl ungleich 0) ist im Bereich der rationalen Zahlen immer ausführbar.

4. Eigenschaften für alle Zahlbereiche

Es gibt auch Eigenschaften, die für alle vier Zahlbereiche gelten: Die Kommutativgesetze der Addition und Multiplikation, die Assoziativgesetze der Addition und Multiplikation und das Distributivgesetz gelten in allen vier Zahlbereichen.

Übungsaufgaben

1. Betrachte den Zahlbereich der ganzen Zahlen: $\mathbb{Z} = \{...; -3; -2; -1; 0; 1; 2; 3; ...\}$.
   Welche Rechenarten sind im Zahlbereich der ganzen Zahlen immer ausführbar, welche nicht?

2. In welchen der Zahlbereiche $\mathbb{N}$, $\mathbb{Q}_+$, $\mathbb{Z}$ und $\mathbb{Q}$ gilt folgende Eigenschaft?
   a) Zu jeder Zahl findet man die Gegenzahl im gleichen Zahlbereich.
   b) Zu jeder Zahl außer null findet man den Kehrwert im gleichen Zahlbereich.
   c) Die Summe zweier Zahlen ist mindestens so groß wie jeder einzelne Summand.
   d) Das Produkt zweier Zahlen ist mindestens so groß wie jeder einzelne Faktor.

3. In welchen der Zahlbereiche $\mathbb{N}$, $\mathbb{Q}_+$, $\mathbb{Z}$ und $\mathbb{Q}$ findest du
   a) zu jeder Zahl den (unmittelbaren) Nachfolger [Vorgänger];
   b) eine kleinste Zahl [eine größte Zahl];
   c) zu je zwei Zahlen die genau in der Mitte zwischen ihnen liegende Zahl?

4.11 Aufgaben zur Vertiefung

1. Berechne die nächsten 10 Zahlen der Folge.
   a) Startwert: 4   Vorschrift: $\xrightarrow{-5}$
   b) Startwert: −3   Vorschrift: $\xrightarrow{\cdot(-2)}$
   c) Startwert: −1024   Vorschrift: $\xrightarrow{:2}$

   $+5 \xrightarrow{\cdot(-3)} (-15) \xrightarrow{\cdot(-3)} (+45) \xrightarrow{\cdot(-3)} \ldots$

2. Bestimme die nächsten 5 Zahlen der Folge. Gib auch die Vorschrift an.
   a) −7; −3; 1; 5; 9; …
   b) 3; −4; −11; −18; −25; …
   c) −4; 8; −16; 32; −64; …
   d) $\frac{7}{16}$; $-\frac{7}{8}$; $\frac{7}{4}$; $-\frac{7}{2}$; 7; …
   e) $\frac{5}{4}$; $\frac{3}{4}$; $\frac{1}{4}$; $-\frac{1}{4}$; $-\frac{3}{4}$; …
   f) $-\frac{4}{27}$; $\frac{4}{9}$; $-\frac{4}{3}$; 4; −12; …

3. Eine im Koordinatensystem durchgeführte Verschiebung kann man bequem mithilfe rationaler Zahlen beschreiben:
   Z. B. schreibt man für die Verschiebung um 6 Einheiten nach rechts und 5 Einheiten nach unten kurz $\binom{6}{-5}$.

   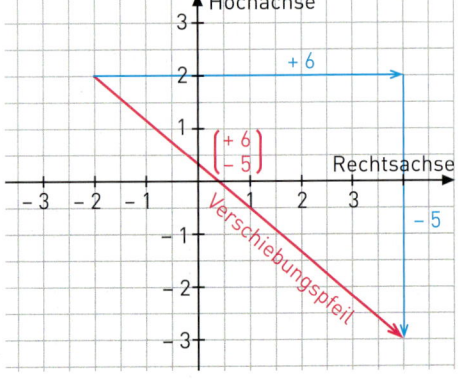

   a) Ein Dreieck ABC hat die Eckpunkte A(−2|−1), B(3|0) und C(−3|3).
      Führe die Verschiebung $\binom{6}{-5}$ durch.
      Lies die Koordinaten der Eckpunkte des Bilddreiecks A′B′C′ aus der Zeichnung ab.
      Überlege, wie man sie aus den Koordinaten der Punkte und der Verschiebung berechnen kann.
   b) Das Bilddreieck A′B′C′ wird mit $\binom{-3}{4}$ verschoben. Bestimme die Koordinaten des Bilddreiecks A″B″C″ zunächst rechnerisch. Kontrolliere dann zeichnerisch.
   c) Bestimme die Verschiebung, mit der man das Dreieck ABC in einem Schritt auf das Bilddreieck A″B″C″ abbilden kann. Wie kann man diese Verschiebung aus den beiden zuerst durchgeführten berechnen?

4. Eine Molkerei kontrolliert ihre Abfüllmaschinen und wiegt 10 Milchtüten, die 1 ℓ Milch enthalten sollen:
   1,005 ℓ; 0,997 ℓ; 1,010 ℓ; 0,999 ℓ; 1,003 ℓ; 1,007 ℓ; 0,995 ℓ; 0,998 ℓ; 1,003 ℓ; 1,009 ℓ
   (1) Bestimme die Abweichung der Füllung vom Sollwert 1 ℓ mithilfe rationaler Zahlen. Rechne Abweichungen nach oben positiv, solche nach unten negativ.
   (2) Bestimme daraus das arithmetische Mittel der Abweichungen.
   (3) Ermittle daraus das arithmetische Mittel des Inhalts der untersuchten Milchtüten.

Das Wichtigste auf einen Blick

Rationale Zahlen
Zahlen wie $-\frac{5}{6}$; $+4{,}5$; $-1\frac{2}{3}$; $-0{,}6$; 0 sind *rationale Zahlen*. Die *Menge der rationalen Zahlen* wird mit $\mathbb{Q}$ bezeichnet. Die Menge der natürlichen Zahlen $\mathbb{N}$ und die Menge der ganzen Zahlen $\mathbb{Z}$ sind Teilmengen von $\mathbb{Q}$.

Beispiele:
$+5$; $+6{,}25$; $+\frac{2}{3}$ sind positiv.
-7; $-0{,}5$; $-1\frac{1}{2}$ sind negativ.
0 ist weder positiv noch negativ

Gegenzahl und Betrag
Wird bei einer rationalen Zahl das Vorzeichen geändert, so erhält man die **Gegenzahl**. Der Abstand einer Zahl a von 0 heißt **Betrag** |a| dieser Zahl.

Beispiele:
Zahl: $-4{,}5$, Gegenzahl: $+4{,}5$
$|-4{,}5| = |+4{,}5| = 4{,}5$

Addieren
(1) Gleiche Vorzeichen der Summanden:
Setze das gemeinsame Vorzeichen und addiere die Beträge der Zahlen.
(2) Verschiedene Vorzeichen:
Setze das Vorzeichen der betragsmäßig größeren Zahl und subtrahiere den kleineren Betrag vom größeren.

Beispiele:
$(+6{,}3) + (+8) = +14{,}3$
$(-11{,}5) + (-7) = -18{,}5$

$(+2{,}2) + (-7) = -4{,}8$
$(+9) + (-5{,}4) = +3{,}6$

Subtrahieren
Eine rationale Zahl wird *subtrahiert*, indem man ihre *Gegenzahl addiert*.

Beispiele:
$(-3{,}5) - (+8) = (-3{,}5) + (-8) = -11{,}5$

Multiplizieren
Multipliziere die Beträge der Faktoren.
Sind die Vorzeichen der beiden Faktoren:
– *gleich*, so ist das Produkt *positiv*;
– *verschieden*, so ist das Produkt *negativ*.

Beispiele:
$(+4{,}2) \cdot (+5) = +21$; $(-3{,}5) \cdot (-8) = +28$
$(+4{,}2) \cdot (-5) = -21$; $(-3{,}5) \cdot (+8) = -28$

Dividieren
Dividiere die Beträge.
Sind die Vorzeichen von Dividend und Divisor:
– *gleich*, so ist der Quotient *positiv*;
– *verschieden*, so ist der Quotient *negativ*.

Beispiele:
$(+4{,}8) : (+4) = +1{,}2$; $(-5{,}6) : (-7) = +0{,}8$
$(+4{,}8) : (-4) = -1{,}2$; $(-5{,}6) : (+7) = -0{,}8$
$(-4) : 0$ ist nicht definiert!

Kehrwert
Den *Kehrwert* einer rationalen Zahl (ungleich 0) erhält man durch Vertauschen von Zähler und Nenner. Durch eine Zahl (ungleich 0) *dividiert* man, indem man mit dem Kehrwert multipliziert.

Beispiele:
Zahl: $-\frac{6}{7}$, Kehrwert: $-\frac{7}{6}$
$\frac{4}{9} : \left(-\frac{6}{7}\right) = \frac{4}{9} \cdot \left(-\frac{7}{6}\right) = -\frac{14}{27}$

Rechengesetze
Auch bei der *Addition* und *Multiplikation* rationaler Zahlen gelten die **Kommutativ-**, **Assoziativ-** und **Distributivgesetze**.

Beispiele:
$a + b = b + a$; $(a + b) + c = a + (b + c)$
$a \cdot b = b \cdot a$; $(a \cdot b) \cdot c = a \cdot (b \cdot c)$
$a \cdot (b + c) = a \cdot b + a \cdot c$

Berechnen von Termen
Berechne zuerst, was in Klammern steht. Berechne bei verschachtelten Klammern die innere zuerst.
Ohne Klammern geht Punkt- vor Strichrechnung.
Potenzieren geht vor Punkt- und Strichrechnung.
Sonst rechne von links nach rechts.

Beispiel:
$\quad [(-0{,}8) + (+0{,}3)] \cdot (-4) - (-3)$
$= \quad\quad\quad\quad (-0{,}5) \cdot (-4) - (-3)$
$= \quad\quad\quad\quad\quad\quad (+2) \quad - (-3)$
$= \quad\quad\quad\quad\quad\quad\quad\quad +5$

Bist du fit?

1. a) Ordne die Zahlen nach der Größe. Beginne mit der kleinsten.
   $-3{,}5$; $+2{,}8$; $-0{,}1$; $-3\frac{1}{2}$; $\frac{13}{5}$; $-\frac{1}{9}$; 0; $-3{,}4$
   b) Bilde die Beträge der Zahlen aus Teilaufgabe a) und ordne erneut.

2. Zeichne in ein Koordinatensystem mit der Einheit 1 cm die Punkte A($-3{,}5\,|-2$), B($6\,|\,6{,}5$), C($2\,|\,7{,}5$), D($1{,}5\,|\,5{,}5$), E($-5{,}5\,|\,4{,}5$) und verbinde sie zum Fünfeck ABCDE. Spiegele das Fünfeck an der Geraden AB und gib die Bildpunkte durch ihre ungefähren Koordinaten an.

3. a) $(-36) + (-12)$ e) $45 + (-9)$ i) $(-4{,}2) + 7$ m) $(-4{,}5) + (-9)$ q) $\left(-\frac{3}{4}\right) + \left(-\frac{5}{4}\right)$
   b) $(-36) - (-12)$ f) $45 - (-9)$ j) $(-4{,}2) - 7$ n) $(-4{,}5) - (-9)$ r) $\left(-\frac{3}{4}\right) - \left(-\frac{5}{4}\right)$
   c) $(-36) \cdot (-12)$ g) $45 \cdot (-9)$ k) $(-4{,}2) \cdot 7$ o) $(-4{,}5) \cdot (-9)$ s) $\left(-\frac{3}{4}\right) \cdot \left(-\frac{5}{4}\right)$
   d) $(-36) : (-12)$ h) $45 : (-9)$ l) $(-4{,}2) : 7$ p) $(-4{,}5) : (-9)$ t) $\left(-\frac{3}{4}\right) : \left(-\frac{5}{4}\right)$

4. a) $3 \cdot (-8)$ e) $73 + 22$ i) $-3{,}5 + (-1{,}5)$ m) $(-4{,}7) \cdot 0$ q) $(-1) \cdot (-7{,}4)$
   b) $-48 - 16$ f) $(-49) : (-7)$ j) $12 : (-4)$ n) $-2{,}3 + 8{,}1$ r) $(-8{,}5) - (-8{,}5)$
   c) $19 - (-16)$ g) $5{,}5 - 2{,}5$ k) $\frac{8}{7} \cdot \left(-\frac{14}{32}\right)$ o) $1 : \left(-\frac{4}{7}\right)$ s) $0 : (-4{,}2)$
   d) $\left(-\frac{1}{3}\right) \cdot \left(-\frac{1}{4}\right)$ h) $(-49) : 7$ l) $4{,}5 : (-1{,}5)$ p) $(-1{,}6) : (-4)$ t) $(-5)^2$

5. Beantworte die Frage; notiere dazu eine Aufgabe mit negativen Zahlen.
   a) Von Frau Davids Konto werden monatlich 29 € für Strom abgebucht. Wie viel wird in einem Jahr abgebucht?
   b) Nachdem die Temperatur in der Nacht um 7,1 Grad gefallen war, stieg sie tagsüber wieder um 4,9 Grad an. Wie hoch ist die Temperaturänderung insgesamt?
   c) In den letzten fünf Stunden ist der Wasserstand um 1,5 dm gesunken. Um wie viel ist er durchschnittlich pro Stunde gesunken?
   d) Von Herrn Knechts Konto wurden insgesamt 791 € abgebucht. Darunter war eine irrtümliche Lastschrift von 92 €. Welche Buchung hätte korrekt erfolgen müssen?

6. a) $[(-3{,}5) + 6{,}8] \cdot (-4)$ d) $\left(-\frac{4}{5}\right) + \frac{1}{2} \cdot (-3)$ g) $\dfrac{-\frac{7}{10}}{-\frac{3}{5}}$
   b) $2{,}1 \cdot (-5) - 0{,}8 \cdot (-6)$ e) $[(-8) - (-5)]^2$ h) $\dfrac{(-12) + (-37)}{-7}$
   c) $[(-2{,}5) + (-6{,}3)] : (-4)$ f) $(-10)^3 - (-5)^2$ i) $\dfrac{6 \cdot (-23)}{(-13) - (-15)}$

7. Rechne vorteilhaft.
   a) $(-2{,}5) \cdot (-0{,}33) \cdot 8$
   b) $(-6) \cdot \left[-\frac{1}{6} + \left(-\frac{1}{2}\right)\right]$
   c) $1{,}25 \cdot (-3{,}7) + 1{,}25 \cdot (-6{,}3)$
   d) $(-1{,}957) + (+3{,}4891) + (+2{,}957)$
   e) $[(-1{,}1) + 55] : 11$
   f) $(-0{,}35) : 7 + (-13{,}65) : 7$
   g) $21\frac{7}{10} : (-7)$
   h) $5\frac{1}{3} - 3\frac{2}{5} - 3\frac{1}{6} + 1\frac{1}{10} + 2\frac{2}{3} - 1\frac{5}{6} - 4\frac{4}{10}$

8. Entscheide, ob die Aussage wahr oder falsch ist. Begründe.
   a) Ist der Wert eines Quotienten null, so muss der Divisor null sein.
   b) Die Summe zweier rationaler Zahlen ist immer größer als ihre Differenz.

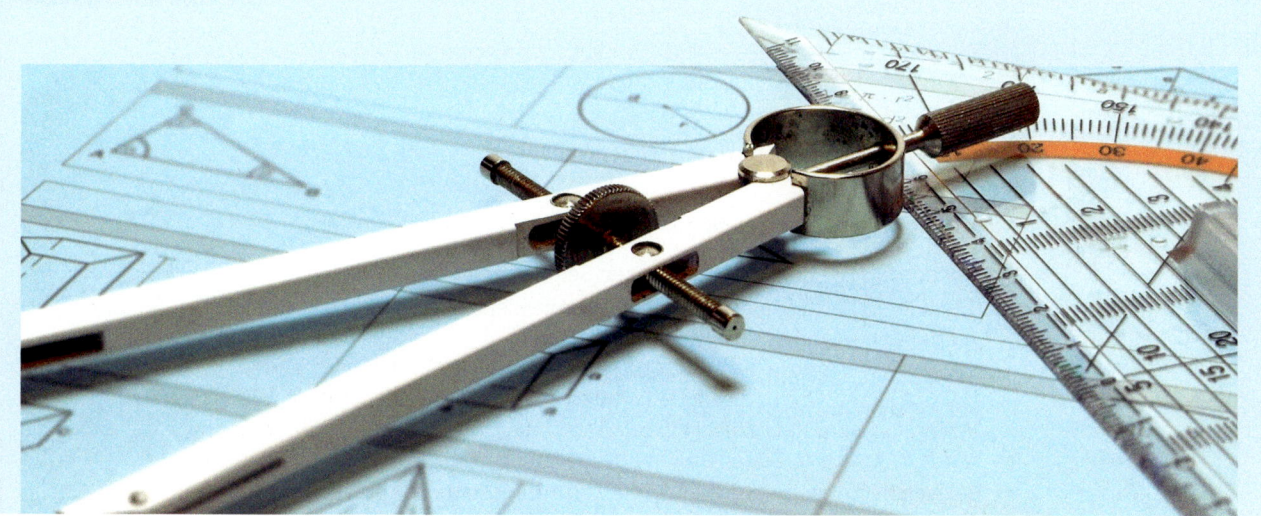

5. Dreiecke und Vierecke

An vielen Gebäuden kommen einfache Figuren vor, z. B. Dreiecke und Vierecke. Beim Bau dieser Gebäude müssen diese Teile passgenau hergestellt werden.

Im Museum Plagiarius in Solingen werden zu Haushaltsartikeln, Spielzeug und technischen Geräten gefälschte Produkte ausgestellt. Diese sehen aus wie die originalen Produkte, sind aber meistens minderwertiger hergestellt. Es handelt sich hier um Plagiate – so bezeichnet man den Diebstahl geistigen Eigentums.
Die Fassade erinnert mit den Fensterrahmen an ein Fachwerkhaus.

→ Welche Maße muss man einer Glaserei mitteilen, wenn eine der Glasscheiben in der Fassade ersetzt werden muss?

→ Welche Angaben sind bei den unterschiedlichen Vielecken jeweils nötig?

→ Gibt es Unterschiede zwischen den Rechtecken und den Dreiecken, wenn es sich um einseitig verspiegeltes Spezialglas handelt?

In diesem Kapitel …
lernst du, wie man Figuren erzeugen kann, die genau aufeinander passen und wie man mit ihnen Eigenschaften von Figuren begründen kann.
Hierbei spielen insbesondere Dreiecke und Vierecke eine große Rolle.

Lernfeld: Passgenaue Figuren

Konstruktion von Dreiecken

→ Zeichne ein Dreieck und miss dessen Seitenlängen und Winkel.
Gib deinem Partner eine Auswahl der gemessenen Werte und lass ihn aus den Angaben ein Dreieck zeichnen.
Bei welcher Auswahl von Angaben ist dies möglich?
Bei welchen Angaben stimmt das Dreieck mit deiner Vorlage überein?

→ Wähle Angaben zu Seitenlängen oder Winkeln, ohne vorher zu zeichnen.
Bei welchen Angaben ist auch ohne Zeichnung schon klar, dass damit kein Dreieck möglich ist? Begründe.

Passt genau oder nicht?

→ Die Eckpunkte der Dreiecke rechts liegen auf Gitterpunkten. Übertrage die Dreiecke auf Karopapier oder in ein Dynamisches Geometrie-System. Untersuche, welche der Dreiecke genau aufeinander passen.

→ Zeichne auf Karopapier ein Viereck und weitere Vierecke, von denen einige passgenau sind, andere aber nicht. Lass deinen Partner die passgenauen herausfinden.
Tauscht auch die Rollen.

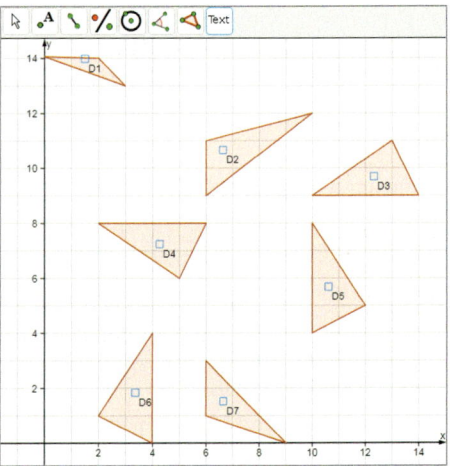

Winkel in großen Figuren

Im Heft kannst du leicht mit einem Geodreieck Winkel messen. Schwieriger wird es, wenn Winkel im Gelände ermittelt werden sollen.

→ Sucht auf dem Schulhof (oder in der Pausenhalle) drei Punkte, die einen Winkel bilden. Messt geeignete Streckenlängen, übertragt die Situation ins Heft und bestimmt so den Winkel.

→ Überprüft eure Lösung auch durch Anpeilen mit einem großen Geodreieck.
Vielleicht habt ihr an eurer Schule auch die Möglichkeit, Winkel im Gelände mit einem Gerät zu messen und damit eure Lösung zu überprüfen. Erkundigt euch.
Eventuell könnt ihr auch einen Lageplan nutzen.

5.1 Kongruente Figuren

Einstieg

Unten seht ihr drei Paare aus einem Geometrie-Memory.
Welche Karten gehören zusammen?
Worauf müsst ihr achten, wenn ihr selbst zusätzliche Paare herstellen wollt?

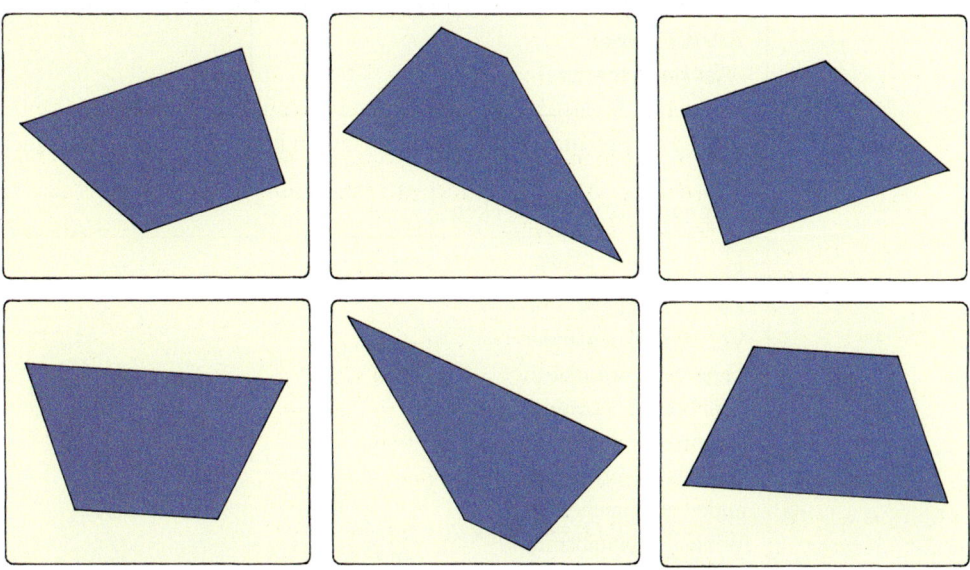

Aufgabe 1

Kongruenten von Figuren
Figuren, die in Form und Größe übereinstimmen, nennt man *kongruent* zueinander.
Mithilfe von Transparentpapier kann man feststellen, ob zwei Figuren kongruent zueinander sind.

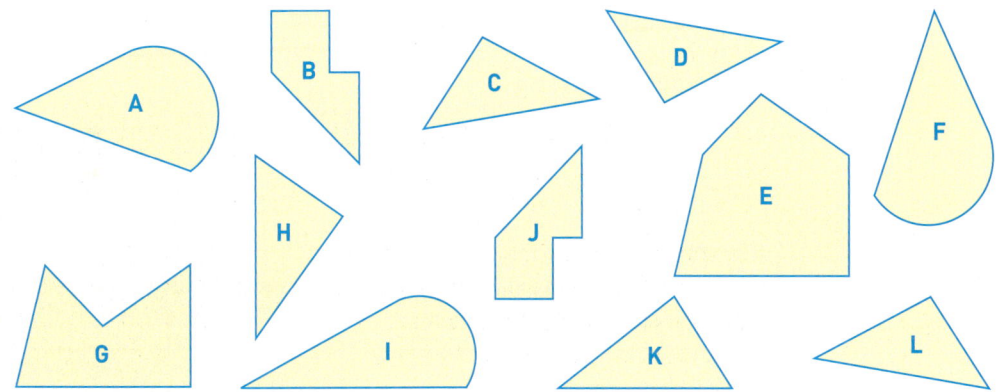

Prüfe, welche der Figuren oben kongruent zueinander sind.

Lösung

Wir übertragen zunächst Figur A auf Transparentpapier. Von der Form her kommen nur F und I als dazu kongruente Figuren infrage. Die Figur A auf dem Transparentpapier lässt sich mit Figur F zur Deckung bringen, aber nicht mit Figur I.
Figur B kann von der Form her nur auf Figur J passen. Dazu muss man aber das Transparentpapier wenden. Entsprechend findest du heraus, dass die Figuren C, D und L kongruent zueinander sind. Ebenso sind die Figuren H und K kongruent zueinander.

Information

kongruent (lat.)
übereinstimmend,
deckungsgleich

(1) Kongruenz

Zwei Figuren A und B heißen zueinander **kongruent**, wenn sie in Form und in den Maßen übereinstimmen, sonst nicht.
Man schreibt
A ≅ B, gelesen:
A ist kongruent zu B.

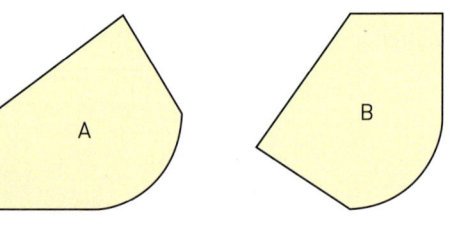

Beachte: Zwei zueinander kongruente Figuren können auch spiegelbildlich zueinander sein.

(2) Kongruenz von Vielecken

Satz
Zwei Vielecke V_1 und V_2 sind zueinander kongruent, wenn sie in den Längen einander entsprechender Seiten und den Größen einander entsprechender Winkel übereinstimmen, sonst nicht.

ABCD ≅ JKLM

a = k
b = j
c = m
d = l
α = λ
β = κ
γ = ι
δ = μ

Weiterführende Aufgabe

Erzeugen von zueinander kongruenten Figuren durch Spiegeln, Verschieben und Drehen

2. Zeichne das Dreieck ABC mit A(1|0), B(8|2) und C(0|6).
   (1) Spiegele das Dreieck ABC an der Geraden g durch P(2|9) und Q(2|4).
   (2) Spiegele das Dreieck ABC an dem Punkt Z(5|6).
   (3) Verschiebe das Dreieck ABC mit dem Verschiebungspfeil vom Punkt D(1|7) zum Punkt E(9|9).
   (4) Drehe das Dreieck um den Punkt Z(3|−2) um 45°.
   Vergleiche jeweils das Dreieck ABC mit dem Bilddreieck A′B′C′.
   Was stellst du fest? Begründe deine Antwort.

Bei Achsenspiegelungen, Punktspiegelungen, Verschiebungen und Drehungen sind Figur und Bildfigur zueinander kongruent.

Übungsaufgaben

3. In einer Gärtnerei wurden Pflanzen gestohlen.
   Die Polizei sichert die Spuren und vergleicht sie mit den Schuhabdrücken von drei Tatverdächtigen.
   Wer könnte zu den Tätern gehören?

4. Überprüfe, ob die Dreiecke zueinander kongruent sind. Falls ja, gib einander entsprechende Seiten und Winkel an. Du kannst sie auch mit derselben Farbe färben.
   a) A (0 | 1), P (8 | 1)
      B (3 | 1), Q (5 | 1)
      C (1 | 3), R (7 | 3)
   b) A (1 | 1), P (10 | 5)
      B (3 | 3), Q (5 | 5)
      C (1 | 6), R (7 | 3)
   c) A (8 | 4), P (5 | 4)
      B (8 | 7), Q (2 | 4)
      C (6 | 7), R (5 | 6)
   d) A (3 | 11), P (3 | 1)
      B (6 | 7), Q (6 | 5)
      C (7 | 10), R (7 | 3)

5. a) Übertrage die Figuren in dein Heft; färbe kongruente Teilflächen mit derselben Farbe.

   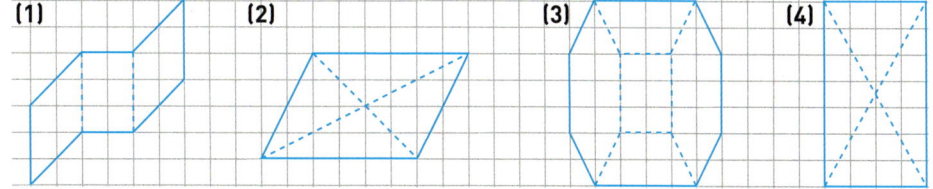

   b) Entwirf selbst Figuren, die sich in zueinander kongruente Teilfiguren zerlegen lassen.

6. Wie kannst du möglichst einfach prüfen, ob
   a) zwei Kreise,   b) zwei Quadrate,   c) zwei Rechtecke   kongruent zueinander sind?

7. a) Laura behauptet: „Zwei Figuren, die aus zueinander kongruenten Teilstücken zusammengesetzt sind, sind zueinander kongruent." Was meinst du dazu?
   b) Quadrate mit dem gleichen Flächeninhalt sind zueinander kongruent. Für Rechtecke mit dem gleichen Flächeninhalt muss dieses nicht gelten. Untersuche, ob es weitere Figuren gibt, die bei gleichem Flächeninhalt auch zueinander kongruent sein müssen.

8. a) Gib bei dem Quader rechts Seitenflächen an, die zueinander kongruent sind.
      Gibt es einen Quader, bei dem alle Seitenflächen zueinander kongruent sind?
   b) Die Pyramide rechts hat ein Rechteck als Grundfläche. Gib zueinander kongruente Seitenflächen an.

   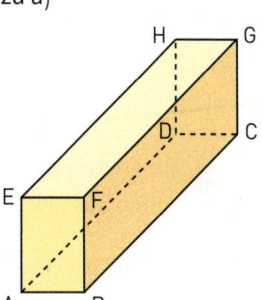
   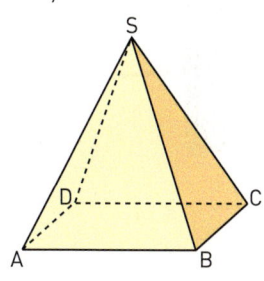

9. a) Zeichne ein Quadrat mit der Seitenlänge a = 4,6 cm.
      Zerlege es in (1) zwei; (2) vier; (3) acht zueinander kongruente Dreiecke.
   b) Zeichne ein Rechteck mit den Seitenlängen a = 5,4 cm und b = 3,8 cm.
      Zerlege es in (1) zwei; (2) vier; (3) acht zueinander kongruente Teilflächen.

10. Die Figur B ist kongruent zur Figur A; sie ist durch eine Spiegelung aus ihr entstanden. Zeichne die Figur ab und finde den Punkt bzw. die Gerade, an der gespiegelt wurde.

    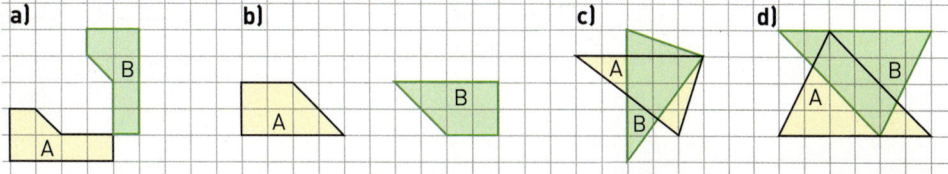

 **Im Blickpunkt**

Optische Täuschungen: Schau genau hin – miss nach

1. Oft gibt es Schwierigkeiten, Größenunterschiede richtig einzuschätzen.
   Miss in den Abbildungen unten jeweils die Größe der inneren Figur und vergleiche.

   (1) (2)

   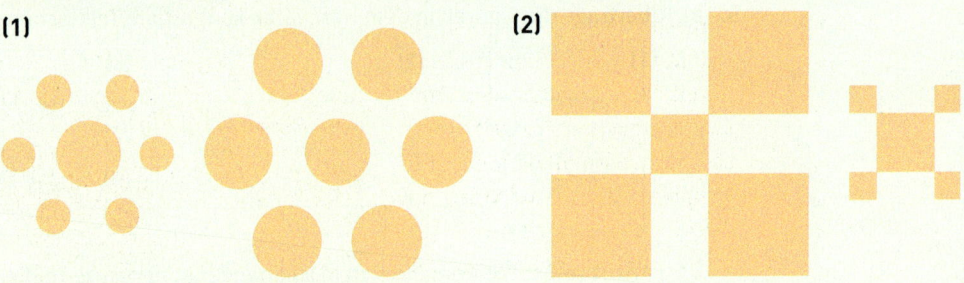

   Diese Täuschung entsteht dadurch, dass wir unbewusst einen Größenvergleich von inneren und äußeren Figuren vornehmen.

2. Vergleiche in der Abbildung die Flächen der krummlinig begrenzten Figuren miteinander.
   a) Welche erscheint größer?
   b) Fertige eine Schablone von der Figur 1 an und vergleiche sie durch Auflegen mit der Figur 2.
   c) Lege die Schablone neben die Figur 1. Welche Fläche erscheint jetzt größer?
   d) Lege die Schablone unter die Figur 2. Vergleiche nun die Flächen.

3. Miss Länge und Breite der beiden Parallelogramme aus und vergleiche sie miteinander.
   Diese so genannte Parallelogrammtäuschung beruht auf unserer Sicht der Tiefe.

   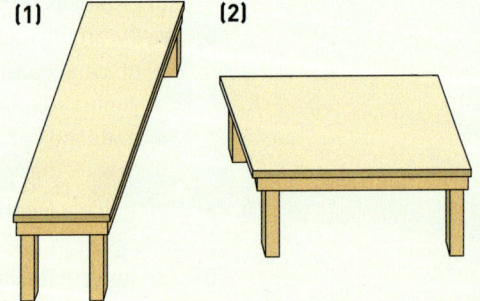

 4. Alle Figuren, die wir hier miteinander verglichen haben, sind kongruent zueinander.
   Wir konnten es aber erst mit genauem Messen nachweisen.
   Sucht nach weiteren optischen Täuschungen im Internet. Stellt auch eigene Zeichnungen dazu her und hängt sie im Klassenraum aus.

5.2 Dreieckskonstruktionen – Kongruenzsätze

Einstieg 1

Zum Erstellen eines Geometrie-Memory mit zueinander kongruenten Dreiecken sollen in Gruppenarbeit Kartenpaare hergestellt werden. Verwendet zur Konstruktion der Dreiecke jeweils drei Angaben des Dreiecks (Seiten und Winkel) in verschiedenen Kombinationen. Ein Gruppenmitglied zeichnet ein Dreieck und gibt die drei Angaben an ein anderes Gruppenmitglied weiter, das damit ebenfalls ein Dreieck zeichnet.
Was stellt ihr fest?

Einstieg 2

Zeichne ein Dreieck mit einem Dynamischen Geometrie-System und miss drei Angaben (Seiten und Winkel).
Versuche, mit diesen drei Angaben ein Dreieck zu zeichnen, dass nicht kongruent zum Ausgangsdreieck ist. In welchen Fällen gelingt dies?

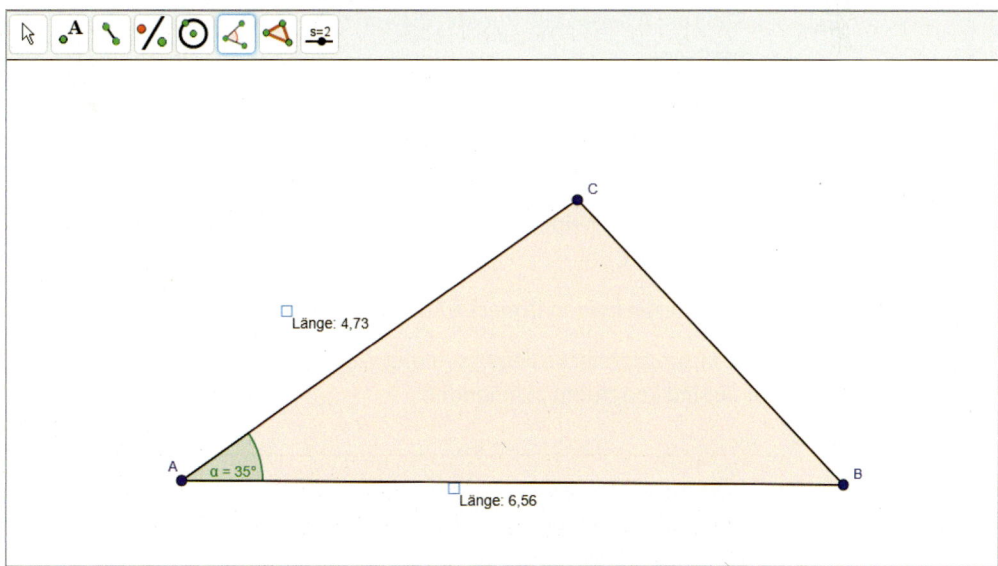

Aufgabe 1

Konstruieren eines Dreiecks aus den drei Seiten

Lisa möchte das Haus des Bastelbogens mehrfach bauen und dazu die Teile auf farbigen Karton übertragen. Für das Dreieck misst sie zunächst die drei Seitenlängen und überträgt damit das Dreieck auf den Karton.

Konstruiere das Dreieck ABC mit den Maßen a = 3,2 cm, b = 5,1 cm und c = 6,9 cm. Beschreibe dein Vorgehen. Vergleiche die Lösungsdreiecke. Was stellst du fest?

Lösung

Zum Planen unseres Vorgehens skizzieren wir ein Dreieck, in dem wir die gegebenen Größen farbig hervorheben *(Planfigur)*.

Planfigur

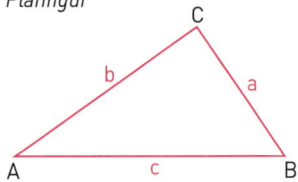

Konstruktionsbeschreibung (mit Begründung)

(1) Zeichne eine Strecke $\overline{AB}$ der Länge c.

(2) Zeichne um A den Kreis mit dem Radius b (denn auf dem Kreis um A liegen alle Punkte, die von A die Entfernung b besitzen).

(3) Zeichne nun um B den Kreis mit dem Radius a (denn auf ihm liegen alle Punkte, die von B die Entfernung a besitzen).

(4) Bezeichne die beiden Schnittpunkte der Kreise um A und B mit C_1 bzw. C_2.

(5) Zeichne die beiden Dreiecke ABC_1 und ABC_2.

Konstruktion (hier verkleinert)

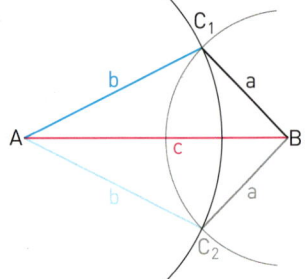

Beide Lösungsdreiecke liegen symmetrisch zur Spiegelachse AB; sie sind kongruent zueinander.

Information

Kongruenzsatz sss

Wenn zwei Dreiecke paarweise in den Längen aller drei Seiten übereinstimmen, dann sind die Dreiecke kongruent zueinander.
Entsprechende Winkel sind dann auch gleich groß.

5.2 Dreieckskonstruktionen – Kongruenzsätze

Aufgabe 2

Konstruieren eines Dreiecks aus zwei Seiten und einem Winkel

Paul, Lisa und Vincent möchten beim Übertragen des Dreiecks vom Bastelbogen (Seite 158) auch einen Winkel verwenden. Sie probieren dabei verschiedene Kombinationen von zwei Seiten und einem Winkel.
Konstruiere das Dreieck und beschreibe die Konstruktion. Vergleiche die Lösungsdreiecke. Was stellst du fest?

a) Paul misst zwei Seiten und den von ihnen eingeschlossenen Winkel:
   $b = 5{,}1\,cm$; $c = 6{,}9\,cm$; $\alpha = 26°$.
b) Lisa misst zwei Seiten und einen nur an einer Seite liegenden Winkel:
   $a = 3{,}2\,cm$; $c = 6{,}9\,cm$; $\alpha = 26°$.
c) Vincent misst auch zwei Seiten und einen an einer Seite liegenden Winkel:
   $a = 3{,}2\,cm$; $b = 5{,}1\,cm$; $\beta = 45°$.

Lösung

a) *Konstruktionsbeschreibung:*
   (1) Zeichne eine Strecke $\overline{AB}$ der Länge $c = 6{,}9\,cm$.
   (2) Trage im Punkt A an die Strecke $\overline{AB}$ den Winkel α an. Markiere auf seinem freien Schenkel den Punkt C so, dass er vom Punkt A die Entfernung $b = 5{,}1\,cm$ hat. Dafür kannst du auch einen Zirkel verwenden.
   (3) Zeichne die Strecke $\overline{BC}$.
   Konstruktion (hier verkleinert):

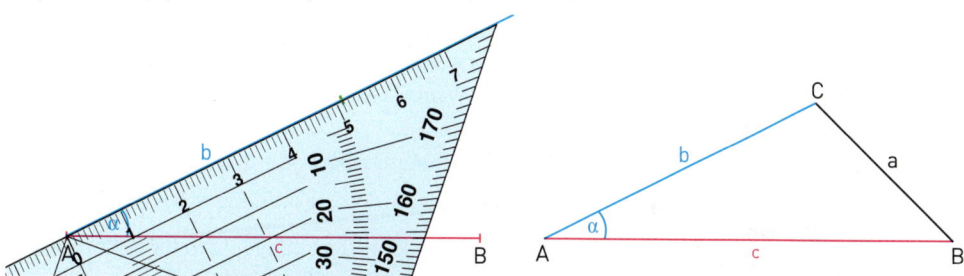

Wir haben darauf verzichtet, den Winkel α zur anderen Seite von $\overline{AB}$ abzutragen, da so nur ein weiteres, zum Dreieck ABC kongruentes, Dreieck entsteht.

b) Wir beginnen mit der Konstruktion wie in Teilaufgabe a). Da jetzt die Länge der Seite a bekannt ist, können wir die Lage des Punktes C nur mithilfe eines Kreises um den Punkt B mit dem Radius $a = 3{,}2\,cm$ markieren. Der Kreis schneidet den freien Schenkel von α in zwei Punkten C_1 und C_2.
Wir erhalten zwei Dreiecke ABC_1 und ABC_2, die nicht kongruent zueinander sind.
Konstruktion (hier verkleinert):

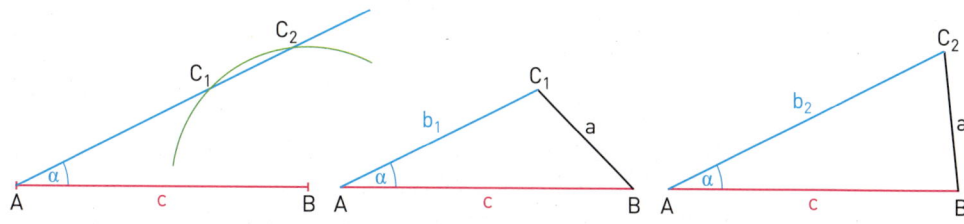

c) Wir zeichnen die Seite a = 3,2 cm und Winkel β = 45°. Der Kreis um C mit dem Radius b = 5,1 cm schneidet den freien Schenkel von β nur in einem Punkt A. Daher gibt es nur ein Lösungsdreieck ABC.
Konstruktion (hier verkleinert):

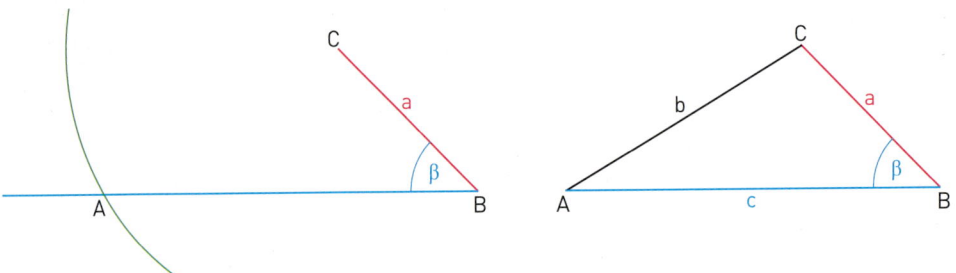

Information

Die Lösung der Aufgabe 2 zeigt:
Wenn der Winkel zwischen den gegebenen Seiten liegt, erhält man bei der Konstruktion nur ein Dreieck.
- Liegt er dagegen an einer der gegebenen Seiten, so gilt:
- Liegt der Winkel an der kürzeren Seite, also gegenüber der längeren Seite, kann der Kreisbogen den freien Schenkel nur einmal schneiden. Auch in diesem Fall erhält man nur ein Dreieck.
- Liegt der Winkel gegenüber der kürzeren Seite, so erhält man zwei Dreiecke, die *nicht* kongruent zueinander sind.

> **Kongruenzsatz sws**
> Wenn zwei Dreiecke paarweise in den Längen zweier Seiten und der Größe des von den beiden Seiten eingeschlossenen Winkels übereinstimmen, dann sind die Dreiecke kongruent zueinander.
> Die Dreiecke stimmen dann auch paarweise in den übrigen Stücken überein.
>
> **Kongruenzsatz Ssw**
> Wenn zwei Dreiecke paarweise in den Längen zweier Seiten und der Größe des Winkels, welcher der längeren Seite gegenüberliegt, übereinstimmen, dann sind die Dreiecke kongruent zueinander.
> Die Dreiecke stimmen dann auch paarweise in den übrigen Stücken überein.

Weiterführende Aufgaben

Konstruieren eines Dreiecks aus einer Seite und zwei Winkeln
3. a) Konstruiere das Dreieck des Bastelbogens (von Seite 158) aus der Seite c = 6,9 cm und den Winkeln α = 26° und β = 45°.
   b) Versuche, einen Kongruenzsatz zu formulieren.
   c) Wie geht man vor, wenn die gegebenen Winkel nicht an der gegebenen Seite liegen?

Information

> **Kongruenzsatz wsw**
> Wenn zwei Dreiecke paarweise in der Länge einer Seite und den Größen der anliegenden Winkel übereinstimmen, dann sind die Dreiecke kongruent zueinander.
> Die Dreiecke stimmen dann auch paarweise in den übrigen Stücken überein.

Sind eine Seite und zwei Winkel gegeben, von denen eine nicht an der gegebenen Seite liegt, so berechnet man den anliegenden Winkel über den Winkelsummensatz.

5.2 Dreieckskonstruktionen – Kongruenzsätze

Dreiecksungleichung

4. Von einem Dreieck sind die beiden Seitenlängen a = 7 cm und b = 4 cm gegeben. Welche Längen kommen für die Seite c infrage, damit beim Konstruieren ein Dreieck entsteht? Probiere verschiedene Möglichkeiten mit dem Zugmodus eines DGS oder mit Zirkel und Lineal aus. Begründe dein Ergebnis allgemein.

Information

> **Satz (Dreiecksungleichung)**
> In jedem Dreieck ist die Summe je zweier Seitenlängen stets größer als die dritte Seitenlänge:
> a + b > c;   a + c > b;   b + c > a

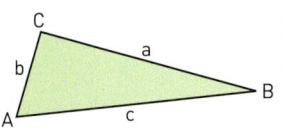

Übungsaufgaben

Kongruenzssatz sss

5. Anne und Julia wollen einen Tiffany-Spiegel basteln. Dazu stellen sie sich zunächst ein Muster für die Randverzierung aus farbigem Karton her. Anne konstruiert auf rotem Karton ein Dreieck mit den Seitenlängen a = 2,9 cm, b = 4,2 cm und c = 5,7 cm, Julia auf blauem Karton ein Dreieck mit denselben Maßen. Führe die Konstruktion selbst aus. Vergleiche die Dreiecke beider Mädchen.

DGS 6. Lucie und Julian haben auf unterschiedliche Weise begonnen, mit einem Dynamischen Geometrie-System ein Dreieck mit den Seitenlängen 7 cm, 4 cm und 6 cm zu zeichnen. Kannst du ihr Vorgehen zu Ende führen? Vergleiche beide Wege.

Lucie   Julian

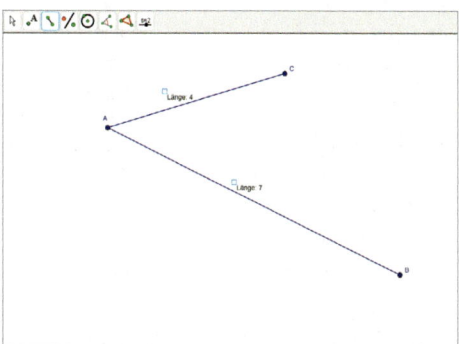   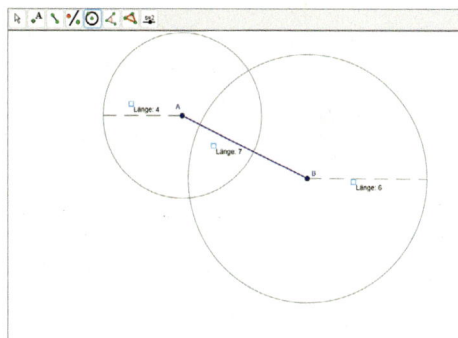

7. Konstruiere ein Dreieck ABC aus a = 5 cm, b = 4 cm und c = 3,5 cm. Beginne mit $\overline{AC}$. Beschreibe die Konstruktion. Miss die Winkel; kontrolliere mit dem Winkelsummensatz.

8. Zeichne, falls möglich, ein Dreieck ABC aus den gegebenen Längen (Angaben in cm). Woran kannst du erkennen, ob du ein Dreieck aus diesen Längen konstruieren kannst?

	a)	b)	c)	d)	e)	f)	g)	h)	i)
Seite a	6	12	9	4	9,5	3	5	13	7,4
Seite b	7	4	15	3	3,0	6	12	10	3,1
Seite c	10	8	5	2	7,5	10	7	5	4,3

9. Konstruiere im Koordinatensystem das Dreieck ABC. Gib näherungsweise die Koordinaten des fehlenden Punktes an.
   Miss die Winkel; kontrolliere mit dem Winkelsummensatz.
   a) A(1|2); B(6|3); b = 5,4 cm; a = 5 cm
   b) B(3|4); C(8|1); b = 3,5 cm; c = 5 cm
   c) A(5|1); C(2|6); a = 2,6 cm; c = 7,2 cm
   d) A(2|3); B(7|4); b = 6,4 cm; a = 3,6 cm

10. Die Entfernungen zwischen den drei Berggipfeln A, B und C betragen |AB| = 7,6 km, |BC| = 5,8 km und |AC| = 11,3 km. Wie groß ist der *Sehwinkel* α, unter dem man von Gipfel A aus die beiden anderen Gipfel B und C sieht?

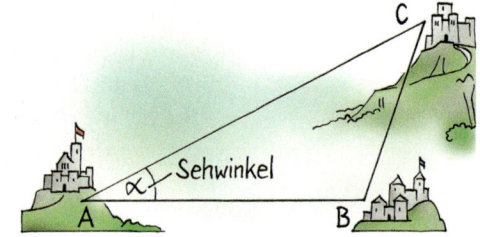

11. a) Das Dreieck und das Rechteck rechts haben in den Eckpunkten Gelenke. Kann man die Form verändern?
    b) Warum ist bei dem Tor die diagonale Verstrebung angebracht worden?
    c) Untersucht, ob zwei Vierecke schon zueinander kongruent sind, wenn sie paarweise in den Längen aller vier Seiten übereinstimmen.

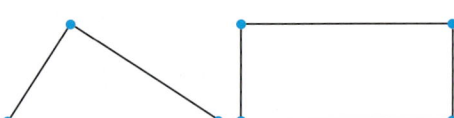

Kongruenzsatz sws

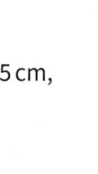

12. Merle hat begonnen, mit einem Dynamischen Geometrie-System ein Dreieck zu konstruieren. Die Seite $\overline{AB}$ soll 6 cm lang, der Winkel α soll 70° groß und die Seite $\overline{AC}$ soll 8 cm lang sein.
    Beende ihre Konstruktion.

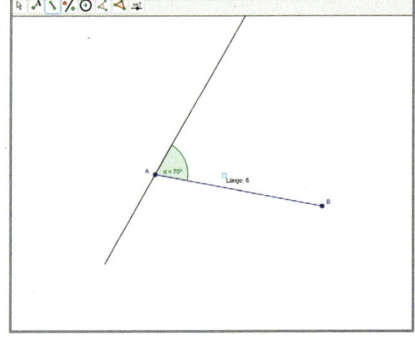

13. a) Konstruiere ein Dreieck ABC mit a = 3,5 cm, b = 5,5 cm und γ = 110°.
       Beschreibe die Konstruktion.
       Miss die Größe der übrigen Stücke.

    b) Bildet selber Aufgaben zum Kongruenzsatz sws. Welche Seiten und welcher Winkel können gegeben sein? Welche Bedingung muss der Winkel erfüllen, damit beim Konstruieren überhaupt ein Dreieck entsteht? Vergleicht eure Lösungen und begründet.

14. Konstruiere ein Dreieck ABC; bestimme die Größe der drei übrigen Stücke durch Messen. Kontrolliere die Winkelgrößen mithilfe des Winkelsummensatzes.
    a) b = 6,9 cm; c = 4,7 cm; α = 100°
    b) a = 3,6 cm; c = 7,1 cm; β = 55°
    c) a = 4,1 cm; b = 3,2 cm; γ = 81°
    d) a = 6,4 cm; c = 2,7 cm; β = 126°

15. Zwischen B und C soll ein Tunnel für eine Eisenbahnstrecke gebaut werden. Um die Länge des Tunnels zu bestimmen, werden die Entfernungen von einem Punkt A aus zu den Tunneleingängen und der Sehwinkel bei A gemessen. Bestimme die Länge des Tunnels.

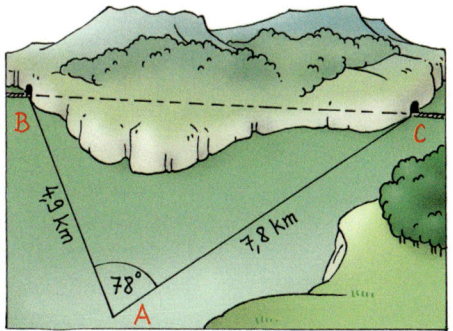

16. Zwei Dreiecke ABC und $A_1B_1C_1$ sind gegeben durch:
    (1) a = 5,3 cm, c = 6,4 cm, β = 36° und a_1 = 6,4 cm, b_1 = 5,3 cm, $γ_1$ = 36°;
    (2) b = 6,2 cm, c = 5,9 cm, α = 125° und a_1 = 5,9 cm, b_1 = 6,2 cm, $γ_1$ = 125°.
    Kann man folgern, dass die Dreiecke zueinander kongruent sind? Begründe.

Kongruenzsatz Ssw

17. Untersuche mit einem Dynamischen Geometrie-System für ein Dreieck ABC:
    Die Seite $\overline{AB}$ soll 8 cm lang sein; der Winkel α soll 55° groß sein.
    Welche Seitenlängen kommen für die Seite $\overline{BC}$ infrage?
    Welche Besonderheiten kommen vor?

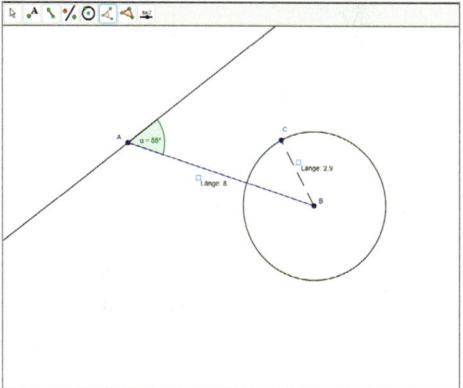

18. Konstruiere ein Dreieck ABC mit a = 5 cm, b = 7,5 cm und β = 65°.
    Beschreibe die Konstruktion.
    Miss die übrigen Stücke.

19. Konstruiere ein Dreieck ABC; bestimme die Größe der übrigen Stücke durch Messen.
    a) c = 8 cm; b = 6 cm; γ = 87°   b) a = 6,5 cm; b = 4,3 cm; α = 110°

20. Konstruiere ein Dreieck ABC mit c = 9 cm, a = 5 cm und
    (1) α = 30°,   (2) α = 33,5°,   (3) α = 40°.   Was stellst du fest?

21. Zeichne zwei nicht zueinander kongruente Dreiecke mit a = 7 cm, b = 5 cm und β = 35°.

22. An einem See befinden sich zwei Anlegestellen für ein Ausflugsschiff. Um die Entfernung der beiden Anlegestellen zu ermitteln, werden von einem Turm T aus die Entfernungen zu den Anlegestellen A und B gemessen:
    |TA| = 710 m; |TB| = 640 m.
    Der Sehwinkel bei A (Turm bis Anlegestelle B) beträgt 45°.

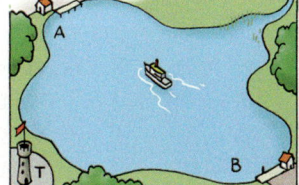

23. Konstruiere ein rechtwinkliges Dreieck ABC mit $a = 4{,}4$ cm; $b = 3{,}2$ cm und $\alpha = 90°$.

24. Bildet selbst Aufgaben zum Kongruenzsatz Ssw. Welche Seiten und welcher Winkel im Dreieck ABC können gegeben sein? Vergleicht eure Lösungen und begründet.

Kongruenzsatz wsw

25. Jonas hat begonnen, mit einem Dynamischen Geometrie-System ein Dreieck zu konstruieren. Die Seite $\overline{AB}$ soll 7 cm lang, der Winkel α soll 110° groß und der Winkel β soll 20° groß sein.
Beende seine Konstruktion.

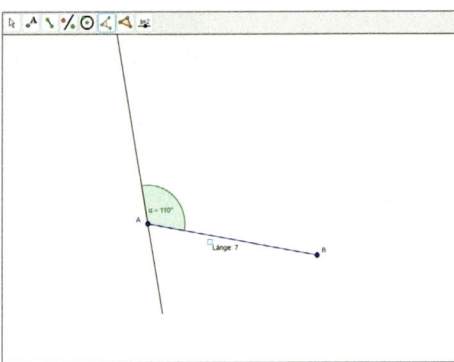

26. a) Konstruiere ein Dreieck ABC aus den Stücken $b = 4$ cm, $\alpha = 40°$ und $\gamma = 65°$. Beschreibe die Konstruktion. Miss die übrigen Stücke.

b) Bildet selbst Aufgaben zum Kongruenzsatz wsw. Welche Seite, welche Winkel können gegeben sein? Welche Bedingung müssen die beiden Winkel erfüllen? Vergleicht eure Lösungen und begründet.

27. Konstruiere ein Dreieck ABC; bestimme die Größe der übrigen Stücke durch Messen.
a) $c = 8{,}2$ cm; $\alpha = 110°$; $\beta = 30°$
b) $b = 4{,}4$ cm; $\alpha = 41°$; $\gamma = 53°$
c) $a = 7{,}3$ cm; $\gamma = 37°$; $\beta = 87°$
d) $c = 5{,}3$ cm; $\alpha = 40°$; $\beta = 110°$

28. Die Entfernung zwischen zwei Berggipfeln A und B beträgt 2,9 km. Von A aus sieht man den Gipfel B und einen weiteren Gipfel C unter dem Sehwinkel von 54°. Von B aus sieht man A und C unter dem Sehwinkel von 35°.
Wie weit ist C von A und B entfernt? Lege zunächst eine Skizze an.

29. Zwei Dreiecke ABC und $A_1B_1C_1$ sind gegeben durch:
(1) $c = 5{,}1$ cm; $\alpha = 37°$; $\beta = 56°$ und $a_1 = 5{,}1$ cm; $\alpha_1 = 87°$; $\beta_1 = 56°$
(2) $b = 3{,}9$ cm; $\alpha = 48°$; $\beta = 26°$ und $c_1 = 3{,}9$ cm; $\beta_1 = 105°$; $\gamma_1 = 26°$
Prüfe, ob beide Dreiecke kongruent zueinander sind.

30. In einem Fluss liegt eine Insel. Tom möchte wissen, wie weit die Insel vom Ufer entfernt ist. Dazu steckt er am Ufer eine 40 m lange Strecke $\overline{AB}$ ab.
Mit einem Theodoliten (Foto links) peilt er dann den Punkt C auf der Insel an und misst die Winkel α und β: $\alpha = 62°$; $\beta = 51°$.
Beschreibt, wie er weiter vorgehen könnte. Vergleicht eure Lösungen.

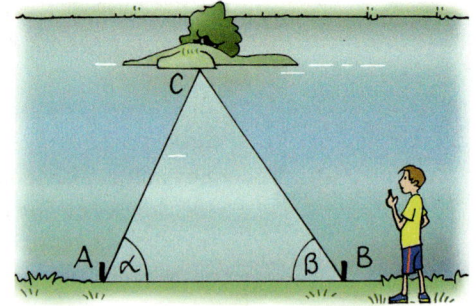

Vermischte Übungen zu den Kongruenzsätzen

31. Ihr habt mehrere Kongruenzsätze kennen gelernt. Stellt sie übersichtlich auf einem Plakat zusammen. Ihr könnt dieses als Merkhilfe im Klassenraum aushängen.

32. Konstruiere, falls möglich, ein Dreieck ABC aus den gegebenen Stücken.
Aus welchem der Kongruenzsätze folgt, dass es – bis auf Kongruenz – dann nur ein Lösungsdreieck gibt?

a) a = 5 cm
   b = 4 cm
   γ = 67°

b) c = 9 cm
   a = 6 cm
   γ = 53°

c) a = 7 cm
   b = 2,4 cm
   c = 3,8 cm

d) a = 4,5 cm
   β = 57°
   γ = 43°

e) a = 7 cm
   b = 5 cm
   c = 4 cm

f) c = 5,3 cm
   α = 44°
   β = 61°

g) b = 5,6 cm
   α = 92°
   γ = 106°

h) b = 8 cm
   c = 5,3 cm
   α = 36°

i) a = 6 cm
   b = 4,5 cm
   c = 7,5 cm

j) a = 3 cm
   b = 5 cm
   β = 47°

k) c = 6,4 cm
   a = 4,2 cm
   α = 50°

l) a = 6,7 cm
   b = 5,5 cm
   c = 3,8 cm

m) c = 6,2 cm
   a = 5,4 cm
   γ = 129°

n) b = 6,1 cm
   β = 24°
   γ = 63°

o) a = 4,4 cm
   c = 3,1 cm
   β = 78°

p) a = 4,7 cm
   β = 91°
   γ = 98°

q) a = 5,1 cm
   α = 53°
   β = 37°

r) b = 4,4 cm
   α = 100°
   γ = 25°

33. Versucht ein Dreieck ABC aus drei Winkeln zu konstruieren. Wählt dazu drei Winkel; worauf müsst ihr achten? Was stellt ihr bei den Lösungsdreiecken fest?

34. zu a) zu b) zu c)

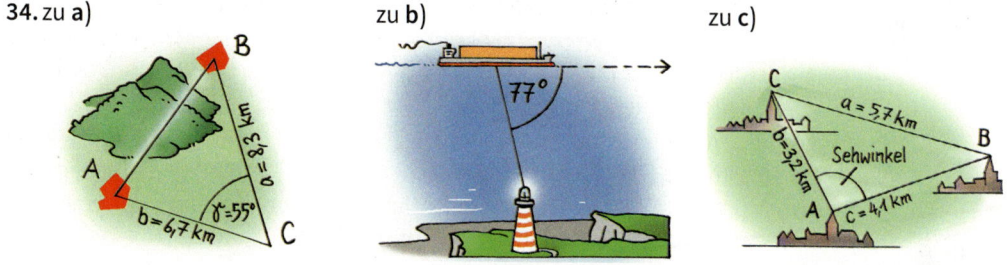

a) Zwischen den Orten A und B liegt ein Berg. Um die Entfernung der Orte zu bestimmen, wird ein Punkt C im Gelände gewählt und die angegebenen Größen gemessen. Ermittle zeichnerisch die Entfernung der Orte A und B (wähle 1 cm für 1 km).
b) Ein Schiff ist 18 km von einem Leuchtturm entfernt. Der Winkel zwischen Fahrtrichtung und Richtung Schiff – Leuchtturm wird gemessen: 77°. Nach 30 min Fahrt wird der entsprechende Winkel erneut gemessen: 108°. Wie schnell ist das Schiff?
c) Bestimme die drei Sehwinkel α, β und γ, unter denen man von jedem der drei Kirchtürme die beiden anderen Kirchtürme sieht.

35. Zeichne ein Dreieck. Miss alle Seitenlängen und alle Winkel und schreibe sie auf sechs Zettel. Lasse einen Mitschüler verdeckt drei Zettel ziehen. Er soll daraus ein Dreieck konstruieren. Vergleicht eure Dreiecke. Begründet Gemeinsamkeiten bzw. Unterschiede.

36. Die Cheopspyramide in Gizeh in Ägypten hat eine quadratische Grundfläche.
Bestimme zeichnerisch die Länge s einer Seitenkante der Pyramide. Bestimme auch die Größe der Winkel α, β und γ.

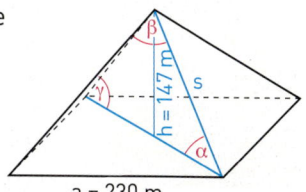

37. Im Schrägbild stimmen nicht alle Seitenlängen und Winkelgrößen mit den tatsächlichen überein. Überlegt, wie ihr dennoch die Längen und Winkelgrößen im Dreieck ABC ermitteln könnt. Gebt sie an.

a) 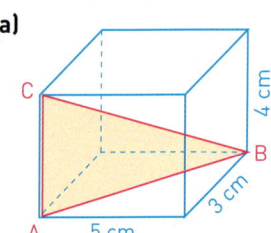   b) 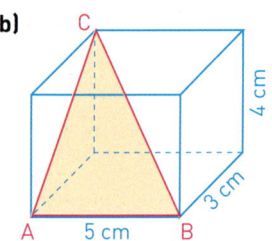   c)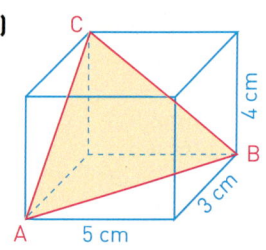

 38. a) Ein Paket der Größe L der Deutschen Post AG besitzt folgende Maße:
Länge: 450 mm; Breite: 350 mm; Höhe: 200 mm.
Wie lang darf ein dünner Stab höchstens sein, damit er in das Paket passt?
b) Erkundigt euch nach den anderen Paketgrößen. Löst die Teilaufgabe a) auch dafür.

39. Von einem in 30 m Höhe fliegenden Hubschrauber werden die Ufer eines Flusses angepeilt und die Tiefenwinkel gemessen: α = 25°; β = 60°. Wie breit ist der Fluss?
Hinweis: Bei einem *Tiefenwinkel* ist ein Schenkel stets waagerecht (horizontal); der andere Schenkel weist schräg nach unten (in die Tiefe).

40. Tim und Marc lassen einen Drachen steigen. Tim hält den Drachen an einer 30 m langen Schnur. Als er 25 m von Marc entfernt steht, befindet sich der Drachen genau senkrecht über Marc. Wie hoch fliegt der Drachen?
Fertige eine Skizze an und nenne nötige Vereinfachungen zur Modellierung.

41. Die beiden Dreiecke sind kongruent zueinander. Wie groß ist der Winkel δ? Begründe.

a) 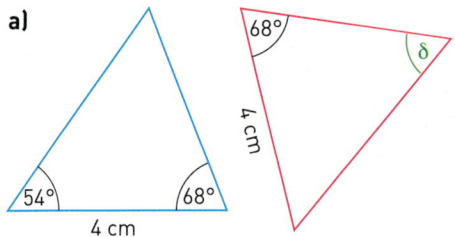   b)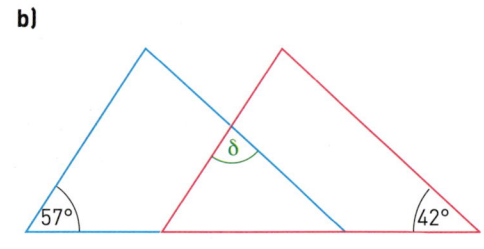

 42. Das Dreieck ABC ist durch die Hilfslinie $\overline{AD}$ in zwei Dreiecke zerlegt. Sind diese Dreiecke zueinander kongruent? Begründet eure Aussage. Vergleicht eure Argumente.

|BD| = |DC|
β = γ

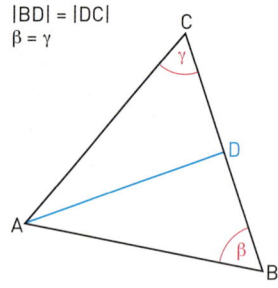

5.3 Beweisen mithilfe der Kongruenzsätze

Einstieg

Zeichne ein Rechteck und verbinde benachbarte Seitenmitten miteinander. Es entsteht wieder ein Viereck. Um was für ein Viereck handelt es sich?
Vergleiche deine Lösung mit der Lösung deines Partners.
Beweist eure Vermutung, indem ihr geeignete Teildreiecke in das erhaltene Viereck einzeichnet und deren Kongruenz nachweist.

Aufgabe 1

Du weißt: Ein Viereck, bei dem alle Seiten gleich lang sind, nennt man *Raute*.
Gib Eigenschaften der Raute an und beweise sie mithilfe von Kongruenzsätzen.

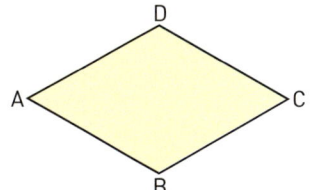

Lösung

Anhand der Zeichnung vermutet man folgende Eigenschaften:
(1) Gegenüber liegende Winkel sind gleich groß.
(2) Die Diagonalen halbieren die Winkel.
(3) Die Diagonalen halbieren einander.
(4) Die Diagonalen sind orthogonal zueinander.

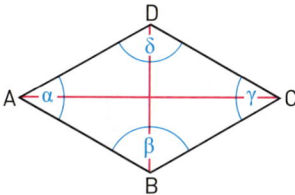

Vorgehen:
Wir beweisen diese Eigenschaften nacheinander.
Dazu überlegen wir zunächst, was uns über eine Raute bekannt ist. Daraus sollen dann die vermuteten Eigenschaften gefolgert werden.
Wir wissen: ABCD ist eine Raute, also gilt aufgrund der Definition:
$|AB| = |BC| = |CD| = |AD|$
Dies ist die *Voraussetzung* für die folgenden Beweise.

Beweis von (1):
Wir wollen zeigen: $\alpha = \gamma$ (Behauptung).
Wir zerlegen die Raute ABCD durch die Diagonale $\overline{BD}$ in die beiden Dreiecke ABD und BCD. Diese beiden Dreiecke sind nach dem Kongruenzsatz sss kongruent zueinander, denn:
$|AD| = |CD|$ nach Definition der Raute
$|AB| = |BC|$ nach Definition der Raute
$|BD|$ ist Länge der gemeinsamen Seite beider Dreiecke.

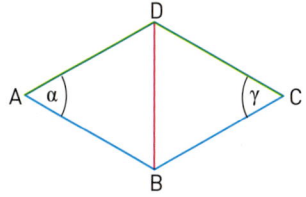

Da die Dreiecke ABD und BCD kongruent zueinander sind, folgt insbesondere $\alpha = \gamma$.
Entsprechend beweist man die Behauptung $\beta = \delta$, indem man die Raute durch die Diagonale $\overline{AC}$ in zwei zueinander kongruente Dreiecke zerlegt.

Beweis von (2):
Aus der oben gezeigten Kongruenz der Dreiecke ABD und BCD ergibt sich insbesondere auch $\beta_1 = \beta_2$. Das bedeutet, dass die Diagonale $\overline{BD}$ den Winkel β halbiert.
Entsprechend beweist man dies für die übrigen Winkel.

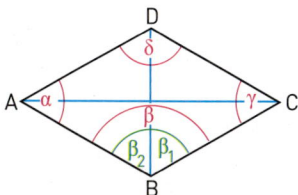

Beweis von (3):
Wir wollen zeigen: Die Diagonale $\overline{AC}$ wird durch M in zwei gleich lange Strecken geteilt, d. h. $|AM| = |MC|$ *(Behauptung)*.
Zum Beweis betrachten wir die Teildreiecke ABM und BCM. Diese sind nach dem Kongruenzsatz wsw kongruent zueinander, denn:

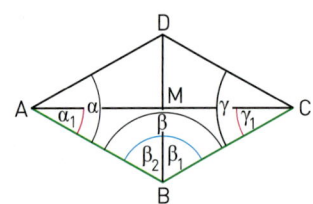

$|AB| = |BC|$ nach Definition der Raute
$β_1 = β_2$, da die Diagonale $\overline{BD}$ den Winkel β halbiert.
$α_1 = γ_1$, da die gegenüberliegenden Winkel α und γ gleich groß sind und beide von der Diagonalen $\overline{AC}$ halbiert werden.
Insbesondere folgt aus der Kongruenz der beiden Dreiecke $|AM| = |MC|$. Das bedeutet, dass die Diagonale halbiert wird.
Entsprechend beweist man, dass auch die andere Diagonale halbiert wird.

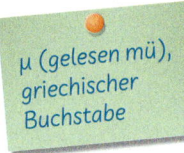

μ (gelesen mü), griechischer Buchstabe

Beweis von (4):
Aus der oben gezeigten Kongruenz der Dreiecke ABM und BCM folgt insbesondere auch: $μ_1 = μ_2$.
Da $μ_1 + μ_2 = 180°$ gilt, folgt daraus $μ_1 = μ_2 = 90°$.
Das bedeutet, dass die beiden Diagonalen orthogonal zueinander sind.

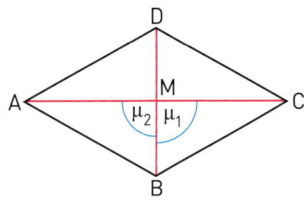

Information

In der Aufgabe 1 hast du eine Figur in Dreiecke zerlegt. Mithilfe deren Kongruenz konntest du eine Eigenschaft der Figur beweisen. Neben Symmetriebetrachtungen ist dieses Vorgehen eine weitere Möglichkeit, gewisse Sätze in der Geometrie zu beweisen.

> **Eine mögliche Strategie beim Beweisen von Vermutungen**
> (1) Zerlege die Figur in geeignete Dreiecke.
> (2) Beweise die Kongruenz geeigneter Dreiecke.
> (3) Schließe daraus auf die Gleichheit von Größen in der Figur.

Übungsaufgaben

2. Die Figur ist durch eine Hilfslinie in zwei Dreiecke zerlegt. Sind diese Dreiecke kongruent zueinander? Begründe deine Aussage.
   a) $|AB| = |AD|$; $|BC| = |CD|$
   b) $|CA| = |CB|$; $CD \perp AB$
   c) $AD \parallel BC$; $|AD| = |BC|$

3. Beweise mithilfe eines Kongruenzsatzes:

   Basiswinkelsatz:
   In jedem gleichschenkligen Dreieck sind die Basiswinkel gleich groß.

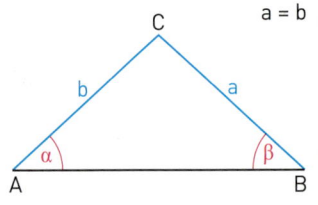

4. Zeichnet ein gleichschenkliges Dreieck und markiert die Mittelpunkte der Seiten. Verbindet diese miteinander.
Was fällt auf? Formuliert eine Vermutung und beweist diese.

5. In einer Formelsammlung stehen die folgenden Eigenschaften besonderer Vierecke.
Bildet Viererteams. Jedes Team wählt eines der Vierecke aus und beweist dessen Eigenschaften ähnlich wie bei der Raute (Seiten 167 und 168).
Anschließend werden die Beweise der ganzen Klasse präsentiert.

Satz 1
Für jedes *Parallelogramm* gilt:
Gegenüberliegende Seiten sind gleich lang.
Gegenüberliegende Winkel sind gleich groß.
Die Diagonalen halbieren einander.

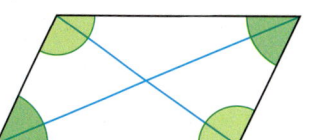

Satz 2
Für jede *Raute* gilt:
Gegenüberliegende Winkel sind gleich groß.
Die Diagonalen sind orthogonal zueinander; sie halbieren einander.
Die Diagonalen halbieren die Innenwinkel.

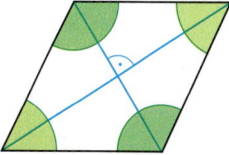

Satz 3
Für jedes *Rechteck* gilt:
Gegenüberliegende Seiten sind gleich lang.
Die Diagonalen halbieren einander; sie sind gleich lang.

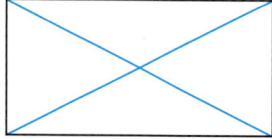

Satz 4
Für jedes *Quadrat* gilt:
Die Diagonalen sind orthogonal zueinander; sie halbieren einander; sie sind gleich lang.
Die Diagonalen halbieren die Innenwinkel.

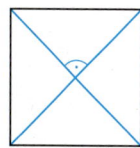

Satz 5
Für jedes *gleichschenklige Trapez* gilt:
Die Schenkel sind gleich lang.
Die Diagonalen sind gleich lang.
Die Basiswinkel an jeder Grundseite sind gleich groß.

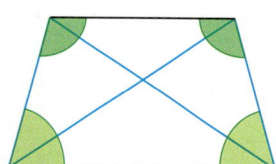

Satz 6
Für jedes *Drachenviereck* gilt:
Wenigstens zwei gegenüberliegende Winkel sind gleich groß.
Die Diagonalen sind orthogonal zueinander, wenigstens eine halbiert die andere.
Wenigstens eine Diagonale halbiert zwei gegenüberliegende Innenwinkel.

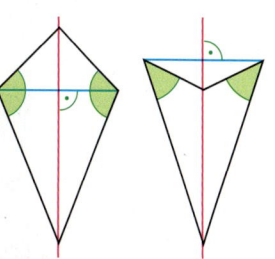

Präsentieren auf Plakaten und Folien

So gelingen Plakate und Folien!

1. a) Zwei Gruppen von Schülern haben jeweils ein Plakat zu den Kongruenzsätzen angefertigt.
   Vergleicht die Gestaltung der beiden Plakate miteinander.
   Was ist besonders gut gelungen?
   Wo kann man noch Verbesserungen vornehmen?

   b) Vergleicht eure Vorschläge mit den Tipps auf der folgenden Seite.

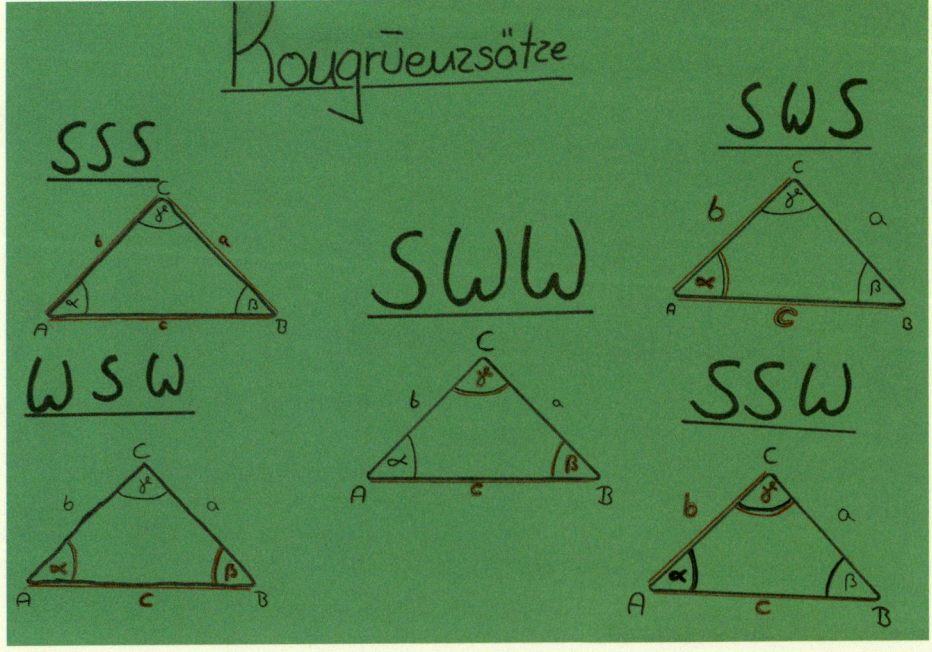

Auf den Punkt gebracht

Präsentieren von Ergebnissen auf einem Plakat
– Achte auf eine kurze Überschrift.
– Schreibe groß und deutlich, am besten in Druckschrift oder mit dem Computer.
– Formuliere knapp; häufig sind Stichworte besser als ganze Sätze.
– Lockere das Plakat durch Bilder und Grafiken auf. Auch Fotos wirken häufig gut; du kannst sie bequem mit einer Digitalkamera herstellen.

2. Zum Vorstellen von Unterrichtsergebnissen eignen sich auch Folien für den Overhead-Projektor gut.
   a) Betrachtet die folgende Folie.
      Zwei Schüler haben gemeinsam einen Beweis vorbereitet, den sie der Klasse in einem Vortrag mit einer Folie vorstellen wollen.
      Untersucht und bewertet ihre Gestaltung.

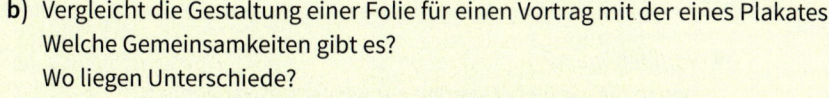

   b) Vergleicht die Gestaltung einer Folie für einen Vortrag mit der eines Plakates.
      Welche Gemeinsamkeiten gibt es?
      Wo liegen Unterschiede?

3. Erstellt selber ein Plakat zu folgendem Thema und hängt es im Klassenraum aus.
   a) Vorgehen beim Beweisen mithilfe von Kongruenzsätzen.
   b) Besondere Dreiecke: rechtwinklige, gleichseitige, gleichschenklige, stumpfwinklige, spitzwinklige, …

4. Wählt euch eine Aufgabe zur Bestimmung einer Länge in der Wirklichkeit mithilfe einer maßstabsgetreuen Zeichnung aus. Löst diese Aufgabe und präsentiert eure Bearbeitung der Klasse mithilfe einer Folie.

Zum Selbstlernen Dreiecke und Vierecke

5.4 Kreis und Geraden

Ziel
Du kannst schon den Mittelpunkt eines Kreises durch Falten bestimmen. Hier lernst du, wie du mithilfe deiner Kenntnisse über das gleichschenklige Dreieck den Mittelpunkt konstruieren kannst.

Zum Erarbeiten

Konstruktion des Kreismittelpunkts
Zeichne mit einer kleinen Dose einen Kreis. Konstruiere den Mittelpunkt des Kreises.

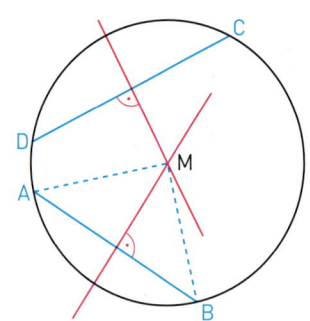

→ Du weißt: Der Mittelpunkt M des Kreises ist von jedem Punkt des Kreises gleich weit entfernt. Wenn du also zwei Punkte A und B auf dem Kreis wählst, dann ist das Dreieck ABM gleichschenklig mit der Spitze M. M liegt also auf der Mittelsenkrechten zur Basis $\overline{AB}$. Wiederhole dies mit zwei anderen Punkten C und D. Du erhältst M dann als Schnittpunkt der Mittelsenkrechten zu den Strecken $\overline{AB}$ und $\overline{CD}$.

Das obige Vorgehen legt Folgendes nahe. Mache dich damit vertraut.

Definition
Jede Verbindungsstrecke zweier Kreispunkte heißt **Sehne** des Kreises. Eine Sehne durch den Kreismittelpunkt nennt man einen **Durchmesser** des Kreises.

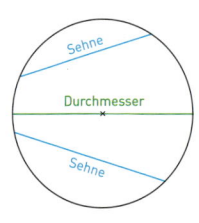

Satz
Die Mittelsenkrechte einer Sehne geht durch den Mittelpunkt des Kreises.

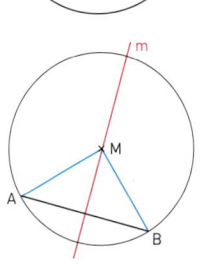

Kreistangente
Zeichne einen Kreis und eine Gerade t, die nur einen Punkt P mit dem Kreis gemeinsam hat.

→ *Vorüberlegung:*
Denke dir parallele Geraden zur gesuchten Tangente t. Der Kreis schneidet Sehnen mit den Endpunkten A und B aus diesen Parallelen aus, wenn sie näher am Mittelpunkt liegen als t. Diese Sehnen haben alle dieselbe Gerade m als Mittelsenkrechte; denn ihre Mittelsenkrechten sind alle parallel zueinander und haben den Mittelpunkt M gemeinsam. m ist dann auch orthogonal zu t und geht durch P.

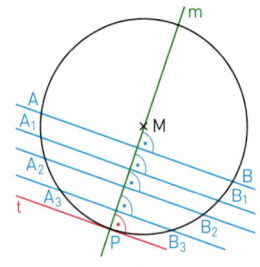

Konstruktion der Tangente:
Verbinde den Punkt P mit dem Kreismittelpunkt M. Konstruiere dann die Orthogonale zur Geraden MP durch den Punkt P. Sie hat nur den Punkt mit dem Kreis gemeinsam.

Zum Selbstlernen 5.4 Kreis und Geraden

Information

tangere (lat.)
berühren, anrühren

secare (lat.)
schneiden, zer-, abschneiden

passant (franz.)
Vorübergehende(r)

Die oben konstruierte Gerade t heißt *Tangente*, die den Kreis in P berührt.

> **Definition**
> (1) Eine Gerade heißt **Tangente** des Kreises, wenn sie genau einen Punkt mit dem Kreis gemeinsam hat. Dieser Punkt heißt **Berührungspunkt** der Tangente.
> (2) Eine Gerade heißt **Sekante** des Kreises, wenn sie den Kreis in zwei Punkten schneidet.

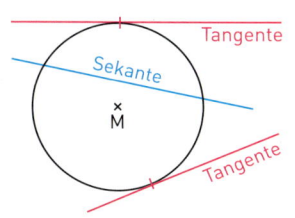

Eine Gerade, die keinen Punkt mit dem Kreis gemeinsam hat, nennt man auch *Passante*.

> **Satz**
> Die Tangente t, die einen Kreis mit Mittelpunkt M im Punkt P berührt, ist orthogonal zum Berührungsradius $\overline{MP}$.

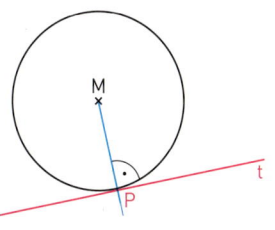

Zum Üben

1. Gegeben sind die Punkte A(1|3) und B(5|2) sowie die Gerade PQ mit P(1|7) und Q(7|1). Konstruiere den Kreis durch A und B, dessen Mittelpunkt auf der Geraden PQ liegt.

2. Notiere alle Sekanten, Tangenten, Passanten und Durchmesser des Kreises in der Figur rechts.

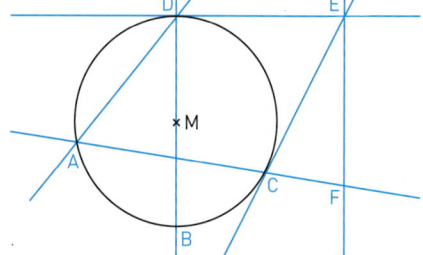

3. Zeichne zunächst einen Kreis mit dem Mittelpunkt M und dem Radius r = 3 cm. Konstruiere nun eine Gerade g so, dass der Mittelpunkt M von g den Abstand
   a) 2 cm, b) 3 cm, c) 4 cm hat.
   Gib auch an, ob die Gerade g eine Passante, Tangente oder Sekante des Kreises ist. Wie kannst du ohne Zeichnung erkennen, ob die Gerade g eine Passante, Tangente oder Sekante an den Kreis ist?

4. Zeichne einen Kreis mit dem Mittelpunkt M und einen Punkt P auf dem Kreis. Konstruiere durch P eine Tangente des Kreises. Beschreibe dein Vorgehen.

5. Zeichne einen Kreis und eine Sekante g [Passante g]. Konstruiere nun einen Kreis mit möglichst kleinem Radius, der sowohl den Kreis als auch die Gerade g berührt.

6. Zeichne einen Kreis und markiere einen Punkt P
   a) außerhalb des Kreises, b) innerhalb des Kreises, c) auf dem Kreis.
   Konstruiere nun einen Kreis, der durch den Punkt P geht und den Kreis berührt.

7. Zwei Autobahnen kreuzen sich unter einem Winkel von 110°. Die Verbindung der beiden Autobahnen soll durch Kreisbögen dargestellt werden. Konstruiere.

5.5 Besondere Punkte und Linien eines Dreiecks

5.5.1 Eigenschaften von Mittelsenkrechten und Winkelhalbierenden

Einstieg 1

Gegeben ist die Strecke $\overline{AB}$. Bestimmt mit einem dynamischen Geometrie-System alle Punkte, die von den beiden Endpunkten dieser Strecke gleich weit entfernt sind.
Zeichnet dazu um A einen Kreis durch einen Punkt P. Zeichnet dann um B einen Kreis mit dem Radius $\overline{AP}$. Erzeugt die Schnittpunkte der beiden Kreise. Lasst dann die Ortslinie der beiden Schnittpunkte aufzeichnen, wenn ihr den Punkt P bewegt. Was stellt ihr fest?

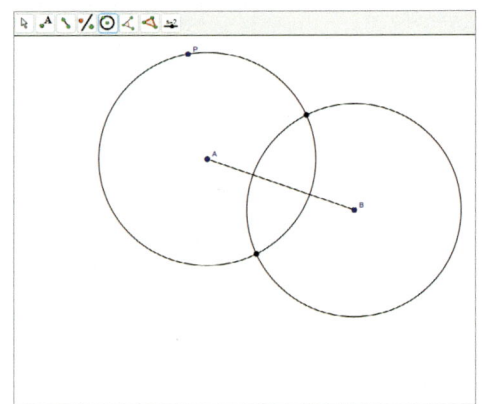

Einstieg 2

In einem Koordinatensystem sind die Punkte P(0|5) und Q(5|0) gegeben. Wo liegen alle Punkte, die von P und Q den gleichen Abstand haben? Begründe.

Aufgabe 1

Eigenschaften der Mittelsenkrechten einer Strecke

Es wird eine Neubaustrecke für einen Hochgeschwindigkeitszug im Bereich zwischen Ahausen und Bedorf geplant. Über den Verlauf der Trasse wird heftig diskutiert. Die beiden Ortschaften einigen sich schließlich darauf, dass die Trasse so verlaufen soll, dass sie an jeder Stelle gleich weit von beiden Ortschaften entfernt ist.
Wie muss die neue Trasse verlegt werden?

Lösung

Wir stellen die beiden Ortschaften als Punkte A und B dar.
Wir suchen alle Punkte, die von A und zugleich von B gleich weit entfernt sind.
Diese Punkte liegen offenbar auf der Symmetrieachse g der Strecke $\overline{AB}$, denn:
Die Spiegelachse g ist orthogonal zur Strecke $\overline{AB}$ und halbiert sie; g ist die Mittelsenkrechte zu $\overline{AB}$.
Für einen Punkt P auf g gilt: Die Strecke $\overline{PB}$ ist das Bild von
$\overline{PA}$ und somit:
$|PB| = |PA|$.

Ergebnis: Wenn die neue Trasse für den Hochgeschwindigkeitszug auf der Mittelsenkrechten zur Verbindungsstrecke $\overline{AB}$ beider Ortschaften verläuft, ist der Zug an jeder Stelle gleich weit von den Ortschaften entfernt.

5.5 Besondere Punkte und Linien eines Dreiecks

Information

Eigenschaften der Mittelsenkrechten

In der Lösung der Aufgabe 1 haben wir folgende Eigenschaft der Mittelsenkrechten erkannt und mithilfe der Symmetrie begündet:

> **Satz**
> Wenn ein Punkt P auf der Mittelsenkrechten einer Strecke $\overline{AB}$ liegt, dann hat er die gleiche Entfernung zu den Punkten A und B.
>
> **Kehrsatz**
> Wenn ein Punkt P von zwei Punkten A und B die gleiche Entfernung hat, dann liegt er auf der Mittelsenkrechten der Strecke $\overline{AB}$.

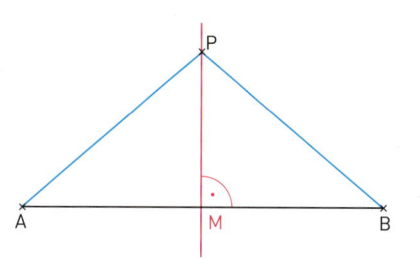

Weiterführende Aufgabe

Eigenschaften der Winkelhalbierenden eines Winkels

2. Zwischen der Gabelung sollen Laternenmasten aufgestellt werden. Um beide Loipen zu beleuchten, sollen die Masten von den beiden sich verzweigenden Loipen gleich weit entfernt sein.
   Wo müssen die Masten gesetzt werden?
   Du kannst auf Papier oder mit einem DGS zeichnen.

> **Satz: Eigenschaften der Winkelhalbierenden**
> Für Winkel, die höchstens 180° groß sind, gilt:
> Wenn ein Punkt P auf der Winkelhalbierenden liegt, so hat er von den beiden Schenkeln denselben Abstand.
>
> **Kehrsatz**
> Wenn ein Punkt P von den beiden Schenkeln eines Winkels denselben Abstand hat, dann liegt er auf der Winkelhalbierenden.

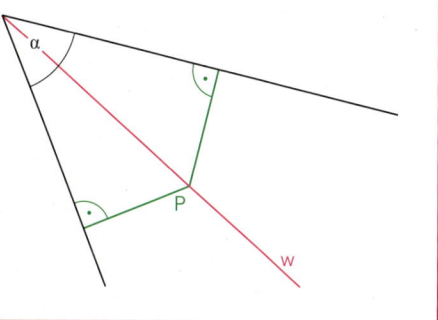

Übungsaufgaben

3. Gegeben sind in einem Koordinatensystem mit der Einheit 1 cm die Punkte P(3|1) und Q(6|2) sowie die Gerade AB mit A(2,5|4) und B(6|7).
   Konstruiere einen Punkt auf der Geraden AB, der von P und Q gleich weit entfernt ist.

4. Gegeben sind in einem Koordinatensystem mit der Einheit 1 cm die beiden Punkte P(1,5|4,5) und Q(5,5|6).
   a) Welche Punkte sind von P weiter entfernt als von Q?
   b) Welche Punkte liegen von P höchstens so weit entfernt wie von Q?

5. Zwischen den Ortschaften Altstadt und Neudorf wird eine neue Umgehungsstraße gebaut. Beide Orte sollen eine gemeinsame Anschlussstelle erhalten, die von den jeweiligen Ortszentren gleich weit entfernt ist. Wo kann sie liegen?

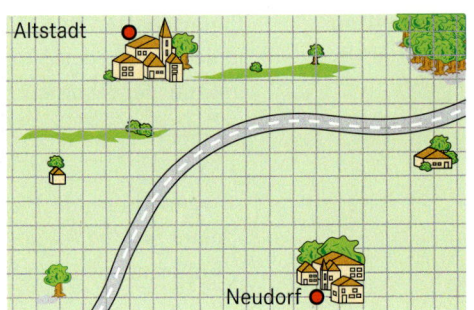

6. Gegeben ist ein spitzer Winkel. Konstruiere die Winkelhalbierende w. Wähle dann einen Punkt P auf w und konstruiere die Orthogonalen durch P zu den beiden Schenkeln.

7. Zwischen einer Weggabelung in einem Park soll ein kreisrundes Blumenbeet angelegt werden. Die beiden Wege bilden einen 57° großen Winkel. Aus Symmetriegründen soll der Mittelpunkt des Beetes von den Wegen gleich weit entfernt sein.
Zeichne. Wo kann er liegen?

8. Vor vielen Jahren fanden Piraten eine Schatzkarte. Darauf war auf einer Insel eine Weggabelung zu sehen. Es war beschrieben, dass der Schatz gleich weit von den beiden abzweigenden Wegen entfernt liegt.
Wie müssen die Piraten vorgehen, um den Schatz zu finden?

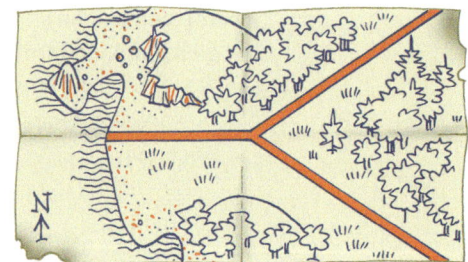

5.5.2 Umkreis und Inkreis eines Dreiecks

Einstieg 1 Zeichne mit einem dynamischen Geometrie-System ein Dreieck und die drei Mittelsenkrechten zu den Dreieckseiten. Prüfe mit dem Zugmodus, ob sich die drei Mittelsenkrechten immer in einem Punkt schneiden.
Welchen Abstand hat der Schnittpunkt S von den Eckpunkten des Dreiecks?
Begründe deine Aussage und prüfe sie in geeigneter Form mit dem DGS.

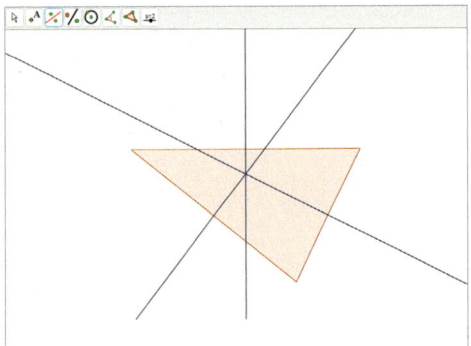

Einstieg 2 Zeichnet verschiedene Dreiecke und die Mittelsenkrechten aller drei Seiten.
Was fällt auf?

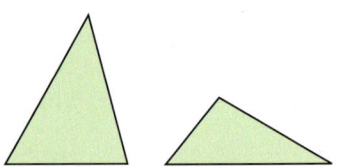
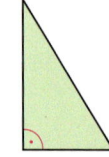

5.5 Besondere Punkte und Linien eines Dreiecks

Aufgabe 1

Umkreis eines Dreiecks
Für die drei Ortschaften A, B und C wird ein gemeinsames Schwimmbad geplant. Es soll ein Ort M gefunden werden, der von allen drei Ortschaften gleich weit entfernt ist.
Für die Entfernungen der drei Ortschaften voneinander gilt:
|AB| = 4,8 km; |BC| = 5,2 km; |AC| = 3,4 km.
Stelle die drei Ortschaften durch drei Punkte A, B, C dar und konstruiere einen solchen Punkt M.
Begründe die Konstruktion.
Gib die Entfernung des geplanten Schwimmbades von den Orten an.

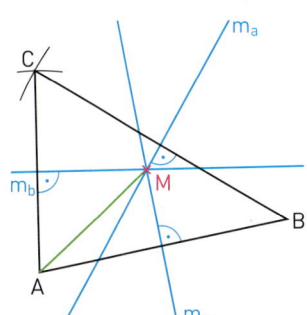

Lösung

Da M von allen Punkten A, B und C gleich weit entfernt sein soll, muss M nach dem Kehrsatz von Seite 175 auf den Mittelsenkrechten der Strecken $\overline{AB}$, $\overline{BC}$ und $\overline{AC}$ liegen.
Wir konstruieren das Dreieck ABC aus seinen 3 Seitenlängen (Kongruenzsatz sss). Dazu wählen wir 1 cm für 1 km in der Wirklichkeit (Maßstab: 1 : 100 000). Dann zeichnen wir die drei Mittelsenkrechten m_a, m_b und m_c. Der Schnittpunkt M ist der gesuchte Punkt. Wir entnehmen der Zeichnung |AM| = 2,7 cm.
Ergebnis: Die Entfernung des geplanten Schwimmbades von jedem der Orte beträgt 2,7 km.

m_a ist die Mittelsenkrechte der Seite a.

Information

(1) Alle drei Mittelsenkrechten eines Dreiecks schneiden sich in einem Punkt
Es hat dich vielleicht verwundert, dass die dritte Mittelsenkrechte bei der Lösung der Aufgabe 1 auch durch den Schnittpunkt M der beiden zuerst gezeichneten Mittelsenkrechten verläuft. Dies lässt sich begründen.
Es sollen m_c und m_a die Mittelsenkrechten von $\overline{AB}$ und $\overline{BC}$ ferner M ihr Schnittpunkt sein. Nach dem Satz von Seite 175 gilt dann: |MA| = |MB| und |MB| = |MC|.
Folglich gilt auch: |MA| = |MC|. Nach dem Kehrsatz auf Seite 175 liegt M somit ebenfalls auf der Mittelsenkrechten m_b von AC.

(2) Umkreis
Der Punkt M hat von A, B und C die gleiche Entfernung, also liegen A, B und C auf einem Kreis mit dem Mittelpunkt M.

Definition
Der Kreis, der durch die drei Eckpunkte des Dreiecks geht, heißt **Umkreis** des Dreiecks.

Satz
In jedem Dreieck schneiden sich die Mittelsenkrechten der drei Seiten in *einem* Punkt, dem Mittelpunkt des Umkreises.

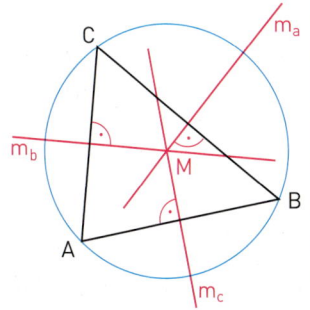

Weiterführende Aufgabe

2. Auf einer dreieckigen Rasenfläche in einem Park soll ein möglichst großes kreisförmiges Blumenbeet angelegt werden.
Wo muss der Mittelpunkt des Beetes liegen?
Welchen Abstand hat der Mittelpunkt von den Wegen?

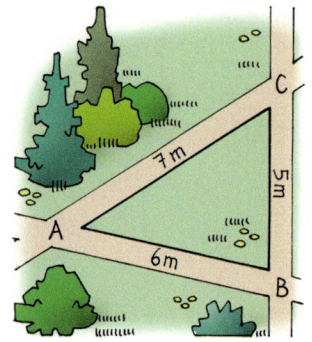

Information

(1) Alle drei Winkelhalbierenden eines Dreiecks schneiden sich in einem Punkt

Es hat dich vielleicht verwundert, dass auch die dritte Winkelhalbierende bei der Lösung der Aufgabe 1 durch den Schnittpunkt W der beiden zuerst gezeichneten Winkelhalbierenden verläuft. Dies lässt sich begründen:
Es sollen w_α und w_β die Winkelhalbierenden von α und β, ferner W ihr Schnittpunkt sein. Dann gilt nach dem Satz von Seite 175:
$|WF| = |WD|$ und $|WD| = |WE|$.
Folglich gilt auch $|WF| = |WE|$.
Nach dem Kehrsatz von Seite 175 liegt W somit auf der Winkelhalbierenden w_γ von Winkel γ.

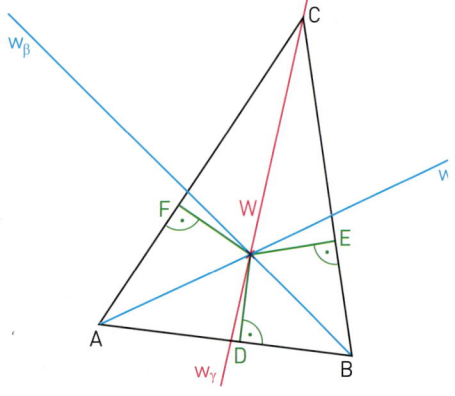

(2) Inkreis

Der Punkt W hat von den Dreieckseiten $\overline{AB}$, $\overline{AC}$ und $\overline{BC}$ den gleichen Abstand.
Also ist W der Mittelpunkt eines Kreises, der die Dreieckseiten berührt.

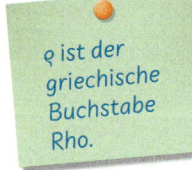

ϱ ist der griechische Buchstabe Rho.

Definition
Man nennt den Kreis, der die drei Seiten eines Dreiecks berührt, den **Inkreis** des Dreiecks. Den Radius bezeichnen wir mit ϱ.

Satz
In jedem Dreieck schneiden sich die Winkelhalbierenden der drei Innenwinkel in *einem* Punkt, dem Mittelpunkt des Inkreises.

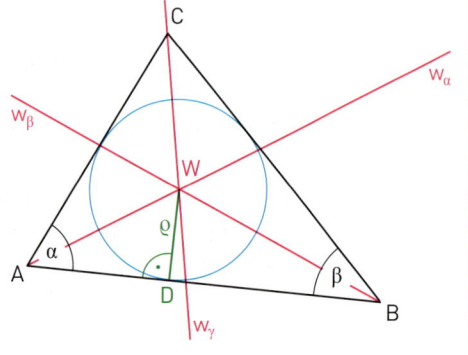

Übungsaufgaben

3. In einer Wüste befinden sich drei Forschungsstationen A, B und C. Für ihre Entfernungen gilt:
   $|AB| = 8\,\text{km}$, $|BC| = 6{,}1\,\text{km}$, $|AC| = 9{,}9\,\text{km}$.
   Es soll ein Depot angelegt werden, von dem aus die drei Stationen versorgt werden können. Das Depot soll von den Stationen gleich weit entfernt sein.
   Bestimme diese Entfernung.

4. Konstruiere den Umkreis zu dem Dreieck ABC; miss den Radius des Umkreises.
   a) $a = 5{,}7\,\text{cm}$; $c = 4{,}9\,\text{cm}$; $\beta = 49°$
   b) $a = 4{,}3\,\text{cm}$; $c = 6{,}7\,\text{cm}$; $\gamma = 77°$
   c) $a = 4\,\text{cm}$; $b = 5\,\text{cm}$; $c = 7{,}5\,\text{cm}$

5. Untersucht, ob der Umkreis der kleinste Kreis ist, den das Dreieck enthält.

6. Bestimme den Stich der Brücke aus dem Foto.
   Ermittle, welchen Radius der Kreisbogen hat.

Bedeutendster Brückenbau in ganz Europa

Im Jahr 1598 hat der Baumeister Jakob Wolff der Ältere in Nürnberg die Fleischbrücke über die Pegnitz errichtet.
Für die damalige Zeit war das der technisch bedeutendste Brückenbau in ganz Europa.
Der Bogen besteht aus 3000 Keilsteinen und überspannt eine Weite 27 m.

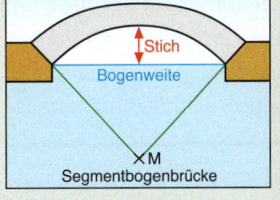

7. Ein Designer hat dreieckige Spiegel entworfen: Eine Seite ist 14 cm lang, die beiden anliegenden Winkel sind 60° und 50° groß.
   Diese Spiegelfläche soll auf einer kreisförmigen Holzscheibe befestigt werden. Bestimme deren Durchmesser.

8. Von einem Dreieck ABC sind zwei Stücke und der Umkreisradius r gegeben. Konstruiere es.
   a) $c = 5\,\text{cm}$; $a = 4{,}5\,\text{cm}$; $r = 3\,\text{cm}$
   b) $a = 3{,}5\,\text{cm}$; $b = 2\,\text{cm}$; $r = 4{,}5\,\text{cm}$
   c) $c = 4{,}8\,\text{cm}$; $\alpha = 48°$; $r = 2{,}7\,\text{cm}$
   d) $b = 3{,}7\,\text{cm}$; $\gamma = 55°$; $r = 2{,}5\,\text{cm}$

9. Der Mittelpunkt des Umkreises eines Dreiecks kann innerhalb, außerhalb oder auf einer Seite des Dreiecks liegen.
   Untersuche die entsprechende Fragestellung auch für den Mittelpunkt des Inkreises.

10. Könnt ihr ein Viereck zeichnen, das einen [keinen] Umkreis besitzt?

11. Konstruiere das Dreieck ABC. Konstruiere dann den Inkreis und miss dessen Radius.
    a) $a = 5{,}5$ cm; $b = 4{,}5$ cm; $\gamma = 115°$
    b) $a = 7$ cm; $b = 6$ cm; $c = 4$ cm
    c) $\alpha = 40°$; $c = 6{,}5$ cm; $\beta = 60°$
    d) $a = 6{,}5$ cm; $\alpha = 50°$; $b = 4{,}0$ cm

12. Zeichnet drei Geraden, die nicht alle durch einen Punkt gehen. Konstruiert dann Kreise, die jeweils die drei Geraden berühren. (Unterscheidet mehrere Fälle!)

13. Konstruiere den Inkreis des Dreiecks ABC. Gib Mittelpunkt und Radius des Inkreises an.
    a) $A(0|2)$; $B(7|3)$; $C(10|6)$
    b) $A(0|5)$; $B(9|6)$; $C(7|10)$
    c) $A(4|3)$; $B(9|11)$; $C(1|10)$
    d) $A(-2|-1)$; $B(3|1)$; $C(-5|8)$

14. Hanna hat noch eine dreieckige Korkplatte mit den Seitenlängen $a = 17$ cm, $b = 14$ cm und $c = 21$ cm übrig. Sie möchte daraus einen möglichst großen kreisförmigen Untersetzer herstellen. Welchen Durchmesser hat der Untersetzer?

15. Untersuche, bei was für Dreiecken die Mittelpunkte von Um- und Inkreis zusammenfallen.

16. Auf einem dreieckigen Grundstück soll ein zylinderförmiges Bürohochhaus errichtet werden. Die Baubehörde schreibt einen Mindestabstand von 3 m zu den Grundstücksgrenzen vor. Welchen Durchmesser kann das Hochhaus höchstens haben?

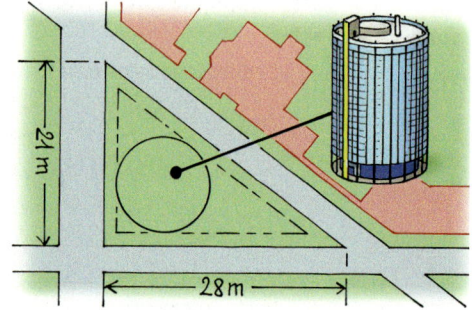

17. Hobbydrechsler müssen immer wieder exakt den Mittelpunkt von Rundhölzern bestimmen. Dafür verwenden sie einen so genannten Zentrierwinkel. Erläutert, wie man mit diesem Gerät den Mittelpunkt eines Kreises bestimmen kann. Begründet auch.

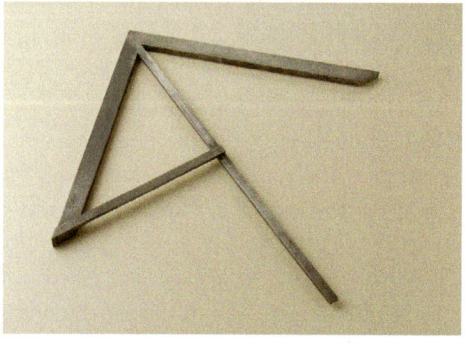
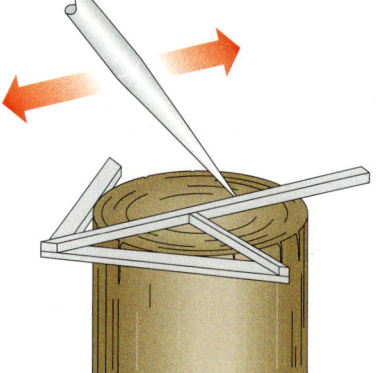

Das kann ich noch!

A) Berechne.
  1) $2 + (-7)$
  2) $-3 + (-11)$
  3) $5 - 7$
  4) $-4 - (-9)$
  5) $2 \cdot (-13)$
  6) $(-4) \cdot (-9)$
  7) $-1 \cdot 0$
  8) $-24 : 3$
  9) $-54 : (-6)$
  10) $-9 : 0$

5.6 Satz des Thales

Einstieg 1

Beim Sportunterricht steht die Klasse 7c zu Beginn der Stunde rund um den Mittelkreis des Sportplatzes (siehe Bild). Dabei gibt es zwei besondere Schüler. Sie tragen zur besseren Erkennung rote T-Shirts und stehen genau da, wo sich Mittelkreis und Mittellinie schneiden.
Die Schüler werfen sich einen Ball zu. Dabei gilt als Regel, dass ein Schüler mit einem roten T-Shirt irgendeinem Schüler mit blauem T-Shirt den Ball zuwirft. Dieser muss den Ball zu dem anderen Schüler mit dem roten T-Shirt werfen, usw.
Welcher Schüler mit einem blauen T-Shirt muss sich zwischen Fangen und Werfen am stärksten drehen? Probiert es aus.

Einstieg 2

Zeichnet mit einem dynamischen Geometrie-System einen Kreis mit dem Mittelpunkt M und dem Durchmesser $\overline{AB}$. Platziert auf dem Kreis einen weiteren Punkt C und verbindet ihn mit A und B. Messt jetzt die Größe des Winkels γ am Punkt C. Bewegt anschließend den Punkt C auf dem Kreis. Was stellt ihr fest? Formuliert einen entsprechenden Zusammenhang.

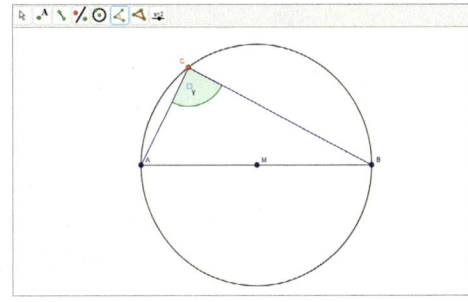

Aufgabe 1 **Hinführung zum Satz des Thales**

Zeichne einen Kreis und zwei Durchmesser. Zeichne nun ein Viereck, das die beiden Durchmesser als Diagonalen besitzt.
Um was für ein Viereck handelt es sich? Begründe deine Behauptung.

Lösung

Die Zeichnung lässt vermuten, dass es sich um ein Rechteck handelt, also ein Viereck mit vier rechten Winkeln.
Wir wissen: Der Punkt C liegt auf dem Halbkreis über $\overline{DB}$.
Wir wollen zeigen: γ = 90°
Die Strecken $\overline{MB}$, $\overline{MC}$ und $\overline{MD}$ sind Radien des Kreises um M und daher gleich lang.
Folglich sind die Dreiecke DMC und MBC gleichschenklige Dreiecke.
Mithilfe des Basiswinkelsatzes folgt:
(1) $\delta_1 = \gamma_1$;   (2) $\beta_2 = \gamma_2$
Dann gilt: $\gamma = \gamma_1 + \gamma_2 = \delta_1 + \beta_2$
Nach dem Winkelsummensatz gilt:
$\delta_1 + \beta_2 + \gamma = 180°$
Wegen $\delta_1 + \beta_2 = \gamma$ folgt:
$\gamma + \gamma = 180°$
$2 \cdot \gamma = 180°$
$\gamma = 90°$

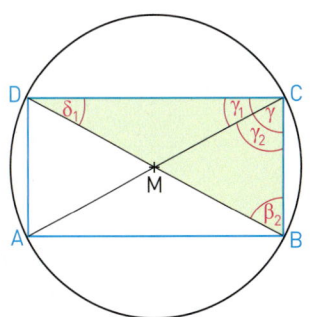

Information

(1) Satz des Thales

Die Lösung der Aufgabe 1 führt uns auf einen Satz, der nach dem griechischen Philosophen, Astronomen und Mathematiker Thales von Milet (um 600 v. Chr.) benannt ist.

Definition
Zu jeder Strecke $\overline{AB}$ mit dem Mittelpunkt M kann man den Kreis zeichnen, der M als Mittelpunkt hat und durch die Punkte A und B geht.
Dieser Kreis heißt **Thaleskreis** der Strecke $\overline{AB}$.

Satz des Thales
Wenn der Punkt C eines Dreiecks ABC auf dem Thaleskreis der Strecke $\overline{AB}$ liegt, dann ist das Dreieck rechtwinklig mit γ als rechtem Winkel.

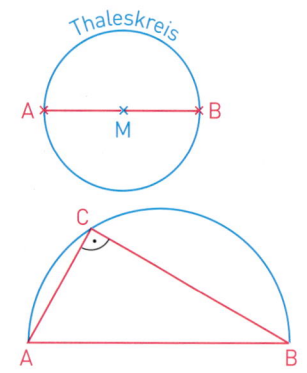

> Wegen der Symmetrie des Kreises betrachtet man häufig nur einen Halbkreis.

(2) Kehrsatz des Satzes von Thales

Wir zeichnen eine 6 cm lange Strecke $\overline{AB}$ und darüber verschiedene rechtwinklige Dreiecke. Wir vermuten den folgenden Kehrsatz:

Kehrsatz des Thalessatzes
Wenn ABC ein rechtwinkliges Dreieck mit $\gamma = 90°$ ist, dann liegt C auf dem Thaleskreis über der Seite $\overline{AB}$.

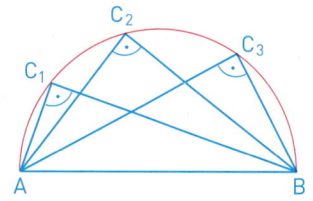

Beweis: Liegt der Punkt C nicht auf dem Halbkreis über $\overline{AB}$, dann gibt es zwei Möglichkeiten:
(1) C liegt innerhalb des Thaleskreises. (2) C liegt außerhalb des Thaleskreises.

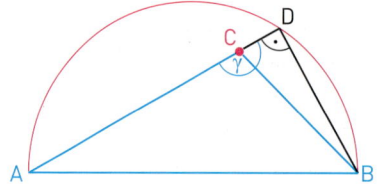 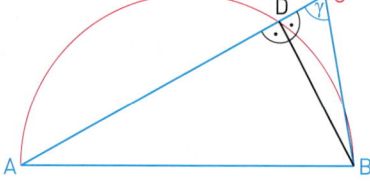

Das Dreieck BDC besitzt bei D einen rechten Winkel, also ist in diesem Dreieck nach dem Winkelsummensatz der Innenwinkel bei C spitz. Dann ist aber der Winkel γ im Dreieck ABC stumpf: $\gamma > 90°$.

Das Dreieck ABD besitzt bei D einen rechten Winkel, ebenso das Dreieck BCD. Somit ist nach dem Winkelsummensatz der Winkel γ bei C spitz: $\gamma < 90°$.

Liegt also der Punkt C *nicht* auf dem Halbkreis über $\overline{AB}$, dann ist das Dreieck ABC *nicht* rechtwinklig. Ist es aber rechtwinklig, dann muss C auf dem Halbkreis liegen.

Weiterführende Aufgabe

Konstruktion eines rechtwinkligen Dreiecks mithilfe des Thalessatzes

2. Konstruiere ein Dreieck ABC aus den gegebenen Stücken.
   a) $c = 4{,}8$ cm, $a = 2{,}5$ cm, $\gamma = 90°$
   b) $c = 4{,}7$ cm, $h_c = 1{,}9$ cm, $\gamma = 90°$

5.6 Satz des Thales

Übungsaufgaben

3. a) Konstruiere aus den gegebenen Stücken ein rechtwinkliges Dreieck ABC.
   (1) $c = 5{,}3$ cm, $b = 4{,}3$ cm, $\gamma = 90°$ (2) $h_b = 8$ cm, $h_c = 5$ cm, $\gamma = 90°$
   b) Stelle deinem Partner weitere Aufgaben wie in Teilaufgabe a) und kontrolliere anschließend seine Lösung.

4. Konstruiere ein rechtwinkliges Dreieck ABC aus den gegebenen Stücken.
   a) $c = 8$ cm, $h_c = 3$ cm, $\gamma = 90°$ b) $b = 6{,}4$ cm, $h_b = 2{,}3$ cm, $\beta = 90°$

5. Gegeben ist eine Gerade g und ein Punkt P, der nicht auf g liegt. Konstruiere mithilfe des Thalessatzes die Orthogonale zu g durch P. Beschreibe dein Vorgehen.

6. Gegeben ist ein Kreis mit dem Radius $r = 3{,}4$ cm. Jeder konstruiert zunächst ein Rechteck, dessen Ecken auf dem Kreis liegen; eine Seite des Rechtecks soll 2,1 cm lang sein. Vergleiche dazu deine Vorgehensweise mit der deines Nachbarn.

7. Wenn ein Tischler einen rechtwinkligen Fensterrahmen baut, so braucht er zur Überprüfung der rechten Winkel keinen Winkelmesser. Es reicht, wenn er kontrolliert, ob die Diagonalen gleich lang sind.
   a) Begründe, warum man so feststellen kann, ob rechte Winkel vorliegen.
   b) Untersuche auch, ob eine kleine Abweichung vom rechten Winkel mit diesem Verfahren bemerkt wird. Zeichne dazu ein Parallelogramm mit $a = 9$ cm, $b = 12$ cm und $\alpha = 92°$.

8. Zeichne eine Gerade g und zwei Punkte A und B auf derselben Seite von g. Konstruiere nun einen Punkt C auf g so, dass der Winkel zwischen $\overline{CA}$ und $\overline{CB}$ 90° groß ist. Unterscheide hinsichtlich der Lage von A und B verschiedene Fälle.

9. Gegeben ist ein Kreis mit dem Mittelpunkt M und dem Kreisradius r sowie ein Punkt P außerhalb des Kreises. Konstruiere die Tangenten von P an den Kreis.

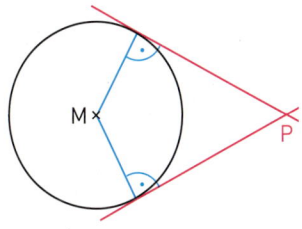

10. Stellt verschiedene Möglichkeiten zusammen, wie man ohne Geodreieck einen rechten Winkel konstruieren kann und präsentiert eure Ergebnisse in der Klasse.

11. Gegeben ist eine Strecke $\overline{AB}$.
    Gesucht ist der geometrische Ort aller Punkte C, sodass das Dreieck ABC einen rechten Winkel bei C hat.
    Probiere mit einem dynamischen Geometrie-System. Versuche den Punkt C so zu bewegen, dass der Winkel stets 90° groß ist. Zeichne dabei seine Ortslinie auf. Äußere eine Vermutung.

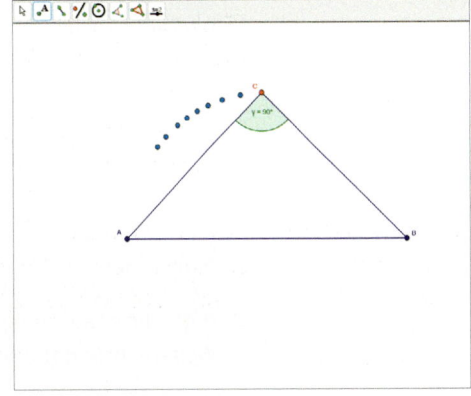

Thales von Milet

Der erste namentlich bekannte griechische Mathematiker ist Thales (ca. 624–547 v. Chr.). Er stammte aus einer Kaufmannsfamilie in der ionischen Handelsstadt Milet und verfügte über Zeit und Mittel, Reisen nach Babylonien, Persien, Ägypten zu unternehmen, um sich das Wissen der damaligen Zeit anzueignen.

1. Es gibt Hinweise darauf, dass Thales den Basiswinkelsatz, den Scheitelwinkelsatz, den Winkelsummensatz für Dreiecke und natürlich den Thalessatz bewiesen hat.
Gib die Aussagen dieser Sätze mit eigenen Worten an.

2. Bei einer Reise nach Ägypten soll Thales auf die Bitte nach einer Schätzung der Pyramidenhöhe geantwortet haben: „Ich will sie nicht schätzen, sondern messen." Dazu soll er sich in den Sand gelegt haben, um einen Abdruck seines Körpers zu erhalten. „Wenn ich mich jetzt an ein Ende des Abdrucks stelle und warte, bis mein Schatten so lang ist wie der Abdruck, dann kann ich auch die Höhe der Pyramide bestimmen".
Wie erhält Thales die Höhe der Pyramide? Welcher geometrische Satz wird dabei benutzt?

3. Thales soll auch ein Gerät entwickelt haben, um die Entfernung zu Schiffen auf See zu bestimmen. Dieses Gerät besteht aus zwei Stäben mit einem gemeinsamen Drehpunkt. Man steigt damit auf einen Turm und hält den einen Stab senkrecht. Der zweite Stab wird so gedreht, dass er genau auf das Schiff zeigt. Der Winkel zwischen beiden Stäben wird nun nicht mehr verändert und man dreht sich um, sodass der zweite Stab auf einen Punkt im Gelände zeigt. Überlege, wie man die Entfernung zum Schiff erhält.

4. Seiner wissenschaftlichen Leistungen wegen zählte Thales zu den „Sieben Weisen". Eine seiner großartigsten Leistungen soll die Vorhersage der Sonnenfinsternis vom 28. Mai 585 v. Chr. gewesen sein, bei der er wohl das Wissen anderer Gelehrter verwendete, die er auf seinen Reisen getroffen hatte. Informiere dich über Sonnenfinsternisse. Weitere Informationen über Thales kannst du auch im Internet erhalten.

5.7 Aufgaben zur Vertiefung

1. Ein Kreis, der eine Seite eines Dreiecks von außen und die Verlängerung der beiden anderen Seiten berührt, heißt *Ankreis* des Dreiecks.

   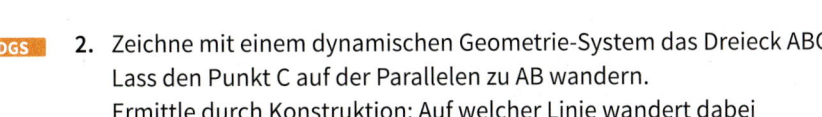

   a) Konstruiere zunächst ein Dreieck ABC aus c = 4,0 cm; a = 2,5 cm; b = 3,5 cm. Konstruiere nun die Ankreise. Wie erhält man die Mittelpunkte der Ankreise?

   b) Begründe: Jedes Dreieck besitzt drei Ankreise.

   c) Die drei Mittelpunkte der Ankreise bilden ein Dreieck. Konstruiere die Höhen dieses Dreiecks sowie den Inkreis des Dreiecks ABC. Was fällt dir auf? Begründe.

2. **DGS** Zeichne mit einem dynamischen Geometrie-System das Dreieck ABC. Lass den Punkt C auf der Parallelen zu AB wandern. Ermittle durch Konstruktion: Auf welcher Linie wandert dabei

   a) der Schnittpunkt M der Mittelsenkrechten;

   b) der Schnittpunkt W der Winkelhalbierenden?

3. Die Kutter Gisela und Erna sind 4,2 km voneinander entfernt. Von der Gisela aus sieht man die Erna in Richtung N 82° O. Die Gisela fährt geradlinig in Richtung N 42° O, die Erna in Richtung N 40° W.

   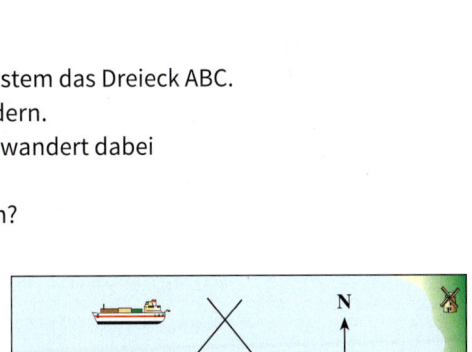

   a) Unter welchem Winkel kreuzen sich die beiden Kurse?

   b) Wie weit ist der Kreuzungspunkt von den momentanen Standorten entfernt?

4. Ein Vieleck mit gleich langen Seiten, dessen Ecken auf einem Kreis liegen, heißt *regelmäßig*.

   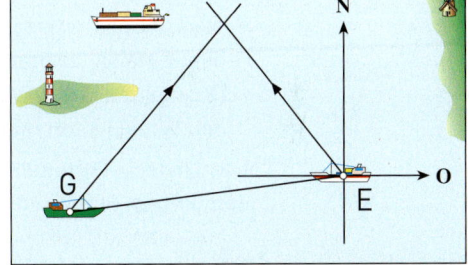

   a) Im Foto siehst du ein regelmäßiges Sechseck. Erkunde in deiner Umwelt, wo du regelmäßige Vielecke findest.

   b) Welche besonderen Dreiecke und welche besonderen Vierecke sind regelmäßig?

   c) Konstruiere ein regelmäßiges Sechseck [Fünfeck], dessen Ecken auf einem Kreis mit dem Radius r = 3,5 cm liegen.

   d) Verbindet man die Ecken eines regelmäßigen Vielecks mit dem Mittelpunkt des Umkreises, so erhält man Dreiecke. Um was für Dreiecke handelt es sich? Was kannst du über die Innenwinkel dieser Dreiecke aussagen, deren Scheitelpunkt M ist? Finde in Abhängigkeit von der Eckenzahl eine Gesetzmäßigkeit.

Das Wichtigste auf einen Blick

Kongruenz
Zwei Figuren A und B heißen zueinander kongruent, wenn sie in Form und in den Maßen übereinstimmen, sonst nicht. Man schreibt A ≅ B.

Kongruenzsätze
Dreiecke sind schon kongruent zueinander

- wenn sie paarweise in den Längen der drei Seiten übereinstimmen (**Kongruenzsatz sss**).
- wenn sie paarweise in den Längen zweier Seiten und der Größe des eingeschlossenen Winkels übereinstimmen (**Kongruenzsatz sws**).
- wenn sie paarweise in den Längen zweier Seiten und der Größe des Winkels, welcher der längeren Seite gegenüberliegt, übereinstimmen (**Kongruenzsatz Ssw**).
- wenn sie paarweise in der Länge einer Seite und den Größen zweier Winkel übereinstimmen (**Kongruenzsatz wsw**). Den zweiten anliegenden Winkel kann man ggf. berechnen.

Die Dreiecke stimmen dann auch paarweise in den übrigen Stücken überein.

Dreiecksungleichung
In jedem Dreieck ist die Summe je zweier Seitenlängen stets größer als die dritte Seitenlänge:
a + b > c; a + c > b; b + c > a

Kreise und Geraden
Die Verbindungsstrecke zweier Kreispunkte heißt *Sehne* des Kreises. Eine Sehne durch den Mittelpunkt des Kreises nennt man *Durchmesser* des Kreises.
Eine *Tangente* ist eine Gerade, die mit dem Kreis genau einen Punkt gemeinsam hat, dieser heißt *Berührungspunkt* der Tangente. Jede Tangente steht auf ihrem *Berührungsradius* senkrecht.
Eine *Sekante* ist eine Gerade, die einen Kreis in zwei Punkten schneidet.

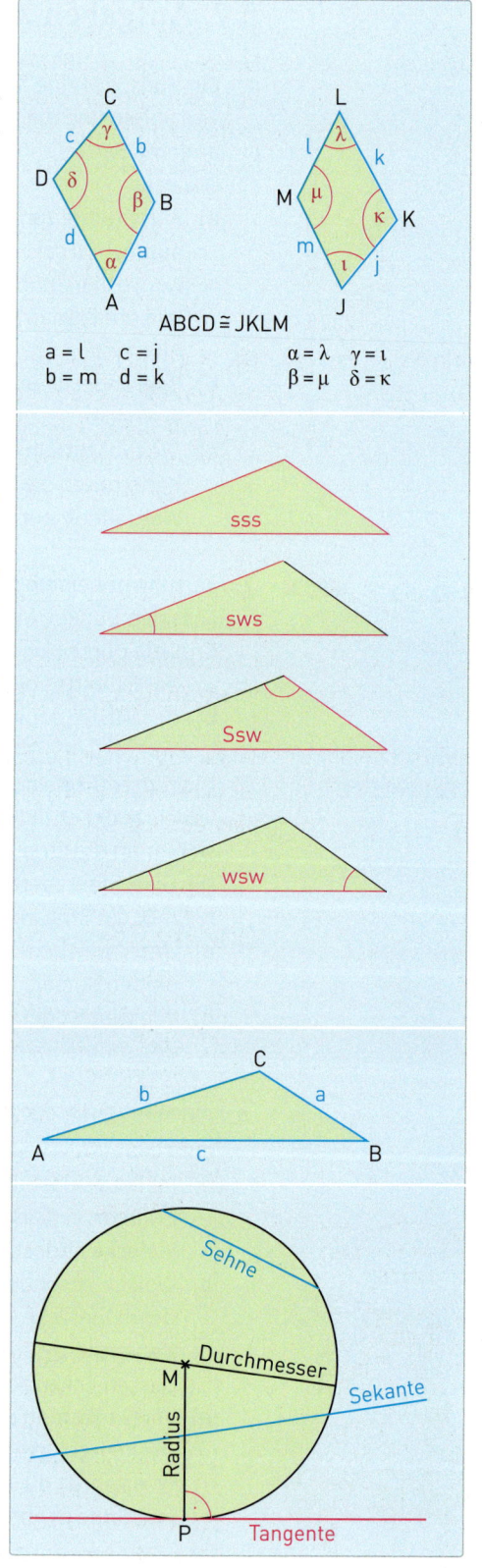

Das Wichtigste auf einen Blick / Bist du fit?

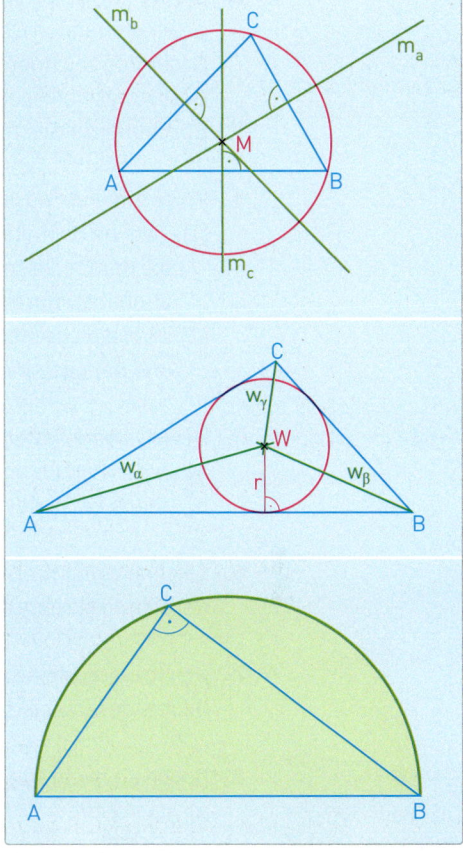

Umkreis eines Dreiecks	Der Kreis, der durch die drei Eckpunkte eines Dreiecks geht, heißt *Umkreis des Dreiecks*. In jedem Dreieck schneiden sich die *Mittelsenkrechten* der drei Seiten in genau einem Punkt, dem Mittelpunkt des Umkreises.
Inkreis eines Dreiecks	Der Kreis, der die drei Seiten eines Dreiecks berührt, heißt *Inkreis des Dreiecks*. In jedem Dreieck schneiden sich die *Winkelhalbierenden* der drei Innenwinkel in genau einem Punkt, dem Mittelpunkt des Inkreises.
Satz des Thales	Wenn der Punkt C eines Dreiecks ABC auf dem Kreis mit der Seite $\overline{AB}$ als Durchmesser (dem sogenannten *Thaleskreis*) liegt, dann ist das Dreieck rechtwinklig mit γ als rechtem Winkel.
Kehrsatz des Thalessatzes	Wenn ABC ein rechtwinkliges Dreieck mit γ = 90° ist, dann liegt der Eckpunkt C auf dem Thaleskreis über der Seite $\overline{AB}$.

Bist du fit?

1. ABCD ist ein Quadrat.
   a) Die Punkte E, F, G und H sind die Seitenmitten. Warum sind die Dreiecke (1) bis (4) zueinander kongruent?
   b) Finde zueinander kongruente Dreiecke.

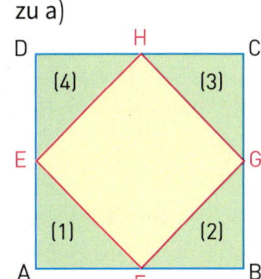
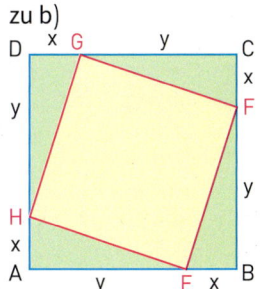

Planskizze zuerst!

2. Kann man mit den gegebenen Größen ein Dreieck ABC zeichnen? Falls ja: Sind jeweils alle Lösungsdreiecke zueinander kongruent? In welchen Fällen kannst du eine Entscheidung nur durch eine Konstruktion treffen? Begründe jeweils deine Antwort. Führe die Konstruktion durch.

   (1) c = 7 cm; a = 2,9 cm; b = 3,9 cm
   (2) a = 4 cm; β = 92°; γ = 107°
   (3) a = 4,2 cm; b = 3,5 cm; c = 5,5 cm
   (4) b = 5,1 cm; c = 4,3 cm; α = 29°
   (5) a = 5,8 cm; b = 4,3 cm; β = 78°
   (6) α = 37°; β = 79°; γ = 88°
   (7) a = 4,9 cm; c = 6,5 cm; α = 44°
   (8) a = 3,8 cm; α = 17°; β = 56°

3. Früher hatten Deiche an der See den nebenstehenden Querschnitt. Bestimme zeichnerisch die Größe der Böschungswinkel und die Länge der Böschung zur See hin.

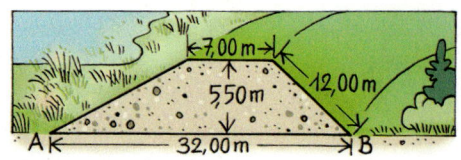

4. Prüfe folgende Aussagen auf ihre Richtigkeit. Begründe deine Antwort.
   (1) Zwei rechtwinklige Dreiecke sind schon zueinander kongruent, wenn sie in einer Seite, die dem rechten Winkel anliegt, und der Seite, die dem rechten Winkel gegenüberliegt, übereinstimmen.
   (2) Zwei gleichschenklige Dreiecke sind schon zueinander kongruent, wenn sie in der Basis und dem gegenüberliegenden Winkel übereinstimmen.

5. Beweise oder widerlege.
   a) Jedes Parallelogramm mit gleich langen Diagonalen ist ein Rechteck.
   b) Jedes Parallelogramm mit zueinander orthogonalen Diagonalen ist eine Raute.

6. Zeichne einen Kreis und eine Passante g des Kreises. Konstruiere einen zweiten Kreis, der denselben Mittelpunkt wie der erste Kreis hat und die Gerade g als Tangente besitzt.

7. Konstruiere in einem Koordinatensystem mit der Einheit 1 cm den Umkreis und den Inkreis des Dreiecks ABC mit A(3|2), B(8|10), C(0|9).

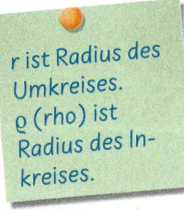

r ist Radius des Umkreises.
ϱ (rho) ist Radius des Inkreises.

8. Konstruiere ein Dreieck ABC. Beschreibe die Konstruktion.

   a) $c = 4{,}2$ cm
   $\alpha = 67°$
   $r = 3{,}1$ cm

   b) $b = 6{,}3$ cm
   $\gamma = 97°$
   $\varrho = 1{,}4$ cm

   c) $b = 7{,}2$ cm
   $\gamma = 110°$
   $h_c = 2{,}2$ cm

   d) $\alpha = 42°$
   $\beta = 72°$
   $w_\alpha = 5{,}7$ cm

   e) $a = 5{,}2$ cm
   $b = 4{,}3$ cm
   $s_a = 4{,}6$ cm

9. Zeichne einen Kreis mit dem Radius $r = 3{,}7$ cm und einen Punkt P im Abstand 6 cm vom Kreismittelpunkt. Konstruiere von P aus die Tangenten an den Kreis.

10. Ein Theodolit wird 21 m von der lotrechten Kante des Schulgebäudes entfernt aufgestellt. Dann wird der Höhenwinkel α gemessen: α = 29°.
    Die Instrumentenhöhe beträgt 1,75 m.
    Wie hoch ist das Schulgebäude?

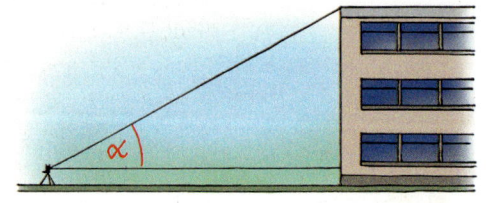

11. Die Strecken $\overline{AP}$ und $\overline{BP}$ heißen *Tangentenabschnitte*.
    Zeichne einen Kreis mit dem Mittelpunkt M und dem Radius $r = 3$ cm.
    Konstruiere einen Punkt P außerhalb des Kreises so, dass die Länge der Tangentenabschnitte 4 cm beträgt.

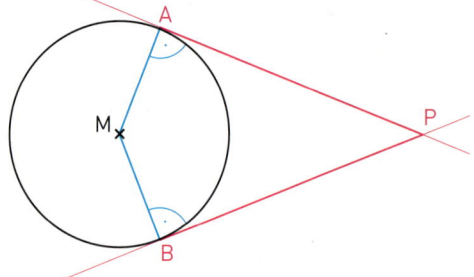

Bleib fit im ...
Umgang mit Wahrscheinlichkeiten

Zum Aufwärmen

1. Beschrifte zunächst einen Lego-Achter wie rechts abgebildet.
   Die anderen Augenzahlen ergeben sich wie beim Würfel daraus,
   dass gegenüberliegende Augensummen 7 sind.
   a) Schätze die Wahrscheinlichkeiten der sechs Augenzahlen
      beim Lego-Achter.
      Erläutere deine Überlegungen.
   b) Überprüfe deine Schätzung, indem du 100-mal mit dem Lego-Achter würfelst.

2. In einer Lostrommel liegen 60 Lose, die von 1 bis 60 nummeriert sind.
   Bestimme die Wahrscheinlichkeiten für das Eintreten der folgenden Ereignisse:
   Die Zahl auf dem Los
   a) ist durch 4 teilbar;
   b) ist durch 12 teilbar;
   c) endet auf 0 oder 5;
   d) hat zwei gleiche Ziffern;
   e) ist nicht durch 2 teilbar;
   f) ist weder durch 4 noch durch 6 teilbar.

Zum Erinnern

(1) Wahrscheinlichkeiten von Ergebnissen bei einstufigen Zufallsexperimenten

Man kann zwei Typen von Zufallsexperimenten unterscheiden:
- Bei **Laplace-Experimenten** wird ein Zufallsgerät benutzt, bei dem kein Grund ersichtlich ist, warum eines der möglichen Ergebnisse eine größere Chance als ein anderes hat aufzutreten. Besitzt ein solches Zufallsexperiment n mögliche Ergebnisse, so beträgt die Wahrscheinlichkeit für das Auftreten eines bestimmten Ergebnisses $\frac{1}{n}$.
  Beispiele: Werfen einer Münze, Werfen eines Würfels, Drehen eines Glücksrades mit gleich großen Sektoren, Ziehen von gleichartigen Kugeln aus einer Urne.
- Bei **Nicht-Laplace-Experimenten** lassen sich die Wahrscheinlichkeiten für die einzelnen möglichen Ergebnisse nicht durch Symmetrieüberlegungen (oder Ähnliches) bestimmen.
  Beispiel: Reißnägel unterscheiden sich durch unterschiedliche Druckflächen und unterschiedliche Längen der Nägel; man kann nicht vorhersagen, wie oft ein Reißnagel beim Werfen auf der Seite liegen bleibt oder mit der Spitze nach oben zeigt.

  Weitere Beispiele: Werfen eines LEGO-Würfels oder eines Kronkorkens.
  Aufgrund von langen Versuchsreihen kann man jedoch Schätzwerte für die zugrunde liegenden Wahrscheinlichkeiten bestimmen.

Beispiel: Lego-Vierer

Ergebnis	1	2	3	4	5	6
Wahrscheinlichkeit	0,48	0,06	0,06	0,28	0,06	0,06

Keine Regel ohne Ausnahme.

Das **empirische Gesetz der Großen Zahlen** besagt, dass bei wiederholten Durchführungen die *relativen Häufigkeiten*, mit denen das betrachtete Ergebnis eines Zufallsexperiments auftritt, mit zunehmender Versuchsanzahl in der Regel immer weniger um die Wahrscheinlichkeit schwanken.

(2) Wahrscheinlichkeiten von Ereignissen bei einstufigen Zufallsexperimenten

Ergebnisse eines Zufallsexperiments kann man zu *Ereignissen* zusammenfassen.
Beispiel: Beim Werfen eines Würfels gehören zum Ereignis *gerade Augenzahl* die Ergebnisse 2, 4 und 6. Dieses Ereignis wird durch die Menge {2; 4; 6} angegeben.

> Die *Wahrscheinlichkeit eines Ereignisses* erhält man als Summe der Wahrscheinlichkeiten der zugehörigen Ergebnisse (*Summenregel*).

Bei Laplace-Experimenten verwendet man speziell die **Laplace-Regel**:

Wahrscheinlichkeit
(engl.) probability
(franz.) probabilité
(lat.) probabilitas

> Für die Wahrscheinlichkeit eines Ereignisses E bei einem Laplace-Experiment gilt:
>
> $$P(E) = \frac{\text{Anzahl der zu E gehörenden Ergebnisse}}{\text{Anzahl aller möglichen Ergebnisse}}$$
>
> *Beispiel:* Werfen eines Würfels $\quad P(\text{gerade Augenzahl}) = \frac{3}{6} = \frac{1}{2}$

Zum Trainieren

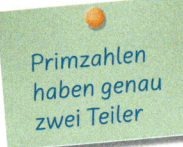
Primzahlen haben genau zwei Teiler

3. Bei einem Geburtstag werden kleine Gewinne mit einem Würfelspiel verteilt.
Worauf würdest du setzen?
(1) Erscheinen einer Primzahl beim Werfen des Oktaeders
(2) Erscheinen einer geraden Zahl beim Werfen eines gewöhnlichen Würfels

4. Marc spielt mit seinen Großeltern Skat. Er denkt, dass die erste Karte, die er erhält, ein Glücks- oder Unglückszeichen ist. Bestimme die Wahrscheinlichkeit dafür, dass die 1. Karte
a) der Kreuz-Bube ist;
b) ein Bube ist;
c) eine Kreuz-Karte ist;
d) eine rote Karte ist;
e) eine Karte ohne Bild ist.

5. Bestimme für einen Lego-Vierer mithilfe der auf Seite 189 angegebenen Wahrscheinlichkeitsverteilung die Wahrscheinlichkeit für das Werfen
a) einer geraden Augenzahl;
b) einer ungeraden Augenzahl;
c) einer Augenzahl von höchstens 3;
d) einer Augenzahl von mindestens 2;
e) einer durch 7 teilbaren Augenzahl;
f) einer kleineren Augenzahl als 7.

6. *Super 6* ist eine Zusatzlotterie zum gewöhnlichen Lottospiel. Bei jeder Ziehung wird eine sechsstellige Gewinnzahl von 000 000 bis 999 999 gezogen, die mit der Spielschein-Nummer verglichen wird. Die Teilnahme kostet 1,25 €.
Bestimme für jede Gewinnhöhe die Wahrscheinlichkeit.

Klasse	Anzahl der richtigen Endziffern	(Mindest) Gewinnsumme
6	1	2,50 Euro
5	2	6,00 Euro
4	3	66,00 Euro
3	4	666,00 Euro
2	5	6.666,00 Euro
1	6	100.000,00 Euro

6. Baumdiagramme und Vierfeldertafeln

In manchen Situationen kommen Zufallsentscheidungen mehrfach vor.

In einer Klasse mit 14 Jungen und 17 Mädchen sollen zwei Personen ausgewählt werden, die in der nächsten Zeit den Klassendienst erledigen sollen; ihre Aufgabe wird sein, groben Müll zu entsorgen, die Tafel zu reinigen, die Blumen im Klassenraum regelmäßig zu gießen usw. Dazu werden die Namen der Schülerinnen und Schüler auf Zettel geschrieben und in einen großen Briefumschlag gelegt. Aus diesem Umschlag werden dann zwei Zettel nacheinander gezogen. Dabei hängt es vom Zufall ab, ob jeweils ein Jungenname oder ein Mädchenname gezogen wird. Hier liegt also ein zweistufiges Zufallsexperiment vor.

→ Was wird eher eintreten:
   Zwei Mädchen werden für den Klassendienst gezogen oder
   Ein Junge und ein Mädchen werden für den Klassendienst gezogen?

→ Schätze, wie wahrscheinlich es ist, dass zwei Jungen für den Klassendienst gezogen werden.

*In diesem Kapitel ...
lernst du, zweistufige Zufallsexperimente übersichtlich darzustellen
und Wahrscheinlichkeiten dafür zu berechnen. Ferner stellst du Daten
übersichtlich in Vierfeldertafeln dar.*

Lernfeld: Ein Zufall nach dem anderen

Junge oder Mädchen?

In Deutschland beträgt die Wahrscheinlichkeit dafür, dass ein Neugeborenes ein Junge ist, etwa 51,4 %. Viele Eltern wünschen sich mit dem zweiten Kind ein Pärchen zu erhalten.

Tabellenkalkulation kann die Auswertung erleichtern.

→ Überlegt in Gruppenarbeit, welche „Typen" von Zwei-Kind-Familien es gibt und wie hoch der Anteil dieser Familien sein müsste.

→ Führt in eurer Schule eine Umfrage durch, um eure Vermutung zu überprüfen.

→ Wird euer Befragungsergebnis verfälscht, wenn ihr in eurer Erhebung Familien mit zwei Kindern doppelt erfasst, weil ihr beide Geschwister fragt?

→ Überlegt entsprechend: Welche Typen von Drei-Kind-Familien gibt es? Wie hoch müsste deren Anteil sein?

Leistungen mit Noten bewerten

Bei vielen sportlichen Wettbewerben wie z. B. in der Leichtathletik geht es um „schneller – höher – weiter". Die erzielten Leistungen können ganz genau in Meter oder Sekunde gemessen werden. In anderen Disziplinen erhalten Teilnehmer eines Wettbewerbs Bewertungen durch eine Jury, z. B. Haltungsnoten oder Noten für die Gestaltung beim Eiskunstlaufen. Bei einigen dieser Wettbewerbe addiert man die von den Juroren erteilten Noten, bei anderen lässt man zunächst die schlechteste und die beste Bewertung weg.

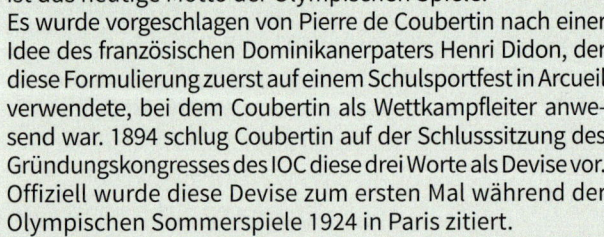

Citius, altius, fortius
(lateinisch)
deutsch: Schneller, Höher, Stärker
ist das heutige Motto der Olympischen Spiele. Es wurde vorgeschlagen von Pierre de Coubertin nach einer Idee des französischen Dominikanerpaters Henri Didon, der diese Formulierung zuerst auf einem Schulsportfest in Arcueil verwendete, bei dem Coubertin als Wettkampfleiter anwesend war. 1894 schlug Coubertin auf der Schlusssitzung des Gründungskongresses des IOC diese drei Worte als Devise vor. Offiziell wurde diese Devise zum ersten Mal während der Olympischen Sommerspiele 1924 in Paris zitiert.

→ Überlegt, warum ein solches Verfahren sinnvoll sein kann.

→ Probiert es aus: Welche Auswirkungen hat es, wenn man eine ganzzahlige Notenskala von 1 bis 6 benutzt oder eine von 1 bis 10? Führt dazu einen klasseninternen Wettbewerb durch. Bestimmt eine Jury aus 5 bis 7 Personen und einigt euch auf den Klassenwettbewerb. Hier einige Vorschläge:

(1) Wer hat die schönste Schrift? Die Schülerinnen und Schüler, die nicht zur Jury gehören, schreiben den gleichen Satz an die Tafel.

(2) Wer kann den Inhalt eines Zeitungsartikels am besten wiedergeben? Die Teilnehmer am Wettbewerb treten einzeln vor die Jury und tragen vor.

(3) Wer liest einen fremden (fremdsprachigen) Text am besten vor?

6.1 Zweistufige Zufallsexperimente – Baumdiagramme

Einstieg

Eier-Kennzeichnungen

In der EU werden Hühnereier nach der Vermarktungsnorm in zwei Güteklassen, A und B, unterteilt. Außerdem unterscheidet man Hühnereier auch nach Gewichtsklassen. Hier gibt es vier verschiedene.

Güteklassen	Gewichtsklassen
Güteklasse A In der Regel werden nur diese Eier im Einzelhandel verkauft. Die Schale und Cuticula müssen unbeschädigt sein und eine normale Form aufweisen. **Güteklasse B** Eier, die nicht den Kriterien der Güteklasse A entsprechen, werden der Güteklasse B zugeordnet. Diese Eier gelten als nicht zum Verzehr geeignet.	**Gewichtsklasse XL:** sehr große Eier, mit einem Mindestgewicht von 73 g. **Gewichtsklasse L:** große Eier, mit einem Mindestgewicht von 63 g, aber unter 73 g. **Gewichtsklasse M:** mittlere Eier, mit einem Mindestgewicht von 53 g, aber unter 63 g. **Gewichtsklasse S:** kleine Eier, mit einem Gewicht unter 53 g.

Stellt übersichtlich dar, welche Kombinationsmöglichkeiten der Güte- und Gewichtsklassen auftreten können.

Aufgabe 1

Bei einem Schulfest kann man an einem Stand mit zwei Glücksrädern spielen.
Gewinner ist, wer für beide Glücksräder richtig vorhersagt, auf welchen Feldern die Zeiger stehen bleiben werden.
Beim linken Glücksrad ist $\frac{1}{4}$ der Fläche rot und $\frac{3}{4}$ blau gefärbt.
Beim rechten Glücksrad gibt es gleich große Felder, die die Nummern 1, 2 oder 3 tragen.
Im Bild rechts ist der Zeiger des linken Glücksrades auf „Rot", der Zeiger des rechten Glücksrades ist auf „1" stehen geblieben. Wir notieren dieses Ergebnis als Paar (Rot|1) oder kurz auch als (R|1).

a) Welche anderen Ergebnisse sind möglich?
b) Die möglichen Ergebnisse beim Drehen der beiden Glücksräder kann man in einem **Baumdiagramm** darstellen.
Dem Ergebnis (R|1) entspricht der rote Pfad im Baumdiagramm. Ergänze das Diagramm. Schreibe an die einzelnen Teile des Pfades die zugehörigen Wahrscheinlichkeiten und notiere am Ende eines jeden Pfades das Ergebnis des Zufallsexperiments.

Lösung

a) Bleibt das linke Glücksrad auf dem roten Feld stehen, so sind beim rechten Glücksrad noch drei Ergebnisse möglich. Ebenso sind beim rechten Glücksrad drei Ergebnisse möglich, wenn das linke Glücksrad auf dem blauen Feld stoppt. Insgesamt sind dies zwei mal drei mögliche Ergebnisse, also sechs Ergebnisse des zweistufigen Zufallsexperiments:
(R|1), (R|2), (R|3), (B|1), (B|2), (B|3).

b) Die möglichen Ergebnisse des Zufallsexperiments sind durch die 6 Pfade im Baumdiagramm dargestellt.
Da beim linken Glücksrad $\frac{1}{4}$ der Fläche rot und $\frac{3}{4}$ blau gefärbt ist, gehen wir davon aus, dass die Wahrscheinlichkeit für das Stoppen des Zeigers auf „Rot" $\frac{1}{4}$ und auf „Blau" $\frac{3}{4}$ beträgt.

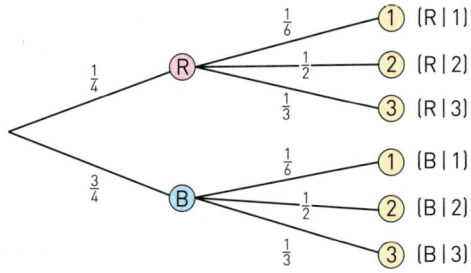

Das rechte Glücksrad hat 6 gleich große Felder, davon trägt ein Feld die Nummer „1".
Die Wahrscheinlichkeit, dass der Zeiger auf „1" stehen bleibt, ist somit $\frac{1}{6}$.
Drei von 6 Feldern tragen die Nummer „2".
Die Wahrscheinlichkeit, dass der Zeiger auf „2" stehen bleibt, beträgt also $\frac{3}{6} = \frac{1}{2}$.
Für „3" beträgt die Wahrscheinlichkeit entsprechend $\frac{2}{6} = \frac{1}{3}$.

Information

(1) Zweistufige Zufallsexperimente

Manche Zufallsexperimente werden in zwei Schritten *nacheinander* durchgeführt.
Beispiele:
- Jemand wirft zweimal hintereinander eine Münze.
- Eine zweistellige Glückszahl wird so bestimmt, dass ein Glücksrad mit den Sektoren 0, 1, 2, ..., 9 zweimal hintereinander gedreht wird.
- Jemand würfelt zweimal hintereinander.

Man nennt solche Zufallsexperimente **zweistufig**; die Ergebnisse werden als Paare wie z. B. (2|3) notiert.

(2) Baumdiagramme – Pfad in einem Baumdiagramm

Zweistufige Zufallsexperimente lassen sich in Form von Baumdiagrammen darstellen, um einen Überblick über alle möglichen Ergebnisse zu erhalten. Zu jedem der möglichen Ergebnisse des Zufallsexperiments gehört ein so genannter **Pfad** im Baumdiagramm. Er beginnt an der Wurzel des Baums (links), verläuft über die Verzweigungen und endet mit der zweiten Stufe (rechts).
Am Pfad werden die Wahrscheinlichkeiten der beiden Stufen des Zufallsexperiments notiert.
Jedes Ergebnis des Zufalls kann man als Paar notieren: (W|Z) bedeutet, erst Wappen und dann Zahl zu werfen.

Beispiel: Zweifacher Münzwurf

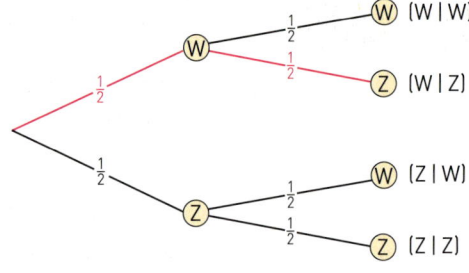

Der rote Pfad gehört zum Ergebnis (W|Z).

6.1 Zweistufige Zufallsexperimente – Baumdiagramme

Weiterführende Aufgaben

Veränderte Anordnung der Stufen eines Baumdiagramms

2. Bei der Aufgabe 1 (Seite 193) ist nicht beschrieben, ob zunächst das linke und dann das rechte Glücksrad gedreht wird. Deshalb ist es auch möglich, das Zufallsexperiment durch ein Baumdiagramm zu beschreiben, bei dem zunächst die möglichen Ergebnisse des rechten Glücksrades und dann die des linken Glücksrades erfasst werden. Zeichne ein solches Baumdiagramm.

Doppelter Münzwurf – nacheinander bzw. gleichzeitig

3. a) Eine Münze wird zweimal geworfen. Stelle die möglichen Ergebnisse des Zufallsexperiments in einem Baumdiagramm dar.
   b) Eine 5-Cent- und eine 10-Cent-Münze werden gleichzeitig geworfen. Überlege, wie sich auch dieses Zufallsexperiment in einem Baumdiagramm darstellen lässt.
   c) Zwei gleichartige Münzen werden (1) gleichzeitig, (2) nacheinander geworfen. Zeichne Baumdiagramme. Vergleiche mit den Baumdiagrammen aus den Teilaufgaben a) und b).

Information

(1) Summenprobe im Baumdiagramm

Trägt man in ein vollständig gezeichnetes Baumdiagramm an den einzelnen Strecken alle Wahrscheinlichkeiten ein, so ist *immer* eine Kontrolle möglich:
Die Summe der Wahrscheinlichkeiten nach jeder Verzweigung bis zur nächsten Stufe ist immer 1 (*Summenprobe*).

(2) Deutung gleichzeitig durchgeführter Zufallsexperimente als zweistufige Zufallsexperimente

Oft kann man Zufallsexperimente, bei denen Vorgänge *gleichzeitig* erfolgen, als mehrstufig auffassen. Hier spielt es dann keine Rolle, welchen Teilvorgang man als 1. oder 2. Stufe ansieht.
Beispiele:
- Ein roter und ein blauer Würfel werden gleichzeitig geworfen.
- Zwei unterschiedliche Münzen werden gleichzeitig geworfen.
- Zwei Lose werden gleichzeitig aus einer Lostrommel gezogen.

Übungsaufgaben

4. In einem Gefäß sind eine rote, zwei blaue und drei grüne Kugeln. Nacheinander werden zwei Kugeln gezogen (und nicht wieder zurückgelegt).
   Stelle das Zufallsexperiment in einem Baumdiagramm dar.

5. Bei einem Tetraeder kann man die gewürfelte Zahl in der Spitze ablesen. Ein Tetraeder wird zweimal geworfen. Welche Ergebnisse gehören zu den Ereignissen? Berechne auch die Wahrscheinlichkeit dieser Ereignisse.
   - E_1: Mindestens einmal Augenzahl 1.
   - E_2: Beim zweiten Wurf Augenzahl 1.
   - E_3: Nur beim zweiten Wurf Augenzahl 1.
   - E_4: Nur ungerade Augenzahlen.
   - E_5: Eine gerade, eine ungerade Augenzahl.
   - E_6: Augensumme 3.

6. Eine Münze und ein Würfel werden nacheinander geworfen.
   a) Stellt das Zufallsexperiment in einem Baumdiagramm dar. Welche Ergebnisse sind möglich?
   b) Welche Baumdiagramme könnt ihr zeichnen, wenn Münze und Würfel gleichzeitig geworfen werden?

7. a) Zwei Glücksräder werden gedreht. Stelle das Zufallsexperiment in einem Baumdiagramm dar.
   Welche der Pfade gehören zum Ereignis *Zweimal dieselbe Farbe*?
   Welchem Ergebnis wird man die größte Wahrscheinlichkeit zuordnen?
   b) Zwei Glücksräder werden gedreht. Ergänze das Baumdiagramm.
   Gib an, wie groß die verschiedenen Sektoren der beiden Glücksräder sind.
   Welchem Ergebnis wird man die kleinste Wahrscheinlichkeit zuordnen?

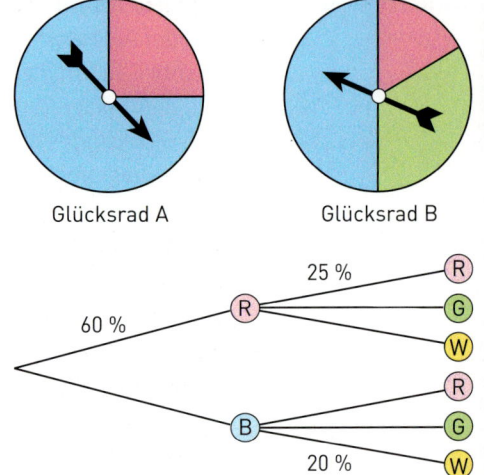

Glücksrad A   Glücksrad B

8. Eine Münze wird zweimal geworfen. Beschreibe die Ereignisse mit Worten.
   $E_1 = \{(W|W); (W|Z); (Z|W)\}$ $E_2 = \{(W|W); (Z|Z)\}$ $E_3 = \{(W|Z); (Z|W)\}$

9. In einem Gefäß liegen 2 rote, 2 blaue und 2 grüne Kugeln. Nacheinander werden zwei Kugeln gezogen. Gezogene Kugeln werden nicht wieder zurückgelegt.
   Zeichne ein passendes Baumdiagramm. Wie viele Ergebnisse sind möglich?

10. Gib ein Zufallsexperiment an, das durch das folgende Baumdiagramm beschrieben wird. Ergänze die fehlenden Wahrscheinlichkeiten.
    a)   b)

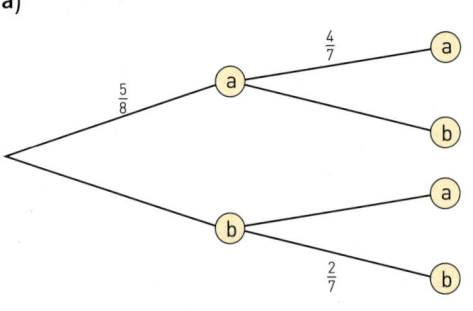

11. In einer Klasse mit 30 Schülerinnen und Schülern wird eine Erhebung durchgeführt. Die Ergebnisse der Erhebung sind durch das nebenstehende Baumdiagramm dargestellt. Ergänze die fehlenden Wahrscheinlichkeiten.
    Gib eine Erhebung an, die zu dem Baumdiagramm passen könnte.

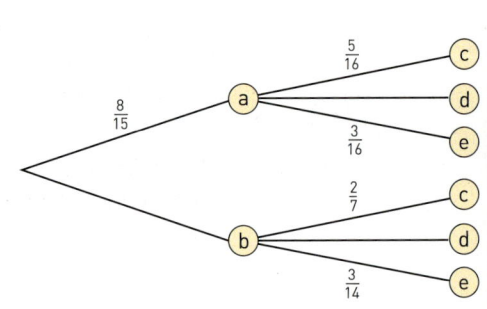

Das kann ich noch!

A) Herr Meier hat für einen Autokauf einen einjährigen Kredit über 15 000 € aufgenommen. Der Zinssatz beträgt 6 %. Wie viel Zinsen muss er zahlen?

B) Frau Müller hat 6 500 € auf dem Sparbuch und erhält dafür 97,50 € Zinsen. Wie hoch ist der Zinssatz?

6.2 Pfadregeln

Einstieg

In einer Fabrik wird Porzellangeschirr hergestellt. Dies wird bei einer Qualitätskontrolle anschließend sowohl auf Form als auch auf Glasur hin überprüft. 95 % aller Becher haben eine gute Form, 4 % eine mittelmäßige und 1 % eine schlechte Form. 90 % aller Becher haben eine gleichmäßige Glasur, 10 % eine ungleichmäßige.
a) Zeichnet ein Baumdiagramm für diese doppelte Kontrolle.
b) Bestimmt die Wahrscheinlichkeit, dass ein Becher
   (1) eine gute Form und eine gleichmäßige Glasur hat (1. Wahl);
   (2) eine mittelmäßige Form und eine gleichmäßige Glasur hat (2. Wahl).

Aufgabe 1

Das Glücksrad rechts hat drei verschieden große Felder.
Das blaue Feld ist doppelt so groß wie das rote Feld; das grüne Feld hat die dreifache Größe des roten Feldes.
a) Das Glücksrad wird einmal gedreht. Ordne den Einzelergebnissen *Grün*, *Rot*, *Blau* Wahrscheinlichkeiten zu.
b) Das Glücksrad wird zweimal hintereinander gedreht.
   (1) Stelle dieses Zufallsexperiment durch ein Baumdiagramm dar und trage die zugehörigen Wahrscheinlichkeiten ein.
   (2) Das Zufallsexperiment *Zweifaches Drehen des Glücksrades* wird 600-mal durchgeführt. Wie oft kann man dabei das Ergebnis (*Rot* | *Grün*) erwarten?
   (3) Welche Wahrscheinlichkeit kann man dem Ergebnis (*Rot* | *Grün*) zuordnen? Wie kann man diese Wahrscheinlichkeit direkt aus den Wahrscheinlichkeiten längs des Pfades bestimmen?
   (4) Welche Wahrscheinlichkeit hat das Ereignis *Beide Male dieselbe Farbe*?

Lösung

a) Das grüne Feld nimmt die Hälfte der gesamten Fläche ein:
$P(\text{Grün}) = \frac{1}{2}$. Abgekürzt schreiben wir $P(G) = \frac{1}{2}$.
Das rote Feld ist ein Drittel des grünen Feldes, also ein Sechstel der gesamten Fläche:
$P(\text{Rot}) = \frac{1}{6}$.
Die blaue Fläche ist doppelt so groß wie die rote Fläche, also $\frac{1}{3}$ der gesamten Fläche:
$P(\text{Blau}) = \frac{1}{3}$.

b) (1)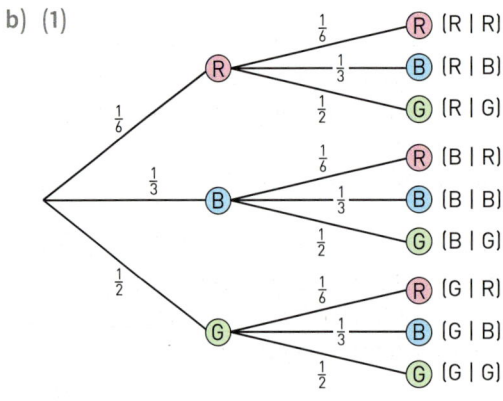

(2) Bei ungefähr $\frac{1}{6}$ aller Drehungen des Glücksrades bleibt der Zeiger auf *Rot* stehen, d. h. bei ungefähr 100 der 600 Versuchsdurchführungen. Bei ungefähr der Hälfte aller Drehungen des Glücksrades hält der Zeiger auf dem *grünen* Feld an; also auch bei der Hälfte der 100 Zufallsexperimente, bei denen er zuvor auf *Rot* stehen blieb.
Das Ergebnis (*Rot*|*Grün*) wird also bei ungefähr 50 der 600 Doppeldrehungen vorkommen.

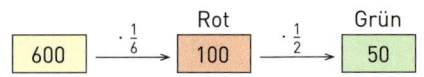

(3) Die Wahrscheinlichkeit für das Ergebnis (*Rot*|*Grün*) ist $\frac{50}{600}$, also $\frac{1}{12}$.
Die Wahrscheinlichkeit für das Ergebnis (*Rot*|*Grün*) kann man auch als Produkt aus den Wahrscheinlichkeiten für *Rot* $\left(\frac{1}{6}\right)$ und für *Grün* $\left(\frac{1}{2}\right)$ berechnen, denn bei einem Sechstel der Versuchsdurchführungen erscheint Rot, bei der Hälfte davon Grün.
Die Hälfte von einem Sechstel ist ein Zwölftel: $\frac{1}{6} \cdot \frac{1}{2} = \frac{1}{12}$.

(4) Zum Ereignis *Beide Male dieselbe Farbe* gehören die Ergebnisse (R|R), (B|B) und (G|G). Damit ergibt sich nach der Summenregel
P(*Beide Male dieselbe Farbe*)
$= P(R|R) + P(B|B) + P(G|G)$
$= \frac{1}{36} + \frac{1}{9} + \frac{1}{4} = \frac{1}{36} + \frac{4}{36} + \frac{9}{36} = \frac{14}{36} = \frac{7}{18}$.

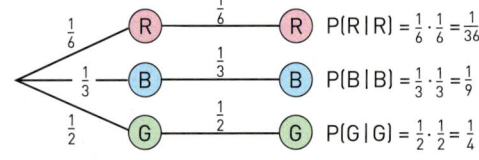

Information

(1) Pfadmultiplikationsregel
Bei einem zweistufigen Zufallsexperiment erhält man die Wahrscheinlichkeit eines Ergebnisses, das durch einen Pfad in einem Baumdiagramm dargestellt ist, folgendermaßen:

> **Pfadmultiplikationsregel**
> Die Wahrscheinlichkeit eines Pfades ist gleich dem Produkt der Wahrscheinlichkeiten längs des Pfades.
> *Beispiel:* ──$\frac{1}{6}$── R ──$\frac{1}{2}$── G   (R|G) $P(R|G) = \frac{1}{6} \cdot \frac{1}{2} = \frac{1}{12}$

(2) Pfadadditionsregel
Die Wahrscheinlichkeit eines Ereignisses wird als Summe der Wahrscheinlichkeiten der zugehörigen Ergebnisse berechnet (*Summenregel*). Da jedes Ergebnis eines mehrstufigen Zufallsexperiments mithilfe eines Pfades in einem Baumdiagramm dargestellt werden kann, gilt:

> **Pfadadditionsregel**
> Gehören zu einem Ereignis mehrere Pfade in einem Baumdiagramm, dann erhält man die Wahrscheinlichkeit des Ereignisses, indem man die Pfadwahrscheinlichkeiten der einzelnen zu dem Ereignis gehörenden Ergebnisse addiert.

(3) Vereinfachtes Baumdiagramm

Bei der Lösung der Teilaufgabe b) (4) haben wir nicht die Wahrscheinlichkeiten aller Pfade des Baumdiagramms berechnet, sondern nur die der Pfade mit identischen Farben bei der 1. und 2. Stufe. Will man bei einem mehrstufigen Zufallsexperiment nur die Wahrscheinlichkeit *eines* Ereignisses bestimmen, dann genügt es, ein *vereinfachtes* Baumdiagramm zu zeichnen, das nur die interessierenden Pfade enthält. Es entfällt dann aber die Möglichkeit der Summenprobe.

Weiterführende Aufgaben

Anwendung der Komplementärregel bei zweistufigen Zufallsexperimenten

2. Ein Glücksrad wird zweimal gedreht. Betrachte das Ereignis E:
Der Zeiger bleibt mindestens einmal auf dem roten Feld stehen.
Wie groß ist die Wahrscheinlichkeit für dieses Ereignis?

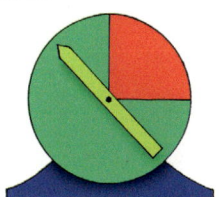

Komplementärregel
Die Wahrscheinlichkeit $P(E)$ eines Ereignisses E und die Wahrscheinlichkeit $P(\overline{E})$ des zugehörigen Gegenereignisses $\overline{E}$ ergänzen sich zu 1:
$P(E) + P(\overline{E}) = 1$

Übungsaufgaben

3. Ein Glücksrad wird zweimal gedreht. Zeichne das zugehörige Baumdiagramm.

(1) 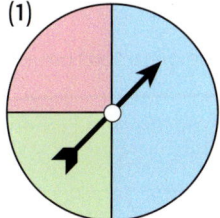 (2) 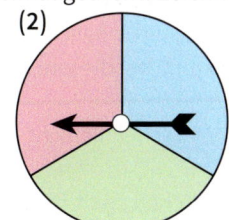 (3) 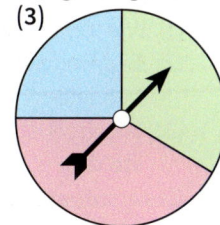 (4)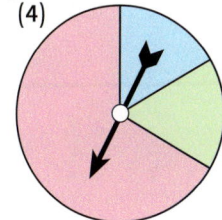

a) Welche Wahrscheinlichkeit hat das Ereignis (Rot | Grün)?
b) Welche Wahrscheinlichkeit hat das Ereignis *Zweimal dieselbe Farbe*?
c) Bei welchem Glücksrad ist es günstig, auf *Zweimal dieselbe Farbe* zu setzen?

4. Bevor ein Buch gedruckt wird, werden die probeweise gedruckten Seiten auf Fehler durchgesehen.
Der erste Kontrolleur findet erfahrungsgemäß 70 % der Fehler und korrigiert sie. Bei der nächsten Kontrolle werden 50 % der übrig bleibenden Fehler entdeckt.
Mit welcher Wahrscheinlichkeit ist ein Fehler, der ursprünglich in einem Drucktext vorhanden war, auch nach diesen beiden Kontrollen noch nicht entdeckt?

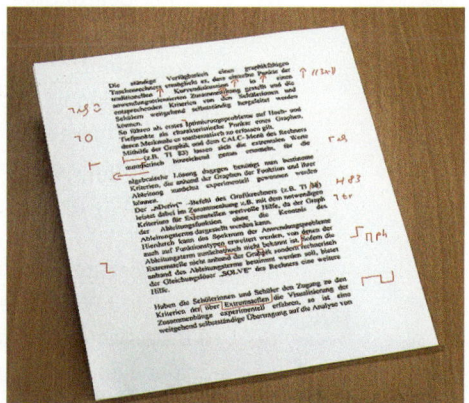

5. Julia schlägt Maria das folgende Spiel vor:
„Du darfst aus dem Becher 2 Kugeln nacheinander ziehen, ohne die erste zurückzulegen. Du gewinnst, wenn sie die gleichen Farben haben, sonst gewinne ich."
   a) Sollte Maria sich auf das Spiel einlassen,
      (1) wenn 3 rote und 4 blaue Kugeln in dem Becher sind;
      (2) wenn 3 rote und 3 blaue Kugeln in dem Becher sind;
      (3) wenn 6 rote und 3 blaue Kugeln in dem Becher sind?
   b) Jetzt soll die erste gezogene Kugel nach dem Ziehen zurückgelegt werden.
      Welche der Spielsituationen (1) bis (3) sind nun günstig für Maria, welche für Julia?

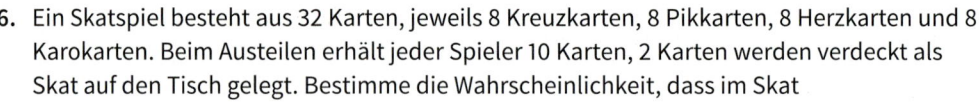

6. Ein Skatspiel besteht aus 32 Karten, jeweils 8 Kreuzkarten, 8 Pikkarten, 8 Herzkarten und 8 Karokarten. Beim Austeilen erhält jeder Spieler 10 Karten, 2 Karten werden verdeckt als Skat auf den Tisch gelegt. Bestimme die Wahrscheinlichkeit, dass im Skat
   a) zwei Herzkarten liegen;
   b) zwei gleichfarbige Karten liegen;
   c) eine Herzkarte und eine Karokarte liegen.

7. Auf dem Tisch liegen verdeckt 8 Zahlkärtchen. Davon werden zwei Kärtchen gezogen und aus den Ziffern eine zweistellige Zahl gebildet.
   a) Das erste gezogene Kärtchen stellt die Zehnerziffer dar. Dann wird das Kärtchen wieder zurückgelegt und nach dem Mischen wird ein zweites Kärtchen gezogen.
      Dies stellt die Einerziffer dar.
      (1) Wie viele Ergebnisse sind möglich?
      (2) Begründe, dass es sich bei diesem Zufallsexperiment um ein Laplace-Experiment handelt.
      (3) Wie groß ist die Wahrscheinlichkeit, dass bei diesem Ziehen eine Zahl unter 20 entsteht?
   b) Das erste gezogene Kärtchen stellt die Zehnerziffer dar. Das erste Kärtchen wird nicht zurückgelegt. Dann wird ein zweites Kärtchen gezogen. Die zweite Ziffer stellt die Einerziffer dar.
      (1) Wie viele Ergebnisse sind möglich?
      (2) Handelt es sich bei diesem Zufallsexperiment um ein Laplace-Experiment? Begründe.
      (3) Wie groß ist die Wahrscheinlichkeit, dass bei diesem Ziehen eine Zahl unter 20 entsteht?
   c) Die beiden Kärtchen werden gleichzeitig gezogen und so angeordnet, dass eine möglichst hohe Zahl entsteht.
      Bestimme die Wahrscheinlichkeit, dass bei diesem Ziehvorgang eine Zahl unter 30 entsteht.

8. Ein Reißnagel einer bestimmten Sorte wird geworfen; dabei tritt Lage „Kopf: Spitze nach oben" mit Wahrscheinlichkeit 0,4 und Lage: „Seite: Spitze zur Seite" mit Wahrscheinlichkeit 0,6 auf. Dieser Reißnagel wird zweimal geworfen.
Zeichne ein Baumdiagramm und bestimme die Wahrscheinlichkeit aller Ergebnisse.
   a) Mit welcher Wahrscheinlichkeit tritt das Ereignis (Kopf | Seite) auf?
   b) Welche Wahrscheinlichkeit hat das Ereignis *Kopf kommt öfter als Seite*?
   c) Welche Wahrscheinlichkeit hat das Ereignis *nur Kopf* oder *nur Seite*?

6.2 Pfadregeln

9. Zu Annas Schulweg gehören 2 Kreuzungen mit Fußgängerampeln. Häufig, wenn sie es eilig hat, zeigen die beiden Ampeln Rot.
An anderen Tagen kommt es auch vor, dass beide Ampeln gerade Grün zeigen, wenn sie kommt. Zur genaueren Untersuchung dieses Sachverhalts stoppt Anna die Rot- und Grünzeiten der Ampeln.
Nimm an, dass die Ampeln nicht auf „Grüne Welle" geschaltet sind, d. h. es ist an jeder Ampel zufällig, ob man sie bei Rot oder Grün antrifft.

	Ampel 1	Ampel 2
Rotzeit	60 s	60 s
Grünzeit	30 s	20 s

a) Berechne zunächst für jede Ampel einzeln die Wahrscheinlichkeit dafür, dass sie bei Annas Ankunft Rot bzw. Grün zeigt. Zeichne dann ein Baumdiagramm.
b) Wie groß ist die Wahrscheinlichkeit, dass beide Ampeln bei Annas Ankunft Rot zeigen?
c) Wie groß ist die Wahrscheinlichkeit dafür, dass beide Ampeln Grün zeigen?
d) Wie groß ist die Wahrscheinlichkeit dafür, dass mindestens eine Ampel Rot zeigt?
e) Wie groß ist die Wahrscheinlichkeit dafür, dass genau eine Ampel Rot zeigt?

10. Beim Roulette bleibt die Kugel in einem der Felder mit den Nummern 0, 1, …, 36 liegen. Davon sind 18 Felder rot markiert. Luiz hat noch zwei Chips, von denen er je einen in zwei aufeinander folgenden Spielen auf „Rot" setzen will. Bleibt die Kugel in einem roten Feld liegen, so erhält er seinen Einsatz und einen gleich hohen Gewinn zurück. Sonst ist der Einsatz verloren.
a) Wie viele Chips kann Luiz nach zwei Spielen besitzen?
b) Berechne für jede Möglichkeit die Wahrscheinlichkeit.
c) Warum heißt es in Spielerkreisen:
„Auf Dauer gewinnt immer die Bank"?

Dränage (franz.)
Entwässerungsleitung im Boden;
med.: Ableitung von Wundflüssigkeiten.

11. In einen Schacht wird Wasser aus einer Dränage geleitet. Steht es dort zu hoch, kann es in den Keller eines Gebäudes eindringen. Daher wird das Wasser automatisch ab einem gewissen Wasserstand abgepumpt. Zur Sicherheit befinden sich im Schacht zwei unabhängig voneinander arbeitende Pumpen, damit ein Abpumpen auch dann noch erfolgt, wenn eine der beiden Pumpen versagt. Nach Werksangaben wird für die Pumpe garantiert, dass sie zu jedem Zeitpunkt mit einer Wahrscheinlichkeit von 99,9 % funktioniert.

a) Mit welcher Wahrscheinlichkeit fallen beide Pumpen zur gleichen Zeit aus?
b) Wie groß ist die Wahrscheinlichkeit für das korrekte Abpumpen?
c) Eine der beiden Pumpen soll durch eine teurere ersetzt werden, die in 99,99 % aller Fälle funktioniert. Auf welchen Wert steigt dadurch die Wahrscheinlichkeit für die einwandfreie Funktion?

6.3 Darstellung von Daten in Vierfeldertafeln

Einstieg Welche weiteren Angaben lassen sich aus dem Zeitungsartikel rechts erschließen?
Stellt die Daten übersichtlich zusammen, z. B. in einer Tabelle.

Raser unterwegs
Bei der gestrigen Geschwindigkeitskontrolle an der Willy-Brandt-Allee wurde festgestellt, dass 14 der 101 überprüften Männer die Geschwindigkeit überschritten, bei den Frauen waren es 3 von 36.

Aufgabe 1

Haben Schüler ohne deutsche Staatsbürgerschaft faire Chancen?
Wiesbaden. Obwohl knapp ein Sechstel der hessischen Schüler ab Klasse 5 nicht die deutsche Staatsbürgerschaft hat (53 448 von 362 473 Schülern), ist deren Anteil an Gymnasien erheblich geringer: 149 529 Schüler an hessischen Gymnasien haben eine deutsche Staatsbürgerschaft und nur 11 693 Schüler haben eine andere Staatsbürgerschaft.

Lege eine Tabelle mit drei Spalten für die Schulform Gymnasium, andere Schulform, Gesamtzahl und drei Zeilen für deutsche Staatsbürgerschaft, andere Staatsbürgerschaft, Gesamtzahl an. Notiere in ihr die Angaben aus dem Zeitungsartikel und berechne anschließend weitere Zahlenangaben um die Tabelle zu vervollständigen. Erläutere das Ergebnis.

Lösung

Im 1. Schritt entnehmen wir aus dem Zeitungstext die folgenden Daten:

Hessen		besuchte Schulform		gesamt
		Gymnasium	andere Schulform	
Staatsbürgerschaft	deutsch	149 529		
	andere	11 693		53 448
gesamt				362 473

In einem 2. Schritt können wir weitere Zahlen in die Tabelle eintragen:
Gesamtzahl der Schüler an Gymnasien: 149 529 + 11 693 = 161 222
Gesamtzahl der Schüler mit deutscher Staatsbürgerschaft: 362 473 − 53 448 = 309 025
Wir können nun auch die Zahlen für die anderen Schulformen bestimmen:
Gesamtzahl der Schüler an einer anderen Schulform: 362 473 − 161 222 = 201 251
Anzahl der deutschen Schüler an einer anderen Schulform: 309 025 − 149 529 = 159 496
Anzahl der nicht deutschen Schüler an einer anderen Schulform: 201 251 − 159 496 = 41 755
Wir ergänzen dann die Vierfeldertafel um die berechneten Werte:

Hessen		besuchte Schulform		gesamt
		Gymnasium	andere Schulform	
Staatsbürgerschaft	deutsch	149 529	159 496	309 025
	andere	11 693	41 755	53 448
gesamt		161 222	201 251	362 473

Der vollständig ausgefüllten Tabelle kann man entnehmen: Von den Schülern mit deutscher Staatsangehörigkeit besucht etwa die Hälfte ein Gymnasium, von denen mit anderer Staatsbürgerschaft nur etwa ein Fünftel.

6.3 Darstellung von Daten in Vierfeldertafeln

Information

Vierfeldertafel

In Aufgabe 1 auf Seite 202 haben wir statistische Daten über zwei Merkmale mit je zwei Möglichkeiten in einer Tabelle mit *vier inneren Feldern*, einer so genannten **Vierfeldertafel** notiert.

Merkmal A:	besuchte Schulform	Merkmal B:	Staatsbürgerschaft
Ausprägung a_1:	Gymnasium	Möglichkeit b_1:	deutsch
Ausprägung a_2:	andere Schulform	Möglichkeit b_2:	andere Staatsbürgerschaft

In die inneren Felder der Vierfeldertafel wird eingetragen, wie oft bestimmte Kombinationen von Möglichkeiten vorkommen.

Für die einzelnen Merkmalsausprägungen kann man Summen bilden, die in die so genannten *Randfelder* eingetragen werden. Schließlich wird in das Randfeld unten rechts die Gesamtzahl notiert.

		Merkmal B		gesamt
		b_1	b_2	
Merkmal A	a_1	r	s	r + s
	a_2	t	u	t + u
gesamt		r + t	s + u	r + s + t + u

- r + s → Gesamtzahl bei Möglichkeit a_1
- t + u → Gesamtzahl bei Möglichkeit a_2
- r + s + t + u → Gesamtzahl
- r + t → Gesamtzahl bei Möglichkeit b_1
- s + u → Gesamtzahl bei Möglichkeit b_2

Durch die Angaben in den inneren Feldern ist eine Vierfeldertafel eindeutig festgelegt, d. h. alle anderen Felder (also: die Randfelder) lassen sich hieraus eindeutig berechnen.

Weiterführende Aufgabe

Vierfeldertafel mit relativen Häufigkeiten

2. Statt der absoluten Häufigkeiten kann man in einer Vierfeldertafel auch relative Häufigkeiten notieren. Bestimme eine solche Tabelle für die Daten aus Aufgabe 1 auf Seite 202.

Hessen		Staatsbürgerschaft		gesamt
		deutsch	andere	
Schulform	Gymnasium			
	andere			
gesamt				100 %

Übungsaufgaben

3. Zu Schuljahresbeginn werden in einer Schule statistische Daten erhoben.
   Von den 333 Mädchen wohnen 167 im Schulort, von den 378 Jungen wohnen 159 im Schulort.
   Welche weiteren Angaben lassen sich erschließen?
   Stelle die Daten in Form einer Vierfeldertafel zusammen.

4. Eine Firma stellt Isolierglasscheiben sowohl mit einer Silberbeschichtung als auch mit einer Goldbeschichtung her. Diese Metallbeschichtung erhöht die Wärmereflexion und führt somit zu einer besseren Isolation.
   Im Rahmen einer Qualitätskontrolle wurde festgestellt, dass 15 von 232 Glasscheiben mit Silberbeschichtung nicht in Ordnung waren. Bei den 167 mit Gold beschichteten Scheiben waren 9 fehlerhaft.
   Erstelle mit diesen Daten eine Vierfeldertafel.

5. Für eine Schülerzeitung wurde eine Umfrage unter den 1180 Schülerinnen und Schülern einer Schule durchgeführt.

Ernährungsverhalten in einer Schule		vegetarisch		gesamt
		ja	nein	
Geschlecht	männlich	1,1 %	50,9 %	52,0 %
	weiblich	2,9 %	45,1 %	48,0 %
gesamt		4,0 %	96,0 %	100 %

a) Bestimme die zugehörige Vierfeldertafel mit absoluten Häufigkeiten.
b) Stellt euch abwechselnd gegenseitig Fragen zu Wahrscheinlichkeiten, die der Partner jeweils beantwortet.
c) Führt an eurer Schule eine ähnliche Umfrage durch. Wertet sie aus und vergleicht mit den obenstehenden Daten.

6. Die folgenden Vierfeldertafeln enthalten Informationen zur Zusammensetzung verschiedener Abteilungen eines Sportvereins nach Geschlecht (**m**ännlich, **w**eiblich) und Altersgruppe (**J**ugendliche, **E**rwachsene). Vervollständige die Vierfeldertafel, sofern möglich.

(1)
Schwimmen	m	w	gesamt
J		12	
E			34
gesamt	17		63

(3)
Tennis	m	w	gesamt
J		0,12	0,38
E			
gesamt	0,24		1

(2)
Rudern	m	w	gesamt
J		14	45
E		21	
gesamt	38		

(4)
Fußball	m	w	gesamt
J	55 %		63 %
E			37 %
gesamt			100 %

7. Wie viele Angaben sind in den mit ? gekennzeichneten Feldern mindestens notwendig, um die Daten in der Vierfeldertafel vervollständigen zu können?

a)
		Merkmal B		gesamt
		b_1	b_2	
Merk-mal A	a_1	?	?	
	a_2	?	?	
gesamt				145

b)
		Merkmal B		gesamt
		b_1	b_2	
Merk-mal A	a_1	25 %		?
	a_2			?
gesamt		?	?	?

8. Erschließe aus dem Zeitungstext die Vierfeldertafel mit absoluten Häufigkeiten.
   a) Im Jahre 2010 waren 13,7 % der 6,037 Mio. Einwohner Hessens unter 15 Jahre alt. Die Jungen unter 15 Jahren hatten damals einen Anteil von 7,0 % unter allen Einwohnern Hessens, alle weiblichen Einwohner einen Anteil von 50,9 % unter allen Einwohnern Hessens.
   b) Im Jahre 2010 besaßen von den 6,037 Mio. Einwohnern Hessens 11,1 % eine ausländische Staatsangehörigkeit. 49,1 % aller Einwohner waren Männer. Unter den Frauen hatten 88,9 % deutsche Staatsangehörigkeit.

6.4 Vierfeldertafeln und Zufallsexperimente

Einstieg

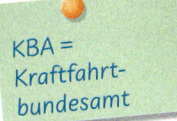
KBA = Kraftfahrt-bundesamt

Im Verkehrszentralregister des KBA in Flensburg werden Ordnungswidrigkeiten im Straßenverkehr in Form von „Punkten" festgehalten. Die Tabelle enthält Angaben über die Eintragungen eines Jahres.

Geschwindigkeitsüberschreitungen in geschlossenen Ortschaften

Überschreitung	Bußgeld	Punkte	Fahrverbot
21-25 km/h	95 €	1	Keines
26-30 km/h	140 €	3	1 Monat
31-40 km/h	200 €	3	1 Monat
41-50 km/h	280 €	4	2 Monate
51-60 km/h	480 €	4	3 Monate
über 60 km/h	680 €	4	3 Monate

Punkte in Flensburg

		männlich	weiblich	gesamt
Eintragung	nein	16,6 %	2,6 %	19,2 %
	ja	61,7 %	19,1 %	80,8 %
gesamt		78,3 %	21,7 %	100 %

Eine im letzten Jahr im Verkehrszentralregister eingetragene Person wird zufällig ausgewählt. Die Vierfeldertafel liefert Wahrscheinlichkeiten für zwei zweistufige Zufallsexperimente:
(1) Zunächst wird festgestellt, ob es sich um einen Wiederholungstäter handelt oder nicht und dann, ob es sich um eine Frau oder einen Mann handelt.
(2) Zunächst wird festgestellt, ob es sich um eine Frau oder einen Mann handelt und dann, ob es sich um einen Wiederholungstäter handelt oder nicht.
Zeichnet für beide Zufallsexperimente das zugehörige Baumdiagramm. Gebt die darin enthaltenen Informationen mit Worten wieder.

Aufgabe 1

Mathematische Kompetenz nicht nur an Gymnasien
Unter den 15-jährigen Schülern in Deutschland, die kein Gymnasium besuchen, sind mehr leistungsstarke Mathematiker als erwartet. Dieses Ergebnis weist die 2009 durchgeführte PISA-Studie aus.

15-jährige Schüler, die an der Erhebung zu PISA 2009 teilnahmen	an Gymnasien	an anderen Schulformen	insgesamt
eher leistungsschwach in Mathematik (PISA-Kompetenzstufen I - III)	424	2 413	2 837
eher leistungsstark in Mathematik (PISA-Kompetenzstufen IV - VI)	1 470	672	2 142
gesamt	1 894	3 085	4 979

a) Aus den Daten der PISA-Studie soll auf andere 15-jährige Schüler geschlossen werden. Es wird dazu ein 15-jähriger Schüler zufällig ausgewählt.
Mache eine Prognose, mit welcher Wahrscheinlichkeit der ausgewählte Schüler
(1) eine andere Schulform als das Gymnasium besucht,
(2) eher leistungsstark ist,
(3) eher leistungsschwach ist und ein Gymnasium besucht.
b) Betrachtet man einen zufällig ausgewählten Schüler, so kann man z. B. zuerst feststellen, ob er ein Gymnasium besucht, und dann, wie leistungsstark er im Fach Mathematik ist. Man kann aber auch in der anderen Reihenfolge vorgehen und erst feststellen, wie leistungsstark er im Fach Mathematik ist, und dann, ob er ein Gymnasium besucht.
Die Daten aus der Vierfeldertafel mit relativen Häufigkeiten lassen sich daher auf zwei Arten in Form von Baumdiagrammen darstellen. Zeichne beide Baumdiagramme einschließlich aller Wahrscheinlichkeiten.

Lösung

a) Mithilfe der Laplace-Regel bestimmen wir den Anteil der Merkmalsträger mit der interessierenden Eigenschaft:

(1) Da der Anteil der 15-jährigen Schüler bei der PISA-Studie, die kein Gymnasium besuchen, $\frac{3085}{4979} \approx 62{,}0\,\%$ beträgt, stellen wir die Prognose auf, dass ein zufällig ausgewählter 15-jähriger Schüler mit einer Wahrscheinlichkeit von 62,0 % kein Gymnasium besucht.

(2) Analog zu (1) ergibt sich als Wahrscheinlichkeit dafür, dass ein zufällig ausgewählter 15-jähriger Schüler eher leistungsstark ist, ein Wert von $\frac{2142}{4979} \approx 43{,}0\,\%$.

(3) Die Wahrscheinlichkeit dafür, dass ein zufällig ausgewählter 15-jähriger Schüler eher leistungsschwach in Mathematik ist und ein Gymnasium besucht, beträgt $\frac{424}{4979} \approx 8{,}5\,\%$.

b)

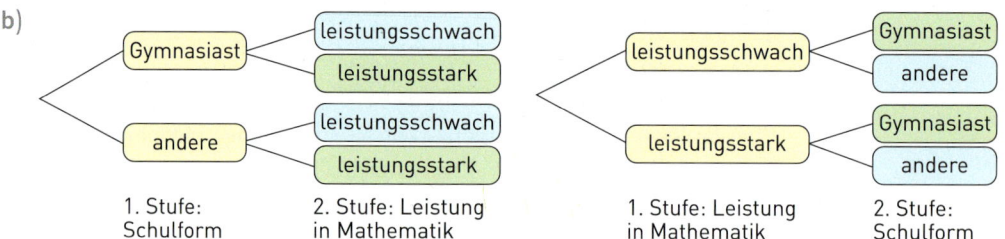

1. Stufe: Schulform 2. Stufe: Leistung in Mathematik   1. Stufe: Leistung in Mathematik   2. Stufe: Schulform

Die Tabelle enthält Informationen zu den Merkmalen *Schulform* (Gymnasiast oder andere) und *Mathematikleistung* (leistungsschwach oder leistungsstark). Man kann erst das eine, dann das andere Merkmal auf den beiden Stufen des Baumdiagramms betrachten.

Die *Pfadwahrscheinlichkeiten* kann man unmittelbar den inneren Feldern der Tabelle entnehmen, z. B.:

P(Gymnasiast und leistungsschwach) = 8,5 % = 0,085.

Die Wahrscheinlichkeit *längs* der Pfade lesen wir für die 1. Stufe in den Randfeldern der Tabelle ab, z. B. für das Baumdiagramm oben:

P(Gymnasiast) = 38,0 %.

Für die Wahrscheinlichkeiten der 2. Stufe des Baumdiagramms, müssen wir beachten, dass sich durch die 1. Stufe eine neue Grundgesamtheit ergibt.

Wählt man als Ergebnis auf der 1. Stufe, dass ein Schüler ein Gymnasium besucht, so muss z. B. auf der 2. Stufe die Wahrscheinlichkeit dafür berechnet werden, dass ein solcher Schüler leistungsschwach ist. Dafür gibt es zwei Wege:

1. Weg: Berechnung mit den absoluten Häufigkeiten
424 von 1 894 Gymnasialschülern sind leistungsschwach. Ihr Anteil beträgt $\frac{424}{1894} \approx 22{,}4\,\%$.

2. Weg: Berechnung mit den relativen Häufigkeiten
38,0 % der betrachteten Schüler besuchten ein Gymnasium; 8,5 % besuchten ein Gymnasium und waren eher leistungsschwach in Mathematik. Dies entspricht einem Anteil von $\frac{8{,}5\,\%}{38{,}0\,\%} \approx 0{,}224$.

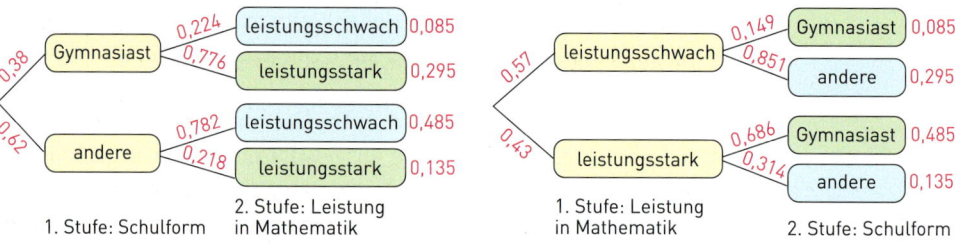

1. Stufe: Schulform   2. Stufe: Leistung in Mathematik   1. Stufe: Leistung in Mathematik   2. Stufe: Schulform

Entsprechend erhält man die übrigen Wahrscheinlichkeiten der 2. Stufe in beiden Baumdiagrammen. Wir verwenden dabei die direkt aus den absoluten Häufigkeiten berechneten Werte, da diese in der Regel nicht gerundet, also genauer sind.

6.4 Vierfeldertafeln und Zufallsexperimente

Information

Vierfeldertafeln und Baumdiagramme

In Vierfeldertafeln werden statistische Daten über zwei Merkmale mit je zwei Ausprägungen festgehalten. Die Anteile, die sich aus diesen Daten ergeben, liefern Wahrscheinlichkeiten für Prognosen bezüglich der zufälligen Auswahl eines Merkmalsträgers aus der Gesamtheit.

Zu jeder Vierfeldertafel kann man zwei zweistufige Zufallsexperimente angeben.

Auf der 1. Stufe untersuchen wir, mit welcher Wahrscheinlichkeit die eine bzw. die andere Ausprägung des zuerst betrachteten Merkmals auftreten wird.

Auf der 2. Stufe wird dann dargestellt, mit welcher Wahrscheinlichkeit die Ausprägungen des anderen Merkmals auftreten.

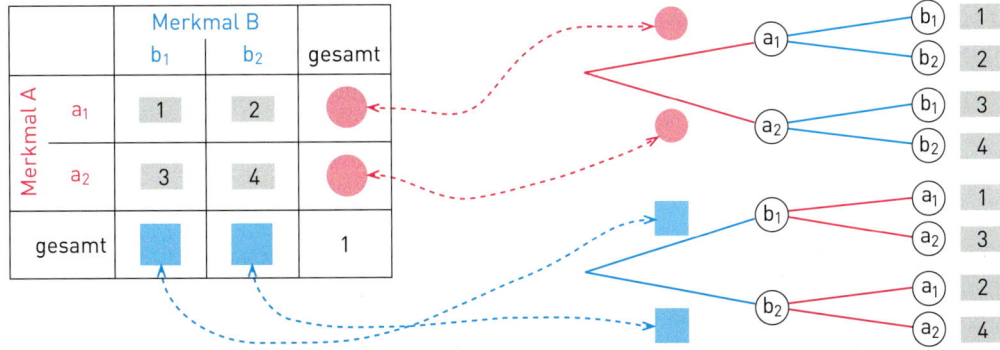

Die Pfadwahrscheinlichkeiten kann man den inneren Feldern der Vierfeldertafel mit relativen Häufigkeiten entnehmen. Nach Pfadmultiplikationsregel ergeben sie sich auch als Produkt der Wahrscheinlichkeiten längs eines Pfades.

Übungsaufgaben

2. a) Zeichne die beiden Baumdiagramme, die zu der Vierfeldertafel gehören.
b) Entnimm den Baumdiagrammen Aussagen, die du zu einem Zeitungsartikel zusammenstellst.

Teilzeit im Vormarsch

Immer mehr Berufstätige in Deutschland haben einen Teilzeitjob. Ein Blick in die Statistik zeigt, dass Teilzeitarbeit nach wie vor eine Frauendomäne ist.

		weiblich	männlich	gesamt
Beschäftigung	Vollzeit	21,9 %	44,0 %	65,9 %
	Teilzeit	23,4 %	10,7 %	34,1 %
gesamt		45,3 %	54,7 %	100,0 %

3. Im Baumdiagramm unten ist die Aufteilung der Lehrerschaft nach dem Geschlecht (**m**ännlich, **w**eiblich) und nach dem Alter (unter 55 Jahren; mindestens 55 Jahre) angegeben. Erstelle die zugehörige Vierfeldertafel.

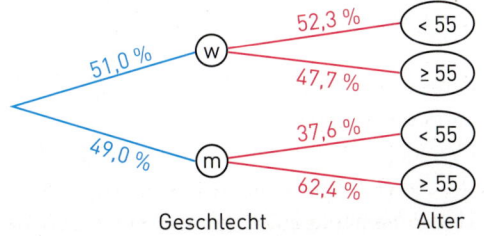

Immer mehr Lehrerinnen am Gymnasium

Der Anteil der Frauen im Lehrpersonal der Gymnasien hat kontinuierlich zugenommen. Mittlerweile sind auch in der Schulform Gymnasium mehr Frauen als Männer tätig.

4. Zeige, dass die beiden Artikel auf denselben statistischen Daten beruhen. Auf welche Veränderungen wollten die Autoren der beiden Artikel besonders aufmerksam machen?

Abiturientenzahlen steigen

32 % der jungen Erwachsenen, die ihre Schulzeit beendet haben, erreichen heutzutage die allgemeine Hochschulreife. Bei 45 % dieser Jugendlichen hatte auch mindestens ein Elternteil diesen Schulabschluss. Unter den übrigen Jugendlichen hatten 10 % mindestens ein Elternteil, welches das Abitur geschafft hatte.

Unterschiedliche Bildungschancen

67 % der Kinder, bei denen mindestens ein Elternteil die allgemeine Hochschulreife erreicht hatte, schaffen selbst das Abitur. 78 % der Kinder, deren Eltern ohne diesen höchsten schulischen Abschluss waren, erreichten diesen ebenfalls nicht. Die Abiturientenquote in der Elterngeneration betrug 21 %.

5. Lies die beiden Zeitungsartikel zur theoretischen Führerscheinprüfung.
   Zeige dann, dass beide Zeitungsartikel auf Daten beruhen, die zur selben Vierfeldertafel gehören.

Anmeldung zur theoretischen Führerscheinprüfung

75 % der Anmeldungen zur theoretischen Führerscheinprüfung erfolgen als Erstmeldungen. Von diesen Prüfungen gehen 73 % erfolgreich aus, während 43 % der Kandidaten, die zur Wiederholungsprüfung antreten, auch bei dieser Prüfung durchfallen.

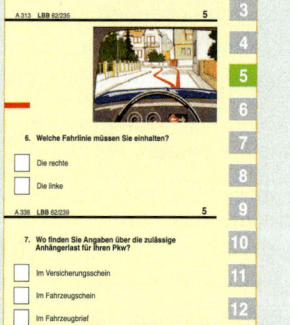

31 % der Prüflinge fallen durch die theoretische Führerscheinprüfung

31 % der Prüflinge bestehen die theoretische Führerscheinprüfung nicht; von diesen hatten es 34 % schon vorher mindestens einmal vergeblich versucht. Unter den erfolgreichen Kandidaten sind immerhin 20 %, die vorher schon einmal durchgefallen waren.

6. Das Kraftfahrzeugbundesamt veröffentlicht regelmäßig Daten über die Kraftfahrzeuge in Deutschland.
   Berechne die Wahrscheinlichkeit dafür, dass von den im November neu zugelassenen Kraftfahrzeugen

Kfz-Neuzulassungen im Jahr 2012	Euro 5	Euro 6	Gesamt
Benzin-Motor	1 530 089	21 355	1 551 444
Diesel-Motor	1 447 273	28 816	1 476 089
Gesamt	2 977 362	50 171	3 027 533

   a) ein zufällig ausgewähltes einen Benzin-Motor mit Euro-6-Norm hat;
   b) ein zufällig ausgewähltes einen Benzin-Motor hat;
   c) ein zufällig aus den Fahrzeugen mit Benzin-Motor ausgewähltes der Euro-6-Norm genügt;
   d) ein zufällig aus den Euro-6-Fahrzeugen ausgewähltes einen Benzin-Motor hat.

6.4 Vierfeldertafeln und Zufallsexperimente

*Neue Bundesländer seit 1989
Mecklenburg-Vorpommern
Brandenburg
Sachsen
Sachsen-Anhalt
Thüringen
Ost-Berlin*

7. Zusammenleben ohne Trauschein

Die Anzahl der nicht-ehelichen Lebensgemeinschaften hat sich in den letzten 10 Jahren in Westdeutschland verdoppelt. Dieses Ergebnis weist eine kürzlich durchgeführte Studie aus.

Nicht-eheliche Lebensgemeinschaften	mit Kindern	ohne Kinder	gesamt
früheres Bundesgebiet (ohne Berlin)	484 000	1 367 000	1 851 000
Neue Länder (einschl. Berlin)	306 000	351 000	657 000
gesamt	790 000	1 718 000	2 508 000

a) Im Zeitungsartikel oben sind in der Tabelle absolute Häufigkeiten angegeben. Vergleiche mit anderen Jahren sind einfacher, wenn man relative Häufigkeiten betrachtet. Erstelle eine Tabelle mit den relativen Häufigkeiten.

b) Für eine weitere Studie sollen nichteheliche Lebensgemeinschaften zufällig ausgewählt werden. Wir betrachten *eine* solche zufällig ausgewählte Lebensgemeinschaft. Mache eine Prognose, mit welcher Wahrscheinlichkeit die ausgewählte Lebensgemeinschaft
   (1) in den Neuen Bundesländern einschließlich Berlin lebt,
   (2) eine solche mit Kindern ist,
   (3) eine solche ohne Kinder aus dem früheren Bundesgebiet ohne Berlin ist.

c) Betrachtet man eine zufällig ausgesuchte nichteheliche Lebensgemeinschaft, so kann man z. B. zuerst feststellen, ob sie Kinder hat, und dann, woher sie kommt. Man kann aber auch in der anderen Reihenfolge vorgehen und erst feststellen, woher sie kommt, und dann, ob sie Kinder hat. Die Daten aus der Tabelle mit relativen Häufigkeiten lassen sich daher auf zwei Arten in Form von Baumdiagrammen darstellen. Zeichne beide einschließlich aller Wahrscheinlichkeiten.

8. Seit vielen Jahren ist es üblich, Wählerinnen und Wähler beim Verlassen des Wahllokals zu befragen. Auch werden in einigen – repräsentativ ausgewählten – Wahlbezirken verschiedene Wählergruppen unterschiedlich gefärbte Wahlzettel ausgegeben, um nach Auszählung der Stimmen Aussagen über einzelne Wählergruppen machen zu können.
Nach der Bundestagswahl 2009 wurde folgende Wahlanalyse abgedruckt:

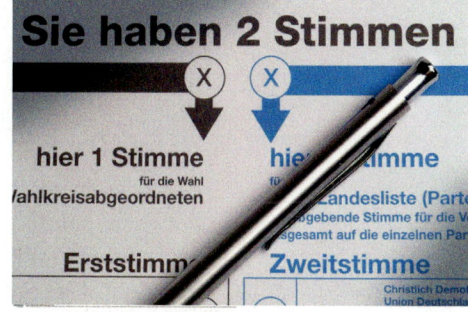

Dass die CDU/CSU die meisten Stimmen bei der Bundestagswahl 2009 erhielt (33,8 %), verdankt sie wieder überwiegend den Frauen: 54,9 % der CDU/CSU-Stimmen kamen von weiblichen Wählern. Bei den Stimmen der übrigen Parteien hatten die Frauen nur einen Anteil von 50,2 %.

a) Übertrage die Daten des Textes in ein Baumdiagramm.
b) Bestimme die zugehörige Vierfeldertafel.
c) Welche Aussagen lassen sich aus dem zweiten Baumdiagramm gewinnen, das zu der Vierfeldertafel in Teilaufgabe b) gehört?

9. Diabetes (mellitus), umgangssprachlich Zuckerkrankheit, ist eine chronische Stoffwechselkrankheit, bei der zu wenig Insulin in der Bauchspeicheldrüse produziert wird. Dies führt zu einer Störung des Kohlehydrat-, aber auch des Fett- und Eiweißstoffwechsels. Zur Untersuchung, ob jemand an Diabetes erkrankt ist, wird ein so genannter Glukosetoleranztest durchgeführt. Der Arzt gibt dem Patienten eine genau bemessene Zuckerwassermenge zu trinken und prüft damit nach einer kurzen Wartezeit die Blutzuckerwerte. Aufgrund von umfangreichen Untersuchungen hat man folgende Erfahrungswerte gefunden:

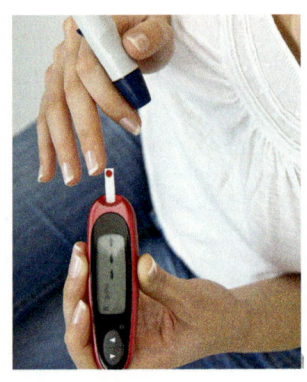

Sensitivität (lat.)
(Über)- Empfindlichkeit

Spezifität
Eigentümlichkeit,
Besonderheit

- Bei Personen, die an Diabetes erkrankt sind, reagiert der Test in 72 % der Fälle („positiv"). Man sagt dafür auch: Die *Sensitivität* dieses Tests beträgt 72 %.
- Bei Personen, die nicht an Diabetes erkrankt sind, zeigt sich in 73 % der Fälle keine Reaktion („negativ"). Man sagt dafür auch: Die *Spezifität* des Tests beträgt 73 %.
- Eine Person, die schon weiß, dass sie an Diabetes erkrankt ist, wird den Glukosetoleranztest nicht durchführen. Betrachtet man nur die Personen, die nicht wissen, ob sie an Diabetes erkrankt sind oder nicht, so schätzt man, dass darunter 1 % Diabetiker sind.

a) Was bedeutet es, wenn bei einer Vorsorgeuntersuchung ein „positiver" Befund festgestellt wird? Mit welcher Wahrscheinlichkeit ist diese Person tatsächlich an Diabetes erkrankt? Wie brauchbar ist der Glukosetoleranztest überhaupt?
Stelle zunächst die gegebenen Informationen in Form eines Baumdiagramms dar, um diese Frage zu beantworten. Entwickle dann hieraus die zugehörige Vierfeldertafel und das zweite mögliche Baumdiagramm.

b) Erkläre, warum das Rechenergebnis im zweiten Baumdiagramm paradox erscheint.

10. ## Tuberkulose

Tuberkulose (kurz TBC) ist weltweit immer noch eine der gefährlichsten Infektionskrankheiten. Bis in die 90er Jahre wurden in Deutschland Röntgen-Reihenuntersuchungen durchgeführt. Dabei wurde festgestellt, ob Schatten auf der Lunge zu sehen waren. Als der Anteil der Erkrankten aber auf unter 0,2 % gesunken war und die Gefährdung durch zu häufige Belastung des Körpers durch Röntgenstrahlungen in den Blick geriet, wurde die flächendeckende Reihenuntersuchung eingestellt. Ein weiterer Gesichtspunkt war in diesem Zusammenhang der sehr hohe Anteil von 30 % falsch-negativer Befunde und der nicht zu übersehende Anteil von 2 % falsch-positiver Befunde.

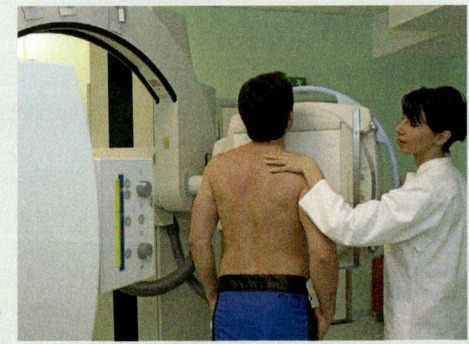

a) Erläutere, was mit „falsch-negativen" und „falsch-positiven" Befunden gemeint ist.
b) Stelle für einen Anteil von 0,2 % Tuberkulose-Kranken unter den Testteilnehmern die Informationen in einem Baumdiagramm dar.
c) Welche Informationen kann man dem umgekehrten Baumdiagramm entnehmen?

Das Wichtigste auf einen Blick

Baumdiagramm

Zweistufige Zufallsexperimente kann man mithilfe von **Baumdiagrammen** darstellen.
Zu jedem der möglichen Ergebnisse des Zufallsexperiments gehört ein **Pfad**.

Beispiel:
Ziehen von zwei Kugeln ohne Zurücklegen aus einer Urne mit drei blauen und vier grünen Kugeln.

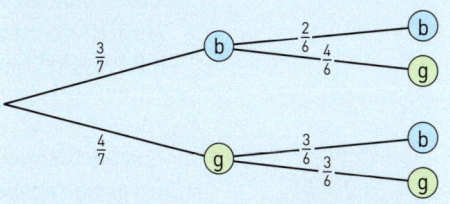

Ein Pfad gehört z.B. zum Ergebnis (blau | grün).

Pfadregeln

Pfadmultiplikationsregel: Die Wahrscheinlichkeit eines Pfades ist gleich dem Produkt der Wahrscheinlichkeiten längs des Pfades.

Pfadadditionsregel: Gehören zu einem Ereignis mehrere Pfade, dann ist die Wahrscheinlichkeit des Ereignisses, die Summe der Pfadwahrscheinlichkeiten, die zu den einzelnen Ereignissen gehören.

Beispiel:
$P(\text{blau} | \text{grün}) = \frac{3}{7} \cdot \frac{4}{6} = \frac{2}{7} \approx 28{,}6\%$

$P(\text{grün} | \text{blau}) = \frac{4}{7} \cdot \frac{3}{6} = \frac{2}{7} \approx 28{,}6\%$

P(beide Farben sind unterschiedlich)
= P(blau | grün) + P(grün | blau)
$= \frac{2}{7} + \frac{2}{7} = \frac{4}{7} \approx 57{,}1\%$

Vierfeldertafel

Daten, bei denen zwei **Merkmale** mit jeweils zwei Möglichkeiten betrachtet werden, können auch in **Vierfeldertafeln** übersichtlich dargestellt werden.

Beispiel: Mitglieder eines Schwimmvereins

	männlich	weiblich	gesamt
Jugendliche	17	12	29
Erwachsene	0	34	34
gesamt	17	46	63

Zu jeder **Vierfeldertafel** kann man zwei zweistufige Zufallsexperimente angeben, die sich durch die Reihenfolge der betrachteten Merkmale auf den beiden Stufen unterscheiden.
Auf der 1. Stufe wird untersucht, mit welcher Wahrscheinlichkeit die eine bzw. die andere Möglichkeit des zuerst betrachteten Merkmals auftreten wird.
Auf der 2. Stufe wird dann dargestellt, mit welcher Wahrscheinlichkeit die Möglichkeiten des anderen Merkmals auftreten.

Man kann zu dem Beispiel der Vierfeldertafel zuerst fragen, mit welcher Wahrscheinlichkeit ein zufällig ausgewähltes Mitglied des Sportvereins männlich bzw. weiblich ist, und anschließend nach der Altersgruppe fragen:

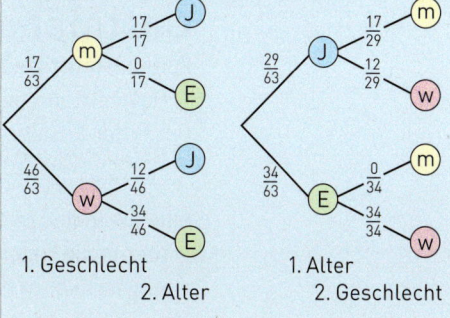

1. Geschlecht 1. Alter
2. Alter   2. Geschlecht

Bist du fit?

1. **a)** Das abgebildete Glücksrad wird zweimal gedreht.
Bestimme die Wahrscheinlichkeit für das Ereignis:
E_1: Zweimal die gleiche Farbe E_2: Zwei verschiedene Farben
   b) In einer Urne befinden sich 12 gleichartige Kugeln, davon 5 rote, 4 blaue, 2 grüne und 1 gelbe. Zwei Kugeln werden ohne Zurücklegen gezogen. Bestimme die Wahrscheinlichkeiten der Ereignisse E_1 und E_2 aus Teilaufgabe a).

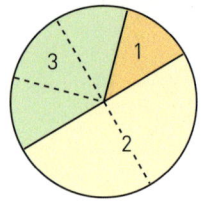

2. Für das Bestimmen einer Glückszahl dreht man das Glücksrad links. Anließend wird eine Münze geworfen; bei Zahl wird die Glücksradzahl verdoppelt, ansonsten bleibt sie unverändert. Bestimme die Wahrscheinlichkeiten der möglichen Glückszahlen.

3. Das Büro einer Firma ist mit einer Sicherung an der Haupttür und einem Bewegungsmelder im Kassenraum gegen Einbruch gesichert. Nach Werksangaben wird garantiert, dass die Türsicherung in 99,5 %, der Bewegungsmelder in 98,5 % aller Störungen funktioniert.
   a) Berechne die Wahrscheinlichkeit für das gleichzeitige Funktionieren der Systeme.
   b) Bestimme die Wahrscheinlichkeit, dass beide Sicherungen versagen können.
   c) Die Firma möchte einen anderen Bewegungsmelder installieren, sodass die Wahrscheinlichkeit für ein ungehindertes Eindringen bei höchstens 1 : 100 000 liegt. Mit welcher Wahrscheinlichkeit müsste dann das Funktionieren des Melders garantiert sein?

4. Ein Marktforschungsinstitut hat die Verbreitung von Handys bei Jugendlichen untersucht. Unten siehst du die Ergebnisse der Befragung dargestellt.
   a) Stelle die Daten in einer geeigneten Vierfeldertafel zusammen.
   b) Einer der befragten Jugendlicher wird zufällig ausgewählt.
   Schätze mithilfe der Daten die Wahrscheinlichkeit, dass
   (1) ein Jugendlicher ein Smartphone besitzt;
   (2) ein Mädchen kein Smartphone besitzt;
   (3) ein jugendlicher Smartphonebesitzer ein Mädchen ist;
   (4) ein Jugendlicher, der kein Smartphone besitzt, ein Junge ist.

   Gesamt 1000 → Jungen 437 → Smartphone 68 / kein Smartphone 369
   Gesamt 1000 → Mädchen 563 → Smartphone 60 / kein Smartphone 503

5. ### Gastmannschaften im Nachteil
   Fußballstatistiker haben festgestellt: In der Fußball-Bundesliga fallen 43,7 % der Tore in der 1. Halbzeit, von denen 58,7 % durch die Heimmannschaft erzielt werden. Auch bei den Toren in der 2. Halbzeit haben die Gastgeber einen Vorsprung: 61,8 % gehen auf deren Konto.

Stelle die in der Zeitungsmeldung enthaltenen Daten in einem Baumdiagramm zusammen. Bestimme die zugehörige Vierfeldertafel und das zweite Baumdiagramm. Schreibe einen Zeitungsartikel zu diesem Baumdiagramm.

7. Berechnungen an Vielecken, Kreisen und Prismen

Als Grundstücksformen und Figuren an Körpern
kommen nicht nur Rechtecke, sondern auch andere Vielecke vor.
Häufig benötigt man deren Größe.

Die Grundstücke in dem rechts dargestellten Neubaugebiet sollen zu einem Preis von 95 € pro m² verkauft werden.

→ Berechne den Preis des rechteckigen Grundstücks.

→ Wie viele Kubikmeter Erde wurden für die Baugrube ausgehoben?

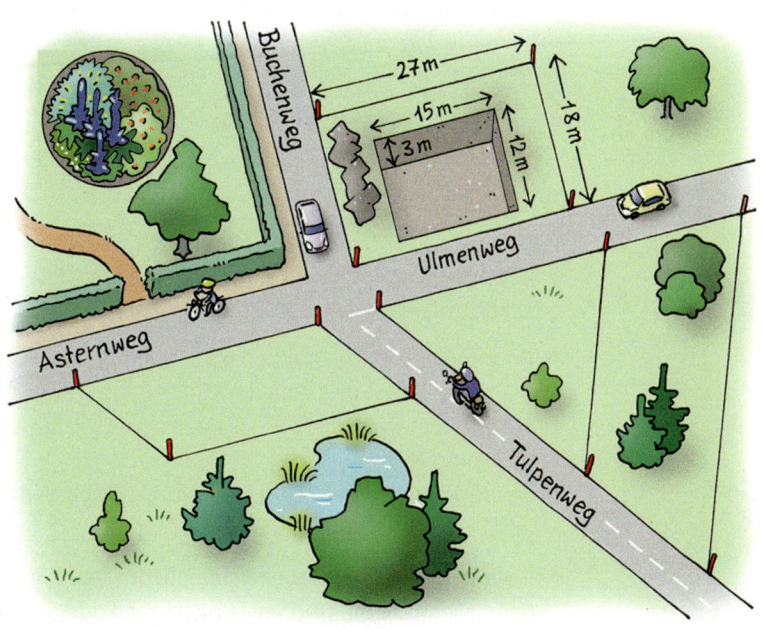

In diesem Kapitel ...
lernst du, wie man den Flächeninhalt von Vielecken und Kreisen
berechnen kann. Ferner berechnest du das Volumen und den Oberflächeninhalt
von Körpern, die man durch Zerschneiden von Quadern erhalten kann.

Lernfeld: Wie groß ist ... ?

Größen schätzen
Bei vielen Dingen muss man deren Größe gar nicht ganz genau wissen. Dort interessiert nur die ungefähre Größe. Um diese zu ermitteln muss man schätzen.

→ Schätze die Größe deiner Handfläche.

→ Wie viel Stoff benötigt man für ein T-Shirt?

→ Wie groß ist ein Daumenabdruck?

→ Wie viel Stoff benötigt man für das abgebildete Surfsegel?

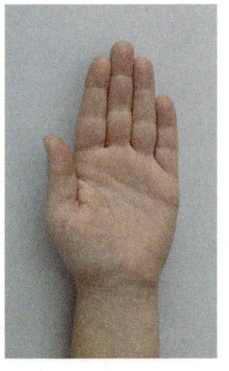

→ Vergleiche deine Schätzungen mit deinem Nachbarn. Begründet eure Schätzungen. Wie genau sind die Schätzungen wohl?

Drachenbau

Was haben alle Bilder gemeinsam?
Richtig, es sind alles Flugdrachen. Beim ersten und zweiten kann man die Form zu einem Viereck vereinfachen, das man auch in der Geometrie als Drachen bezeichnet. Der dritte Flugdrachen da-gegen hat keine annähernd viereckige Form.

→ Beschreibt zuerst, worin sich ein Drachen von Rechtecken, Trapezen und allgemeinen Vierecken unterscheidet.

→ Gesa möchte einen Drachen bauen und hat eine Leiste der Länge 50 cm und eine der Länge 80 cm zur Verfügung. Sie überlegt, wie viel Folie sie dazu benötigt. Sie fertigt sich dazu eine Zeichnung an.
Übertragt die Figur in euer Heft und ermittelt den Flächeninhalt.

→ Gesa fragt sich, ob sie vielleicht Folienmaterial sparen kann, wenn sie die Querleiste nach oben oder unten verschiebt. Probiert das aus und vergleicht die Flächeninhalte der verschiedenen Drachen. Was könnt ihr Gesa raten?

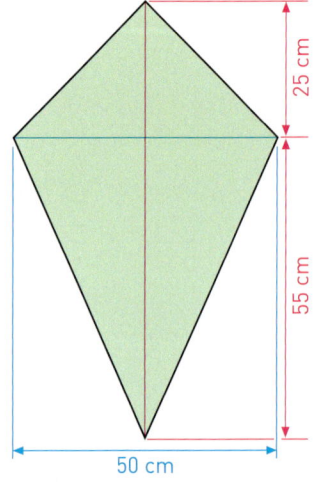

→ Malte zersägt die Querleiste und experimentiert mit ganz neuen Formen:
Er behauptet, man könne so an der Folie sparen. Überprüft das und beurteilt seinen Vorschlag. Erklärt ihm, weshalb er sein Werk nicht Drachen nennen darf.

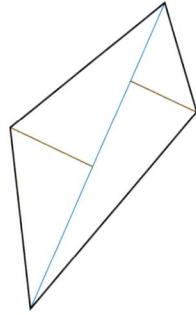

→ Man kann auch Drachen mit einspringender Ecke herstellen.
Welche Änderungen ergeben sich in der Konstruktion im Vergleich zu Gesas Drachen und wie viel Folie und wie viel Holzleisten werden benötigt?

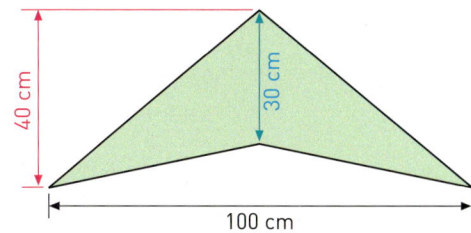

Verpackungen

Verpackungen werden überall gebraucht. Oft findet man ungewöhnliche, interessante Verpackungen. Besonders einfallsreiche Firmen benutzen ausgefallene Körperformen.

→ Seht euch mal zu Hause oder in Geschäften nach Verpackungen um und bringt sie mit, insbesondere solche mit interessanten Formen.

Kreise wiegen

Kopierpapier wird häufig mit der Angabe $80\,g/m^2$ verkauft. Dies bedeutet, dass $1\,m^2$ dieses Papiers $80\,g$ wiegt.
Mit dieser Angabe kann man den Flächeninhalt eines Kreises mithilfe einer Waage bestimmen.

→ Führt dies in Gruppen durch und protokolliert eure Ergebnisse.

→ Wie kann man die Genauigkeit der Ergebnisse verbessern?

→ Welcher Zusammenhang besteht zwischen dem Radius r eines Kreises und seinem Flächeninhalt A?

7.1 Flächeninhalt eines Dreiecks

Einstieg

Zeichnet auf Karton Dreiecke und bestimmt den Flächeninhalt.
(1) $|AB| = 8\,cm$; $|BC| = 6\,cm$; $\beta = 90°$
(2) $|AB| = 10\,cm$; $\alpha = 60°$; $\beta = 70°$
(3) $|AB| = 6\,cm$; $\alpha = 110°$; $\beta = 30°$

Aufgabe 1

Umfang und Flächeninhalt eines Dreiecks
Das Grundstück rechts hat die Form eines Dreiecks
(siehe auch Seite 213).
a) Das Grundstück soll eingezäunt werden.
   Wie lang wird der Zaun?
b) Bestimme den Flächeninhalt des Grundstücks.

Maßstab 1 : 1000

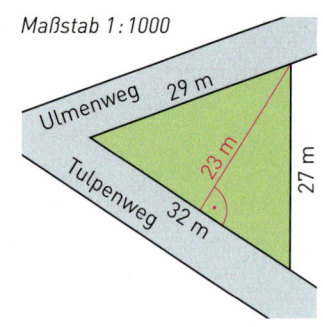

Lösung

a) Die Länge des Zauns ist die Summe der Seitenlängen, also
   der Umfang u des Dreiecks: $u = 29\,m + 32\,m + 27\,m = 88\,m$
   Ergebnis: Der Zaun ist 88 m lang.

*Strategie:
Zurückführen
auf ein Rechteck
durch Zerlegen
und Ergänzen*

b) Wir führen das Problem auf eine Rechtecksberechnung zurück.
   Wir zerlegen das Dreieck in zwei rechtwinklige Dreiecke. Diese kann man jeweils zu
   einem doppelt so großen Rechteck ergänzen. Man erhält
   insgesamt ein Rechteck mit den Seitenlängen 32 m und
   23 m. Es ist doppelt so groß wie das Dreieck.
   Der Flächeninhalt des Rechtecks beträgt $32\,m \cdot 23\,m$.
   Dann gilt für den Flächeninhalt des Dreiecks:

   $A = \frac{32\,m \cdot 23\,m}{2} = 368\,m^2$

   Ergebnis: Das Grundstück ist 368 m² groß.

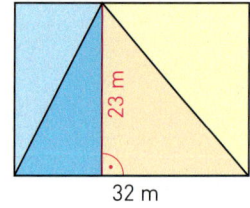

Information

(1) Wiederholung: Bezeichnungen im Dreieck
Winkel α liegt am Eckpunkt A; gegenüber liegt die Seite a.
Winkel β liegt am Eckpunkt B; gegenüber liegt die Seite b.
Winkel γ liegt am Eckpunkt C; gegenüber liegt die Seite c.
Beim Berechnen des Flächeninhalts eines Dreiecks benötigt man den Abstand eines Eckpunkts
von der gegenüberliegenden Seite.

*Bezeichnungen
im Dreieck:*

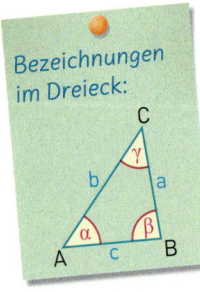

(2) Höhen im Dreieck

Unter den **Höhen** eines Dreiecks versteht man
die Abstände der Eckpunkte von den gegenüberliegenden Seiten bzw. deren Verlängerungen.
Beispiel:
h_c ist der Abstand des Eckpunktes C von der
Seite $\overline{AB}$ bzw. deren Verlängerung.

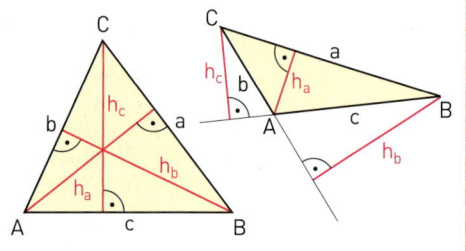

7.1 Flächeninhalt eines Dreiecks

(3) Flächeninhalt eines Dreiecks

Man erhält den Flächeninhalt eines Dreiecks, indem man die Länge einer Seite mit der zugehörigen Höhe multipliziert und das Ergebnis halbiert.

> Länge einer Grundseite mal zugehöriger Höhe durch 2

Für den **Flächeninhalt A eines Dreiecks** mit der Länge g einer Seite (Grundseite) und der zugehörigen Höhe h gilt:

$$A = \frac{g \cdot h}{2}$$

Beispiel: g = 4 cm, h = 1,5 cm

$$A = \frac{g \cdot h}{2} = \frac{4\,cm \cdot 1,5\,cm}{2} = 3\,cm^2$$

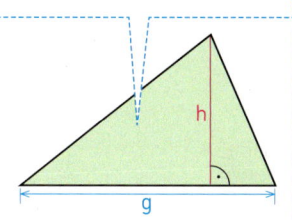

Weiterführende Aufgaben

Flächeninhaltsformel bei außen liegender Höhe

2. Bestätige am Beispiel rechts, dass die Formel für den Flächeninhalt auch dann gilt, wenn die Höhe des Dreiecks außerhalb des Dreiecks liegt.
   Prüfe, ob sich deine Überlegungen verallgemeinern lassen.

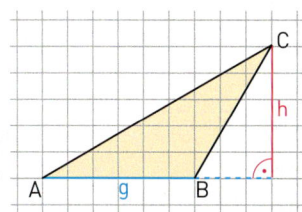

Verschiedene Dreiecke mit gleich langer Grundseite und Höhe

3. Berechne für jedes Dreieck den Flächeninhalt. Was fällt dir auf? Verallgemeinere.

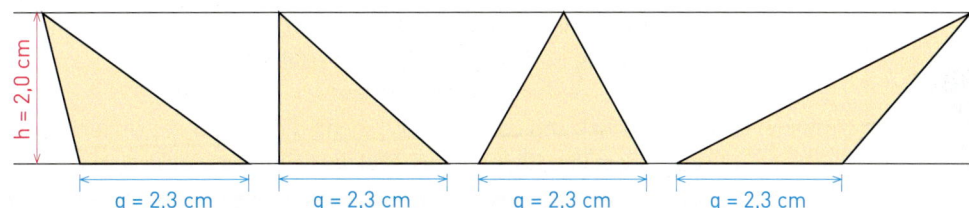

Übungsaufgaben

4. Berechne den Flächeninhalt des Dreiecks (Maße in cm).

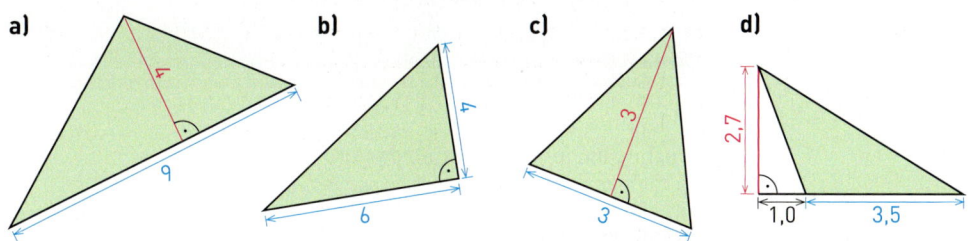

5. Übertrage das Dreieck PQR in dein Heft. Bestimme den Flächeninhalt des Dreiecks auf drei verschiedene Weisen. Fülle die Tabelle aus.

Seite	Länge der Seite	zugehörige Höhe	Flächeninhalt
$\overline{PQ}$			
$\overline{QR}$			
$\overline{RP}$			

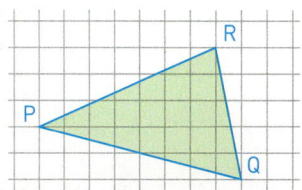

6. a) Ordnet die Dreiecke nur durch Schätzen der Größe nach. Zeichnet sie anschließend auf Karopapier mit der Kästchenlänge 5 mm und kontrolliert eure Schätzung.

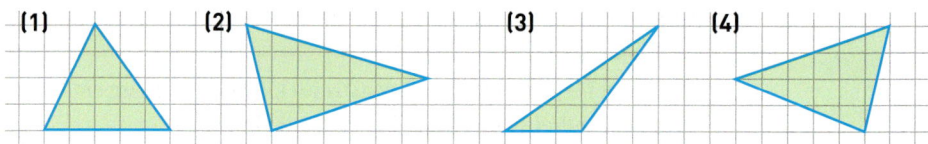

b) Verfahrt entsprechend mit dem Umfang der Dreiecke.

7. Zeichne das Dreieck ABC in ein Koordinatensystem mit der Einheit 1 cm. Berechne dann, ohne zu messen, den Flächeninhalt des Dreiecks.
a) A(1|2); B(6|2); C(4|6) **b)** A(4|1); B(9|5); C(4|7) **c)** A(4|0); B(10|0); C(0|4)

8. Zeichnet verschiedene 20 cm² große Dreiecke und vergleicht deren Umfang. Versucht ein 20 cm² großes Dreieck mit möglichst großem Umfang zu zeichnen.

9. Gegeben ist ein rechtwinkliges Dreieck ABC. Berechne den Flächeninhalt.
a) a = 3,2 cm; b = 4,1 cm; γ = 90°   **b)** c = 6,7 cm; b = 4,8 cm; α = 90°

10. Christopher behauptet: „Es gibt nur drei verschiedene rechtwinklige Dreiecke mit dem Flächeninhalt 12 cm²." Wo liegt sein Denkfehler?

11. Das rechtwinklige Dreieck ABC mit γ = 90° besitzt die Seitenlänge a = 3,9 cm und ist 19,5 cm² groß. Berechne die Länge der Seite b.

12. Marie, Patrick und Lea haben versucht, die Höhe h des Dreiecks zu berechnen. Kontrolliere ihre Rechnungen. Welche Fehler haben sie gemacht?

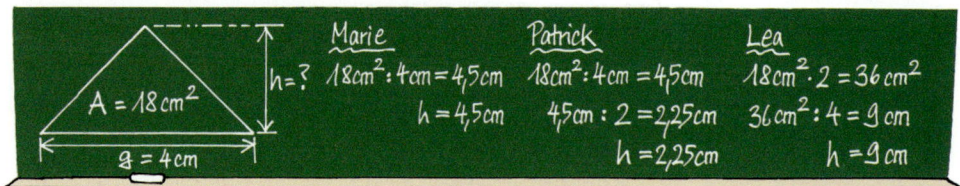

13. Berechne die fehlende Größe des Dreiecks.

	a)	b)	c)	d)	e)	f)
Seitenlänge g	3,2 cm			127 m	2,2 m	3,5 m
Höhe h	1,9 cm	1,2 m	4,1 m		14 cm	
Flächeninhalt A		1,92 m²	9,43 m²	3175 m²		630 cm²

14. Das Waldstück rechts soll neu mit Fichten aufgeforstet werden. 1 ha kostet 2400 €. Berechne die Kosten.
Beachte: Die Höhe in dem Dreieck musst du zeichnerisch bestimmen.

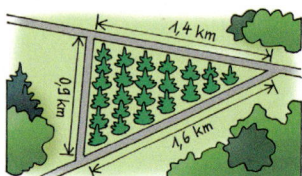

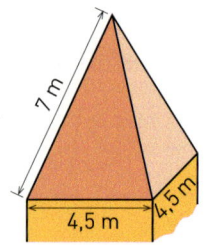

15. Das Kirchturmdach im Bild links muss neu gedeckt werden. 1 m² kostet 250 €. Wie groß sind die Kosten?

7.2 Flächeninhalt eines Parallelogramms

Einstieg

Zeichnet auf Karton ein Parallelogramm ABCD mit a = 9 cm, α = 64° und d = 5 cm.
Bestimmt seinen Flächeninhalt. Ihr könnt dabei auch schneiden.
Stellt anschließend euren Mitschülerinnen und Mitschülern vor, wie ihr vorgegangen seid.

Aufgabe 1

Umfang und Flächeninhalt eines Parallelogramms

Das Grundstück rechts hat die Form eines Parallelogramms (siehe auch Seite 213).
a) Das Grundstück soll eingezäunt werden. Wie lang wird der Zaun?
b) Bestimme den Flächeninhalt des Grundstücks.

Maßstab: 1 : 1000

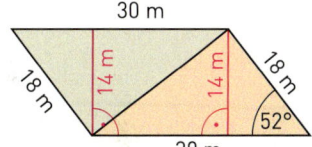

Lösung

a) Die Länge des Zauns ist die Summe der Seitenlängen, also der Umfang u des Parallelogramms:
u = 18 m + 30 m + 18 m + 30 m = 96 m
Ergebnis: Der Zaun ist 96 m lang.

> **Strategie:**
> Zurückführen auf Dreiecke durch Zerlegen

b) Wir zerlegen das Parallelogramm mithilfe einer Diagonalen in zwei Dreiecke.
Beide Dreiecke haben eine Grundseite von 30 m. Der Zeichnung entnehmen wir, dass ihre Höhe jeweils 14 m beträgt, daher sind beide Dreiecke gleich groß.
Für den Flächeninhalt des Parallelogramms gilt somit:

$$A = 2 \cdot \frac{30\,m \cdot 14\,m}{2} = 30\,m \cdot 14\,m = 420\,m^2$$

Ergebnis: Das Grundstück ist 420 m² groß.
Man könnte das Parallelogramm auch mithilfe der anderen Diagonale zerlegen. Führe das durch.

Information

(1) Höhen im Parallelogramm

Beim Berechnen des Flächeninhalts eines Parallelogramms benötigt man den Abstand zweier zueinander paralleler Seiten.

> Unter den **Höhen** eines Parallelogramms versteht man die Abstände der zueinander parallelen Seiten.
>
>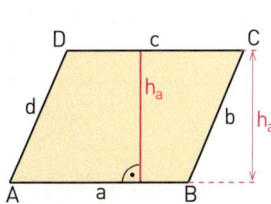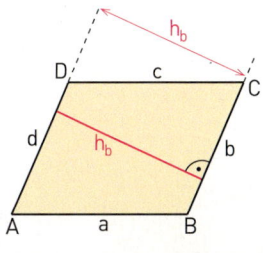

(2) Flächeninhalt eines Parallelogramms

Wir erhalten den Flächeninhalt eines Parallelogramms, indem wir eine Seite als *Grundseite* auswählen und ihre Länge mit der zugehörigen Höhe multiplizieren.

> Länge einer Grundseite mal zugehöriger Höhe

Für den **Flächeninhalt A eines Parallelogramms** mit der Länge g einer Seite (Grundseite) und der zugehörigen Höhe h gilt:

A = g · h

Beispiel: g = 3 cm, h = 1,5 cm
$A = g \cdot h$
$A = 3\,\text{cm} \cdot 1,5\,\text{cm} = 4,5\,\text{cm}^2$

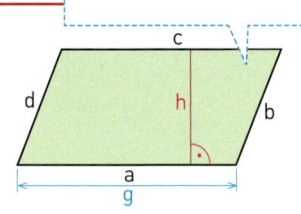

Weiterführende Aufgabe

Verschiedene Parallelogramme mit gleich langer Grundseite und gleicher Höhe

2.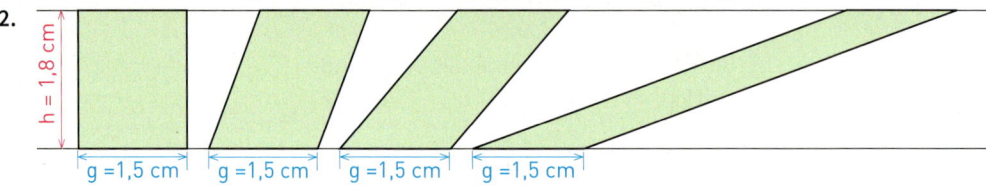

   a) Berechne für jedes Parallelogramm den Flächeninhalt. Was fällt dir auf?
   b) Verallgemeinere dein Ergebnis aus Teilaufgabe a).

Übungsaufgaben

3. Für das Bestimmen des Flächeninhalts des Parallelogramms mithilfe einfacher Figuren gibt es mehrere Möglichkeiten. Erläutere diese.

   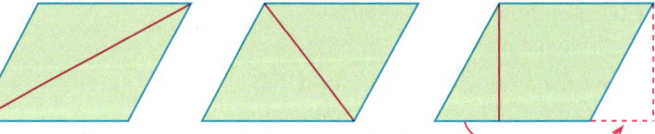

4. Übertrage das Parallelogramm in dein Heft auf Karopapier mit der Kantenlänge 5 mm. Verwandle das Parallelogramm in ein flächeninhaltsgleiches Rechteck. Bestimme den Flächeninhalt des Parallelogramms.

   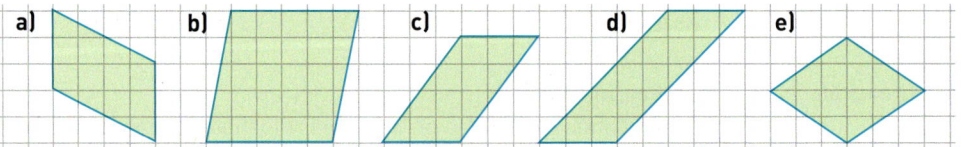

5. Berechne den Flächeninhalt des Parallelogramms.

   a) 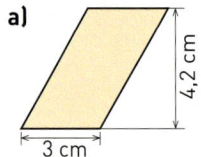   b) 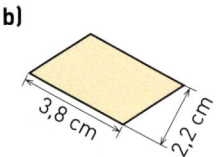   c) 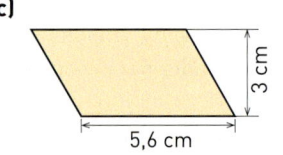   d)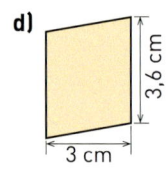

6. Übertrage das Parallelogramm in dein Heft. Miss jeweils die Seitenlänge und die zugehörige Höhe. Berechne dann den Flächeninhalt.
Was erwartest du? Was stellst du fest? Begründe.

Seite	Länge der Seite	zugehörige Höhe	Flächeninhalt
$\overline{AB}$			
$\overline{BC}$			
$\overline{CD}$			
$\overline{DA}$			

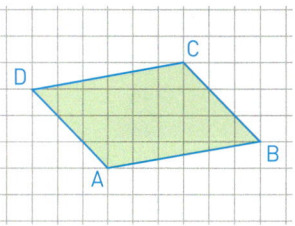

7. Sophie, Felix und Laura haben versucht, den Flächeninhalt des Parallelogramms zu berechnen. Kontrolliere ihre Rechnungen. Welche Fehler haben sie gemacht?

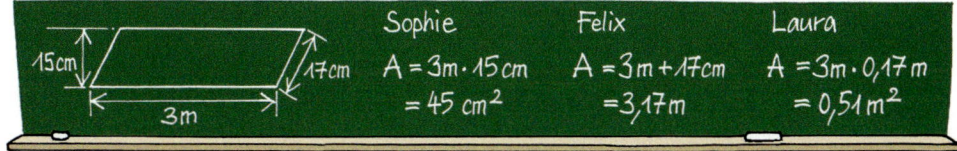

8. a) Betrachtet die unten gezeichneten Parallelogramme. Ordnet sie zunächst nur durch Schätzen ohne Rechnen, der Größe nach.

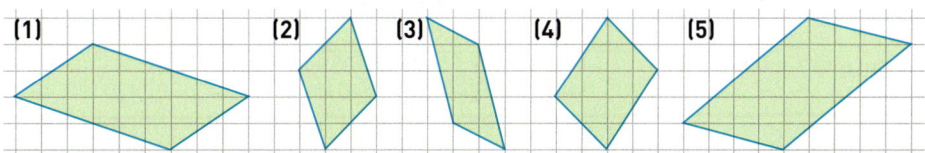

Zeichnet sie anschließend auf Karopapier mit der Kästchenlänge 5 mm und kontrolliert eure Schätzung durch Rechnung.

b) Verfahrt entsprechend mit dem Umfang der Parallelogramme.

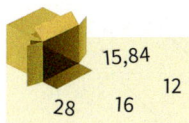

9. Zeichne das Parallelogramm ABCD in ein Koordinatensystem mit der Einheit 1 cm. Berechne dann ohne zu messen den Flächeninhalt des Parallelogramms.

a) A(1|1)
B(8|1)
C(10|5)
D(3|5)

b) A(4|2)
B(7|2)
C(3|6)
D(0|6)

c) A(6|3)
B(10|3)
C(8|7)
D(4|7)

d) A(6,4|3,5)
B(10,8|3,5)
C(8,8|7,1)
D(4,4|7,1)

Das kann ich noch!

A) Erläutere an den Abbildungen den Zusammenhang zwischen
1) den Einheiten mm und cm;
2) den Einheiten mm² und cm².

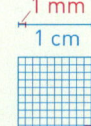

B) Wandle in die in Klammern angegebene Einheit um.
1) 5 cm [mm]
2) 3,1 km [m]
3) 2,3 m [cm]
4) 4 cm² [mm²]
5) 5 m² [cm²]
6) 7,1 m² [cm²]
7) 580 cm [m]
8) 2 000 mm² [cm²]
9) 650 dm² [m²]

10. Die Seitenverkleidungen einer Rolltreppe sollen erneuert und durch Edelstahlblech ersetzt werden. Die Seitenverkleidungen sind parallelogrammförmig mit den Seitenlängen 10,50 m und 0,90 m. Eine Höhe des Parallelogramms beträgt 0,80 m. Das verwendete Edelstahlblech kostet 32,50 € pro m². Berechne die Kosten.

11. Berechne die fehlende Größe des Parallelogramms.

	a)	b)	c)	d)	e)
Seitenlänge g	16,2 cm		150 cm	25,5 m	
zugehörige Höhe h	3,5 cm	5,2 cm			4,5 km
Flächeninhalt A		22,36 cm²	9,75 m²	4,59 a	29,25 ha

12. Gebäude werden oft mit Streifenornamenten verziert.
    a) Beim oberen Streifen sind a = 20 cm, b = 5 cm, c = 20 cm und d = 15 cm.
       Wie viel cm² wurden grün gefärbt? Welcher Anteil des Streifens ist gefärbt? Bei dem unteren Streifen ist a = 15 cm, alle anderen Größen sind gleich geblieben.
       Wie ändern sich die Ergebnisse?

    b) Ein Haus soll mit einem 14 m langen Ornament von der unten abgebildeten Art verziert werden. Für wie viel m² wird Farbe von jeder Sorte benötigt? Gebt auch Anteile an.

13. Eine Treppenhauswand soll renoviert werden. Für das Auftragen eines Kunststoffputzes verlangt der Maler 14,50 € pro m², für Tapezieren und Streichen 9,00 € pro m². Stellt euch geeignete Fragen und löst die Aufgaben.

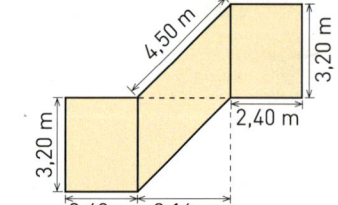

14. Wie ändert sich der Flächeninhalt eines Parallelogramms, wenn man
    a) eine Seitenlänge verdoppelt [verdreifacht];
    b) eine Seitenlänge verdoppelt und die zugehörige Höhe verdoppelt [verdreifacht]?

15. Von einem Parallelogramm sind die Seitenlängen a = 5,7 cm und b = 3,5 cm bekannt; die zu a gehörende Höhe ist h_a = 2,5 cm. Berechne die andere Höhe h_b.

16. Du kannst verschiedene Parallelogramme mit den Seitenlängen a = 5 cm und b = 3,5 cm zeichnen. Welches dieser Parallelogramme hat den größten Flächeninhalt? Begründe.

17. Ein Parallelogramm ABCD hat den Flächeninhalt A = 20 cm². Ferner gilt: |AB| = 4 cm und |BC| = 6 cm. Berechne die Höhen des Parallelogramms. Bestimme auch den Umfang.

7.3 Flächeninhalt eines Trapezes

Einstieg Arbeitet in Zweiergruppen. Zeichnet auf Karton zwei Trapeze, die genau aufeinander passen. Jede Gruppe wählt sich die Maße selbst.
Bestimmt den Flächeninhalt der Trapeze. Ihr könnt auch schneiden.
Findet eine Formel für den Flächeninhalt eines Trapezes heraus.
Präsentiert euer Ergebnis euren Mitschülerinnen und Mitschülern.

Aufgabe 1 **Umfang und Flächeninhalt eines Trapezes**
Das Grundstück rechts hat die Form eines Trapezes (siehe auch Seite 213).
a) Das Grundstück soll eingezäunt werden. Wie lang wird der Zaun?
b) Bestimme den Flächeninhalt des Grundstücks.

Lösung
a) Die Länge des Zauns ist die Summe der Seitenlängen, also der Umfang u des Trapezes: u = 43 m + 17 m + 27 m + 19 m = 106 m
Ergebnis: Der Zaun ist 106 m lang.

Es gibt noch andere Lösungswege.

b) Wir ergänzen das Trapez zu einem doppelt so großen Parallelogramm mit der Grundseitenlänge 27 m + 43 m und der Höhe 16 m.
Folglich beträgt der Flächeninhalt des Parallelogramms (27 m + 43 m) · 16 m.
Da der Flächeninhalt des Trapezes halb so groß ist, gilt:

$$A = \frac{(27\,m + 43\,m) \cdot 16\,m}{2} = 560\,m^2$$

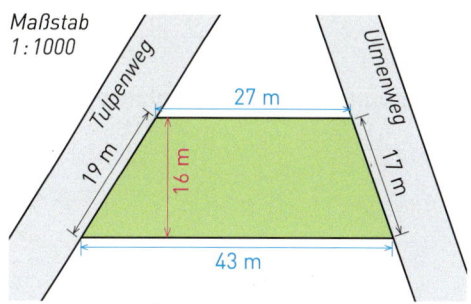

Ergebnis: Das Grundstück ist 560 m² groß.

Information **(1) Höhe im Trapez**
Beim Berechnen des Flächeninhalts eines Trapezes benötigt man den Abstand von zwei zueinander parallelen Seiten.

> Unter der **Höhe** h eines Trapezes versteht man den Abstand der beiden zueinander parallelen Grundseiten.
>
>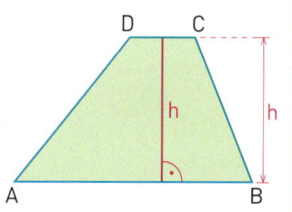

(2) Flächeninhalt eines Trapezes

Man erhält den Flächeninhalt eines Trapezes, indem man die Summe der Längen der zueinander parallelen Seiten mit der zugehörigen Höhe multipliziert und das Ergebnis halbiert.

Für den **Flächeninhalt A eines Trapezes** mit den Längen a und c der zueinander parallelen Seiten und der zugehörigen Höhe h gilt:

$$A = \frac{(a + c) \cdot h}{2}$$

Beispiel: a = 5 cm; c = 3 cm; h = 2 cm

$$A = \frac{(a + c) \cdot h}{2}$$

$$A = \frac{(5\,\text{cm} + 3\,\text{cm}) \cdot 2\,\text{cm}}{2} = 8\,\text{cm}^2$$

Summe der Längen zueinander paralleler Seiten mal Höhe durch 2

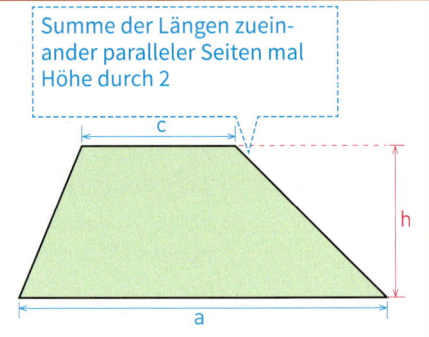

Übungsaufgaben

2. Berechne den Flächeninhalt des Trapezes (Maße in cm).

a) 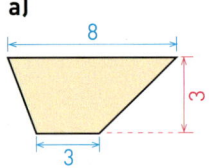 b) 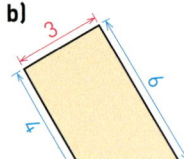 c) 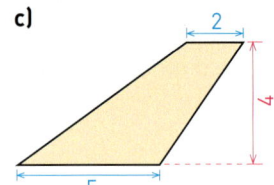 d)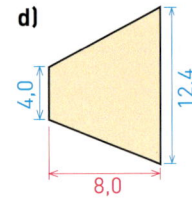

3. a) Betrachtet die unten gezeichneten Trapeze. Versucht zunächst, sie ohne Rechnen, nur durch Schätzen, der Größe nach zu ordnen. Kontrolliert anschließend rechnerisch.

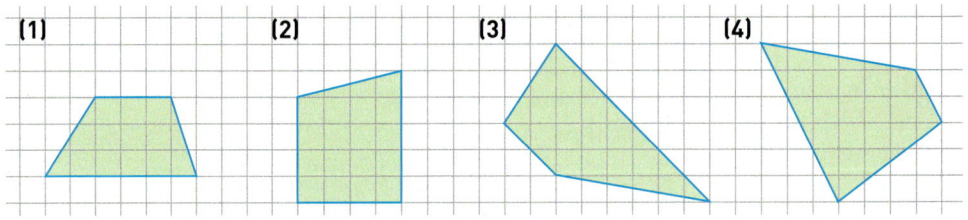

   b) Verfahrt entsprechend mit dem Umfang der Trapeze.

4. Trage das Trapez ABCD in ein Koordinatensystem mit der Einheit 1 cm ein und berechne ohne zu messen den Flächeninhalt.
   a) A(1|1), B(8|1), C(5|5), D(2|5)
   b) A(0|2), B(5|2), C(3|8), D(1|8)

5. In ein Giebelfenster wurde eine neue Fensterscheibe eingesetzt (siehe rechts). Für Glas wurde wegen der besonderen Form 35 € pro m² berechnet.

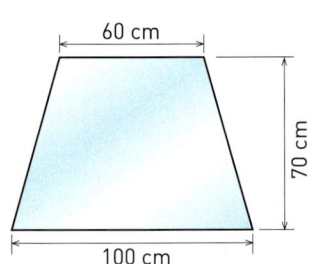

6. Zeichnet verschieden geformte Trapeze mit den Maßen a = 7 cm, c = 5 cm und h = 3 cm.
   Bestimmt Umfang und Flächeninhalt der Trapeze.
   Was stellt ihr fest?

7.4 Flächeninhalt beliebiger Vielecke

Ziel

Du hast gelernt, wie man den Flächeninhalt eines Parallelogramms, eines Dreiecks und eines Trapezes berechnet.
Im Alltag kommen auch andere Vielecke vor, deren Größe man wissen möchte.
Hier lernst du nun, wie man den Flächeninhalt eines beliebigen Vielecks berechnen kann.

Zum Erarbeiten

Flächeninhalt eines beliebigen Vielecks

Die Gemeinde Grüntal möchte einen neuen Park anlegen und muss dafür ein Grundstück kaufen. Deshalb wird das Grundstück zuerst vermessen. Dazu werden die Seitenlängen und die Größe der Innenwinkel gemessen.

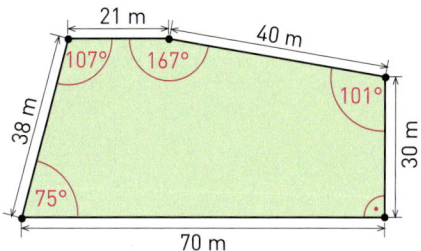

A Schätze zuerst, wie groß das Grundstück ungefähr ist.

→ Das Grundstück ist kleiner als ein Rechteck mit den Seitenlängen 40 m und 70 m, aber größer als ein Rechteck mit den Seitenlängen 30 m und 70 m.
Die Größe des Grundstücks liegt also zwischen 2 100 m² und 2 800 m².

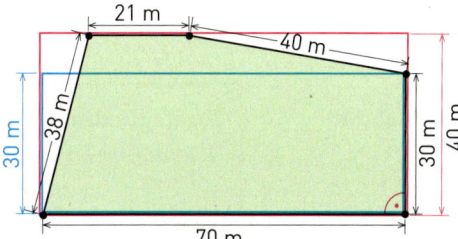

A Übertrage das Grundstück im Maßstab 1 : 1 000 in dein Heft und bestimme den Flächeninhalt möglichst genau mithilfe des bisher erworbenen Wissens.
Welchen Preis muss die Gemeinde zahlen, wenn der Quadratmeter 120 € kosten soll?

Maßstab 1 : 1 000 bedeutet:
1 cm in der Zeichnung entspricht 1 000 cm in der Wirklichkeit.

→ Damit man eine bekannte Formel verwenden kann, unterteilt man das Vieleck in Dreiecke:
Wir addieren dann die Flächeninhalte der drei Dreiecke, wobei wir einige Maße aus der Zeichnung entnehmen, gerundet auf volle m.

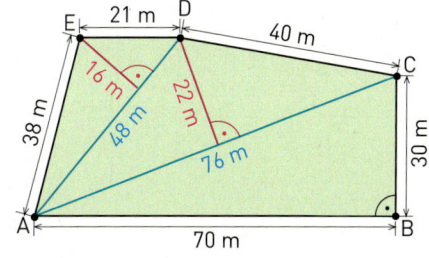

$A_{ABCDE} = A_{ABC} + A_{ACD} + A_{ADE}$

$\approx \dfrac{70\,m \cdot 30\,m}{2} + \dfrac{76\,m \cdot 22\,m}{2} + \dfrac{48\,m \cdot 16\,m}{2}$

$= 1\,050\,m^2 + 836\,m^2 + 384\,m^2$

$= 2\,270\,m^2$

Die Kosten betragen dann: 2 270 · 120 € = 272 400 €
Aufgrund der vorgenommenen Rundungen muss die Gemeinde mit Kosten zwischen 270 000 € und 275 000 € rechnen.

Beachte: Du kannst das Vieleck auch auf andere Weisen als oben gezeichnet in Dreiecke zerlegen.

Erläutere, wie man den Flächeninhalt des Sechsecks ABCDEF bestimmen könnte. Wähle anschließend die günstigste Möglichkeit zum Berechnen.

→ Man kann das Sechseck in einfachere Vielecke zerlegen, z. B. zwei Trapeze und ein Rechteck (1. Möglichkeit) oder ein Dreieck, ein Rechteck und ein Trapez (2. Möglichkeit).

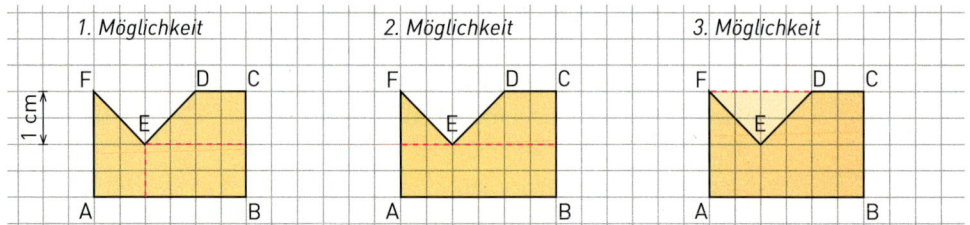

Noch einfacher ist es jedoch, das Sechseck ABCDEF zu einem Rechteck ABCF zu ergänzen und den Flächeninhalt des ergänzten Dreiecks EDF vom Flächeninhalt des Rechtecks zu subtrahieren (3. Möglichkeit):

$A_{ABCDEF} = A_{ABCF} - A_{EDF} = 3\,cm \cdot 2\,cm - \frac{1}{2} \cdot 2\,cm \cdot 1\,cm = 6\,cm^2 - 1\,cm^2 = 5\,cm^2$

Information

Strategie zum Berechnen des Flächeninhalts beliebiger Vielecke

1. Strategie: Zerlegen

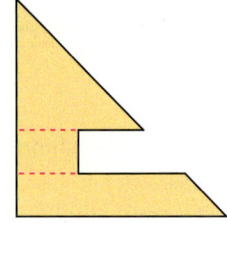

Man zerlegt die Figur in geeignete Teilvielecke, berechnet die Flächeninhalte und addiert diese.

2. Strategie: Ergänzen

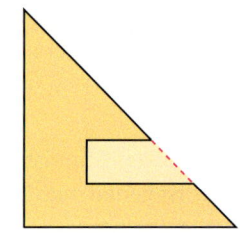

Man ergänzt die Figur geeignet. Dann berechnet man den Flächeninhalt des gesamten Vielecks und subtrahiert den Flächeninhalt des ergänzten Vielecks.

Zum Üben

1. Es werden Drachen mit den angegebenen Maßen gebastelt. Wie groß sind die Flächen?

   a)   b)

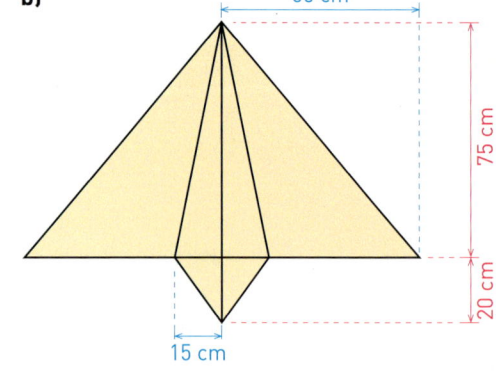

Zum Selbstlernen 7.4 Flächeninhalt beliebiger Vielecke

2. Ein Waldstück soll aufgeforstet werden. Die dreieckige Fläche BCD soll mit Fichten (∧), die Dreiecksfläche BDE mit Buchen (∩) bepflanzt werden. Die Vierecksfläche ABEF ist für Mischwald (Buchen und Fichten) vorgesehen.
   a) Berechne die Größe des gesamten Waldstücks.
   b) Die Kosten für die Aufforstung von Fichtenwald belaufen sich bei diesem Waldgrundstück pro ha auf 2 300 €, für Buchenwald auf 11 400 €, für Mischwald auf 6 300 €. Berechne die Gesamtkosten.

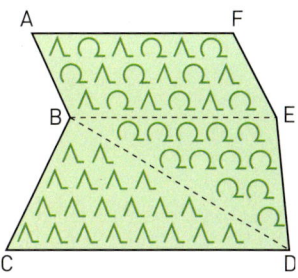

Maßstab 1 : 50 000

3. Die Giebelwand soll neu gestrichen werden. 140 g Farbe reichen für 1 m². Ein Eimer mit 10 kg Farbe für den Außenanstrich kostet 49,98 €. Berechne die Kosten für die Farbe.

   a)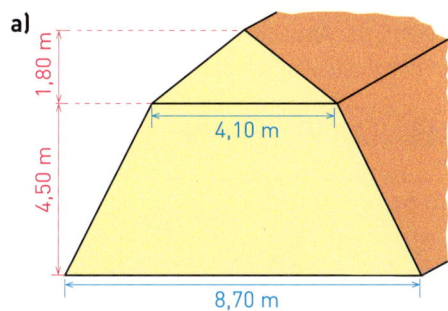

   b)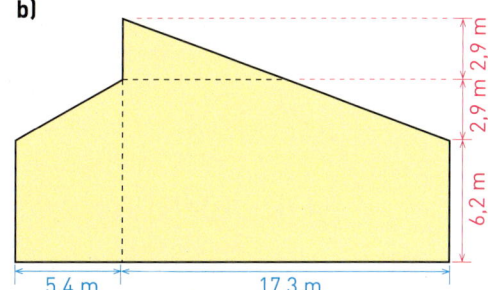

4. Die Tischplatte des Tisches soll beidseitig und zweifach neu lackiert werden. Reicht eine kleine Dose Lack aus?

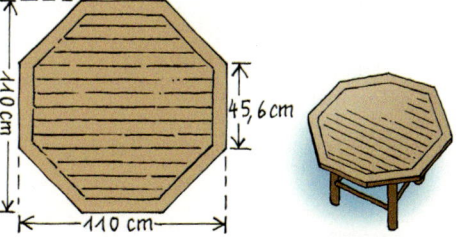

5. Bei einem Vieleck im Karogitter kannst du den Flächeninhalt ohne zu messen genau berechnen. Berechne den Flächeninhalt des Dreiecks. (2 Kästchenlängen = 1 cm)

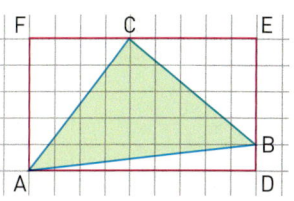

6. Bestimme ohne zu messen den Flächeninhalt der Figur im Karogitter (Kästchenlänge = 5 mm).

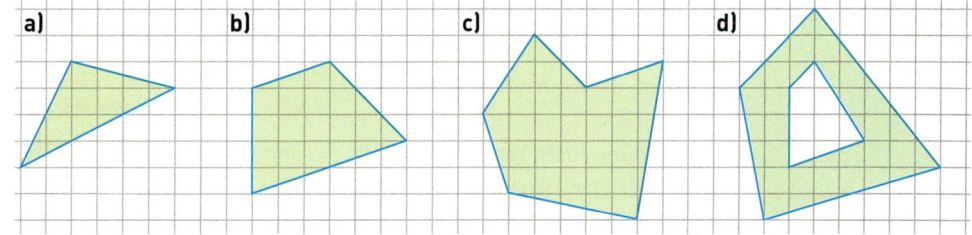

7. In einem Koordinatensystem mit der Einheit 1 cm haben die Eckpunkte eines Fünfecks die Koordinaten A(2|6), B(4|2), C(7|1), D(9|6) und E(5|9). Bestimme seinen Flächeninhalt.

Im Blickpunkt

Flächeninhalt und Umfang krummlinig begrenzter Figuren

Mithilfe der Flächeninhaltsformeln für Parallelogramm, Dreieck und Trapez kann man den Flächeninhalt *aller* Figuren berechnen, die geradlinig begrenzt sind. Aber auch bei Figuren mit gekrümmtem Rand kann man damit Näherungswerte ermitteln.

1. Um die Größe der Nordsee-Insel Norderney abzuschätzen, überdecken wir sie in der Karte mit dem Maßstab 1:100 000 mit Dreiecken und Vierecken.
   a) Entnimm dem Kartenausschnitt die benötigten Maße und rechne.
   b) Vergleiche dein Ergebnis mit der Angabe in einem Lexikon oder Geographiebuch.
   c) Schätze auch die Länge der Küste von Norderney ab.

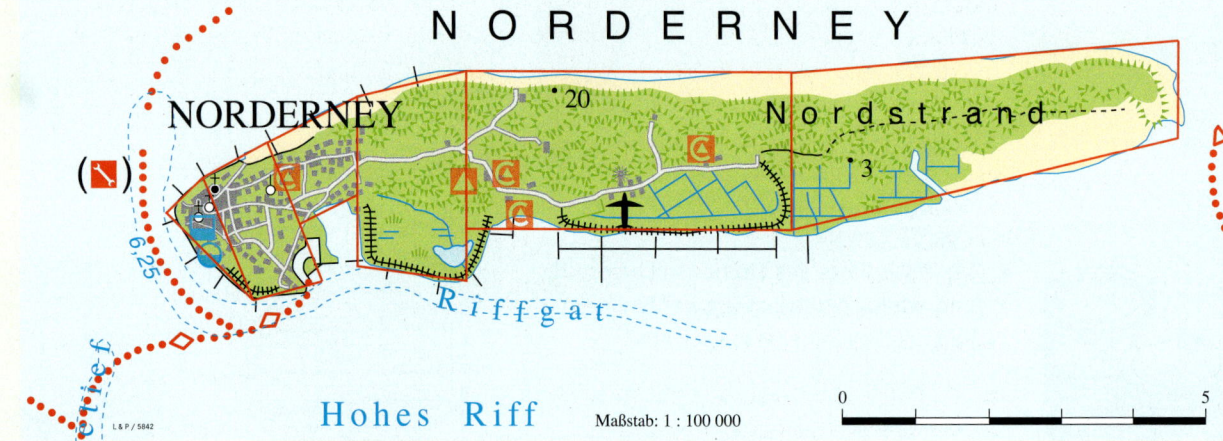

2. Der Kartenausschnitt zeigt die Nordsee-Insel Baltrum. Um ihren Flächeninhalt näherungsweise bestimmen zu können, ist in ihren Umriss eine Schar paralleler Strecken mit gleichem Abstand eingezeichnet. Verbindet man die Endpunkte benachbarter Strecken geradlinig, so erhalten wir Trapeze, die die Insel fast überdecken.

   a) Entnimm dem Kartenausschnitt die benötigten Maße und rechne.
   b) Vergleiche dein Ergebnis mit der Angabe in einem Lexikon oder Geographiebuch.
   c) Bestimme auch einen Schätzwert für die Länge der Küste von Baltrum.

7.5 Umfang eines Kreises

Einstieg Der Umfang von Vielecken ist einfach zu bestimmen und zu berechnen. Experimentiert mit runden Gegenständen, wie z.B. Münzen, Teelichtern, Konservendosen, um Erkenntnisse über den Umfang eines Kreises zu gewinnen.

Aufgabe 1

Mirko hat einen Fahrradcomputer gekauft. Dieser kann die Geschwindigkeit bestimmen, indem er die Umdrehungen des Rades zählt und die Zeit misst. Nach der Montage muss der Fahrradcomputer noch auf den richtigen Radumfang eingestellt werden. Mirko hat ein 27"-Rad, d. h. der Durchmesser der Räder beträgt 27 Zoll. Leider ist der Umfang eines 27"-Rades nicht in der Bedienungsanleitung angegeben.

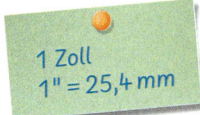
1 Zoll
1" = 25,4 mm

Fahrradcomputer
Um die Geschwindigkeit genau zu messen, muss der tatsächliche Radumfang gespeichert werden. Du kannst diesen messen oder der folgenden Tabelle entnehmen:

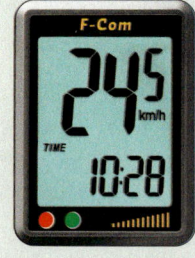

Raddurchmesser in Zoll	Radumfang in mm
20	1 596
22	1 756
24	1 915
26	2 075
28	2 234

a) Ermittle einen Schätzwert für den Umfang eines 27"-Rades.
b) Rechne den Raddurchmesser in mm um und zeichne den Graphen der Zuordnung *Durchmesser → Umfang*. Formuliere die Abhängigkeit mit Worten und ermittle eine Formel für die Zuordnung. Überprüfe deine Vermutung auf grafischem Wege.

Lösung

a) Der Tabelle entnimmt man: Wenn der Raddurchmesser um 2" vergrößert wird, vergrößert sich der Radumfang um 159 mm bis 160 mm. Daher schätzt man den Radumfang eines 27"-Rades auf $2\,075\,\text{mm} + \frac{1}{2} \cdot 160\,\text{mm}$, also 2 155 mm.

b) Wir erhalten folgende Raddurchmesser:
   20" = 508 mm
   22" = 558,8 mm
   24" = 609,6 mm
   26" = 660,4 mm
   28" = 711,2 mm
Da die Punkte auf einer Geraden durch den Ursprung liegen, vermuten wir, dass die

Für den Graphen folgt damit:

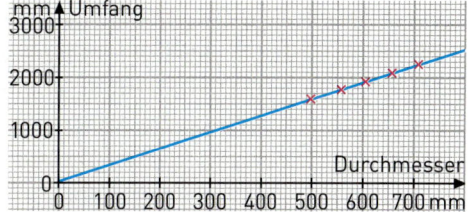

Zuordnung proportional ist, also der Quotient $\frac{\text{Umfang}}{\text{Durchmesser}}$ konstant ist.

Näherungsweise ergibt sich für alle Punkte: $\frac{\text{Umfang}}{\text{Durchmesser}} \approx 3{,}14$

Für den Umfang u in Abhängigkeit vom Durchmesser d erhalten wir die Formel: $u \approx 3{,}14 \cdot d$

Information

Umfang eines Kreises

Der Umfang eines Kreises ist etwa 3-mal so groß wie sein Durchmesser. Den genauen Proportionalitätsfaktor bezeichnet man als die **Kreiszahl** π (gelesen: pi): $\pi \approx 3{,}14$

Die Kreiszahl π kann nur als ein unendlicher Dezimalbruch, der nicht periodisch ist, geschrieben werden.

Zum Rechnen verwendet man nur Näherungswerte.

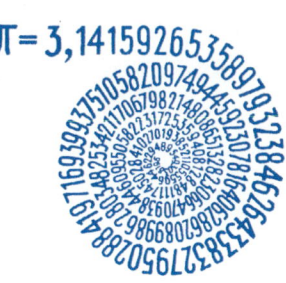

π steht als Abkürzung für das griechische Wort περιφέρεια Umkreis, Peripherie

Satz

Für den **Umfang u eines Kreises** mit dem Radius r bzw. dem Durchmesser d gilt:

$u = 2 \cdot \pi \cdot r$ bzw. $u = \pi \cdot d$

Zum Überschlag rechnet man: Der Umfang ist etwa das 3-fache des Durchmessers.

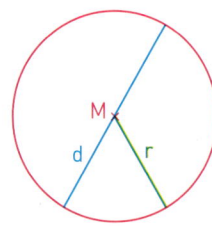

Beispiel:
r = 1,4 cm
$u = 2 \cdot \pi \cdot 1{,}4$ cm
$\approx 8{,}8$ cm

Beachte: Auch der Taschenrechner liefert mit der Taste π nur einen Näherungswert für π.

Übungsaufgaben

2. Die Fahrstrecken der Modelleisenbahn beim Geschenkpaket sind Kreise unterschiedlicher Größe.
   Es gibt Geschenkpakete für die Spur N mit folgenden Fahrstrecken:
   120 cm; 140 cm; 250 cm; 270 cm.
   Im Katalog sind die Radien der Kreise angegeben:
   19,2 cm; 22,6 cm; 39,6 cm; 43 cm.
   Untersuche, wie die Fahrstrecke vom Kurvenradius abhängt.

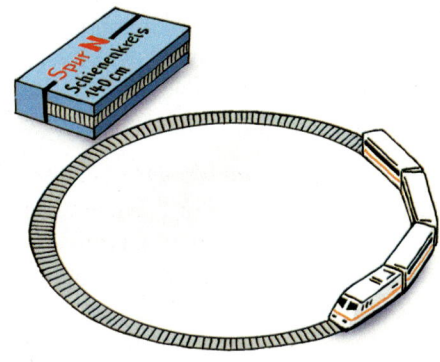

3. Berechne den Umfang eines Kreises mit dem Radius r bzw. Durchmesser d.
   Überschlage zuerst im Kopf, bevor du schriftlich oder mit dem Taschenrechner rechnest.
   a) r = 2 m   b) d = 34 cm   c) r = 0,65 m   d) $r = 2\frac{1}{2}$ m   e) d = 12 mm   f) d = 1,7 km

4. Berechne den Umfang des Gegenstandes. Überschlage zunächst.

   a) Blu-ray Disc
      d = 12 cm
   b) Basketball-Ring
      d = 45 cm
   c) Meisterschale des DFB
      d = 59 cm
   d) Inline-Skate-Rollen
      d = 72 mm

5. Der Stamm einer Buche hat den Umfang 170 cm.
   a) Berechne den Durchmesser; überschlage zunächst.
   b) Man kann das Alter eines Baumes an der Anzahl der Jahresringe erkennen. Die durchschnittliche Dicke eines Jahresringes beträgt 2 mm. Wie alt ist die Buche ungefähr?

6. Ein Kreis hat den Umfang u. Wie groß sind Durchmesser und Radius? Überschlage zuerst im Kopf.
   a) u = 27 cm   b) u = 1,20 m   c) u = 810 mm   d) u = 12,3 m   e) u = 10 m

7. Der Raddurchmesser (samt Reifen) bei einem Mountainbike ist 65 cm, beim Citybike 71 cm.
   a) Wie weit ist das Mountainbike gerollt, wenn sich die Räder 50-mal gedreht haben?
   b) Wie oft drehen sich auf der gleichen Strecke die Räder des Citybikes?

8. Das Rad eines Förderturms hat einen Radius von 2,80 m. Bei einer Radumdrehung wird der Förderkorb um eine Strecke angehoben, die dem Umfang des Rades entspricht.
   Wie viele Umdrehungen muss das Rad machen, damit der Förderkorb 500 m gehoben wird?

Riesenrad an der Themse

London. Das London Eye dreht sich mit einer Geschwindigkeit von 0,26 m pro Sekunde und hat eine Höhe von 135 m.

9. Betrachte die Angaben zum Riesenrad. Stelle selbst geeignete Aufgaben. Löse sie.

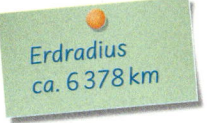

Erdradius ca. 6378 km

10. Ein Satellit umkreist die Erde auf einer Kreisbahn mit einer Geschwindigkeit von $8 \frac{km}{s}$. Für eine Erdumkreisung benötigt er 1 h 28 min. In welcher Höhe fliegt der Satellit?

11. Eine Raumstation umkreist die Erde in 200 km Höhe in 90 Minuten. Welche Entfernung legt die Raumstation bei einem Erdumlauf zurück? Welche Entfernung legt sie in 1 Stunde zurück?

12. Die Erde durchläuft während eines Jahres (etwa 365 Tage) um die Sonne angenähert eine Kreisbahn, deren Radius ungefähr 150 000 000 km beträgt.
    a) Welchen Weg legt die Erde in einem Jahr [an einem Tag; in einer Sekunde] zurück?
    b) Mit welcher Durchschnittsgeschwindigkeit $\left(\text{Angabe in } \frac{km}{h}\right)$ bewegt sich die Erde auf ihrer Bahn?

13. a) Hannes hat einen Taillenumfang von 80 cm. Denke dir einen 1,80 m langen Gürtel um seine Taille gelegt. Wie weit steht er ab? Schätze zunächst.
    b) Denke dir nun längs des Äquators ein Seil um die Erde gespannt. Seine Länge betrage genau 40 000 km. Denke dir nun das Seil um 1 m verlängert. Schätze zunächst, rechne dann: Ist jetzt genügend „Luft" vorhanden, dass eine Maus zwischen Seil und Erdboden durchschlüpfen kann?
    c) Formuliere eine Vermutung zu deinen Ergebnissen. Begründe sie.

7.6 Flächeninhalt eines Kreises

Einstieg

Zeichnet Kreise mit verschiedenen Durchmessern auf Karopapier und bestimmt den Flächeninhalt durch Auszählen der Kästchen. (Ihr könnt die Arbeit verringern, wenn ihr nur einen Viertelkreis auszählt.)
Könnt ihr Zusammenhänge zwischen dem Radius und dem Flächeninhalt entdecken?
Wie könnt ihr ein möglichst genaues Ergebnis erhalten?

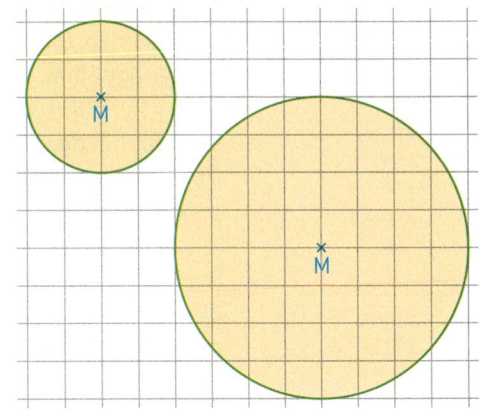

Formel für den Flächeninhalt eines Kreises

Aufgabe 1
a) Wie kann man die Stücke einer in 6 bzw. 12 Stücke geschnittenen Torte so anordnen, dass sie auf ein rechteckiges Tablett passen?
b) Welche Abmessungen muss das Tablett ungefähr haben, damit alle Stücke insbesondere bei einer größeren Anzahl von Stücken daraufpassen?
c) Da die Fläche nicht verändert wird, kann man mit den Formeln für den Flächeninhalt des Parallelogramms und den Umfang des Kreises die Formel für den Flächeninhalt des Kreises herleiten. Führe dies durch.

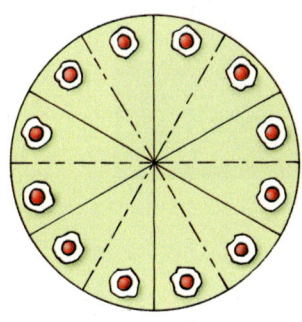

Lösung

a) Folgende Zeichnungen zeigen, wie dies möglich ist.

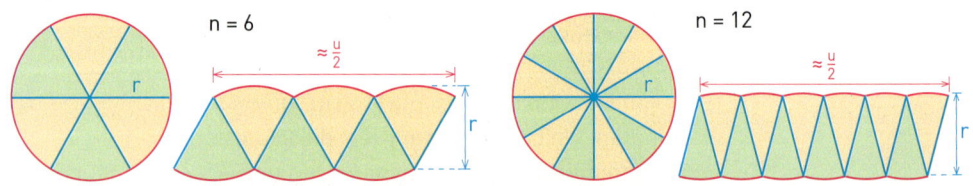

b) Das Tablett muss mindestens so lang sein wie der halbe Tortenumfang und mindestens so breit wie der Tortenradius. Anschaulich ist klar:
Je größer die Anzahl der Teile ist, desto genauer nähert sich die Form der zusammengesetzten Tortenstücke einem Parallelogramm, und damit sogar einem Rechteck mit den Seitenlängen $\frac{u}{2}$ und r an.

c) Der Kreis hat denselben Flächeninhalt wie das Rechteck. Für dessen Flächeninhalt gilt:
$A_R = \frac{u}{2} \cdot r$
Mit $u = 2 \cdot \pi \cdot r$ folgt daraus:
$A_R = \frac{2 \cdot \pi \cdot r}{2} \cdot r = \pi \cdot r^2$
Damit gilt auch für den Flächeninhalt des Kreises $A_K = \pi \cdot r^2$ mit genau derselben Kreiszahl π wie beim Umfang.

7.6 Flächeninhalt eines Kreises

Information

Satz
Für den **Flächeninhalt A eines Kreises** mit dem Radius r gilt:
$$A = \pi \cdot r^2$$
Beispiel: r = 1,5 cm
$A = \pi \cdot (1,5\,cm)^2 = \pi \cdot 2,25\,cm^2 \approx 7,07\,cm^2$

Zum Überschlagen rechnet man auch: $A \approx 3 \cdot r^2$

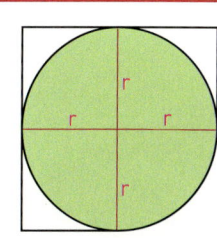

Weiterführende Aufgaben

Berechnen des Flächeninhalts des Kreises aus dem Durchmesser

2. a) Die Querschnittsfläche eines Bolzens hat den Durchmesser d = 2 cm. Wie groß ist die Querschnittsfläche?
   b) Häufig kann man den Durchmesser d eines Kreises leichter bestimmen als den Radius. Es ist daher günstig, eine Formel für den Flächeninhalt des Kreises zu haben, in die man statt des Radius den Durchmesser einsetzen kann. Überprüfe folgende Formel an Zahlenbeispielen.

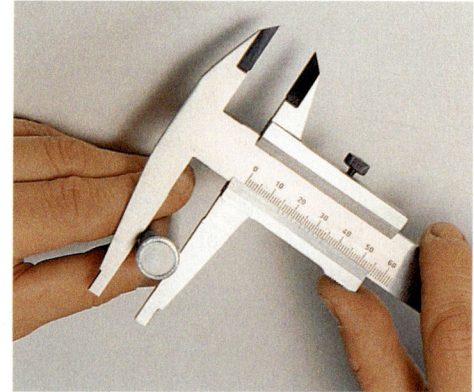

Für einen Kreis mit dem Durchmesser d gilt: $A = \frac{\pi}{4} d^2$

Flächeninhalt des Kreisrings

3. Die gefärbte Fläche ist ein Kreisring. Er wird begrenzt durch zwei Kreise mit unterschiedlichen Radien, aber gleichem Mittelpunkt (*konzentrische* Kreise).
   a) Gegeben sind zwei konzentrische Kreise mit den Radien $r_1 = 2,8$ cm und $r_2 = 5,3$ cm. Berechne den Flächeninhalt des Kreisrings.
   b) Stelle eine Formel für den Flächeninhalt eines Kreisrings mit den Radien r_1 und r_2 auf.

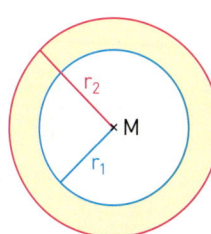

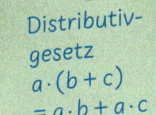
Distributivgesetz
$a \cdot (b + c)$
$= a \cdot b + a \cdot c$

Satz
Für den **Flächeninhalt A eines Kreisrings** mit dem inneren Radius r_1 und dem äußeren Radius r_2 gilt:
$$A = \pi \cdot \left(r_2^2 - r_1^2\right)$$
Beispiel: $r_1 = 1,4$ cm; $r_2 = 2,2$ cm
$A = \pi \cdot [(2,2\,cm)^2 - (1,4\,cm)^2]$
$\quad = \pi \cdot (4,84\,cm^2 - 1,96\,cm^2)$
$\quad = \pi \cdot 2,88\,cm^2$
$\quad \approx 9,05\,cm^2$

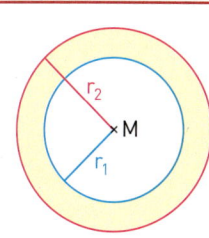

Übungsaufgaben

4. Berechne den Flächeninhalt des Kreises.
   a) r = 5 cm   b) r = 1,3 m   c) d = 9 cm   d) d = 1,45 m   e) d = 3,7 km

5. Der Aktionsradius eines Rettungshubschraubers beträgt 70 km.
   Wie groß ist das Gebiet, in dem er eingesetzt werden kann?

6. Ein kreisrunder Tisch hat den Durchmesser 1,40 m. Wie groß ist die Tischfläche?

7. Frau Siede kauft einen runden Esstisch mit einem Durchmesser von 1,20 m.
   a) Wie groß ist die Tischfläche?
   b) Die Tischdecke soll auf jeder Seite 20 cm überstehen. Wie groß ist deren Fläche?

8. In der Tiefkühlabteilung werden zum gleichen Preis zwei verschiedene Packungen mit Pizzen angeboten: Die eine Packung enthält *zwei* Pizzen mit je 17 cm Durchmesser; die andere Packung enthält nur *eine* Pizza mit dem Durchmesser 25 cm.
   Für welche Packung würdest du dich entscheiden, wenn du möglichst viel essen willst?

9. Welchen Flächeninhalt hat ein Kreis mit dem Umfang u?
   a) u = 18 m   b) u = 15,6 cm   c) u = 34 km   d) u = 1 cm   e) u = 1 km

10. Ein kreisförmiges Rasenstück (Durchmesser 32 m) soll gekalkt werden. Wie teuer ist das?

11. Auf das Wievielfache wächst der Flächeninhalt des Kreises an, wenn der Radius anwächst
    a) auf das Doppelte;   b) auf das Dreifache;   c) auf das Fünffache?

12. Aus einem rechteckigen Streifen Blech mit der Länge 32 cm und der Breite 8 cm werden vier Kreise mit dem Radius 3,8 cm ausgestanzt. Wie groß ist der Abfall?

13. Aus einem kreisrunden Blech wird ein möglichst großes Quadrat ausgestanzt.
    Wie viel Prozent Abfall fallen an?

14. Der Durchmesser eines Kupferdrahtes beträgt 1,2 mm [3,6 mm; 0,6 mm].
    a) Berechne den Flächeninhalt der kreisförmigen Querschnittsfläche.
    b) Die Zuordnung *Größe des Querschnitts → elektrischer Widerstand* ist antiproportional.
       Wie verändert sich der Widerstand, wenn der Drahtdurchmesser verdreifacht oder halbiert wird?
    c) Der Kupferdraht soll mit einer 1 mm dicken Isolierschicht versehen werden.
       Wie groß ist die Querschnittsfläche dieser Gesamtfläche?

15. Welche der vier Pizzas ist am preisgünstigsten?

Joeyes knusprige Pizza-Klassiker

Jeweils mit würziger Tomatensauce und herzhaftem Gouda.

Pizza	Junior Ø 20 cm	Classic Ø 28 cm	Maxi Ø 38 cm	Family 40 cm × 50 cm
Salami	4,30 €	5,90 €	10,50 €	16,90 €

7.6 Flächeninhalt eines Kreises

16. Berechne den Flächeninhalt eines Kreisrings mit den Radien r_1 und r_2.
    a) $r_1 = 5{,}5$ cm; $r_2 = 7$ cm
    b) $r_1 = 3{,}5$ cm; $r_2 = 3{,}75$ m
    c) $r_1 = 11$ cm; $r_2 = 14$ cm

17. Ein kreisrunder Platz hat einen Durchmesser von 46 m. In der Mitte befindet sich eine Brunnenanlage mit 9,5 m Durchmesser. Wie viel Platz bleibt zur freien Verfügung übrig?

18. In einem Park ist ein kreisrunder Teich. Im Abstand von 50 cm vom Rand des Teiches ist ringsum ein Schutzgeländer. Es ist 22 m lang. Unmittelbar vor dem Geländer ist ringsum ein 2 m breiter Asphaltweg angelegt.
    a) Wie groß ist die Wasserfläche?
    b) Wie groß ist die asphaltierte Fläche?

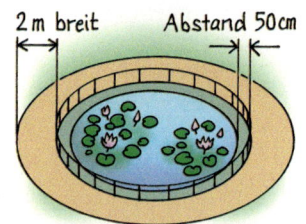

19. **Reifengrößen bei Fahrrädern**

    In Europa sind zwei Möglichkeiten der Größenangaben üblich:
    1. Das zöllige Maß (") nach der englischen Norm, z. B. 28" × 1,75", das erste Maß gibt den ungefähren äußeren Reifendurchmesser an, das zweite Maß die ungefähre Reifenbreite.
    2. Das metrische Maß (mm) nach der DIN-Norm ETRTO, wie z. B. 47–622, ist insbesondere unter Fachleuten üblich. Dabei gibt die erste Zahl die Reifenbreite im aufgepumpten Zustand (in mm) und die zweite Zahl den inneren Reifendurchmesser, also Felgendurchmesser, (ebenfalls in mm) an.

    a) Berechne den äußeren Durchmesser eines Reifens der Größe 37–622 für ein 28-Zoll-Rad. Bestimme seinen Umfang. Nimm an, dass Reifenbreite und -höhe übereinstimmen.
    b) Um wie viel Prozent ist der Umfang eines Reifens mit der Aufschrift 47–622 größer als der Reifen in Teilaufgabe a)?

20. Die Laufbahnen eines Stadions bestehen aus zwei Halbkreisen (Kurven) und zwei Strecken (Zielgerade, Gegengerade). Die Laufbahnen werden so angelegt, dass die Läufer auf der Innenbahn (1. Bahn) im Abstand von 30 cm von der Innenkante genau 400 m zurücklegen. Die einzelnen Laufbahnen sind 1,22 m breit.
    a) Wie lang ist die Zielgerade?
    b) Wie lang ist die Innenkante der Laufbahnen?
    c) Welchen Vorsprung muss eine Läuferin auf der 2. Bahn erhalten, wenn man annimmt, dass sie ebenfalls 30 cm von der inneren Linie entfernt läuft?

21. Rebecca backt Plätzchen. Sie walzt einen Klumpen Teig auf dem Tisch zu einer fast kreisförmigen Schicht mit dem Durchmesser von etwa 30 cm aus. Mit einem kreisrunden Förmchen vom Durchmesser 4,5 cm sticht sie die Plätzchen aus. Den Rest des Teigs knetet sie noch einmal und rollt ihn wieder aus, formt Plätzchen und fährt so fort, bis kein Teig mehr da ist. Wie viele Plätzchen erhält sie ungefähr? Woran könnte es liegen, wenn die berechnete Zahl der Plätzchen von der tatsächlich erhaltenen *stark* abweicht?

22. In einem Park werden kreisrunde Beete mit dem Durchmesser d = 4,90 m angelegt.
    a) Ein Beet soll mit Buchsbaum eingefasst werden. Man rechnet mit 5 Pflanzen pro Meter. Berechne die Kosten.
    b) Ein Beet soll mit Rosen bepflanzt werden. Man rechnet mit 8 Rosen pro Quadratmeter. Berechne die Kosten.
    c) Um das Beet wird ein 1,20 m breiter Weg angelegt. 1 m² kostet 26 € zuzüglich 19 % Mehrwertsteuer. Berechne die Kosten.

23. **Reifenbezeichnungen** und was sie bedeuten

    Eigenschaften eines Reifens sind in einer weltweit geltenden Verschlüsselung am Reifen eingeprägt. Am Beispiel 175/65 R 14 82 T im Foto sieht man, wie diese Bezeichnung gelesen werden kann:
    - 175 — Reifenbreite beträgt 175 mm
    - 65 — Verhältnis Reifenhöhe : Reifenbreite in % (Reifenhöhe = 65 % von 175 mm)
    - R — Radialreifen
    - 14 — Felgendurchmesser in Zoll (1 Zoll = 25,4 mm)
    - 82 — Kennzahl für Reifentragfähigkeit (z. B. 82 für 475 kg pro Reifen
    - T — Symbol für zulässige Geschwindigkeit (z. B. T für bis zu 190 km/h)

    a) Rechne mit den Daten nach, dass der äußere Durchmesser dieses Reifens 583 mm beträgt.
    b) Welchen Weg legt ein Fahrzeug mit diesem Reifen bei einer Radumdrehung zurück?
    c) Der Wagen hat einen Weg von 1 km zurückgelegt. Wie oft hat sich das Rad gedreht?
    d) Der Wagen fährt mit einer Geschwindigkeit von 150 km/h. Berechne die Anzahl der Radumdrehungen pro Minute [pro Sekunde].
    e) Das Reifenprofil beträgt statt 7 mm nur noch 1 mm. Um wie viel Prozent ist der Reifenumfang kleiner geworden? Wie wirkt sich dies auf die Geschwindigkeitsanzeige durch den Tacho aus?

24. Berechne den Flächeninhalt und den Umfang der gefärbten Fläche (d = 12 cm; r = 6 cm).

    a) 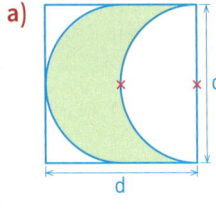   b) 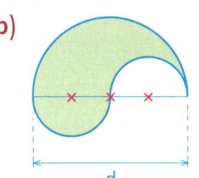   c) 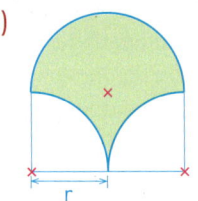   d)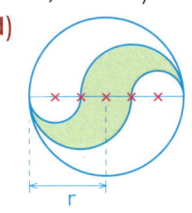

 25. a) Berechnet jeweils Flächeninhalt und Umfang der gefärbten Flächen (r = 24 cm).
    b) Denkt euch die Folge der Figuren (1), (2), (3) weiter fortgesetzt. Was könnt ihr über Flächeninhalt und Umfang der gefärbten Fläche aussagen?

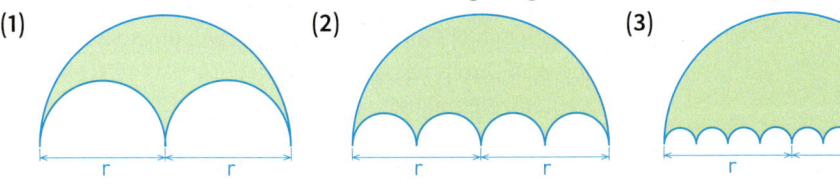

7.7 Kreisausschnitt und Kreisbogen

Einstieg

Berechnet für den Scheibenwischer:
a) Welchen Weg legt das obere bzw. untere Ende des Scheibenwischergummis zurück?
b) Wie groß ist die gewischte Fläche?

Aufgabe 1

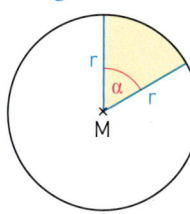

Der Wurfsektor einer Kugelstoßanlage ist ein Teil eines Kreises, der durch zwei Radien mit dem dazugehörigen Mittelpunktswinkel α begrenzt wird. Er heißt *Kreisausschnitt* (oder auch *Kreissektor*) zum Mittelpunktswinkel α. Der Teil der Kreislinie, der einen Kreisausschnitt begrenzt, heißt *Kreisbogen* zum Mittelpunktswinkel α.

Zur Erneuerung einer Kugelstoßanlage mit dem Mittelpunktswinkel α = 65° soll der Wurfsektor mit einem Spezialbelag versehen werden.
Als maximale Wurfweite wird r = 26 m gesetzt.
Die minimale Wurfweite soll r = 8 m betragen.

a) Welchen Flächeninhalt hat der zum Mittelpunktswinkel α = 65° gehörende Kreisausschnitt eines Kreises mit dem Radius r = 26 m?
Wie viel vom Spezialbelag wird für den Teil eines Kreisrings für die Kugelstoßanlage benötigt?
b) Die Weitenlinien sind Kreisbögen. Berechne die Länge der 25-m-Weitenlinie im Wurfsektor. Beachte, dass die Weiten ab dem Rand des Wurfkreises gemessen werden, der einen Radius von 1,07 m hat.

Lösung

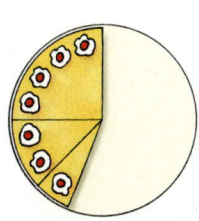

a) Den Flächeninhalt A des gesamten Kreises kann man mit dem gegebenen Radius berechnen.
$A = \pi \cdot r^2$, also:
$A = \pi \cdot (26\,\text{m})^2 = 2\,123{,}7\ldots\,\text{m}^2$
Der Flächeninhalt eines Kreises mit r = 26 m beträgt ungefähr 2 124 m².
Der Flächeninhalt des Kreisausschnitts ist bei einem vorgegebenen Radius r abhängig von der Größe α des Mittelpunktswinkels:
Verdoppelt, verdreifacht oder vervierfacht man die Größe α des Mittelpunktswinkels, so wird auch der Flächeninhalt A_α des Kreisausschnitts verdoppelt, verdreifacht oder vervierfacht. Die Zuordnung *Größe des Mittelpunktswinkels → Flächeninhalt des Kreisausschnitts* ist also proportional.

Der Flächeninhalt A_α des Kreisausschnitts kann also z.B. mithilfe des Dreisatzes bei proportionalen Zuordnungen berechnet werden.

Bei einem Radius r = 26 m und einem Mittelpunktswinkel α = 65° beträgt der Flächeninhalt A_α des zugehörigen Kreisausschnitts:
A_α = 383,5 m²

Für den Flächeninhalt des Spezialbelags A_K der Kugelstoßanlage ist noch der Flächeninhalt des kleinen Kreisausschnitts (r = 8 m) zu subtrahieren.

Größe des Mittelpunktswinkels	Flächeninhalt des Kreisausschnitts
360°	2 123,7 m²
1°	5,9 m²
65°	383,5 m²

:360, ·65

$A_K = 383{,}5 \text{ m}^2 - \pi \cdot (8 \text{ m})^2 \cdot \frac{65°}{360°}$

= 383,5 m² − 36,3 m²

= 347,2 m²

Ergebnis: Der Flächeninhalt des Spezialbelags der Kugelstoßanlage beträgt ungefähr 347 m².

b) Da die Wurfweiten ab dem Wurfkreis gemessen werden, ist die 25-m-Weitenlinie ein Teil eines Kreises mit dem Radius 1,07 m + 25 m, also 26,07 m. Dieser Kreis hat einen Umfang von u = 2 · π · 26,07 m ≈ 163,80 m.

Verdoppelt, verdreifacht oder vervierfacht man die Größe α des Mittelpunktswinkels, so wird auch die Länge des zugehörigen Kreisbogens b_α verdoppelt, verdreifacht oder vervierfacht.

Die Länge des Kreisbogens kann also z.B. mithilfe des Dreisatzes bei proportionalen Zuordnungen berechnet werden.

Für einen Mittelpunktswinkel von 65° und einen Radius von 26,07 m hat der Kreisbogen die Länge 29,58 m.

Größe des Mittelpunktswinkels	Flächeninhalt des Kreisausschnitts
360°	163,80 m
1°	0,455 m
65°	29,58 m

Ergebnis: Die 25-m-Weitenlinie ist ungefähr 30 m lang.

Information

Für jeden beliebigen Winkel, z.B. 13°, kann man die Länge des Kreisbogens und den Flächeninhalt des Kreisausschnitts aus einem Kreis mit dem Radius r berechnen. Mithilfe des Dreisatzes bei proportionalen Zuordnungen erhält man die folgenden Tabellen.

Größe des Mittelpunktswinkels	Länge des Kreisbogens
360°	2πr
1°	$2\pi r \cdot \frac{1}{360}$
$\frac{13°}{360°}$	$2\pi r \cdot \frac{13}{360}$

Größe des Mittelpunktswinkels	Flächeninhalt des Kreisausschnitts
360°	πr²
1°	$\pi r^2 \cdot \frac{1}{360}$
$\frac{13°}{360°}$	$\pi r^2 \cdot \frac{13}{360}$

7.7 Kreisausschnitt und Kreisbogen

Verallgemeinert man diese Überlegungen, so erhält man:

Satz
Für die **Länge b_α eines Kreisbogens** mit dem Radius r und einem Mittelpunktswinkel der Größe α gilt:

$b_\alpha = 2\pi r \cdot \frac{\alpha}{360°}$ bzw. $b_\alpha = \pi r \cdot \frac{\alpha}{180°}$

Für den **Flächeninhalt A_α eines Kreisausschnitts** mit dem Radius r und einem Mittelpunktswinkel der Größe α gilt:

$A_\alpha = \pi r^2 \cdot \frac{\alpha}{360°}$

Statt b_α und A_α schreibt man häufig auch nur b bzw. A.

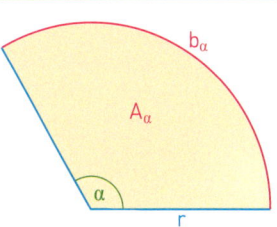

Anteil vom Ganzen

Weiterführende Aufgabe

Eine weitere Formel für den Flächeninhalt des Kreisausschnitts

2. In der Formelsammlung rechts findest du noch eine weitere Formel für den Flächeninhalt eines Kreisausschnitts.
   a) Berechne mit dieser Formel den Flächeninhalt eines Kreisausschnitts mit der Bogenlänge b = 3,6 cm und dem Radius r = 4,5 cm.
   b) Vergleiche diese Formel mit der Formel für den Flächeninhalt eines Dreiecks.

Formelsammlung
Kreisausschnitt
$A = \frac{1}{2} \cdot b \cdot r$

Übungsaufgaben

3. Berechne den Flächeninhalt A_α und die Bogenlänge b_α eines Kreisausschnitts mit dem Radius r und dem Mittelpunktswinkel α.
   a) r = 8 cm, α = 12°   b) r = 4,9 m, α = 295°   c) r = 3,2 dm, α = 136°

4. Erstellt selbst eine Zusammenstellung der Formeln beim Kreis.
   Denkt dabei beispielsweise an eine Plakatwand, eine Lernkartei zur nächsten Klassenarbeit oder eine Mindmap.

5. Berechne die fehlenden Größen eines Kreisausschnitts.
   Verwende auch die Formel aus Aufgabe 2.

	a)	b)	c)	d)	e)	f)	g)
r	5 cm	86 mm	6 cm	9 m		12 cm	
α	35°	249°					149°
A_α			64 cm²		45 cm²		
b_α				12,5 m	15 cm	25 cm	52 cm

6. Ist es möglich, einen Kreissektor zu zeichnen, bei dem der Kreisbogen so lang ist wie der Radius? Begründe.

7. Die Länge eines Kreisbogens beträgt 10 cm.
   a) Zeichne den Graphen der Zuordnung *Größe des Mittelpunktswinkels → Kreisradius* für die Bogenlänge b = 10 cm.
   b) Welche Art von Zuordnung liegt vor? Begründe.

 Im Blickpunkt

Die Zahl π in der Geschichte der Menschheit

Die Berechnung der Kreiszahl π hat die Menschen schon jahrtausendelang beschäftigt:
- Die Babylonier (um 2000 v. Chr.) verwendeten als Näherungswert für π die Zahl **3**.
- Der ägyptische Mathematiker Ahmes gab den erstaunlich genauen Wert $\left(\frac{16}{9}\right)^2 \approx$ **3,16** an.
- Der griechische Mathematiker Archimedes (287–212 v. Chr.) verwendete zur Berechnung des Kreisumfanges neben den einbeschriebenen regelmäßigen Vielecken auch umbeschriebene. Er zeigte am regelmäßigen 96-Eck: $3\frac{10}{71} < \pi < 3\frac{1}{7}$.

  Als Näherungswert für π wurde dann häufig $\frac{22}{7} \approx$ **3,143** verwendet.
- Der ägyptische Geograph, Astronom und Mathematiker Claudius Ptolemäus (um 150 n. Chr.) fand für π den Näherungswert $3\frac{17}{120}$.
- Der chinesische Mathematiker Liu Hui ermittelte im 3. Jahrhundert n. Chr. aus dem 3072-Eck den Näherungswert $3\frac{3}{16} \approx$ **3,14159**.
- Ein Vieleck mit $3 \cdot 2^{28} = 805306368$ Ecken verwendete 1424 der arabische Mathematiker Al-Kasi. Er erhielt $2 \cdot \pi = 6{,}2831853071795865$, wobei alle angegebenen Stellen richtig sind. Mit $4 \cdot 2^{60}$ Ecken erreichte Ludolf van Ceulen (1610) eine Genauigkeit von 35 Dezimalstellen.
- Im Jahre 1671 entdeckte James Gregory, dass man mit den Kehrwerten der ungeraden Zahlen den Wert von π beliebig genau berechnen kann, wenn man nur genügend viele Summanden berücksichtigt: $\frac{\pi}{4} = \frac{1}{1} - \frac{1}{3} + \frac{1}{5} - \frac{1}{7} + \frac{1}{9} - \frac{1}{11} + \ldots$ (Leibniz'sche Reihe)
- Der Philosoph und Mathematiker Gottfried Wilhelm Leibniz (1646–1716) war über diesen Zusammenhang zwischen der Folge der ungeraden Zahlen und der Kreiszahl π so beeindruckt, dass er notierte: „Gott freut sich der ungeraden Zahlen!" Kreis und Kugel galten nämlich seit dem Altertum als göttliche Formen.
- Johann Heinrich Lambert bewies 1761, dass die Zahl π kein endlicher Dezimalbruch ist, sondern unendlich viele Nachkommastellen ohne Periode hat.

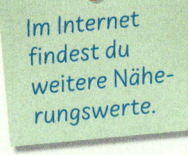
Im Internet findest du weitere Näherungswerte.

G. W. Leibniz
1646 – 1716

1. Im nebenstehenden Text aus der Bibel wird mit Meer ein kreisrundes Becken bezeichnet.
Begründe, welchen Näherungswert für π man diesem Text entnehmen kann.

> Und er machte das Meer gegossen, von einem Rand zu anderen zehn Ellen weit… und eine Schnur von dreißig Ellen war das Maß ringsherum.
> 1. Buch der Könige 7,23

2. Al-Kasi hatte sich die Aufgabe gestellt, den Wert von 2π so genau zu bestimmen, dass bei der Berechnung des Umfangs des Universums der Fehler die Dicke eines Pferdehaares (0,5 mm) nicht übersteigt. Al-Kasi dachte, dass der Durchmesser des Universums das 600000-fache des Erddurchmessers sei, für den er 7500 km benutzte.
Zeige, dass der von Al-Kasi berechnete Wert von 2π (siehe oben) diese Bedingung erfüllt.

TAB 3. Der Wert von $\frac{\pi}{4}$ kann mithilfe der Leibniz'schen Reihe näherungsweise berechnet werden (siehe oben).
Führe die nebenstehenden Rechnungen fort, bis sich die erste Nachkommastelle von π nicht mehr ändert.

$\frac{1}{1} - \frac{1}{3} + \frac{1}{5} = \frac{13}{15}$, also $\pi \approx 4 \cdot \frac{13}{15} = 3{,}4666\ldots$

$\frac{1}{1} - \frac{1}{3} + \frac{1}{5} - \frac{1}{7} = \frac{76}{105}$, also $\pi \approx 4 \cdot \frac{76}{105} = 2{,}8952\ldots$

7.8 Netz und Oberflächeninhalt eines Prismas

Einstieg

Zerschneiden von Quadern – Prismen
Von einem Quader aus Schaumstoff kann man Stücke abschneiden. Schneidet man parallel zu einer Seitenkante, so entstehen Körper der folgenden Art. Beschreibt die entstandenen Körper; achtet auf gemeinsame Eigenschaften.

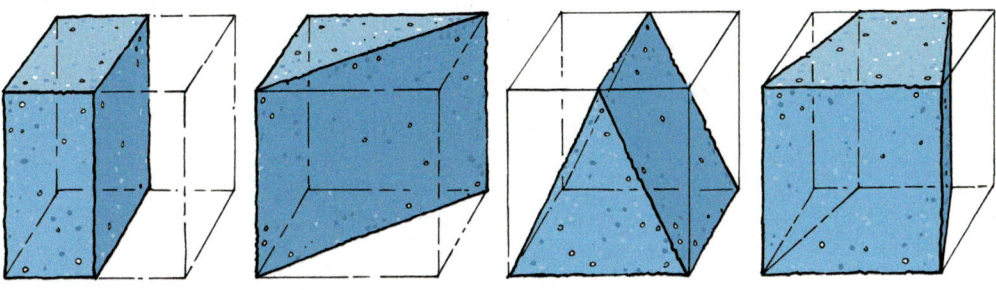

Information

Ein (gerades) **Prisma** ist ein Körper, der von zwei zueinander parallelen und kongruenten Vielecken sowie von Rechtecken begrenzt wird.

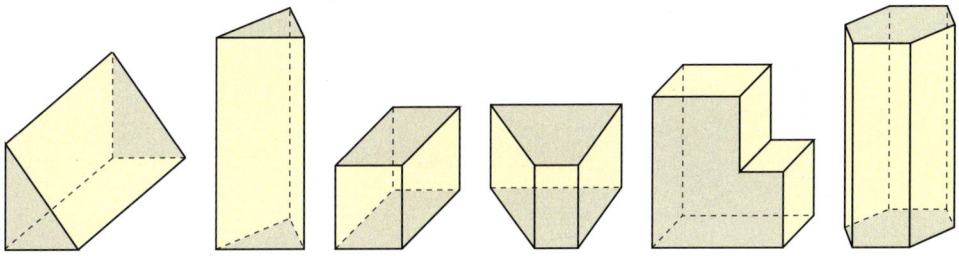

Die beiden zueinander parallelen und kongruenten Vielecke heißen **Grundflächen**, die Rechtecke heißen **Seitenflächen**.
Die Seitenflächen bilden zusammen die **Mantelfläche** des Prismas.
Ist die Grundfläche ein Dreieck (Viereck, ...), so heißt das Prisma dreiseitiges (vierseitiges, ...) Prisma. Der Abstand der beiden Grundflächen voneinander heißt **Höhe** des Prismas.
Prismen nennt man auch *Säulen*. Man kann sie durch Zerschneiden von Quadern erhalten.
Beachte: Quader sind besondere Prismen.

Aufgabe 1

Netz und Oberflächeninhalt eines Prismas
Ein Kunsthandwerker benötigt für eine Wandverzierung eine größere Zahl von Körpern aus Blech, die die Form des Prismas rechts haben.
Wie viel Blech benötigt man für ein solches Prisma?

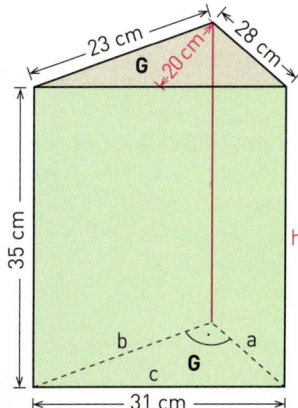

Lösung

Das Prisma hat als Grundfläche ein Dreieck mit den Seitenlängen a = 28 cm, b = 23 cm, c = 31 cm und der zugehörigen Höhe h_c = 20 cm. Die Höhe des Prismas beträgt h = 35 cm.

(1) Zeichne ein Netz des Prismas. Es besteht aus drei Rechtecken, die die Mantelfläche bilden, und den beiden dreieckigen Grundflächen.

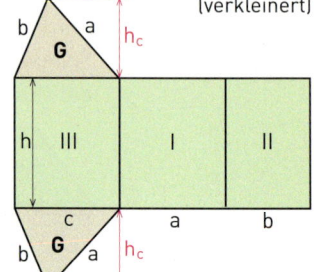
(verkleinert)

(2) Zur Berechnung des Blechbedarfs bestimmst du den Oberflächeninhalt O des Prismas.

> Der Oberflächeninhalt ist die Größe der Oberfläche.

Flächeninhalt A_G einer Grundfläche (Grundflächeninhalt):
$G = \frac{1}{2} \cdot c \cdot h_c = \frac{1}{2} \cdot 31 \text{ cm} \cdot 20 \text{ cm} = 310 \text{ cm}^2$

Flächeninhalt M der Mantelfläche (Mantelflächeninhalt):
A_I = a · h = 28 cm · 35 cm = 980 cm²
A_{II} = b · h = 23 cm · 35 cm = 805 cm²
A_{III} = c · h = 31 cm · 35 cm = 1 085 cm²
$M = A_I + A_{II} + A_{III}$
 = 980 cm² + 805 cm² + 1 085 cm² = 2 870 cm²

Du kannst auch zunächst den Umfang der Grundfläche berechnen:
u = 28 cm + 23 cm + 31 cm = 82 cm

Damit erhältst du dann sofort für den Mantelflächeninhalt M:
M = 82 cm · 35 cm
 = 2 870 cm²

Oberflächeninhalt O des Prismas:
O = 2 · G + M
O = 2 · 310 cm² + 2 870 cm²
 = 3 490 cm² = 34,90 dm²

Ergebnis: Der Kunsthandwerker benötigt für jedes Prisma ungefähr 35 dm² Blech.

Information

Für den **Oberflächeninhalt O eines Prismas** mit dem Grundflächeninhalt G, dem Mantelflächeninhalt M, der Höhe h und dem Umfang u der Grundfläche gilt:
O = 2G + M bzw. **O = 2G + u · h**

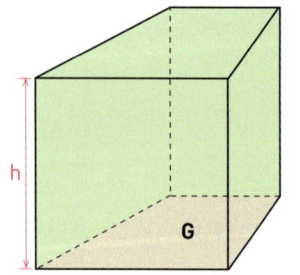

Übungsaufgaben

2. Süßigkeiten und Pralinen werden in unterschiedlichen Verpackungen angeboten. Beschreibe und vergleiche folgende Schachteln.

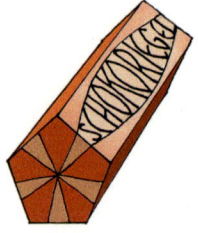

7.8 Netz und Oberflächeninhalt eines Prismas

3. Sammelt Gegenstände aus dem Alltag, die die Form eines Prismas haben. Vergleicht sie. Bereitet damit eine Ausstellung vor.

4. Beim Bauen werden Betonfertigteile verwendet. Welche der Elemente sind Prismen?

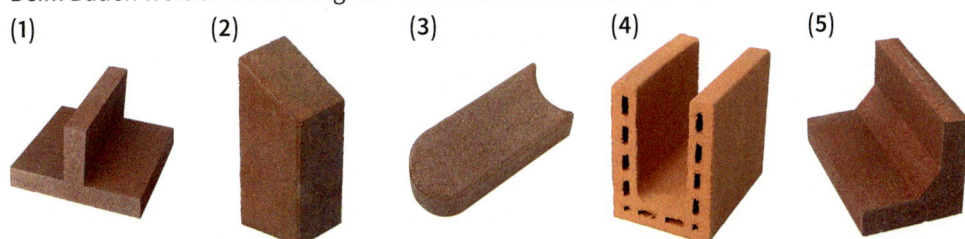

5. Aus dem Quader wird durch Schneiden längs der angegebenen Linien ein Prisma erzeugt. Zeichne ein Netz des Prismas.

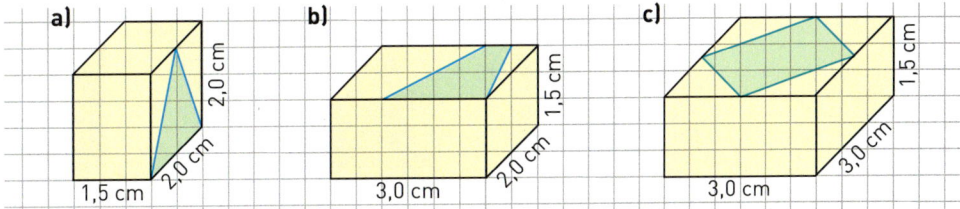

6. Marie hat für verschiedene Prismen das Netz gezeichnet. Kontrolliere.

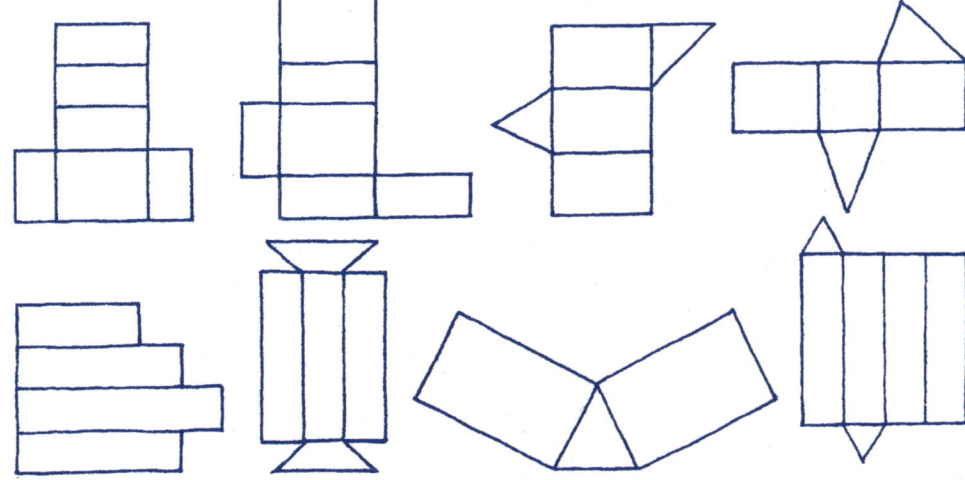

7. a) Wie viel Karton braucht man für die abgebildete Verpackung von Schokolade (ohne Abfall und Klebelaschen)?
   b) Stelle ein Papiermodell der Verpackung her.
   c) Wie viel Draht benötigt man für das Kantenmodell dieses Prismas?

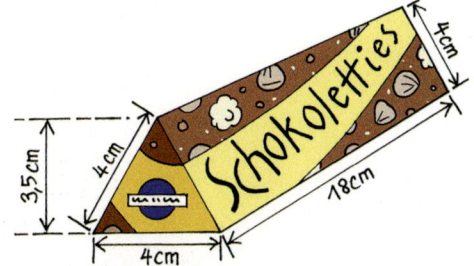

8. Ein Prisma ist 15 cm hoch; eine Grundfläche ist
   a) ein Dreieck;   b) ein Parallelogramm;   c) ein Trapez;   d) ein Drachenviereck.

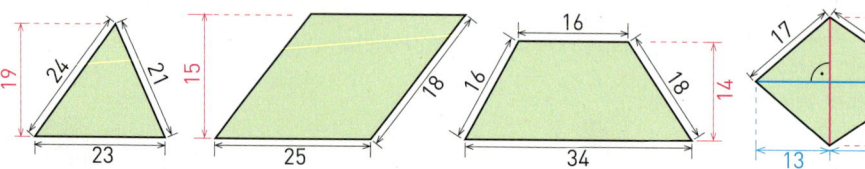

Berechne den Oberflächeninhalt des Prismas (Maße im Bild in mm).

9. Die abgebildeten Kartons werden als Verpackungsmaterial benutzt (Maße in mm). Skizziere ein Netz des Kartons und berechne den Materialbedarf.

   a)   b)   c)   d)

Zum Berechnen musst du dem Netz noch weitere Maße entnehmen.

 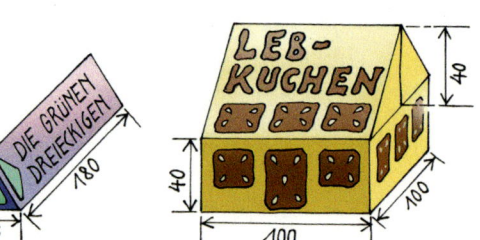  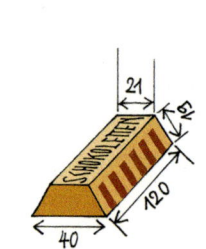

10. a) Wie viele Ecken und wie viele Kanten hat ein
    (1) dreiseitiges,   (2) vierseitiges,   (3) fünfseitiges   Prisma?
    b) Verallgemeinere die Ergebnisse aus Teilaufgabe a).
    Versuche, eine Begründung dafür zu finden.

11. Der Umfang u der Grundfläche eines Prismas ist 50 cm lang. Das Prisma ist 12 cm hoch. Wie groß ist die Mantelfläche des Prismas?

12. a) Wie verändert sich der Oberflächeninhalt eines Würfels, wenn man die Kantenlänge verdoppelt [verdreifacht]?
    b) Wie verändert sich der Oberflächeninhalt eines Quaders, wenn man die Länge jeder Kante verdoppelt [verdreifacht]?
    c) Bei einem dreiseitigen Prisma ist der Flächeninhalt der Grundfläche G = 25 cm² und der Mantelflächeninhalt M = 50 cm².
    Wie verändert sich der Oberflächeninhalt, wenn man die Höhe verdoppelt [wenn man die Höhe verdreifacht]?
    d) Stelle selbst Fragen und untersuche die Veränderungen bei weiteren Prismen.

Das kann ich noch!

A) In einem Getränkemarkt stehen 3 Stapel mit je 5 Kisten Mineralwasser. Jede Kiste enthält 12 Flaschen mit 0,7 ℓ Mineralwasser.
   1) Wie viel Liter Mineralwasser sind vorrätig?
   2) Wie viele gleichartige Stapel müssten noch angeliefert werden, damit ein Vorrat von mindestens 1 m³ Mineralwasser vorhanden ist?

7.9 Schrägbild eines Prismas

Einstieg Aus dem Quader rechts wird mit zwei Schnitten ein Prisma hergestellt. Zeichne ein Schrägbild des Prismas und vergleiche mit deinem Nachbarn.

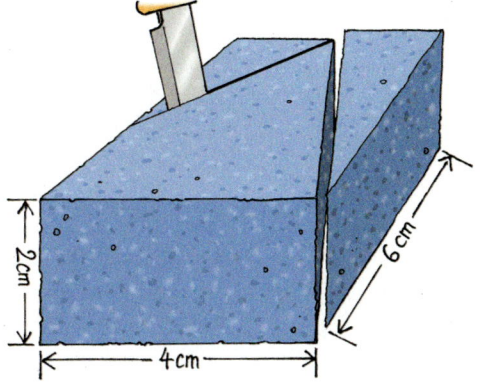

Aufgabe 1 **Längen von Strecken im Schrägbild**
Auf kariertem Papier kann man das Schrägbild eines Quaders mit ganzzahligen Kantenlängen (in cm) besonders einfach zeichnen.

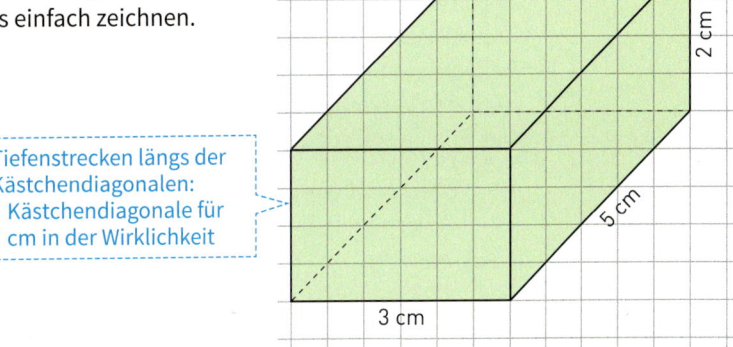

Tiefenstrecken längs der Kästchendiagonalen:
1 Kästchendiagonale für 1 cm in der Wirklichkeit

Bei nicht ganzzahligen Kantenlängen oder nicht kariertem Papier ist folgende Vereinbarung für die Tiefenstrecken günstiger:
Zeichne die Tiefenstrecken
– unter einem Winkel von 45°;
– verkürzt auf die Hälfte ihrer wahren Länge.

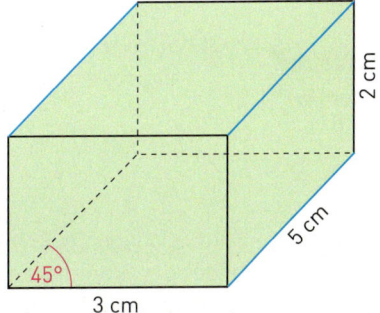

a) Zeichne nun mit dieser Vereinbarung das Schrägbild eines Würfels mit der Kantenlänge 3,8 cm. Zeichne auch alle Raumdiagonalen ein und betrachte ihre Länge. Was fällt auf?
b) Im Schrägbild gibt es
   (1) Strecken, die so lang sind wie in Wirklichkeit;
   (2) Strecken, die genau halb so lang sind wie in Wirklichkeit;
   (3) andere Strecken.
   Finde solche Strecken am Schrägbild des Würfels.

Lösung

a) In Wirklichkeit sind alle vier Raumdiagonalen des Würfels gleich lang. Im Schrägbild sind sie aber verschieden gezeichnet.

b) (1) In wahrer Länge erscheinen im Schrägbild z. B. die Kanten $\overline{AB}$, $\overline{CD}$, $\overline{EF}$, $\overline{GH}$, $\overline{AE}$, $\overline{BF}$, $\overline{CG}$, $\overline{DH}$, also alle Strecken, die parallel zur Zeichenebene verlaufen.
(2) Genau halb so lang wie in Wirklichkeit sind die Kanten $\overline{AD}$, $\overline{BC}$, $\overline{EH}$, $\overline{FG}$, also alle Strecken, die orthogonal zur Zeichenebene in die Tiefe zeigen.
(3) Strecken, die weder parallel noch orthogonal zur Zeichenebene verlaufen, sind verkürzt gezeichnet. Die Verkürzung hängt ab von der Richtung der Strecke im Raum.

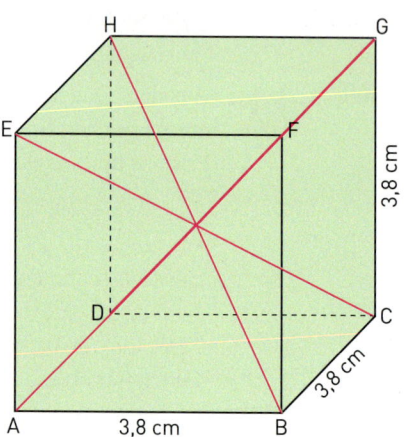

Aufgabe 2

Schrägbild eines Prismas

Ein dreiseitiges Prisma ist 3,0 cm hoch und hat nebenstehende dreieckige Grundfläche.
Zeichne ein Schrägbild des Prismas; wähle für die Tiefenstrecken den Verzerrungswinkel 45° und den Verkürzungsfaktor $\frac{1}{2}$.
Das Prisma soll auf der Grundfläche stehen.

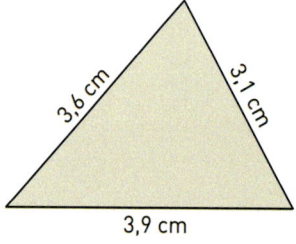

Lösung

Nicht sichtbare Kanten werden gestrichelt gezeichnet.

1. Schritt:

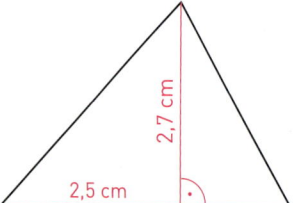

Zum Zeichnen des Schrägbildes der Grundfläche kann man nur die Kante verwenden, die parallel zur Zeichenebene verläuft. Zum weiteren Zeichnen verwendet man die Höhe im Dreieck, da diese orthogonal zur Zeichenebene verläuft. Zeichne daher zunächst die Grundfläche in wahrer Größe und miss diese Höhe.

2. Schritt:

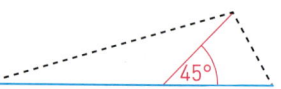

Zeichne die Vorderkante (blau) in wahrer Größe und die Tiefenstrecken (rot) unter einem Winkel von 45° und auf die Hälfte verkürzt. Ergänze die fehlenden Grundkanten.

3. Schritt:

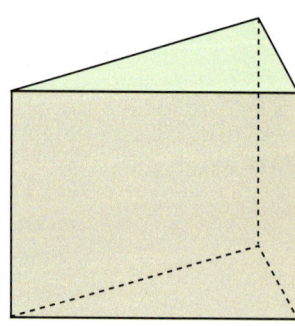

Zeichne die nach oben verlaufenden Seitenkanten in wahrer Länge und ergänze die fehlenden Kanten.

7.9 Schrägbild eines Prismas

Information

Zeichnen des Schrägbildes eines Prismas, das auf der Grundfläche steht

  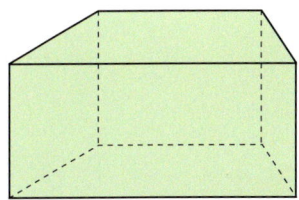

Zeichne zuerst die Grundfläche. Ergänze geeignete Strecken, die orthogonal zur Zeichenebene in die Tiefe verlaufen. Bestimme ihre Längen und ihre Lage. Nicht sichtbare Kanten werden gestrichelt gezeichnet.

Zeichne ein Schrägbild der Grundfläche mithilfe der ermittelten Tiefenstrecken; zeichne diese in einem Winkel von 45° und nur halb so lang wie in Wirklichkeit.

Zeichne die nach oben verlaufenden Seitenkanten mit den richtigen Maßen. Auch hier werden nicht sichtbare Kanten gestrichelt gezeichnet. Zeichne anschließend die Deckfläche.

Weiterführende Aufgabe

Verschiedene Verzerrungswinkel – verschiedene Verkürzungsfaktoren

3. In den Aufgaben 1 und 2 wurde 45° als Verzerrungswinkel und $\frac{1}{2}$ als Verkürzungsfaktor gewählt. Dabei erhält man oft, aber nicht in jedem Fall, ein informatives Schrägbild (siehe linken Quader).
In solchen Fällen kann man andere Verzerrungswinkel und Verkürzungsfaktoren wählen, um ein besseres Bild zu erhalten (siehe rechten Quader).

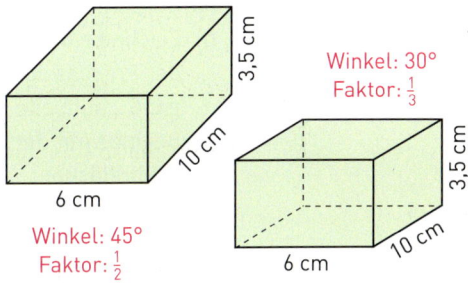

Zeichnet Schrägbilder eines Würfels (4 cm Kantenlänge). Wählt für die Tiefenstrecken
(1) Winkel 45°, Faktor $\frac{1}{2}$;   (2) Winkel 30°, Faktor $\frac{1}{3}$;   (3) Winkel 60°, Faktor $\frac{2}{3}$.
Beurteilt die Bilder.

Übungsaufgaben

4. Zeichne ein Schrägbild des Prismas auf einer Grundfläche stehend (Maße in mm).

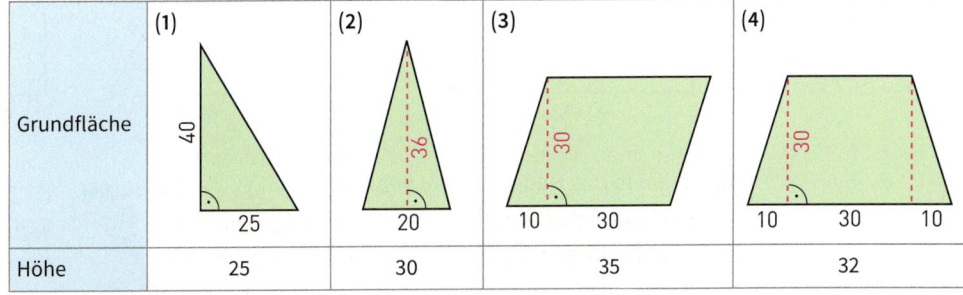

Grundfläche	(1)	(2)	(3)	(4)
Höhe	25	30	35	32

5. Ein Prisma kann auch auf einer Seitenfläche liegen.
Ein Prisma ist 11 cm hoch und die Seiten der gleichseitigen Dreiecke sind 3 cm lang.
Zeichne das Prisma auf einer Seitenfläche liegend.
Beachte: Wähle als vordere Fläche das Dreieck.

6. Die Abbildungen zeigen die Grundflächen von Prismen mit der Höhe h = 5 cm.
   a) Skizziere die Schrägbilder der Prismen
      (1) auf einer Grundfläche stehend;   (2) auf einer Seitenfläche liegend.

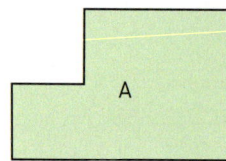
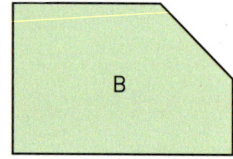
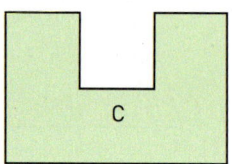
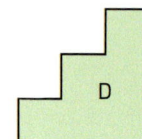

   b) Berechne den Oberflächeninhalt der Prismen.

7. Das Standardverfahren zum Zeichnen von Schrägbildern erzeugt Bilder, die den Eindruck vermitteln, als „sehe" man den Körper von „vorn, rechts, oben". Zeichne für ein Prisma aus der Einführung drei Schrägbilder so, dass der Eindruck entsteht, man sehe es
   (1) von vorne, links, oben;   (2) von vorne, rechts, unten;   (3) von vorne, links, unten.

8. Karolin hat das Schrägbild eines vierseitigen Prismas mit der oberen Grundfläche begonnen.
   a) Beschreibe ihr Vorgehen.
   b) Zeichne ein Schrägbild des Prismas aus Aufgabe 2 auf Seite 248. Beginne mit der oberen Grundfläche.

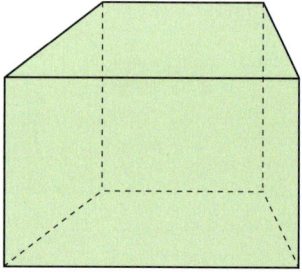

9. Zeichne ein Schrägbild des Prismas mit der angegebenen Grundfläche und der Höhe h = 5 cm. Wähle als Verzerrungswinkel 60° und als Verkürzungsfaktor $\frac{1}{3}$.

   a)   b)   c)

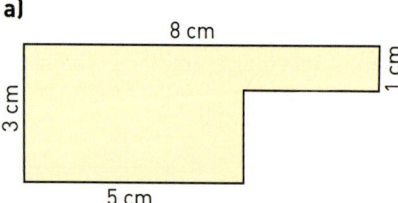
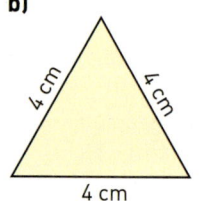
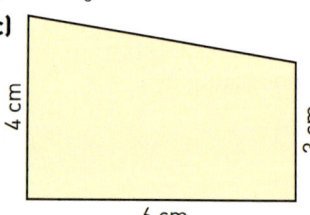

10. Betrachte das Haus auf dem Foto rechts. Es soll auf verschiedene Weise zeichnerisch dargestellt werden. Wähle dafür den Maßstab 1 : 100, d. h. zeichne für 100 cm = 1 m in der Wirklichkeit nur 1 cm.
    a) Zeichne ein Schrägbild des Hauses.
    b) Zeichne eine Ansicht des Hauses von
       (1) oben,   (2) vorne,   (3) rechts.
    c) Vergleiche Vor- und Nachteile der Darstellungen, die du zu den Teilaufgaben a) und b) angefertigt hast.

7.10 Volumen eines Prismas

Einstieg   Zerlegt das Prisma so, dass ihr die Teilkörper zu einem Quader zusammensetzen könnt. Skizziert das Schrägbild in eurem Heft und zeichnet die Schnittlinien ein.
Berechnet dann das Volumen.

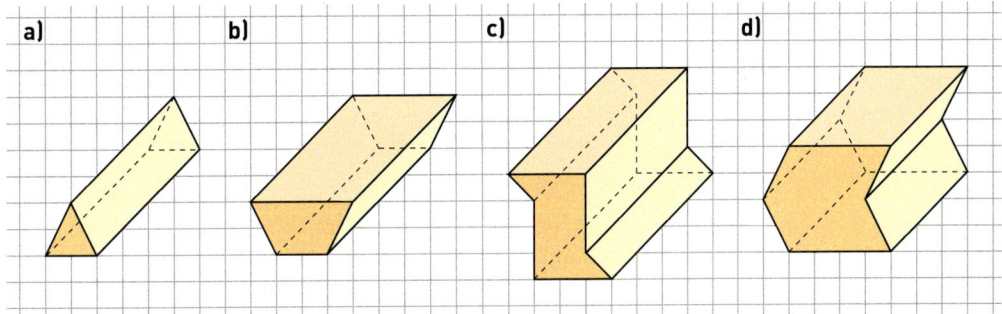

Volumen eines dreiseitigen Prismas

Aufgabe 1 Die Baugrube eines Ausstellungspavillons hat die Form eines dreiseitigen Prismas.
a) Wie viel m³ Erde werden ausgebaggert?
b) Erstelle eine allgemeine Formel zur Berechnung des Volumens V eines dreiseitigen Prismas.

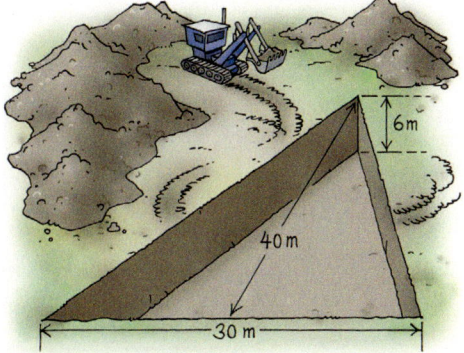

Lösung a) Es ist das Volumen des Prismas P zu berechnen. Bisher können wir nur das Volumen eines Quaders berechnen. Daher versuchen wir, das Prisma P so zu zerlegen, dass wir die Teile zu einem Quader zusammensetzen können.

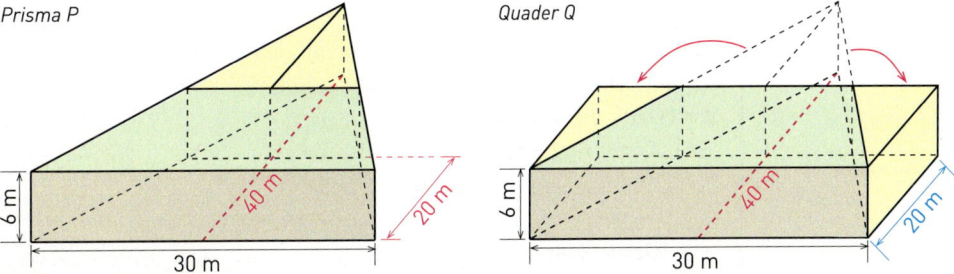

Das dreiseitige Prisma P hat dasselbe Volumen wie der entstandene Quader Q.
Der Quader hat die Seitenlängen 30 m, $\frac{1}{2} \cdot 40$ m = 20 m und 6 m.
Damit ergibt sich für das Volumen V_P des Prismas: $V_P = V_Q = 30$ m $\cdot$ 20 m $\cdot$ 6 m = 3 600 m³
Ergebnis: Es müssen 3 600 m³ Erde ausgebaggert werden.

b) Die oben durchgeführte Zerlegung des dreiseitigen Prismas ist stets möglich. Damit ergibt sich für dessen Volumen:

$V = a \cdot \frac{h_a}{2} \cdot h$

Das Produkt der ersten beiden Faktoren ergibt den Flächeninhalt A der Grundfläche G.

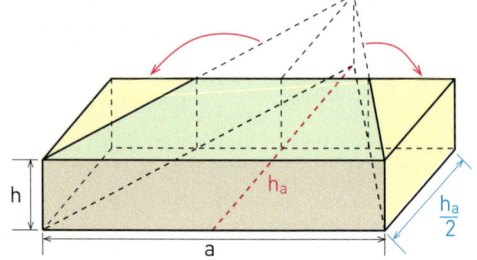

Ein dreiseitiges Prisma mit dem Grundflächeninhalt G und der Höhe h hat das Volumen:
$V = G \cdot h$

Weiterführende Aufgabe

Strategie: Zerlegen des Körpers

Formel zur Volumenberechnung eines beliebigen Prismas

2. a) Folgende Prismen haben alle die gleiche Höhe. Ferner liegen ihre Grundflächen in einem gemeinsamen Streifen.

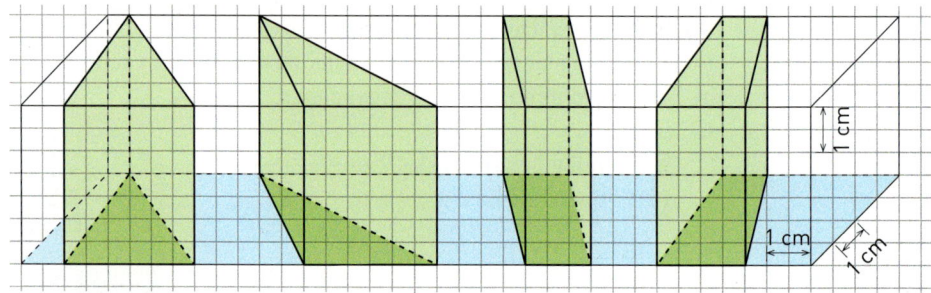

Berechne das Volumen der Prismen. Berechne auch jeweils die Größe der Grundfläche. Was fällt dir auf?

b) Begründe allgemein:

Prismen mit gleich großen Grundflächen und gleicher Höhe haben dasselbe Volumen.

c) Begründe: Ist die Grundfläche eines Prismas ein beliebiges Vieleck, so gilt für das Volumen des Prismas: $V = G \cdot h$

Information

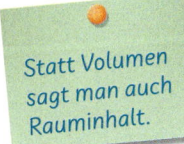

Statt Volumen sagt man auch Rauminhalt.

Für das **Volumen V eines Prismas** mit dem Grundflächeninhalt G und der Höhe h gilt:
$V = G \cdot h$

Größe der Grundfläche mal Höhe

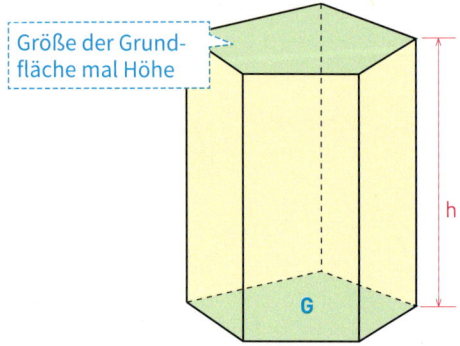

7.10 Volumen eines Prismas

Übungsaufgaben

Bruttorauminhalt (früher auch **Umbauter Raum**) Volumen eines Gebäudes

3. a) Durch einen Fehler einer Baufirma wurde die Baugrube in Aufgabe 1 auf Seite 249 um 1,5 m zu tief ausgebaggert. Wie viel Erde wurde zu viel ausgebaggert?

b) Die Höhe des Pavillons (ab Oberkante der Baugrube) beträgt 8 m. Berechne den Bruttoraumhinhalt des ganzen Gebäudes.

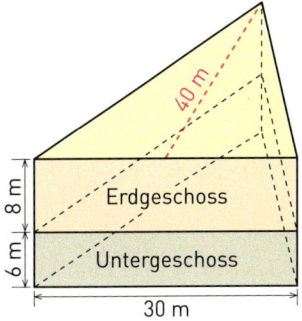

4. Berechne das Volumen des dreiseitigen Prismas.

	a)	b)	c)	d)	e)
Länge der Grundseite	6 cm	12,4 dm	27,3 m	8,7 dm	0,45 m
Höhe der Grundfläche	4 cm	8,6 dm	15,8 m	83 cm	3,8 dm
Höhe des Prismas	5 cm	5,3 dm	8,5 m	4,5 dm	47 cm

5. Ordnet die Prismen nach dem Volumen.

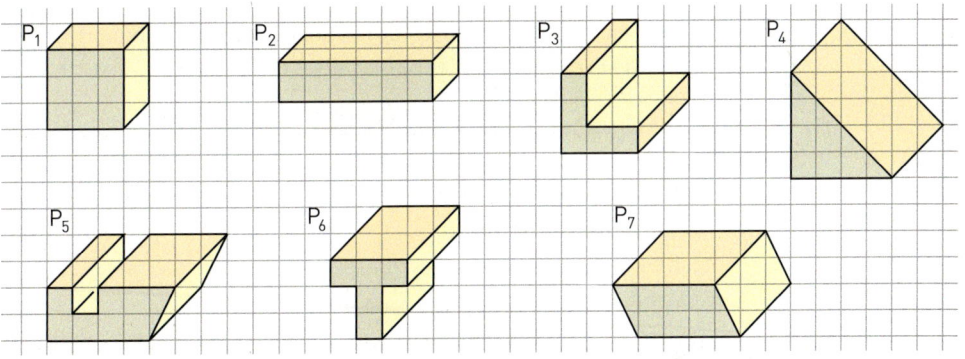

6. Der Flächeninhalt der Grundfläche eines Prismas beträgt 27,8 dm². Das Prisma hat das Volumen 180,7 dm³. Wie hoch ist das Prisma?

7. Berechne das Volumen der Körper.

a) 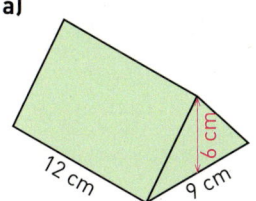   b) 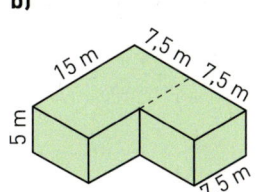   c) 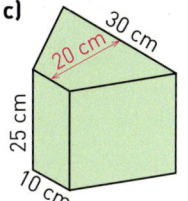   d)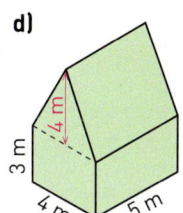

8. Wie verändert sich das Volumen eines Prismas, wenn man die Größe der Grundfläche nicht verändert, aber

(1) die Höhe verdoppelt; **(2)** die Höhe verdreifacht; **(3)** die Höhe halbiert?

Vermischte Übungen

9. Die Körper sind oben offen. Wie viel Liter fasst der Körper? Wie viel Blech benötigt man für die Herstellung?

a)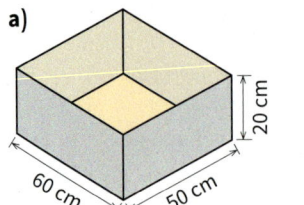
b)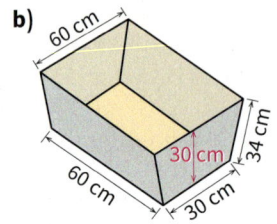
c)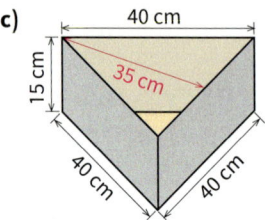

10. Berechne den Bruttorauminhalt des Gebäudes.

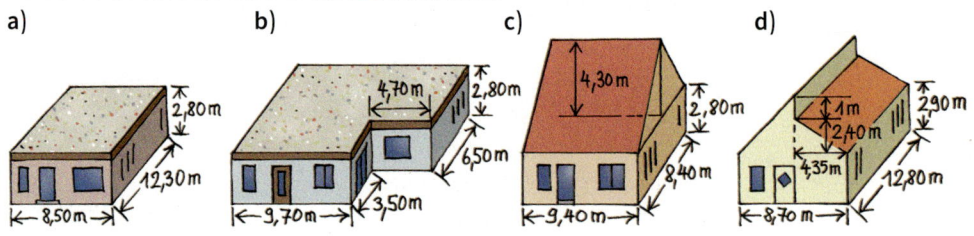

11. Sammelt Verpackungen von aufwändig verpackten Produkten. Berechnet, welchen Anteil der Inhalt an dem Gesamtvolumen der Verpackung einnimmt. Stellt die Ergebnisse in der Klasse aus.

12. Im Bild sind die Querschnitte von Eisenträgern gegeben (Maße in cm). Die Länge jedes Trägers beträgt 3,5 m. 1 cm³ Eisen wiegt 7,9 g.
Schätze zunächst: Welcher Eisenträger wiegt am wenigsten, welcher am meisten? Berechne anschließend genau.

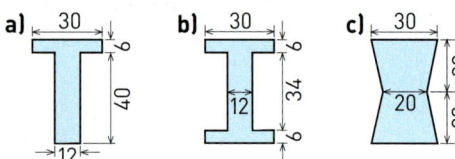

13. Berechne das Volumen, den Oberflächeninhalt und die gesamte Kantenlänge des Prismas (Maße in mm). Bestimme fehlende Maße zeichnerisch. Zeichne ein Schrägbild des Prismas.

	a)	b)	c)	d)
Grundfläche	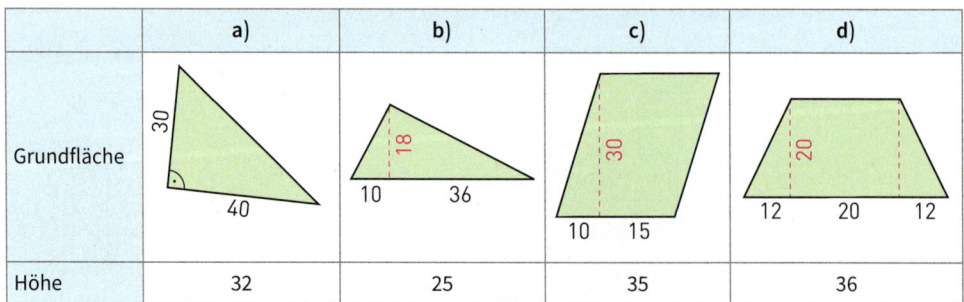			
Höhe	32	25	35	36

14. Von einem dreiseitigen Prisma kennt man den Grundflächeninhalt G = 25 cm² und den Mantelflächeninhalt M = 50 cm². Wie verändert sich das Volumen, wenn man die Höhe verdoppelt [die Höhe verdreifacht]?

15. Das Werkstück besteht aus Grauguss (Angaben im Bild in cm). 1 cm³ Grauguss wiegt 7,3 g. Wie viel wiegt das Werkstück?

a)   b)   c)

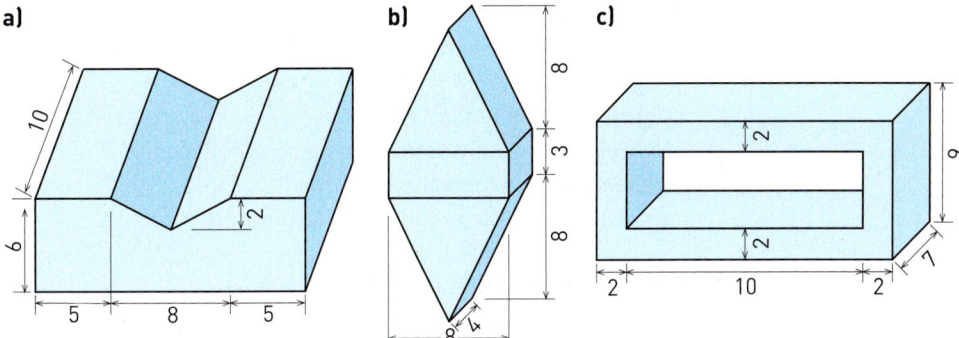

16. a) Wie viel Wasser wird für eine Füllung des Schwimmbeckens benötigt?
b) Das Becken soll neu gefliest werden. Eine Firma berechnet pro m² Fliesen 47,90 €. Wie viel ist zu zahlen?

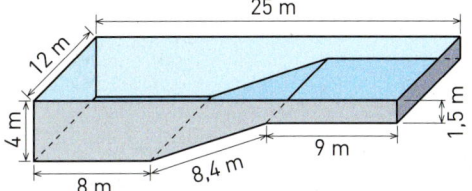

17. Einfahrten werden häufig mit Verbundsteinen gepflastert. Rechts siehst du die Maße eines Steines, der 7 cm hoch ist. Er wird aus Beton hergestellt; 1 cm³ Beton wiegt 2,5 g.
a) Eine 30 m² große Einfahrt soll mit diesen Steinen gepflastert werden. Zur Sicherheit und wegen des Verschnittes werden 3% mehr Steine bestellt als mindestens nötig.
Berechne, wie viele Steine bestellt werden müssen.
b) Ein gemieteter Kleinlaster hat eine Zuladung von 3 t. Wie viele Fahrten sind für den Transport der benötigten Steine erforderlich?

18. Für die Flächengestaltung mit Pflastersteinen macht der Hersteller folgende Angaben:

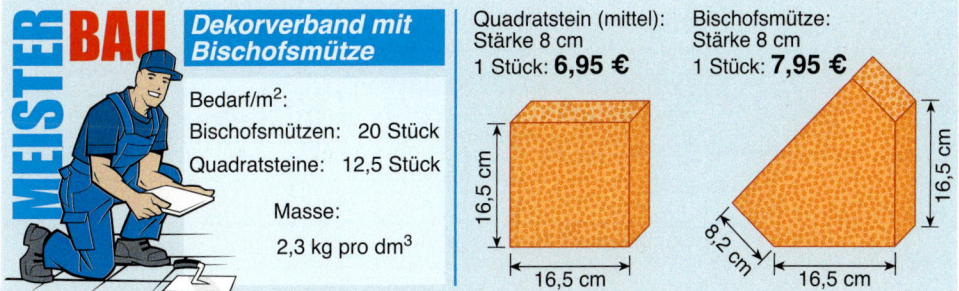

Familie Grobe will ihre Terrasse mit Pflastersteinen gestalten.
Die rechteckige Terrasse ist 8,5 m lang und 4,7 m breit. Die Pflastersteine wurden mit einem 2,5-t-Lkw transportiert. Bilde selbst geeignete Aufgaben und löse sie.

7.11 Aufgaben zur Vertiefung

1. Ein Rechteck mit dem Flächeninhalt R ist in drei Dreiecke mit den Flächeninhalten A, B und F zerlegt.
   Gegeben: a = 3 cm; A = 12 cm², B = 16 cm²
   Gesucht: Flächeninhalt von F
   Hinweis: Versuche, aus den gegebenen Größen eine weitere Größe zu berechnen. Wiederhole diesen Schritt so lange, bis du die gesuchte Größe berechnen kannst.

   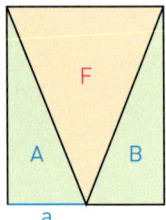

2. a)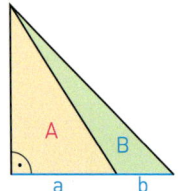

   Gegeben:
   a = 5 cm; b = 3 cm;
   B = 24 cm²
   Gesucht: A

   b)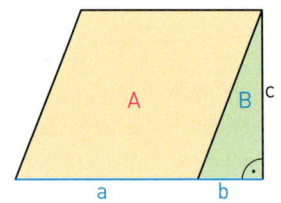

   Gegeben:
   a = 5 cm; b = 3 cm;
   B = 15 cm²
   Gesucht: A

   c)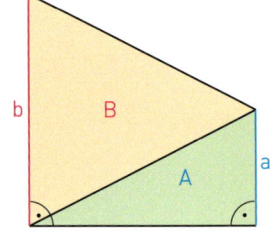

   Gegeben:
   a = 5 cm; A = 10 cm²;
   T = 26 cm²
   Gesucht: b
   T = Flächeninhalt des Trapezes

3. Die Eckpunkte der gezeichneten Rechtecke sind Gitterpunkte.

   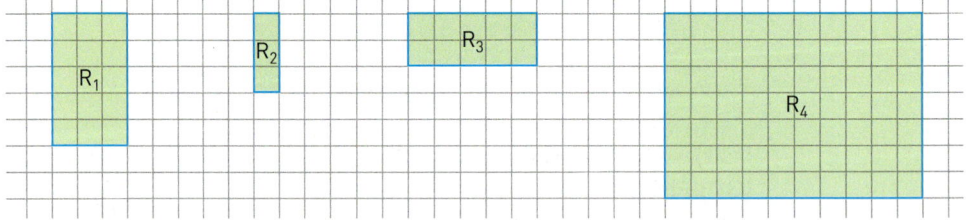

   Patrick hat jeweils die Gitterpunkte auf dem Rand und die Gitterpunkte im Inneren ausgezählt und den Flächeninhalt des Rechtecks angegeben.

	Rand	Innen	Flächeninhalt
Rechteck R_1	16	8	15 Kästchen
Rechteck R_2	8	0	3 Kästchen
Rechteck R_3	14	4	10 Kästchen
Rechteck R_4	34	54	70 Kästchen

   a) Zeichnet selbst mindestens 8 solcher Rechtecke in ein Gitternetz. Zählt jeweils die Gitterpunkte auf dem Rand und die Gitterpunkte im Inneren; berechnet auch den Flächeninhalt. Legt eine Tabelle an. Fällt euch etwas auf? Begründet.
   b) Zeichnet mehrere Dreiecke, deren Eckpunkte auf dem Gitternetz sind, und legt wie in Teilaufgabe a) eine Tabelle an. Was fällt euch auf?
   c) Informiert euch zum Satz von Pick. Versucht, Spezialfälle zu begründen.

Das Wichtigste auf einen Blick

Flächeninhalt eines Dreiecks

Für ein Dreieck mit der Länge g einer Seite (Grundseite) und der zugehörigen Höhe h gilt: $A = \frac{g \cdot h}{2}$

Beispiel:
g = 4 cm; h = 5 cm
$A = \frac{4\,\text{cm} \cdot 5\,\text{cm}}{2} = 10\,\text{cm}^2$

Flächeninhalt eines Parallelogramms

Für ein Parallelogramm mit der Länge g einer Grundseite und der zugehörigen Höhe h gilt: $A = g \cdot h$

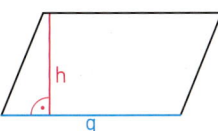

Beispiel:
g = 4 cm; h = 5 cm
$A = 20\,\text{cm}^2$

Flächeninhalt eines Trapezes

Für ein Trapez mit den Längen a und c der zueinander parallelen Seiten und der Höhe h gilt: $A = \frac{(a+c) \cdot h}{2}$

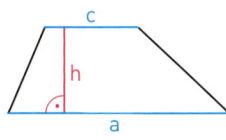

Beispiel:
a = 4 cm; c = 6 cm; h = 5 cm
$A = \frac{(4\,\text{cm} + 6\,\text{cm}) \cdot 5\,\text{cm}}{2} = 25\,\text{cm}^2$

Flächeninhalt von Vielecken

Ein beliebiges Vieleck zerlegt man in Dreiecke, Rechtecke, ... und addiert deren Flächeninhalte. Man kann auch zu einer größeren Figur ergänzen und subtrahieren.

Beispiel:

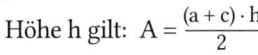

Flächeninhalt und Umfang eines Kreises

Für den Flächeninhalt A und den Umfang eines Kreises mit dem Radius r gilt:
$A = \pi \cdot r^2$
$u = 2 \cdot \pi \cdot r$

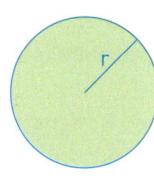

Beispiel:
r = 0,5 cm
$A = \pi \cdot (0{,}5\,\text{cm})^2 \approx 0{,}79\,\text{cm}^2$
$u = 2 \cdot \pi \cdot (0{,}5\,\text{cm}) \approx 3{,}14\,\text{cm}$

Prisma

Ein Prisma wird von zwei zueinander parallelen und kongruenten Vielecken (**Grundflächen G**) sowie von Rechtecken (**Seitenflächen**) begrenzt. Die Seitenflächen zusammen bilden die **Mantelfläche M**. Der Abstand der beiden Grundflächen voneinander heißt **Höhe h** des Prismas.
Der **Oberflächeninhalt O** eines Prismas ist der Flächeninhalt der Grundflächen und Seitenflächen zusammen:
$O = 2 \cdot G + M$.
Für das **Volumen V** eines Prismas mit dem Grundflächeninhalt G und der Höhe h gilt:
$V = G \cdot h$

Schrägbild:

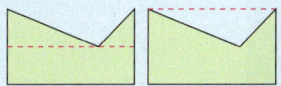

Beispiel:
Netz:

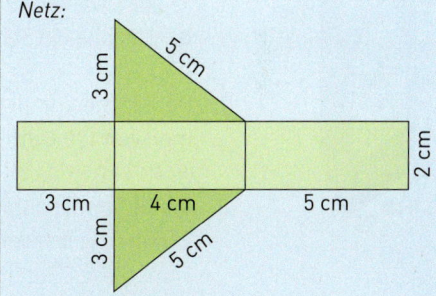

$O = 2 \cdot \frac{1}{2} \cdot 4\,\text{cm} \cdot 3\,\text{cm}$
$\quad + (3\,\text{cm} + 4\,\text{cm} + 5\,\text{cm}) \cdot 2\,\text{cm}$
$= 12\,\text{cm}^2 + 24\,\text{cm}^2 = 36\,\text{cm}^2$
$V = \frac{1}{2} \cdot 4\,\text{cm} \cdot 3\,\text{cm} \cdot 2\,\text{cm} = 12\,\text{cm}^3$

Bist du fit?

1. Berechne den Flächeninhalt der Figuren.
   a) Rechteck mit a = 2,5 cm; b = 1,5 cm
   b) Dreieck mit g = 3,0 cm; h = 2,5 cm
   c) Trapez mit a = 4,0 cm; c = 2,0 cm; h = 2,5 cm
   d) Parallelogramm mit g = 3,8 cm; h = 2,5 cm

2. Berechne die Kosten für die Verglasung des Giebelfensters. 1 m² Isolierglas kostet 70 €.

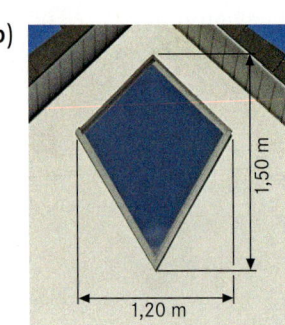

3. Berechne den Flächeninhalt und den Umfang der Kreise.
   a) r = 3,5 cm
   b) d = 1,2 dm

4. Ein Laufrad dient zum Messen von Entfernungen, z. B. bei Verkehrsunfällen. Der Durchmesser des Laufrades beträgt 15 cm.
   Wie viele Umdrehungen macht das Rad beim Messen einer Weglänge von 7,54 m?

5. Ein Baumstamm hat einen Umfang von   (1) 1,90 m;   (2) 1,55 m;   (3) 2,50 m.
   Welchen Durchmesser hat er?

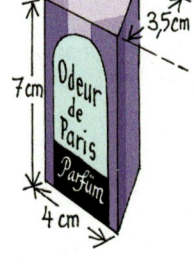

6. a) Betrachte die Verpackung links. Zeichne ein Netz der Verpackung und berechne den Materialbedarf (ohne Falze). Berechne auch das Volumen.
   b) Zeichne ein Schrägbild der Verpackung.

7. Der Flächeninhalt der Grundfläche eines Prismas beträgt 14,6 dm². Das Prisma hat ein Volumen von 109,5 dm³. Wie hoch ist das Prisma?

8. Im Bild siehst du die Grundfläche eines Metallteils (Maße in mm). Seine Höhe beträgt 21 mm. Wie schwer ist der Inhalt einer Kiste mit 40 Metallteilen?
   1 cm³ dieses Metalls wiegt 8,4 g.

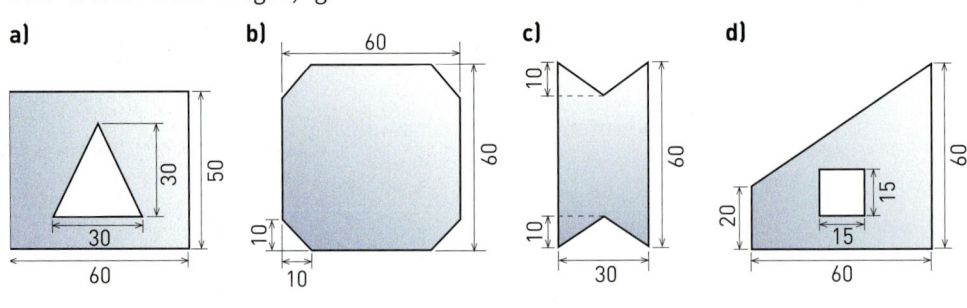

8. Gleichungen mit einer Variablen

Bei einem Zahlenrätsel wird eine unbekannte Zahl gesucht.
Nicht nur Zahlenrätsel lassen sich gut
mithilfe von Gleichungen notieren und lösen.

→ Wie schwer ist die Katze?

In diesem Kapitel ...
beschäftigst du dich mit dem Aufstellen und Lösen von Gleichungen und Ungleichungen.
Für bestimmte Gleichungen lernst du Lösungsverfahren kennen.
Dabei wirst du auch deine Kenntnisse über Terme erweitern.

Lernfeld: Zahlen gesucht

Entdeckungen an Zahlenmauern
Zahlenmauern kennt ihr bereits: Jeder Stein enthält die Summe der Zahlen in den beiden darunter liegenden Steinen.

→ Ergänzt in eurem Heft die Zahlenmauern.

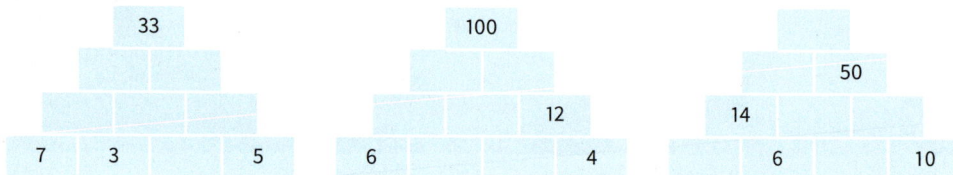

→ Schreibt auf, wie ihr die fehlenden Zahlen bestimmt habt. Welche Unterschiede gibt es zwischen den einzelnen Mauern?

→ Entwickelt selbst solche Additionsmauern und lasst sie von Mitschülern lösen.

→ Es gibt gerade Zahlen (g) und ungerade Zahlen (u). Lassen sich die folgenden Zahlenmauern eindeutig ausfüllen oder gibt es mehrere Möglichkeiten?

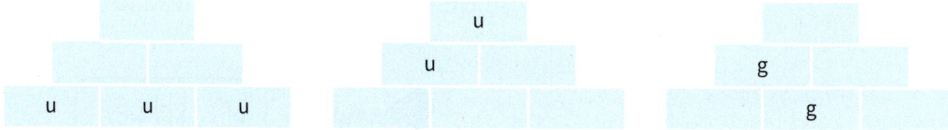

→ Untersucht: Wie viele ungerade Zahlen können in einer Zahlenmauer höchstens vorkommen?

Zahlenknobeleien

Wenn man 6 Münzen wegnimmt, hat man nur noch ein Drittel so viele.

Wenn 45 Autos hinzukommen, sind es viermal so viele.

Wie alt ist Pia?

In 36 Jahren bin ich viermal so alt wie heute!

→ Löst die Aufgaben. Erklärt euch anschließend gegenseitig, wie ihr zu der gefundenen Lösung gekommen seid.

→ Entwerft ähnliche Aufgaben und lasst sie von Mitschülern lösen.

8.1 Lösen einer Gleichung durch Probieren

Einstieg

Bestimme alle ganzen Zahlen, auf die der Steckbrief rechts zutrifft.

WANTED
Multipliziert man eine Zahl mit sich selbst, so ist das Ergebnis um 12 größer als die Ausgangszahl.

Aufgabe 1

Lösen einer Gleichung durch Probieren
Löse das Zahlenrätsel von Mia.

Ich denke mir eine ganze Zahl. Wenn ich diese Zahl mit sich selbst multipliziere, erhalte ich dasselbe, wie wenn ich die gesuchte Zahl mit 3 multipliziere und dann 4 addiere.

Lösung

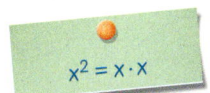
$x^2 = x \cdot x$

(1) *Aufstellen einer Gleichung für die gesuchte Zahl*
Platzhalter für Mias Zahl: $\quad x$
Einerseits multipliziert
Mia sie mit sich selbst: $\quad x^2$
Andererseits multipliziert
sie die gesuchte Zahl mit 3: $\quad 3 \cdot x$
… und addiert dazu die Zahl 4: $\quad 3 \cdot x + 4$
Also erhält sie die Gleichung: $\quad x^2 = 3 \cdot x + 4$

(2) *Bestimmen der Lösungen der Gleichung durch Probieren*
Wir können durch Einsetzen von ganzen Zahlen prüfen, ob diese die Gleichung erfüllen.

Einsetzung für x	x^2	$3 \cdot x + 4$	$x^2 = 3 \cdot x + 4$	Gleichung ist eine
0	0	4	0 = 4	falsche Aussage
1	1	7	1 = 7	falsche Aussage
2	4	10	4 = 10	falsche Aussage
3	9	13	9 = 13	falsche Aussage
4	16	16	16 = 16	wahre Aussage
5	25	19	25 = 19	falsche Aussage
6	36	22	36 = 22	falsche Aussage
−1	1	1	1 = 1	wahre Aussage
−2	4	−2	4 = −2	falsche Aussage
−3	9	−5	9 = −5	falsche Aussage

Setzt man weitere positive Zahlen ein, so kann keine wahre Aussage entstehen, da die linke Seite der Gleichung schneller wächst als die rechte Seite.

Setzt man weitere negative Zahlen ein, so kann keine wahre Aussage entstehen, da die linke Seite der Gleichung positiv und die rechte Seite negativ ist.

Die Zahlen 4 und −1 sind Lösungen der Gleichung $x^2 = 3 \cdot x + 4$.

(3) *Ergebnis*
Mia hat sich die Zahl 4 oder die Zahl −1 gedacht.
Welche dieser beiden Zahlen die gedachte ist, lässt sich aus dem Rätsel nicht entnehmen.

Aufgabe 2   **Lösen einer Ungleichung durch Probieren**
Bestimme alle natürlichen Zahlen, die man anstelle von x setzen kann, sodass gilt:
$x^2 > 6 \cdot x - 8$.

Lösung   Wie beim Lösen einer Gleichung kann man auch hier übersichtlich in einer Tabelle arbeiten.

x	x^2	$6 \cdot x - 8$	$x^2 > 6 \cdot x - 8$	Ungleichung ist eine
0	0	– 8	0 > – 8	wahre Aussage
1	1	– 2	1 > – 2	wahre Aussage
2	4	4	4 > 4	falsche Aussage
3	9	10	9 > 10	falsche Aussage
4	16	16	16 > 16	falsche Aussage
5	25	22	25 > 22	wahre Aussage
6	36	28	36 > 28	wahre Aussage
7	49	34	49 > 34	wahre Aussage
8	64	40	64 > 40	wahre Aussage

Alle noch größeren natürlichen Zahlen sind ebenfalls Lösungen der Ungleichung, da der Term x^2 schneller anwächst als der Term $6 \cdot x - 8$, der von Schritt zu Schritt nur um 6 größer wird.
Die Ungleichung $x^2 > 6 \cdot x - 8$ hat also als Lösungen die natürlichen Zahlen 0; 1; 5; 6; 7; 8; …

Information

(1) Variable
Du kennst bereits den Begriff Variable.

Variable (lat.)
veränderliche Größe

> In der Mathematik halten oft Buchstaben wie x, y, a, b … den Platz für Dinge (z. B. Zahlen) frei. Diese Buchstaben heißen Variable.
> *Beispiele:* (1) y ist eine Augenzahl beim Würfeln   (2) b ist die Seitenlänge eines Quaders

(2) Lösungsmenge
Die Menge der Zahlen, die man für die Variable einsetzen soll, nennt man auch **Grundmenge G**.
Du hast gesehen, dass eine Gleichung oder Ungleichung nicht nur eine, sondern mehrere Zahlen als Lösung haben kann. Häufig fasst man eine Lösung zu einer Menge zusammen.

> Eine Zahl ist **Lösung** einer Gleichung oder Ungleichung, wenn die Zahl die Gleichung bzw. Ungleichung erfüllt, d. h. wenn nach dem Einsetzen der Zahl für die Variable eine wahre Aussage entsteht. Alle Lösungen einer Gleichung bzw. Ungleichung zusammengefasst ergeben deren **Lösungsmenge**.
> *Beispiel:*
> Die Zahl 4 ist Lösung der Gleichung $x^2 = 2 \cdot x + 8$, denn $4^2 = 2 \cdot 4 + 8$ ist eine wahre Aussage. Auch (–2) ist Lösung dieser Gleichung, denn $(-2)^2 = 2 \cdot (-2) + 8$ ist ebenfalls eine wahre Aussage. Da es keine weiteren Lösungen dieser Gleichung gibt, ist die Lösungsmenge L = {–2; 4}.

Weiterführende Aufgabe

Sonderfälle bei der Lösungsmenge

3. Löse folgende Gleichungen: (1) $x = x + 1$ (2) $2 \cdot x = 3 \cdot x$ (3) $2 \cdot x = 2,5 \cdot x - \frac{x}{2}$
Welche Besonderheiten stellst du fest?

8.1 Lösen einer Gleichung durch Probieren

Information

Sonderfälle bei der Lösungsmenge

1) Hat eine Gleichung keine Zahl als Lösung, so ist ihre Lösungsmenge die leere Menge.
   Beispiel: Die Gleichung $2 \cdot x = 2 \cdot x + 1$ hat als Lösungsmenge $L = \{\ \}$.
2) Es gibt auch Gleichungen, die jede Zahl der Grundmenge als Lösung haben.
   Beispiel: $x = 0{,}7 \cdot x + 0{,}3 \cdot x$ hat als Lösungsmenge $L = \mathbb{Q}$.

Übungsaufgaben

4. Für welche Zahlen trifft der Steckbrief rechts zu?

   WANTED
   Gesucht sind alle ganzen Zahlen, deren Produkt mit sich selbst um 10 größer ist als ihr Dreifaches.

5. Löse das Zahlenrätsel durch Aufstellen einer Gleichung und Probieren mit einer Tabelle.
   a) Wenn ich die Zahl quadriere, erhalte ich dasselbe, wie wenn ich die Zahl versechsfache und dann 5 subtrahiere.
   b) Wenn ich die Zahl quadriere, erhalte ich das um 12 vermehrte Vierfache der Zahl.
   c) Wenn ich die Zahl verfünffache, erhalte ich dasselbe, wie wenn ich sie quadriere.
   d) Addiere ich zu dem Quadrat der Zahl das Elffache der Zahl, so erhalte ich −24.

Die Variable muss nicht immer x heißen.

6. Suche natürliche Zahlen, die Lösungen sind.
   a) $3 \cdot x - 10 = -x^2$
   b) $z^2 = 4 \cdot z - 4$
   c) $x^2 + 3 \cdot x = 0$
   d) $x^2 - 5 \cdot x = 0$
   e) $3 \cdot x < 10 \cdot x^2$
   f) $x^2 < 7 \cdot x - 6$
   g) $12 - 8 \cdot y > y^2$
   h) $z^2 > 4 \cdot z + 5$

7. Gib die Lösungsmenge in der Grundmenge $\mathbb{N}$ an.
   a) $x^2 = 3 \cdot x - 2$
   b) $x^2 = 5 \cdot x - 6$
   c) $x^2 = 4 \cdot x - 3$
   d) $x^2 < 5 \cdot x$

TAB 8. Rechts siehst du, wie mithilfe eines Tabellenkalkulations-Programmes vorgegangen wurde, um die Lösungsmenge der Gleichung
$8 \cdot x^2 - 20 \cdot x = 30 \cdot x - 57$ zu bestimmen.
Eine Lösung kannst du schon ablesen. Du kannst auch vermuten, wo man nach einer weiteren Lösung suchen könnte. Bestimme auch diese Lösung mithilfe eines Tabellenkalkulations-Programmes genau.

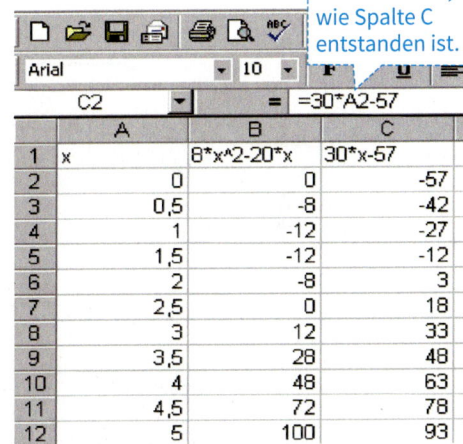
Hier siehst du, wie Spalte C entstanden ist.

TAB 9. Benutze ein Tabellenkalkulations-Programm, um die Lösungsmenge der Gleichung bzw. Ungleichung zu bestimmen.
   a) $4 \cdot x^2 - 9 \cdot x = 7 \cdot x - 7$
   b) $8 \cdot x^2 + 4 \cdot x = 15 + 18 \cdot x$
   c) $4 \cdot x^2 = 4 \cdot x - 15$
   d) $x^2 + 1 \leq 1 + 6 \cdot x$

Eine Menge kann auch nur ein Element enthalten.

10. Bei diesen Gleichungen musst du nicht lange probieren, um die Lösungsmenge zu bestimmen. Gib sie an.
    a) $x - 7 = 3$
    b) $x + 5 = -1$
    c) $x \cdot 3 = 6$
    d) $x : 4 = 1$
    e) $x \cdot x = 9$
    f) $4 : x = -2$
    g) $|x| = 6$
    h) $|x - 4| = 2$

11. Finde eine Gleichung, die die angegebene Zahl als Lösung hat.
    a) 8
    b) −5
    c) $\frac{5}{2}$
    d) $-\frac{3}{4}$
    e) 0
    f) 1,2

8.2 Lösen von Gleichungen durch Umformen

8.2.1 Lösen von Gleichungen des Typs a · x + b = c – Umformungsregeln

Einstieg

Durch Einsetzen einer Zahl in eine Gleichung kann man nur feststellen, ob diese Zahl zur Lösungsmenge gehört. Es ist häufig schwierig, eine solche Zahl zu finden. Außerdem weiß man dann nicht, ob man alle Zahlen der Lösungsmenge gefunden hat. Es ist daher unser Ziel, Verfahren kennen zu lernen, mit denen man die gesamte Lösungsmenge rechnerisch bestimmen kann.

Wenn ich vom Vierfachen meiner Zahl 5 subtrahiere, erhalte ich 17.

Versucht, durch Überlegen das Zahlenrätsel rechts zu lösen.

Einführung

Lösen einer Gleichung mit positiven Zahlen
Wenn man eine Zahl mit 3 multipliziert und dann 1 addiert, erhält man 7. Wie heißt die Zahl?

(1) **Aufstellen einer Gleichung für die gesuchte Zahl x**
Bezeichnen wir die gesuchte Zahl mit x, so lautet die Gleichung $3 \cdot x + 1 = 7$

(2) **Bestimmen der Lösungsmenge durch Umformen der Gleichung**
Das Bestimmen der Lösungsmenge verdeutlichen wir an einer Waage oder an der Zahlengeraden.

Wir denken uns drei gleich große unbekannte Gewichtsstücke links auf der Waage, außerdem noch links 1 und rechts 7 Einheitsgewichtsstücke. Die Waage ist dann im Gleichgewicht.

Die gesuchte Zahl x liegt irgendwo auf der Zahlengeraden. Wo, wissen wir zunächst nicht. Doch wissen wir, dass $3 \cdot x + 1 = 7$ ist. Wir bestimmen x durch Rückwärtsrechnen.

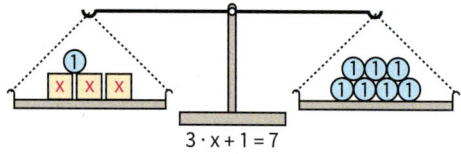
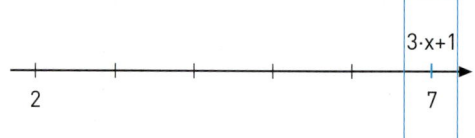

Auf beiden Waagschalen nehmen wir 1 weg. Die Waage bleibt im Gleichgewicht.

Dann muss aber $3x = 6$ sein (Rückwärtsrechnen auf beiden Seiten: Subtrahieren von 1).

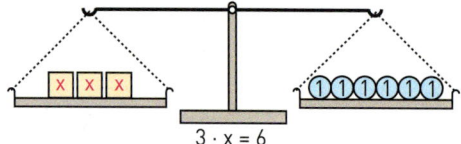
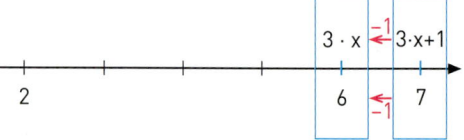

Auf beiden Waagschalen bilden wir den 3. Teil. Die Waage bleibt im Gleichgewicht.

Wenn aber das Dreifache von x gleich 6 ist, dann muss $x = 2$ sein (Rückwärtsrechnen auf beiden Seiten: Dividieren durch 3).

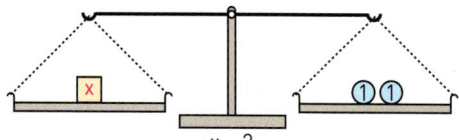
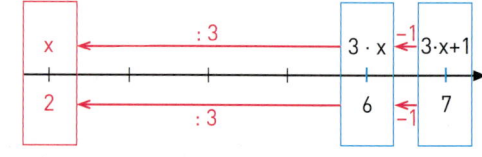

Ergebnis: Die gesuchte Zahl heißt 2. Aus den Überlegungen ist klar, dass es keine andere Lösung geben kann. Die Lösungsmenge der Gleichung ist daher L = {2}.

8.2 Lösen von Gleichungen durch Umformen

Aufgabe 1 — **Lösen einer Gleichung mit negativen Zahlen**
Multipliziert man eine Zahl mit 8 und subtrahiert 3, erhält man -7. Wie heißt die Zahl?

Lösung

(1) *Aufstellen der Gleichung für die gesuchte Zahl*
Bezeichnen wir die gesuchte Zahl mit x, so lautet die Gleichung: $8 \cdot x - 3 = -7$

(2) *Bestimmen der Lösungsmenge durch Umformen der Gleichung*
Da hier die negative Zahl -7 auftritt, kann das Modell der Waage nicht mehr verwendet werden, sondern nur das der Zahlengeraden.
Von der Zahl x wissen wir, dass $8 \cdot x - 3 = -7$ ist. Wir machen das Subtrahieren von 3 rückgängig durch Addieren. Dann muss $8 \cdot x = -4$ sein. Wenn aber das Achtfache von x gleich -4 ist, dann ist x gleich dem achten Teil von -4. Es gilt also: $x = -\frac{1}{2}$.

Ergebnis: Die gesuchte Zahl heißt $-\frac{1}{2}$. Das Vorgehen hat gezeigt, dass es keine andere Lösung geben kann. Die Lösungsmenge der Gleichung ist $L = \left\{-\frac{1}{2}\right\}$.

Information

(1) **Zueinander äquivalente Gleichungen – Umformungsregeln**
In der Einführung auf Seite 262 ergaben sich nacheinander die nebenstehenden Gleichungen.
Alle drei Gleichungen haben dieselbe Lösungsmenge, nämlich {2}.
Du kannst das durch Einsetzen kontrollieren.

(1) $3 \cdot x + 1 = 7$
(2) $3 \cdot x \quad\ = 6$
(3) $x \quad\quad\ = 2$

äquivalent (lat.)
gleichwertig

Als Grundmenge der Gleichungen wählen wir im Folgenden stets die Menge $\mathbb{Q}$ der rationalen Zahlen. Gleichungen mit gleicher Lösungsmenge heißen zueinander **äquivalent**.
Die Gleichungen (1), (2) und (3) sind also zueinander äquivalent.
Gleichung (2) entsteht aus Gleichung (1) durch Subtraktion von 1 auf beiden Seiten und umgekehrt Gleichung (1) aus Gleichung (2) durch Addition von 1 auf beiden Seiten.
Gleichung (3) entsteht aus Gleichung (2) durch Division mit 3 und umgekehrt Gleichung (2) aus Gleichung (3) durch Multiplikation mit 3 jeweils auf beiden Seiten der Gleichung.

Gleichungen heißen zueinander **äquivalent**, wenn sie dieselbe Lösungsmenge haben. Mithilfe der folgenden Regeln kann man aus einer Gleichung eine dazu äquivalente Gleichung erhalten.

Additions- und Subtraktionsregel
Addiert oder subtrahiert man auf beiden Seiten einer Gleichung dieselbe Zahl, so ändert sich die Lösungsmenge nicht.

$x - 9 = 26$
$x - 9 + 9 = 26 + 9$
$x = 35$

Multiplikations- und Divisionsregel
Multipliziert (dividiert) man beide Seiten einer Gleichung mit derselben Zahl (durch dieselbe Zahl) ungleich 0, so ändert sich die Lösungsmenge nicht.

$8 \cdot x = 24$
$8 \cdot x : 8 = 24 : 8$
$x = 3$

Gleichheitszeichen unter Gleichheitszeichen

(2) Strategie beim Lösen einer Gleichung durch Umformen – Schreibweise mit Befehlsstrich

Bei Gleichungen wie $x = 7$, $x = -\frac{1}{2}$, $z = 3{,}5$ kann man die Lösungsmenge sofort erkennen.

Das Ziel beim Lösen einer Gleichung ist also, durch Umformen zunächst die Variable auf einer Seite zu isolieren.

Im Beispiel rechts siehst du ein zielgerichtetes Vorgehen. Die vorgenommenen Umformungen der Gleichung wurden jeweils hinter einem senkrechten Strich *(„Befehlsstrich")* notiert. Die Zwischenschritte in der zweiten und vierten Gleichung im rechten Beispiel verdeutlichen, dass auf beiden Seiten der Gleichung dieselbe Operation vorgenommen wurde. Man darf diese Schritte auch weglassen.

$$4 \cdot x - 5 = -3 \quad |+5$$
$$4 \cdot x - 5 + 5 = -3 + 5$$
$$4 \cdot x = 2 \quad |:4$$
$$4 \cdot x : 4 = 2 : 4$$
$$x = \frac{1}{2}$$
$$\text{Lösungsmenge } L = \left\{\frac{1}{2}\right\}$$

Addiere 5 auf beiden Seiten der Gleichung.

Dividiere beide Seiten der Gleichung durch 4.

(3) Weglassen von Malpunkten

Zur Vereinfachung vereinbaren wir:

> Malpunkte dürfen weggelassen werden, wenn keine Missverständnisse möglich sind.
> Ferner ist $1 \cdot x = x$.
> *Beispiele:* $4a$ statt $4 \cdot a$; $\qquad$ $2(3 + y)$ statt $2 \cdot (3 + y)$;
> $\qquad$ aber: *nicht* 45 statt $4 \cdot 5$ $\qquad$ *nicht* $2\frac{1}{2}$ statt $2 \cdot \frac{1}{2}$

Weiterführende Aufgabe

Multiplikation beider Seiten einer Gleichung mit 0 ist nicht immer eine Äquivalenzumformung

2. Im Beispiel rechts sind beide Seiten der oberen Gleichung mit 0 multipliziert worden.
Warum sind die beiden Gleichungen nicht äquivalent?

$$\cdot 0 \begin{pmatrix} 2x = 6 \\ 0 \cdot 2x = 0 \end{pmatrix} \cdot 0$$

Information

(4) Durchführen einer Probe

Das Überprüfen, ob eine Zahl Lösung einer Gleichung ist, nennt man eine **Probe**. Dabei setzt man die Zahl in die Gleichung ein. Dann rechnet man die linke und die rechte Seite der Gleichung getrennt aus und entscheidet, ob eine wahre (w) oder falsche (f) Aussage vorliegt.

Probe, ob -3 eine Lösung der Gleichung ist:
$2 \cdot x - 4 = -2$ ist:
$2 \cdot (-3) - 4 \stackrel{?}{=} -2$
$-6 - 4 \stackrel{?}{=} -2$
$-10 = -2$ **f**
-3 ist **keine** Lösung.

Probe, ob 1 eine Lösung der Gleichung ist:
$2 \cdot x - 4 = -2$ ist:
$2 \cdot 1 - 4 \stackrel{?}{=} -2$
$2 - 4 \stackrel{?}{=} -2$
$-2 = -2$ **w**
1 ist **eine** Lösung.

Übungsaufgaben

3. Das Gewicht eines Ziegelsteines soll ermittelt werden. Die Waage rechts ist im Gleichgewicht.
Welche Veränderungen am Inhalt der beiden Waagschalen kannst du vornehmen, sodass die Waage stets im Gleichgewicht bleibt? Gehe schrittweise vor.
Notiere dein Vorgehen mithilfe von Gleichungen.

8.2 Lösen von Gleichungen durch Umformen

4. Veranschauliche an der Zahlengeraden oder Waage, wie man die Lösung der Gleichung findet. Begründe, für welche Gleichungen man die Waage zur Veranschaulichung nicht verwenden kann.

a) $4 \cdot x + 3 = 11$
b) $3 \cdot x + 6 = 7$
c) $2 \cdot x + 5 = -1$
d) $5 \cdot x - 2 = 3$
e) $2 \cdot x - 4 = -10$
f) $4 \cdot x + 7 = 7$
g) $3 \cdot x - 6 = 0$
h) $7 \cdot x + 7 = 0$

5. Fülle die Lücken im Heft aus.

a) $x + 12 = 38$; $x = \square$
b) $x + 11 = 3$; $x = \square$
c) $x - 3{,}6 = 0$; $x = \square$
d) $x \cdot 15 = 60$; $x = \square$
e) $1{,}2 \cdot x = -10{,}8$; $x = \square$
f) $x : 7 = 5$; $x = \square$
g) $-5 \cdot x = -20$; $x = \square$
h) $-x = 5$; $x = \square$

6. Welche Regel wird bei der Umformung angewandt? Ergänze im Heft.

a) $x - 18 = 12$
$x = 30$
b) $x + 10 = 7$
$x = -3$
c) $x : 8 = -4$
$x = -32$
d) $5 \cdot x = 45$
$x = 9$
e) $-x = 20$
$x = \square$
f) $-\frac{1}{2} \cdot x = -8$
$x = \square$
g) $x - 2{,}5 = -4$
$x = \square$
h) $-\frac{x}{5} = 5$
$x = \square$

7. Welche Malzeichen darfst du weglassen, ohne Fehler zu machen? Schreibe wie im Beispiel.

$5 \cdot x - 7 \cdot \frac{3}{4} = 5x - 7 \cdot \frac{3}{4}$

a) $3 \cdot a$
b) $4 \cdot 5 \cdot x$
c) $7 \cdot (a - 8 \cdot 6)$
d) $2 \cdot \frac{1}{2} + \frac{3 \cdot x}{2}$
e) $3 \cdot 5^2 - 1 \cdot x$
f) $(4 + x) \cdot (4 - x)$
g) $7 \cdot b \cdot 5$

8. Welche Fehler hat Malte gemacht? Veranschauliche deine Begründung auch an einer Waage. Korrigiere Maltes Rechnung im Heft.

$4x = 18$
$x = 14$

$3x + 6 = 21$
$x + 6 = 7$
$x = 1$

9. Schreibe ab und notiere die Umformungsschritte.

a) $4x + 9 = 21$
$4x = 12$
$x = 3$
b) $7x - 5 = -26$
$7x = -21$
$x = -3$
c) $-20x - 10 = 0$
$-20x = 10$
$x = -\frac{1}{2}$
d) $10x + 8 = 38$
$10x = 30$
$x = 3$

10. Welche der folgenden Gleichungen sind äquivalent zueinander? Findet sie heraus und begründet einander eure Meinung.

$3x = 7$ $3x + 2 = 9$ $3x + 7 = 12$ $6x + 4 = 18$
$3x + 2 = 7$ $3x + 2 = 5$ $6x = 14$

11. Gib zu der Gleichung eine äquivalente Gleichung an. Begründe.

a) $8x + 10 = 34$
b) $11y - 8 = 47$
c) $20x + 40 = 0$
d) $6z + 1 = -23$

$3z + 2 = -4 \mid -2$
$3z = -6 \mid :3$
$z = -2$
Prüfen, ob -2 eine Lösung ist:
$3 \cdot (-2) + 2 \stackrel{?}{=} -4$
$-4 = -4$ w
-2 ist eine Lösung

12. Bestimme die Lösungsmenge.

a) $8x + 10 = 34$
b) $3t + 4 = 25$
c) $5x - 12 = 8$
d) $2y + 5 = -5$
e) $-2x - 5 = -5$
f) $-7z + 15 = 50$

13. Löse das Zahlenrätsel mithilfe einer Gleichung.
  a) Addiert man 17 zum Fünffachen der Zahl, so erhält man 52.
  b) Addiert man das Dreifache der Zahl zu 37, so ergibt sich 19.

14. Maria und Anne lösen Gleichungen. Maria schlägt vor: „Lass uns bei jeder Aufgabe die Probe durchführen." Anne entgegnet: „Muss das denn wirklich sein?"

15. Vergleicht die Lösungswege.

Anna:
$17 - 3x = 8 \;|\, -8$
$9 - 3x = 0 \;|\, +3x$
$9 = 3x \;|\, :3$
$3 = x$

Achmed:
$17 - 3x = 8 \;|\, -17$
$-3x = -9 \;|\, :(-3)$
$x = 3$

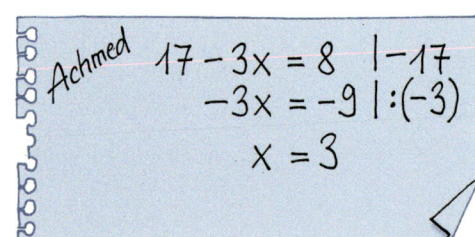

Subtrahieren bedeutet Addieren der Gegenzahl:
$45 - 7x = 45 + (-7)x$

16. Bestimme die Lösungsmenge. Führe auch die Probe durch.
a) $45 - 7x = -11$
b) $69 - 5x = 24$
c) $13x - 49 = -179$
d) $-9c - 1 = -10$
e) $0 = 4 - 8t$
f) $5x + 0{,}3 = 0{,}7$
g) $4x + 1{,}2 = 0{,}2$
h) $3{,}5 = 10x - 1{,}5$
i) $2x - 0{,}8 = 1{,}4$
j) $1{,}2 = -x - 4{,}8$
k) $-7 - 2x = -11$
l) $\frac{x}{5} = -2$

17. Erläutere die Lösungswege. Welcher Weg ist am günstigsten?

Sophie	Bastian	Fatima	David
$\frac{2}{3}x = \frac{4}{9} \;\big|\, :\frac{2}{3}$	$\frac{2}{3}x = \frac{4}{9} \;\big|\, \cdot 3$	$\frac{2}{3}x = \frac{4}{9} \;\big|\, :2$	$\frac{2}{3}x = \frac{4}{9} \;\big|\, \cdot \frac{3}{2}$
$x = \frac{4}{9} : \frac{2}{3}$	$2x = \frac{4}{3}$	$\frac{1}{3}x = \frac{2}{9}$	$x = \frac{4}{9} \cdot \frac{3}{2}$

$\frac{x}{2} = x : 2 = \frac{1}{2}x$

18. Bestimme die Lösungsmenge. Führe auch die Probe durch.
a) $x : 2 + 14 = 13$
b) $-x : 7 + 5 = 3$
c) $-3 = 4 - y : 3$
d) $8 - 5x = 13$
e) $\frac{x}{2} + 3 = 7$
f) $\frac{1}{6} - \frac{2}{3}x = -\frac{1}{2}$
g) $\frac{1}{2} - \frac{1}{3}x = \frac{2}{3}$
h) $-y + \frac{1}{2} = -\frac{2}{5}$
i) $-7 = -\frac{1}{2}x + 3$
j) $\frac{3}{8}x - \frac{3}{4} = -\frac{5}{8}$
k) $-\frac{1}{8} = \frac{3}{8}x - \frac{1}{4}$
l) $2\frac{1}{5} = \frac{3}{4}x - \frac{4}{5}$
m) $-\frac{2}{3}a + \frac{1}{2} = -\frac{1}{4}$
n) $0{,}8x + 2{,}4 = 4{,}8$
o) $y - \frac{1}{2} = -1\frac{1}{2}$
p) $\frac{2}{5} = \frac{1}{3} - \frac{2}{3}x$
q) $\frac{3}{4} = \frac{1}{2} + \frac{2}{3}x$
r) $1\frac{1}{2} = -\frac{1}{3}x + \frac{3}{4}$
s) $9 = \frac{b}{2} - 2$
t) $-c - 6{,}8 = -7{,}8$

19. a) Paul meint: „Die Subtraktionsregel zum Umformen ist völlig überflüssig." Beurteile.
  b) Ist auch die Multiplikationsregel überflüssig? Untersuche dazu, ob man jede Multiplikation durch eine Division ersetzen kann.

20. Denke dir ein Zahlenrätsel aus und stelle es deinem Partner. Dieser löst es. Danach stellt er dir ein Zahlenrätsel. Wiederholt das ganze noch einmal mit schwierigeren Gleichungen.

21. Stelle eine Gleichung mit der vorgegebenen Lösung auf und lasse sie von deinem Partner lösen. Tauscht die Rollen nach jeder Teilaufgabe.
  a) 5   b) 4   c) $\frac{1}{2}$ d) $\frac{3}{4}$ e) -1 f) 0

Zum Selbstlernen 8.2 Lösen von Gleichungen durch Umformen

8.2.2 Lösen einfacher Gleichungen des Typs $ax = bx + c$

Ziel

Bislang kannst du solche Gleichungen lösen, bei denen die Variable nur auf einer Seite vorkommt. Hier lernst du, wie man Gleichungen in einfachen Fällen lösen kann, bei denen die Variable auf beiden Seiten vorkommt.

Zum Erarbeiten

Stelle die Gleichung $5x = 3x + 6$ mithilfe einer Waage oder einer Zahlengeraden dar. Löse sie durch geeignete Umformungen.

→ *Darstellung an der Waage*
Auf der linken Waagschale liegen 5 Ziegelsteine, auf der rechten 3 Ziegelsteine und 6 Gewichtsstücke.
Die Waage bleibt im Gleichgewicht.

Darstellung an der Zahlengeraden
Die gesuchte Zahl x liegt irgendwo auf der Zahlengeraden.
Wir wissen noch nicht wo, sondern nur, dass $5x$ und $3x + 6$ an derselben Stelle der Zahlengeraden liegen.

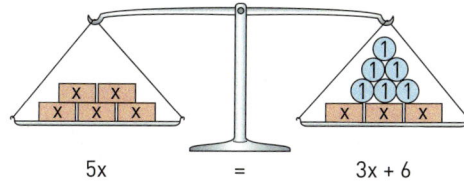

Nimm von beiden Schalen 3 Ziegelsteine weg. Es bleiben links 2 Ziegelsteine übrig, rechts 6 Gewichtsstücke.
Die Waage bleibt im Gleichgewicht.

Verringern wir aber diese unbekannte Stelle um $3x$, so erhalten wir, dass $2x$ an der Stelle 6 liegen muss.

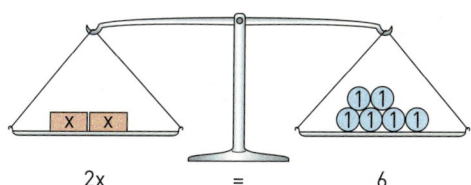
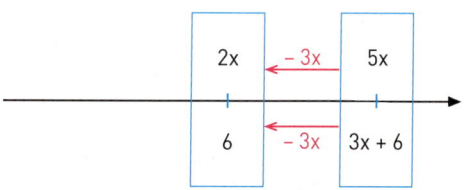

Nimm von beiden Schalen die Hälfte.
Die Waage bleibt im Gleichgewicht.

Jetzt muss nur noch auf beiden Seiten halbiert werden.

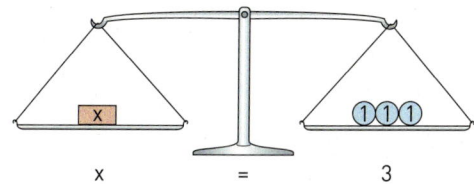
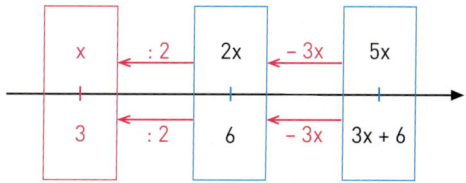

Man erkennt: Ein Ziegelstein ist so schwer wie 3 Gewichtsstücke.
Ergebnis: Die Gleichung $5x = 3x + 6$ hat die Lösung 3.

Man sieht: x liegt an der Stelle 3.

Information

Übersichtliches Notieren der Umformung
Wie bisher schreiben wir die Schritte mithilfe von Befehlsschritten auf:
Subtrahiere $3x$ auf beiden Seiten.
Dividiere durch 2 auf beiden Seiten.
Das Verfahren zeigt, dass wir damit auch alle Lösungen gefunden haben.
Weitere Lösungen kann es nicht geben.

$$5x = 3x + 6 \quad |-3x$$
$$2x = 6 \quad\quad\quad |:2$$
$$x = 3$$

Zum Üben

1. Bestimme jeweils das Gewicht einer Kugel.
   Notiere dein Vorgehen mithilfe von Gleichungen.

   a) 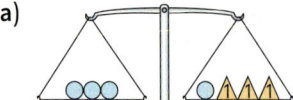   b)    c)

2. Bestimme die Lösungsmenge.
   a) $7x = 3x + 28$
   b) $7x + 6 = 10x$
   c) $16x = 4x + 72$
   d) $12x + 20 = 17x$
   e) $17x = 7x + 5$
   f) $42 + 22x = 28x$

3. Löse das Zahlenrätsel rechts mit einer Gleichung.

4. Bestimme die Lösungsmenge.
   Notiere die Art jeder Umformung.
   Führe auch die Probe durch.
   a) $8x = 40 + 3x$
   b) $11x = 48 - x$
   c) $15x - 21 = 12x$
   d) $9x = 24 + 11x$
   e) $7x - 41 = 8x$
   f) $-15x = 80 - 5x$
   g) $12x = 7x - 15$
   h) $-4x = 28 - 8x$
   i) $20x + 14 = 13x$
   j) $-5x + 0{,}05 = -x$
   k) $7x + 0{,}27 = 10x$
   l) $5a = 2a + \dfrac{6}{7}$

5. Vergleiche die Lösungswege.

   Antonio
   $2x = 5x - 12 \quad |-2x$
   $0 = 3x - 12 \quad |-(-12)$
   $12 = 3x \quad |:3$
   $4 = x$

   Elena
   $2x = 5x - 12 \quad |-2x$
   $0 = 3x - 12 \quad |+12$
   $12 = 3x \quad |\cdot \dfrac{1}{3}$
   $4 = x$

   Fabian
   $2x = 5x - 12 \quad |-5x$
   $-3x = -12 \quad |:(-3)$
   $x = 4$

6. Notiere zu der abgebildeten Waage eine Gleichung und löse diese mithilfe der Waage.

7. Bestimme die Lösungsmenge. Führe auch die Probe durch.
   a) $4x + 5 = 2x + 9$
   b) $5x - 3 = 3x + 5$
   c) $-6x + 2 = -4x + 1$
   d) $3x - 5 = 2x + 2$
   e) $9y + 20 = 5y + 12$
   f) $101 + 3x = 1 - 17x$
   g) $3d + 47 = 11 - d$
   h) $-r - 20 = -5r - 72$
   i) $22x - 61 = 12x - 61$
   j) $-3x - 12 = -x - 6$

   $3x + 2 = 5x + 6 \quad |-2$
   $3x = 5x + 4 \quad |-5x$
   $-2x = 4 \quad |:(-2)$
   $x = -2$
   Probe:
   $3 \cdot (-2) + 2 \stackrel{?}{=} 5 \cdot (-2) + 6$
   $-6 + 2 \stackrel{?}{=} -10 + 6$
   $-4 = -4 \quad \text{w}$
   $L = \{-2\}$

8.2.3 Lösen von Gleichungen mit Zusammenfassen von Vielfachen einer Variablen

Einstieg

Beim Lösen einer Gleichung mit der Variablen auf beiden Seiten, wie z.B. $7x = 2x + 3$, subtrahierst du Vielfache der Variablen auf beiden Seiten, hier $2x$. Du erhältst die Gleichung $5x = 3$. Dabei hast du im Kopf $7x - 2x$ zu $5x$ vereinfacht.
Sophie hat einige solcher Vereinfachungen notiert. Kontrolliere diese.

$$3x + 5x = 8x \qquad 7x + x = 8x \qquad 6x - x = 6 \qquad 5x - 4x = x$$

Aufgabe 1

Zusammenfassen von Vielfachen einer Variablen
1. Beim Lösen der Gleichung $7x = 4x + 12$ haben wir auf beiden Seiten $4x$ subtrahiert und auf der linken Seite dann $7x - 4x = 3x$ gerechnet. Dies ist eine Anwendung des Distributivgesetzes: $7 \cdot x - 4 \cdot x = (7 - 4) \cdot x = 3 \cdot x$
   Vereinfache ebenso.
   a) $18x - 8x$ b) $19a + 12a + 2$ c) $4x - 10x$ d) $7c + 5 + 3c$

Lösung

a) $18x - 8x = (18 - 8)x = 10x$

b) $19a + 12a + 2 = (19 + 12)a + 2 = 31a + 2$

c) $4x - 10x = (4 - 10)x = -6x$

d) $7c + 5 + 3c = 7c + 3c + 5 = (7 + 3)c + 5 = 10c + 5$
   ↑ Kommutativgesetz

Information

(1) Regel über das Zusammenfassen von Vielfachen einer Variablen
Beim Lösen von Gleichungen, bei denen die Variable mehrfach vorkommt, hast du in mehreren Fällen die Variable schon addiert und subtrahiert.

Addieren und Subtrahieren von Vielfachen einer Variablen
Man addiert (subtrahiert) Vielfache einer Variablen, indem man die Zahlfaktoren addiert (subtrahiert).

(1) $7x + 5x$ (2) $5x - 5x$ (3) $8z - z$ (4) $-3a - 2a$
$= 12x$ $= 0x = 0$ $= 7z$ (Zahlfaktor 1 denken) $= -5a$

---

(2) Vertauschen von Additions- und Subtraktionsschritten
Vom Rechnen mit rationalen Zahlen weißt du, dass man aufeinanderfolgende Additions- und Subtraktionsschritte beliebig vertauschen darf. Dies gilt somit auch dann, wenn Vielfache einer Variablen addiert und subtrahiert werden:
Beispiel:
$12x - 7 - 8x + 3 = 12x - 8x - 7 + 3$
$ = 4x - 4$

$-5 + 3 - 2 + 4$
$= 3 - 5 + 4 - 2$
$= 3 + 4 - 5 - 2$

Aufgabe 2 — Lösen von Gleichungen, in denen die Variable mehrfach vorkommt
Löse die Gleichung $7x + 4 - 11x = 2x - 8$. Mache die Probe.

Lösung

Günstig ist es, wenn wir erst die linke Seite der Gleichung durch Zusammenfassen der Vielfachen der Variablen von x vereinfachen.

$$7x + 4 - 11x = 2x - 8$$
$$-4x + 4 = 2x - 8 \quad | -2x$$
$$-6x + 4 = -8 \quad | -4$$
$$-6x = -12 \quad | :(-6)$$
$$x = 2$$
$$L = \{2\}$$

Probe:
$$7 \cdot 2 + 4 - 11 \cdot 2 \stackrel{?}{=} 2 \cdot 2 - 8$$
$$14 + 4 - 22 \stackrel{?}{=} 4 - 8$$
$$18 - 22 \stackrel{?}{=} -4$$
$$-4 = -4 \quad \text{wahr}$$

Information

Strategie beim Bestimmen der Lösungsmenge einer Gleichung

Zum Lösen einer Gleichung geht man in folgenden Schritten vor:
(1) *Zusammenfassen* sowohl der Vielfachen der Variablen, als auch der Zahlen auf beiden Seiten der Gleichung
(2) *Sortieren* der Summanden: mit Variable auf eine Seite, ohne Variable auf die andere Seite der Gleichung (Anwenden der Additions- und Subtraktionsregel für Gleichungen)
(3) *Isolieren* der Variablen durch Division durch deren Vorfaktor (Anwenden der Multiplikations- und Divisionsregel für Gleichungen)

Beispiel: (Zusammenfassen von Vielfachen der Variable)

$$9 + 6x + 3 - 4x = 5x - 4 - x$$
$$12 + 2x = 4x - 4 \quad | -4x$$
$$12 - 2x = -4 \quad | -12$$
$$-2x = -16 \quad | :(-2)$$
$$x = 8$$

Lösungsmenge $L = \{8\}$

Übungsaufgaben

3. Vereinfache.

a) $4x + 2x$
   $7y + 1y$
   $9x - 5x$
   $14y - 14y$

b) $1{,}2r - 1{,}4r$
   $-3{,}45x + 2{,}13x$
   $5x + 3x + 4x$
   $8a + 6a - 14a$

c) $12r - 3r - 8r$
   $17s + 5s - 29s$
   $z - 1z - 10z$
   $2{,}2a - 3{,}1a + 0{,}2a$

d) $-0{,}44x + 1x - 3{,}03x$
   $2{,}5u - 4{,}3u + 1{,}5u$
   $\frac{3}{4}r - \frac{1}{8}r - \frac{1}{2}r$
   $\frac{3}{4}x - x + \frac{1}{3}x$

4. Zerlege auf drei verschiedene Weisen in eine Summe aus zwei Summanden.

a) $16x$ b) $9h$ c) $24b$ d) $20z$

5. Hier werden Vielfache der Variable zusammengefasst. Kontrolliere.

Anna	Ben	Christina	Dominik
$7x - 7 = x$	$5x - x = 4x$	$x + 2x = 3x$	$x - x = 0$

6. Fasse zusammen.

a) $7x - 3 + 2x + 5$
b) $8x + 4 - x - 3$
c) $-5 - 2x + x - 7$
d) $12x + 5x + 9 + 11x$
e) $9x - 4 + 3x - 2 + 7x$
f) $x + 1 - 2x + 3 - x$
g) $-2x + 3 - 3x + 4x - 5$
h) $-x - 7 - 2x - 9 + 3$
i) $u - 2u + 3 + u - 3$

8.2 Lösen von Gleichungen durch Umformen

7. Ergänze die Aufgaben auf der Tafel rechts passend im Heft.

   a) $3x + 7x + \square = 12x$
   b) $-4a - 3a + \square = a$
   c) $4y - 9y + \square = -3y$

8. Stelle deinem Nachbarn zehn verschiedene Aufgaben zum Zusammenfassen der Vielfachen der Variable. Kontrolliert euch gegenseitig. Welche Fehler wurden gemacht und wie kann man diese vermeiden?

9. Bestimme die Lösungsmenge.
   a) $6x + 1 - 2x = 2x + 17$
   b) $15x + 4 = 6x - 86 - x$
   c) $-5x + 3 - 3x = -4x - 33$
   d) $9x + 33 - 4x = 9x - 7$
   e) $5 = 7x + 26 + 2x - 12x$
   f) $8x + 2 - 5x = 12 - 3x + 14$
   g) $4x + 9 - 2x = 30 - 20x - 10$
   h) $24a + 26 - 15a = 12 - 9a + 8$
   i) $1 + 2t - 2 - t - 3 + 3t = 0$
   j) $4 - 4u - 9 = u - 17 - 74$
   k) $50y - 4 - 80y = 12 + 10y - 1$
   l) $11b - 4 - 13b = 7 + 4b - 17$
   m) $-19r + 14 + 7r + 3 - 17 = 0$
   n) $17 + 311b - 17 + 8b = 299b + 12 + 12b$

10. Rechts siehst du Marias Weg zum Lösen einer Gleichung. Welchen Ratschlag würdest du ihr geben?

    $7x - 3 - 5x - 2 = 4x - 2 - 3x \quad |+3$
    $7x - 5x - 2 = 4x - 2 - 3x + 3 \quad |+2$
    $7x - 5x = 4x - 2 - 3x + 3 + 2 \quad |-4x$
    $7x - 5x - 4x = -2 - 3x + 3 + 2 \quad |+3x$
    $7x - 5x - 4x + 3x = -2 + 3 + 2$
    $x = 3$

11. Bestimme die Lösungsmenge.
    a) $\frac{5}{4} + 17x = \frac{3}{4} + 18x - 0{,}5$
    b) $x - 2{,}5x + 6 + 1{,}8x = 1{,}8x - 2{,}5x + 6{,}5$
    c) $\frac{1}{2}x + 5 = \frac{1}{6}x + 6$
    d) $\frac{1}{3}a + 2 = \frac{1}{6}a + 3$

12. Kontrolliere Mehmeds Hausaufgaben. Berichtige die falschen Rechnungen.

    $3x + 2x + x = 7x + 14$
    $3x + 2 = 7x + 14 \quad |-7x$
    $4x + 2 = 14 \quad |-2$
    $4x = 12 \quad |:3$
    $x = 3$

    $4 - 2x = 8 + x \quad |-x$
    $4 - 2x = 8 \quad |-4$
    $2x = 4 \quad |:2$
    $x = 2$

13. Löse das Zahlenrätsel mithilfe einer Gleichung.
    a) Wenn man 11 zu einer Zahl addiert, erhält man das Dreifache der gesuchten Zahl.
    b) Wenn man von 25 eine Zahl subtrahiert, erhält man das Vierfache der gesuchten Zahl.
    c) Verringert man das Siebenfache einer Zahl um 12, so erhält man dasselbe, wie wenn man das Doppelte der gesuchten Zahl um 8 vergrößert.

14. Denkt euch ähnliche Zahlenrätsel aus und stellt sie eurem Nachbarn.

15. Gib zu der Gleichung ein Zahlenrätsel an. Bestimme dann die gesuchte Zahl.
    a) $4x + 5 = 19 + 2x$
    b) $\frac{x}{2} - 3 = 7$
    c) $50 - 2r = 17 + r$
    d) $5t + 7 = 6t - 2$

16. a) Kontrolliere Marias Behauptung.

b) Erfinde drei verschiedene Zahlenrätsel für die Zahl 2 [13; −4; $\frac{1}{4}$; −$\frac{1}{2}$].

17. Das Vervollständigen der folgenden Additionsmauern ist nicht ganz so einfach, da sich die Lücken an ungünstigen Stellen befinden. Überlege dir ein günstiges Verfahren, um sie auszufüllen und ergänze dann die fehlenden Zahlen im Heft.

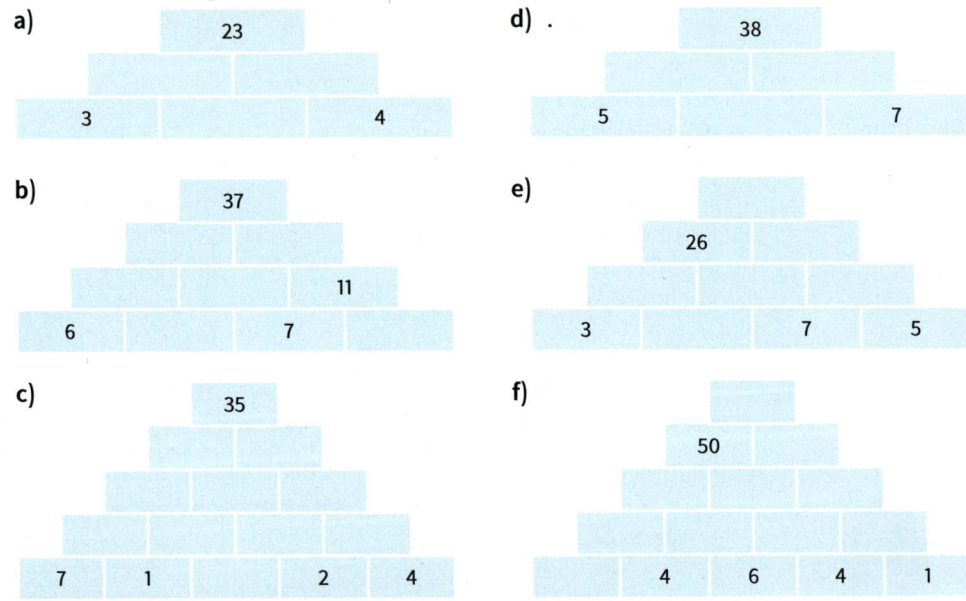

 18. Konstruiere vier verschiedene Zahlenmauern, die dein Partner ergänzen soll. Die Zahlenmauern sollen auch Variablen enthalten. Sucht anschließend gemeinsam eine Zahlenmauer aus, die an eurer Pinnwand ausgehängt werden soll. Achtet auf Vielfältigkeit.

Das kann ich noch!

A) Es sollen Dreiecke mit den angegebenen Stücken konstruiert werden.
Fertige zunächst nur eine Planskizze an. Entscheide damit, ob es ein solches Dreieck gibt und ein Kongruenzsatz garantiert, dass alle solchen Dreiecke kongruent zueinander sind. Du kannst anschließend zur Kontrolle das Dreieck zeichnen.

1) $a = 5\,cm$; $b = 7\,cm$; $\gamma = 56°$
2) $a = 3\,cm$; $b = 10\,cm$; $c = 4\,cm$
3) $\gamma = 45°$; $\alpha = 67°$; $b = 9\,cm$
4) $a = 9\,cm$; $b = 4\,cm$; $c = 6\,cm$
5) $a = 7\,cm$; $b = 3\,cm$; $\alpha = 30°$
6) $\alpha = 123°$, $\beta = 59$; $c = 3,4\,cm$
7) $a = 5\,cm$; $\beta = 46°$, $\gamma = 112°$
8) $b = 5\,cm$, $a = 7\,cm$; $\beta = 32°$

8.3 Sonderfälle bei der Lösungsmenge

Einstieg Anna und Lukas verblüffen ihre Freunde gerne. Kannst du ihre Zahlenrätsel lösen?

Ich denke mir eine Zahl. Zu ihrem Doppelten addiere ich 7, subtrahiere ihr Dreifaches und noch 8. Das Ergebnis ist dasselbe, wie wenn ich von 4 die Zahl subtrahiere und anschließend noch 5 subtrahiere. Welche Zahl habe ich mir gedacht?

Ich denke mir eine Zahl. Zu ihrem Doppelten addiere ich 6, addiere noch ihr Dreifaches und subtrahiere 2. Das Ergebnis ist dasselbe, wie wenn ich zu 9 das Fünffache der Zahl addiere und anschließend noch 3 subtrahiere. Welche Zahl habe ich mir gedacht?

Einführung

Leere Menge und Grundmenge als Lösungsmenge

Bisher trat beim rechnerischen Lösen der Gleichungen als Lösung genau eine Zahl auf. Das muss nicht immer so sein.

Wir betrachten dazu die folgenden Beispiele und bestimmen die Lösungsmenge.

a) $7x + 5x + 2 = 2x + 2 + 10x$
$\quad 12x + 2 = 12x + 2 \qquad |-12x$
$\quad \quad \quad 2 = 2$

b) $2x + 9x + 2 = 8x + 4 + 3x$
$\quad 11x + 2 = 11x + 4 \qquad |-11x$
$\quad \quad \quad 2 = 4$

Die letzte Gleichung ist eine wahre Aussage. Bei *jeder* beliebigen Einsetzung für die Variable in die erste Gleichung gelangt man zu ihr.

Also erhält man bei *jeder* Einsetzung eine wahre Aussage.

Du erkennst aber auch schon an der vorletzten Gleichung: *Jede* rationale Zahl ist Lösung der Gleichung. Setzt man z. B. 5 ein, so erhält man die wahre Aussage:
$12 \cdot 5 + 2 = 12 \cdot 5 + 2$

Die Lösungsmenge enthält also alle rationalen Zahlen:
$L = \mathbb{Q}$

Die letzte Gleichung ist eine falsche Aussage. Bei *jeder* beliebigen Einsetzung für die Variable in die erste Gleichung gelangt man zu ihr.

Also erhält man bei *keiner* Einsetzung eine wahre Aussage.

Du erkennst aber auch schon an der vorletzten Gleichung: *Keine* rationale Zahl ist Lösung der Gleichung. Setzt man z. B. 7 ein, so erhält man die falsche Aussage:
$11 \cdot 7 + 2 = 11 \cdot 7 + 4$

Die Lösungsmenge enthält also keine einzige Zahl, sie ist die *leere Menge*:
$L = \{\ \}$

Information

Die Lösungsmenge einer Gleichung muss nicht stets eine Zahl enthalten.

> Die Lösungsmenge einer Gleichung kann auch gleich der Grundmenge $\mathbb{Q}$ oder gleich der leeren Menge $\{\ \}$ sein.

Weiterführende Aufgabe

Multiplikation bzw. Division mit Variablen ist nicht unbedingt eine Äquivalenzumformung

1. a) Welcher Lösungsweg ist fehlerhaft? Was folgt daraus für die Division durch x auf beiden Seiten einer Gleichung?
   b) Vergleiche die Lösungsmenge der Gleichungen. Prüfe, ob die angegebene Zahl Lösung beider Gleichungen ist.

1. Weg:	2. Weg:
$7x = 5x \quad \vert -5x$	$7x = 5x \quad \vert :x$
$2x = 0 \quad \vert :2$	$7 = 5$
$x = 0$	
Lösungsmenge: $\{0\}$	Lösungsmenge: $\{\ \}$

   Ist die Multiplikation mit x bzw. mit $(x-3)$ auf beiden Seiten einer Gleichung eine Äquivalenzumformung?

   (1) $\quad 2x + 5 = 1 - 2x \qquad \vert \cdot x$
   $\quad\quad (2x+5) \cdot x = (1-2x) \cdot x$
   Führe die Probe mit der Zahl 0 durch.

   (2) $\quad 4x + 3 = 3x + 4 \qquad \vert \cdot (x-3)$
   $\quad\quad (4x+3) \cdot (x-3) = (3x+4) \cdot (x-3)$
   Führe die Probe mit der Zahl 3 durch.

> Die Multiplikation (Division) beider Seiten einer Gleichung mit einem Faktor (durch einen Divisor), der eine Variable enthält, ist nicht unbedingt eine zulässige Anwendung der Multiplikations- und Divisionsregel, weil der Faktor (der Divisor) gleich 0 werden kann.

Übungsaufgaben

2. Bestimme die Lösungsmenge. Höre mit der Rechnung möglichst früh auf.
   a) $2x - 7 = 2x - 7$
   b) $8x - 5 = 8x + 5$
   c) $11u + 18 - 9u = 2u + 19$
   d) $2 - 4x + 29 = 7 - 4x + 29$
   e) $14x + 6 + 6x = 23x - 3x + 6$
   f) $3x - 14 + 5x = 11 + 8x - 25$
   g) $3x + 7 + 9x = 10 - 12x - 3$
   h) $3x - 7 + 9x = 10 + 12x + 3$
   i) $3z + 7 + 9z = 10 + 12z - 3$

3. Kontrolliere, ob die Gleichungen korrekt gelöst wurden.

   Tom
   $5x + 1 + 2x = 3x + 1$
   $7x + 1 = 3x + 1$
   $7x = 3x$
   $L = \{\ \}$

   Hannah
   $-2x + 7 - 3x = 3 + 5x + 4$
   $7 - 5x = 7 + 5x$
   $L = \{\ \}$

   Valentin
   $3 - 4x + 2 = x - 5x$
   $1 - 4x = -4x$
   $L = \{\ \}$

4. Nenne deinem Partner eine Gleichung und lasse sie durch ihn so verändern, dass die Gleichung keine Lösung, unendlich viele Lösungen oder genau eine Lösung hat. Danach nennt dieser dir eine Gleichung und macht eine Vorgabe zur Veränderung. Tauscht noch zweimal die Rollen.

5. Bestimme die Lösungsmenge.
   a) $6x + 12 = 30 - 3x$
   b) $18x - 7 = 29x - 7$
   c) $x + 9 - 3x = 2 - 2x$
   d) $1 - 4x = 4x - 1$
   e) $5 - z + 2 = 7 - z$
   f) $7x + 0{,}2 - x - 4{,}8 + 3x - 1{,}5 + 5x = 0{,}1$
   g) $11y - 7{,}9 + 25y + 19{,}6 - 47y + 6{,}6 = 1 - 11y$
   h) $0{,}3x + 1 - 1{,}4x + 7 + 1{,}2x - 8 + 3{,}8x = 0{,}7x$
   i) $8{,}8a + 3{,}4 - 11{,}6a - 12{,}7a - 9{,}2 + 6{,}1a + 4{,}8 - 0{,}6a = 0$
   j) $\dfrac{x}{2} + \dfrac{1}{3} - \dfrac{x}{4} - \dfrac{3}{5} + \dfrac{x}{3} + \dfrac{1}{2} - \dfrac{x}{10} - \dfrac{7}{30} = 0$

Im Blickpunkt

Lösen von Gleichungen mit einem Computer-Algebra-System (CAS)

Algebra
Vom arabischen „al'gabr": Einrenkung gebrochener Teile

Du weißt, dass man Rechnungen mit Zahlen bequem mit einem Taschenrechner durchführen kann. Auch das Rechnen mit Gleichungen kann man von Computern oder etwas größeren Taschenrechnern erledigen lassen. Programme, die dies können, nennt man Computer-Algebra-Systeme.

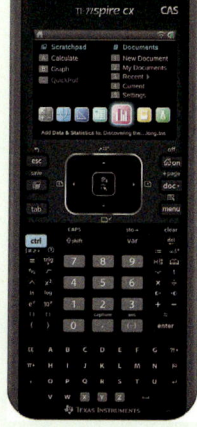

1. Ein Computer-Algebra-System kann Gleichungen so umformen, wie du es von Hand durchführst. Dazu gibt man die Gleichung in Klammern ein und dahinter die Umformung, die du sonst hinter dem Befehlsstrich notierst.
    a) Kontrolliere das rechts abgebildete Beispiel von Hand.
       Probiere anschließend, wie du bei deinem CAS vorgehen musst.
       Untersuche dabei auch, ob du Malpunkte weglassen darfst.
    b) Das Computer-Algebra-System führt konsequent genau die angegebene Umformung mit der Gleichung durch. Dies lässt sich gut zum Suchen von Fehlern verwenden.
       Kontrolliere die folgenden Umformungen, indem du die Gleichungen und die Umformungsschritte von einem CAS durchführen lässt.

$$2x+4=6 \quad |-2$$
$$x+4=4$$

$$8-6x=20 \quad |-8$$
$$6x=12$$

$$4-3x=12-x \quad |-x$$
$$4-4x=12$$

$$6x+12=3x \quad |:3$$
$$2x+12=x$$

2. Computer-Algebra-Systeme können Gleichungen auch vollautomatisch lösen. Dazu verwendet man den Befehl LÖSE (englisch: solve), bei dem die Gleichung und die Variable, nach der aufgelöst werden soll, eingegeben werden müssen.
    a) Im Beispiel rechts wurden einige Gleichungen von einem CAS gelöst.
       Probiere, wie du bei deinem CAS vorgehen musst.
       Kontrolliere die Lösungen auch von Hand.
    b) Gib selbst einige Gleichungen in dein CAS ein und lasse sie lösen.

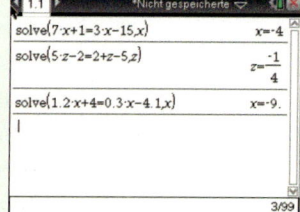

3. a) Auch die Sonderfälle bei der Lösungsmenge kann ein Computer-Algebra-System verarbeiten.
      Betrachte den Bildschirm rechts.
      Überlege, was die Antwort des CAS bedeutet.
   b) Beschreibe auch, wie ein Computer-Algebra-System mit Gleichungen mit mehr als einer Lösung verfährt.

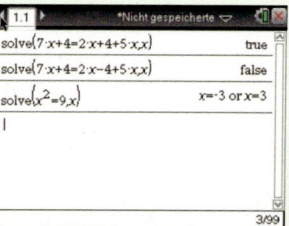

8.4 Modellieren – Anwenden von Gleichungen

Einstieg

Aus einer 1,00 m langen und 2 cm breiten Holzleiste soll ein Bilderrahmen gebaut werden, bei dem die längere Seite 1,5-mal so lang ist wie die kürzere.
Es gibt verschiedene Baumöglichkeiten. Entscheidet euch für eine und bestimmt die Maße dieses Bilderrahmens.
Vergleicht euer Ergebnis mit dem eurer Mitschülerinnen und Mitschüler.

Einführung

Lösen eines Sachproblems mit einer Gleichung
Bei einer Jugendfreizeit soll ein Spielfeld mit Trassierband abgesteckt werden. Leider ist die Spielanleitung unvollständig. Wir können die Spielfeldgröße aber aus dem zur Verfügung stehenden Trassierband berechnen.

(1) **Vereinfachtes Beschreiben der Situation**
- Das Spielfeld besteht aus zwei quadratischen Hälften.
- Das Trassierband wird vollständig verwendet.
- Das Trassierband wird so straff gespannt, dass es nicht durchhängt.
- Für das Umwickeln der sechs Pfosten werden 3 m Trassierband benötigt.

Wir fertigen eine Skizze an und bezeichnen die Länge der Quadratseite mit x; dabei arbeiten wir der Einfachheit halber nur mit den Maßzahlen.

Feuerball

Material:
100 m Trassierband zum Markieren des Feldes
6 kurze Pfosten
2 Softbälle

(2) **Aufstellen einer Gleichung**
Die Gesamtlänge des Trassierbandes muss für die Längen der einzelnen Strecken und das Umwickeln der Pfosten reichen. Daraus ergibt sich folgende Gleichung:
$2 \cdot 2x + 3 \cdot x + 3 = 100$

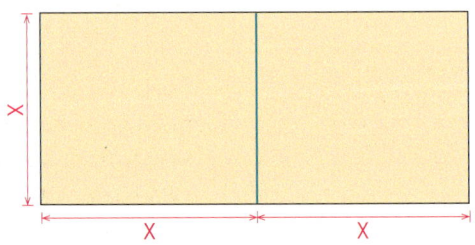

(3) **Bestimmen der Lösungsmenge der Gleichung**
$2 \cdot 2x + 3 \cdot x + 3 = 100$
$\quad\quad\quad 4x + 3x + 3 = 100$
$\quad\quad\quad\quad\quad 7x + 3 = 100 \quad |-3$
$\quad\quad\quad\quad\quad\quad\quad 7x = 97 \quad |:7$
$\quad\quad\quad\quad\quad\quad\quad\; x = \frac{97}{7} = 13\frac{6}{7}$

(4) Probe am Sachverhalt
Wir führen die Probe nicht durch Einsetzen in die Gleichung durch, da schon beim Aufstellen der Gleichung ein Fehler passiert sein könnte. Daher führen wir die Probe am gegebenen Sachverhalt durch:
Zum Eingrenzen des Spielfeldes wird 7-mal die Länge einer Quadratseite von $13\frac{6}{7}$ m benötigt sowie 3 m zum Umwickeln der Pfosten, also insgesamt $7 \cdot 13\frac{6}{7}$ m + 3 m = 97 m + 3 m = 100 m. Das entspricht genau der Länge des zur Verfügung stehenden Trassierbandes.

(5) Ergebnis
Eine Seitenlänge von $13\frac{6}{7}$ m = 13,857… m lässt sich nicht genau abmessen. Berücksichtigen wir auch noch, dass mehr Trassierband benötigt wird, da es sicher etwas durchhängt, runden wir das Ergebnis ab:
Das Spielfeld wird so eingegrenzt, dass es aus zwei Quadraten der Seitenlänge 13,80 m besteht.

(6) Kritischer Rückblick
Dieses Ergebnis hängt von den von uns vorgenommenen Vereinfachungen ab. Hätten wir angenommen, dass zum Umwickeln der Pfosten mehr Band benötigt würde, so ergäbe sich eine kürzere Seitenlänge für das Spielfeld.

Weiterführende Aufgabe

Beachten einer einschränkenden Bedingung
1. Nico möchte ein neues Aquarium einrichten und überlegt:
„Der Fischbestand sollte sich aus einem Fünftel Neonfische, zwei Drittel Zebrabarben und auch noch einem Antennenwels zusammensetzen."
Wie viele Fische würde er für dieses Aquarium benötigen?

Information

(1) Einschränkende Bedingung für den gesuchten Wert
Bei jeder Textaufgabe muss überlegt werden, ob zusätzlich zur Gleichung, die man aufgestellt hat, noch eine einschränkende Bedingung für die gesuchte Größe hinzukommt.
Ist x die Maßzahl einer Größe, so lautet sie x > 0, weil eine Größe nur positiv sein kann.
Ist in der Aufgabe nach einer Anzahl x gefragt, so lautet die einschränkende Bedingung $x \in \mathbb{N}$.
Nicht immer muss es zu einer Textaufgabe eine einschränkende Bedingung geben.

(2) Modellieren einer Sachsituation – Textaufgaben

Strategie (griech.) genau geplantes Vorgehen

> **Strategie beim Lösen einer Sachsituation mithilfe einer Gleichung**
> (1) Beschreibe den Sachverhalt zunächst vereinfacht. Fertige dazu auch eine Skizze, ein Diagramm oder eine Tabelle an, in die du die gegebenen Größen einträgst.
> Vereinbare eine Variable (z. B. x oder y oder s oder …) für eine gesuchte Größe und ergänze damit die Skizze bzw. Diagramm bzw. Tabelle.
> (2) Stelle eine Gleichung auf und bestimme ihre Lösungsmenge.
> (3) Kontrolliere, ob es noch eine einschränkende Bedingung für die Variable gibt. Suche dann die Lösungen heraus, die diese Bedingung erfüllen.
> (4) Führe eine Probe an der Sachsituation bzw. dem Aufgabentext durch.
> (5) Runde sinnvoll und formuliere einen Antwortsatz.

Übungsaufgaben

2. Für ein besonderes Ballspiel soll ein Spielfeld abgegrenzt werden, bei dem jeder der beiden Mannschaften als Fläche ein gleichschenkliges Dreieck zur Verfügung steht, dessen Schenkel doppelt so lang sind wie die Basis. Zur Abgrenzung stehen 75 m Schnur und 4 Pfosten zur Verfügung. Welche Abmessungen kann das Spielfeld haben?

3. Aus einem 150 cm langen Plastikrohr soll das Kantenmodell eines Körpers erstellt werden.
   a) Es soll ein Quader hergestellt werden. Die mittlere Kante soll doppelt so lang wie die kürzere Kante und halb so lang wie die längste Kante sein.
   b) Überlege dir alternative Modellannahmen und die für den Bau des Kantenmodells erforderlichen Angaben.

4. Ein Vater und sein Sohn sind zusammen 40 Jahre alt. Der Vater ist 26 Jahre älter als der Sohn. Wie alt ist der Sohn, wie alt ist der Vater?

5. Wie alt sind Peter, Paul und Mary?

6. Ein Designer entwirft Topfuntersetzer, die aus Edelstahlstangen hergestellt werden sollen. Wie groß werden diese, wenn jeder aus einer 1,50 m langen Stange hergestellt werden soll?

7. Gib zu den folgenden Gleichungen eine Rechengeschichte an.
   a) $x + (x + 30) = 400$
   b) $20 - 0{,}5x = 0$
   c) $x + 2x + (x - 3) = 30$

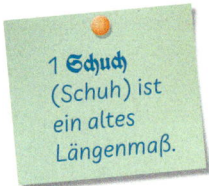

1 Schuch (Schuh) ist ein altes Längenmaß.

8. Im bekannten Bamberger Rechenbüchlein (1483) findet man:

   Es ist ein Thurn gepawelt nach solche Sitten on des thurn ist $\frac{1}{4}$ im ertrich und $\frac{1}{5}$ im Wasser und 100 schuch im Luft. Nu fragt man wyvil schuch sein in wasser des thurn und wyvil schuch sein im ertrich und wyvil schuch sein an dem ganzen thurn.

8.5 Lösen von Ungleichungen

Einstieg

a) Notiert eine Ungleichung. Löst sie; ihr könnt sie euch auch an einer Waage vorstellen.
b) Für welche Zahlen gilt $-2 \cdot x > -4$?

Leermasse
Masse des Fahrzeuges mit einem zu 90% gefüllten Tank und einem 75 kg schweren Fahrer.

> Die Masse der fünf Motoren und die Leermasse von 1195 kg müssen weniger als die höchstzulässige Gesamtmasse von 1530 kg ergeben.
>
> Wie viel darf ein Motor wiegen?

Aufgabe 1

Umformungsregeln für Ungleichungen

> Wenn ich eine Zahl x mit 2 multipliziere und dann 3 addiere, erhalte ich eine Zahl, die kleiner als 11 ist.

Jonas stellt gerne Zahlenrätsel.

a) Welche Zahlen erfüllen diese Bedingung? Notiere dazu eine Ungleichung für x. Bestimme deren Lösungsmenge und veranschauliche dein Vorgehen an der Zahlengeraden.

b) In Teilaufgabe a) hast du die von den Gleichungen bekannten Umformungsregeln für Ungleichungen angewendet.
Zeige aber anhand der Ungleichungen $-2 \cdot x < 6$ und $x < -3$:
Die Multiplikations- und Divisionsregel gilt bei Ungleichungen nicht für die Multiplikation mit einer *negativen* Zahl (bzw. für die Division durch eine *negative* Zahl).
Wie muss die Regel dann abgeändert werden?

Lösung

a) Die Ungleichung lautet: $2 \cdot x + 3 < 11$
Zum Lösen der Ungleichung kann man verschieden vorgehen:

Überlegung zum Lösen der Ungleichung	*Umformen der Ungleichung*	*Veranschaulichung an der Zahlengeraden:*
Das Ergebnis von $2 \cdot x + 3$ ist kleiner als 11.	$2 \cdot x + 3 < 11 \quad \vert -3$	
Das Zweifache von x ist kleiner als 8.	$2 \cdot x < 8 \quad \vert :2$	
x ist kleiner als 4.	$x < 4$	

Die Lösungsmenge der Ungleichung besteht aus allen Zahlen, die kleiner als 4 sind.
Die Zahl 4 selbst gehört nicht zur Lösungsmenge. Dies zeigt eine Probe; sie führt auf die falsche Aussage $36 < 36$.

b) Dividiert man beide Seiten der Ungleichung −2 · x < 6 durch −2, so erhält man die Ungleichung x < −3. Diese beiden Ungleichungen sind aber nicht äquivalent zueinander, wie die Probe mit der Zahl 1 zeigt:

Probe, ob 1 Lösung der Ungleichung
−2 · x < 6 ist.
−2 · 1 $\overset{?}{<}$ 6
−2 < 6 wahr

Probe, ob 1 Lösung der Ungleichung x < −3 ist.
1 $\overset{?}{<}$ −3 falsch

Die Multiplikations- und Divisionsregel gilt daher nicht für *negative* Zahlen.
Offensichtlich muss man bei der Multiplikation mit einer negativen Zahl zusätzlich das Zeichen umdrehen, da hierbei eine Spiegelung am Ursprung erfolgt (Bild rechts).
Aus < wird > und aus > wird <.

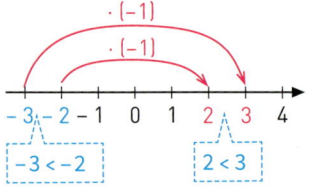

Information

(1) Beschreibende Form zur Vorgabe einer Menge
Die Ungleichung 2x + 3 < 11 hat so viele Lösungen, dass man ihre Lösungsmenge nicht mehr in aufzählender Form angeben kann. Statt *Menge aller rationalen Zahlen, die kleiner als 4 sind*, schreiben wir daher kurz: {x ∈ ℚ | x < 4}
(gelesen: *Menge aller x aus ℚ, für die gilt: x kleiner als 4*).
Diese **beschreibende Form** verwenden wir, um die Lösungsmenge, z. B. für die obige Ungleichung L = {x ∈ ℚ | x < 4} anzugeben.

Darstellung auf der Zahlengeraden

4 gehört nicht zur Menge.

(2) Umformungsregeln für Ungleichungen
Ähnlich wie bei Gleichungen gelten Umformungsregeln für Ungleichungen.

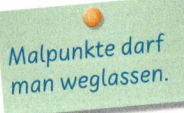

Malpunkte darf man weglassen.

Additions- und Subtraktionsregel
Addiert oder subtrahiert man auf beiden Seiten einer Ungleichung dieselbe Zahl, so ändert sich die Lösungsmenge nicht. Die Ungleichungen sind äquivalent zueinander.

$$-4 \curvearrowright +4 \curvearrowleft \quad \begin{array}{c} x - 4 < 17 \\ x - 4 + 4 < 17 + 4 \\ x < 21 \end{array} \quad \curvearrowleft +4 \curvearrowright -4$$

Multiplikations- und Divisionsregel
a) Multipliziert (dividiert) man beide Seiten einer Ungleichung mit derselben *positiven* Zahl (durch dieselbe *positive* Zahl), so ändert sich die Lösungsmenge nicht. Die Ungleichungen sind äquivalent zueinander.

$$\cdot 3 \curvearrowright :3 \curvearrowleft \quad \begin{array}{c} 3x > 47 \\ 3x : 3 > 47 : 3 \\ 1 \cdot x > \frac{47}{3} \\ x > \frac{47}{3} \end{array} \quad \curvearrowleft :3 \curvearrowright \cdot 3$$

b) Multipliziert (dividiert) man beide Seiten einer Ungleichung mit derselben *negativen* (durch dieselbe *negative)* Zahl, so muss man das Zeichen < bzw. > umdrehen.

$$\cdot (-4) \curvearrowright :(-4) \curvearrowleft \quad \begin{array}{c} -4x < 20 \\ -4x : (-4) > 20 : (-4) \\ x > -5 \end{array} \quad \curvearrowleft :(-4) \curvearrowright \cdot (-4)$$

(3) Strategie beim Bestimmen der Lösungsmenge einer Ungleichung

Wie bei Gleichungen bestimmt man die Lösungsmenge einer Ungleichung, indem man die Variable auf einer Seite isoliert. Dazu verwendet man Termumformungen und Umformungsregeln für Ungleichungen.

Steht die Variable isoliert auf einer Seite, so kann man die Lösungsmenge unmittelbar ablesen.

$$\begin{aligned} x + 3 + 3x &> 7 - 2x + 8 \\ 4x + 3 &> 15 - 2x \quad |+2x \\ 6x + 3 &> 15 \quad |-3 \\ 6x &> 12 \quad |:6 \\ x &> 2 \end{aligned}$$
$L = \{x \in \mathbb{Q} \mid x > 2\}$

(4) Ungleichungen mit dem Zeichen ≤ bzw. ≥

$a \leq b$ bedeutet $a < b$ oder $a = b$;
$a \geq b$ bedeutet $a > b$ oder $a = b$.

Ungleichungen mit dem Zeichen ≤ (bzw. ≥) sind also Kombinationen von Ungleichungen mit dem Zeichen < (bzw. >) und von Gleichungen. Daher gelten dieselben Umformungsregeln wie für Ungleichungen mit dem Zeichen < (bzw. >).

Beispiel: Zu bestimmen ist die Lösungsmenge von $3x + 7 \leq 22$.

$$\begin{aligned} 3x + 7 &\leq 22 \quad |-7 \\ 3x &\leq 15 \quad |:3 \\ x &\leq 5 \end{aligned}$$
$L = \{x \in \mathbb{Q} \mid x \leq 5\}$

Darstellung der Lösungsmenge auf der Zahlengeraden.

Auch die 5 gehört hier zur Lösungsmenge.

Bei einer Ungleichung kann man die Probe nur für einzelne Beispiele durchführen.

Probe für die Zahl 2:
$3 \cdot 2 + 7 \stackrel{?}{\leq} 22$
$6 + 7 \stackrel{?}{\leq} 22$
$13 \leq 22$ wahr

Probe für die Zahl 5:
$3 \cdot 5 + 7 \stackrel{?}{\leq} 22$
$15 + 7 \stackrel{?}{\leq} 22$
$22 \leq 22$ wahr

Probe für die Zahl 6:
$3 \cdot 6 + 7 \stackrel{?}{\leq} 22$
$18 + 7 \stackrel{?}{\leq} 22$
$25 \leq 22$ falsch

Wegen $13 < 22$ gilt erst recht $13 \leq 22$. Also gehört 2 zur Lösungsmenge.

Wegen $22 = 22$ gilt erst recht $22 \leq 22$. Also gehört 5 zur Lösungsmenge.

Wegen $25 > 22$ gilt *nicht* $25 \leq 22$. Also gehört 6 nicht zur Lösungsmenge.

Weiterführende Aufgabe

Sonderfälle für die Lösungsmenge bei Ungleichungen

2. Bestimme die Lösungsmenge:
   a) $5 + 3x < x + 8 + 2x$
   b) $5 - x < 2x + 1 - 3x$

Übungsaufgaben

3. Lies die Mengenangabe. Markiere die Menge auf der Zahlengeraden.
   a) $\{x \in \mathbb{Q} \mid x < -1\}$ b) $\{x \in \mathbb{Q} \mid x < 3{,}5\}$ c) $\{x \in \mathbb{Q} \mid x > -2\}$ d) $\{x \in \mathbb{Q} \mid x > 1{,}5\}$

4. Welche Menge wird veranschaulicht? Notiere sie in der beschreibenden Form.

   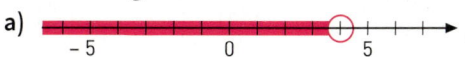

5. Bestimme die Lösungsmenge. Notiere auch jede Art der Umformung.
   a) $2x + 8 < 18$
   b) $6r - 9 > -3$
   c) $13x - 7 < 84$
   d) $16x - 1{,}7 > 4{,}7$
   e) $2{,}3 + 1{,}4x < 9{,}3$
   f) $\frac{1}{8}x - 0{,}2 > -7{,}45$
   g) $0 < \frac{2}{5} + \frac{1}{3}x + 0{,}6$
   h) $1 > \frac{3}{4}x + \frac{3}{4} - x$

6. a) Drei Schüler sind unterschiedlich vorgegangen, um die Lösungsmenge der Ungleichung
41 – 3x < 35 zu bestimmen. Erkläre und vergleiche ihre Wege.

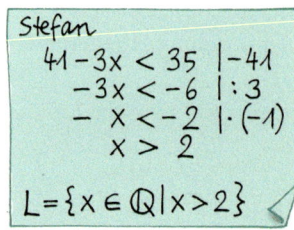
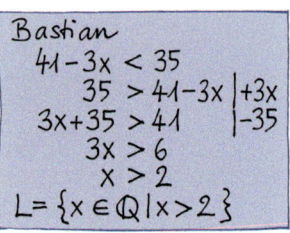

Stefan
41 – 3x < 35 | –41
   –3x < –6 | :3
    –x < –2 | ·(–1)
     x > 2
L = {x ∈ ℚ | x > 2}

Laura
41 – 3x < 35 | +3x
      41 < 35 + 3x | –35
       6 < 3x | :3
       2 < x
L = {x ∈ ℚ | x > 2}

Bastian
41 – 3x < 35
      35 > 41 – 3x | +3x
   3x + 35 > 41 | –35
       3x > 6
        x > 2
L = {x ∈ ℚ | x > 2}

b) Bestimme die Lösungsmenge von   (1) 18 – 8x < –6;   (2) –24 – 7x > 11.

7. Bestimme die Lösungsmenge.
   a) –5x + 3 > –17
   b) 2x – 8x < –42
   c) 9x + 4x > 5x – 1
   d) 0,6 – 3x < 3x – 2,4
   e) –0,2x – 8 < 1
   f) $-\frac{5}{9}x - 1 > -\frac{2}{3}$
   g) $-7x - 13x < -\frac{1}{5}$
   h) $0,6 - 8x > 11x - \frac{3}{5}$

8. Welche Zahlen kommen infrage? Löse mithilfe einer Ungleichung.
   a) Wenn man zu 12 eine der Zahlen addiert, erhält man weniger als 3.
   b) Wenn man eine der Zahlen durch 3 dividiert, erhält man weniger als –10.
   c) Subtrahiert man vom Dreifachen einer der Zahlen 18, erhält man eine negative Zahl.

9. Der Umfang eines Rechtecks ist größer als 20 cm. Die längere Seite ist um 2 cm länger als die kürzere Seite. Was kannst du über die Länge der kürzeren Seite aussagen?

10. Notiere Ungleichungen, deren Lösungsmenge dargestellt wird.

    a)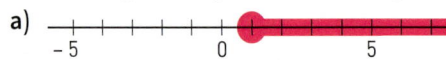
    b)

11. Veranschauliche die Menge auf der Zahlengeraden.
    a) {x ∈ ℚ | x ≤ –1}
    b) {x ∈ ℚ | x ≥ –1}
    c) {x ∈ ℚ | x ≤ 2,5}
    d) $\{x \in \mathbb{Q} \mid x \geq -3\frac{1}{5}\}$

12. Löse die Ungleichung.
    a) 2x + 8 ≤ 18
    b) 3a – 4 ≥ 17
    c) 4a – 3,9 ≥ –8,7
    d) $\frac{1}{2}z + 8 \leq 10$
    e) $-\frac{1}{2}x + 3 \leq 5$
    f) $-2 - \frac{1}{3}y \leq 0$
    g) $\frac{8}{3} - \frac{7}{3}z \leq 5$
    h) $-\frac{1}{8} - \frac{1}{8}u \geq \frac{1}{8}$

13. Welche der Ungleichungen hat die leere Menge bzw. die Menge ℚ als Lösungsmenge?
    (1) x < x + 1   (2) x > x   (3) 2x ≥ x   (4) 29x – 3 < 29x + 3   (5) $\frac{3}{4}x + 1 > 0,75x$

14. Bestimme die Lösungsmenge beider Ungleichungen. Was fällt dir auf?
    a) (1) x + 9 – 4x ≤ 9 – 3x
       (2) x + 9 – 4x > 9 – 3x
    b) (1) 5x + 1,1 – 2x ≥ 0,2 + 3x + 0,9
       (2) 5x + 1,1 – 2x < 0,2 + 3x + 0,9
    c) (1) $3x + \frac{2}{3} - 2x < x + \frac{8}{3}$
       (2) $3x + \frac{2}{3} - 2x \geq x + \frac{8}{3}$

15. Bestimme die Lösungsmenge. Rechne nur so weit, bis du diese erkennst.
    a) 23x + 5 < 17x + 6x + 2
    b) 38x + 5 – 7x < 49x + 16 – 18x
    c) 7x + 5 – 19x < 24x + 12 – 36x
    d) 8x + 9 – 14x ≥ 4 – 6x + 5
    e) 0,4x + 3,8 – 2,9x ≤ 5,1 – 2,5x + 1,3
    f) 7,1x + 4,3 – 0,5x > 5,6 + 6,6x – 1,3

8.6 Aufgaben zur Vertiefung

1. In einer Sammlung Epigramme wird überliefert, dass die nebenstehende Grabinschrift dem Mathematiker Diophant gewidmet gewesen sein soll.

   Diophant
   griechischer Mathematiker der 2. Hälfte des 3. Jahrhunderts n. Chr. Er behandelte erstmals algebraische Probleme ohne geometrische Einkleidung.

   > DIESES GRABMAL BEDECKT DIOPHANTOS, EIN WUNDER ZU SCHAUEN:
   > DURCH ARITHMETISCHE KUNST LEHRT SEIN ALTER DER STEIN.
   > KNABE ZU SEIN, GEWÄHRTE EIN SECHSTEL SEINES LEBENS DER GOTT IHM;
   > NACH EINEM ZWÖLFTEL SODANN LIESS ER IHM SPRIESSEN DEN BART,
   > LIESS IHM NACH WEITEREM SIEBTEL DIE FACKEL DER HOCHZEIT ENTZÜNDEN.
   > NACH FÜNF JAHREN DARAUF SCHENKTE ER IHM EINEN SOHN.
   > ACH, DER GELIEBTE, UNGLÜCKLICHE SOHN! ALS ER HALB DAS ALTER
   > DES VATERS HATT ERREICHT, WARD ER, VOM FROSTE ENTRAFFT, VERBRANNT.
   > NOCH VIER JAHRE DEN SCHMERZ DURCH KUNDE DER ZAHLEN BESCHWICHTEND,
   > LANGTE AM ZIEL DES SEINS ENDLICH ER SELBER AUCH AN.

2. a) Betrachte die Folge von Figuren und beschreibe, wie eine Figur aus der vorherigen entsteht.

   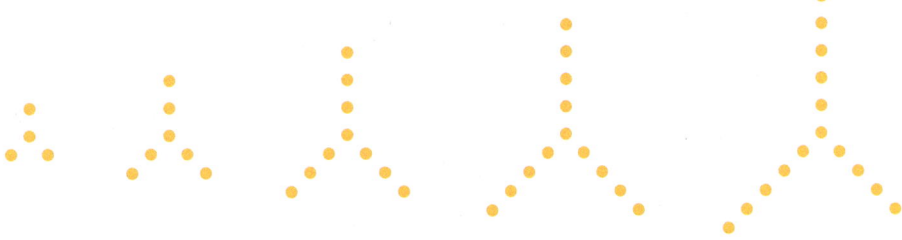

   b) Erstelle eine Formel für die Anzahl der Punkte in der n-ten Figur der Reihe.
   c) Aus wie vielen Punkten besteht die hundertste Figur?
   d) Berechne, welche Figur aus 1234 Punkten besteht.

3. Rechts siehst du eine Übersicht der Taxigebühren in verschiedenen hessischen Städten. Beantworte die folgenden Fragen durch Lösen einer Ungleichung

   a) Wie weit kommt man für 10 € [15 €, 20 €] höchstens mit einem Taxi in Darmstadt?
   b) Wie weit kommt man für 20 € in Frankfurt um 10:30 Uhr bzw. um 22:15 Uhr?
   c) Stelle deinem Partner eine ähnliche Aufgabe und lasse sie lösen.

Stadt	Grundpreis in €	km – Preis tags in €	km – Preis Nacht/So in €
Darmstadt	2,10	1,80	
Frankfurt	6–22 Uhr: 2,75 22–6 Uhr: 3,75	≤ 10 km 1,65 > 10 km 1,38	≤ 10 km 1,75 > 10 km 1,53
Kassel	1,50	≤ 1 km 3,20 ≤ 16 km 1,50 > 16 km 1,70	
Offenbach	6–22 Uhr: 2,00 22–6 Uhr: 2,50	≤ 10 km 1,60 > 10 km 1,38	≤ 10 km 1,70 > 10 km 1,53
Wiesbaden	6–22 Uhr: 2,20 22–6 Uhr: 2,70	≤ 2 km 2,20 > 2 km 1,40	

Das Wichtigste auf einen Blick

Lösungsmenge einer Gleichung (Ungleichung)

Eine Zahl heißt *Lösung* einer Gleichung (Ungleichung), wenn beim Einsetzen der Zahl eine wahre Aussage entsteht.
Alle Lösungen einer Gleichung/Ungleichung ergeben die *Lösungsmenge L*.
Hat eine Gleichung (Ungleichung) keine Lösung, so ist die *Lösungsmenge leer*. Man schreibt L={ }.
Wird eine Gleichung (Ungleichung) von *jeder Zahl* der Grundmenge $\mathbb{Q}$ erfüllt, ist die Lösungsmenge L = $\mathbb{Q}$.

Beispiel:

$2x = 8$ hat die Lösungsmenge L = {4}.

$x = x + 2$ hat die Lösungsmenge L = { }.

$2x = x + x$ hat die Lösungsmenge L = $\mathbb{Q}$.

Probe

Ob eine Zahl Lösung einer Gleichung ist, überprüft man mit der *Probe*. Dazu wird die Zahl in die Ausgangsgleichung eingesetzt und festgestellt, ob eine wahre Aussage entsteht.

Beispiel:
Ist 4 die Lösung von $2 \cdot x + 6 = 14$?
Probe: $2 \cdot 4 + 6 = 14$
$\qquad\qquad 14 = 14 \quad$ wahr

Äquivalente Gleichungen und Umformungen

Gleichungen heißen *äquivalent* zueinander, wenn sie dieselbe Lösungsmenge besitzen.
Die Lösungsmenge ändert sich nicht, wenn man
- auf beiden Seiten der Gleichung dieselbe Zahl addiert oder subtrahiert
- auf beiden Seiten der Gleichung mit derselben Zahl (ungleich 0) multipliziert oder dividiert

Beispiel:
$2x + 6 = 14 \quad |-6$
$\quad\;\; 2x = 8 \quad\;\; |:2$
$\quad\;\;\;\; x = 4$
L = {4}

Malpunkte

Malpunkte dürfen fortgelassen werden, wenn keine Missverständnisse möglich sind. Es gilt: $1 \cdot x = x$.

Beispiel:
$0{,}5 \cdot (4 - 1 \cdot x) = 0{,}5(4 - x)$

Zusammenfassen

Vielfache einer Variablen addiert (subtrahiert) man, indem man die Zahlfaktoren addiert (subtrahiert).

Beispiel:
$3x + 5x = 8x \qquad -7x - x = -8x$

Strategie zum Lösen einer Gleichung

Strategie zum Lösen einer Gleichung:
(1) Fasse gleichartige Glieder auf beiden Seiten der Gleichung zusammen.
(2) Sortiere die Summanden: mit Variable auf eine Seite, ohne Variable auf die andere Seite.
(3) Isoliere die Variable durch Division durch den Vorfaktor.

Beispiel:
$5 + 3x - 17 = 6x - 6 - x$
$\quad\;\; 3x - 12 = 5x - 6 \quad |-5x$
$\;\; -2x - 12 = -6 \qquad |+12$
$\quad\;\; -2x = 6 \qquad\quad |:(-2)$
$\qquad\;\; x = -3$

Modellieren einer Sachsituation

Strategie zum Lösen einer Sachsituation:
(1) Veranschauliche den Sachverhalt z. B. durch eine Skizze. Vereinbare eine Variable für eine gesuchte Größe.
(2) Stelle eine Gleichung auf und löse diese.
(3) Kontrolliere, ob es einschränkende Bedingungen gibt.
(4) Führe eine Probe an der Sachsituation durch.
(5) Runde sinnvoll und finde einen Antwortsatz.

Beispiel:
Tabea ist doppelt so alt wie Benny, zusammen sind sie 27 Jahre alt.
x: Alter von Benny (in Jahren)
$2x + x = 27$
$\quad\;\; 3x = 27 \qquad |:3$
$\quad\;\;\;\; x = 9$
Benny ist 9 Jahre, Tabea 18 Jahre alt.

Lösen von Ungleichungen

Ungleichungen können wie Gleichungen gelöst werden. Beachte: *Multipliziert (dividiert)* man beide Seiten einer Ungleichung mit derselben *negativen* Zahl (durch dieselbe *negative*) Zahl, so muss man das *Zeichen < bzw. > umdrehen*.

Beispiel:
$-2x + 3 < 11 \quad |-3$
$-2x < 8 \quad |:(-2)$
$x > -4$

Bist du fit?

1. Bestimme die Lösungsmenge der Gleichung durch systematisches Probieren.
   a) $x^2 + x = 12$
   b) $3x - 10 = -x^2$

2. Vereinfache.
   a) $7x + 3x$
   b) $5x - x$
   c) $z + 3z - 2$
   d) $4z - 5 - z + 3 - 3z + z$

3. Bestimme die Lösungsmenge der Gleichung.
   Führe auch eine Probe durch, wenn möglich.
   a) $21x - 6x = 75$
   b) $14y = 8y - 30$
   c) $4x = -28 + 8x$
   d) $6z + 1 - 2z = 2z + 17$
   e) $1,6x + 0,4 - x = 5,2 - 0,6x$
   f) $12a - 7 - 3a = 3 + 4a - 10$
   g) $14 - 7x + 3 - 2x = 5x + 17 - 14x$
   h) $3x + 9 - 1x = 1x + 25$

4. Löse das Zahlenrätsel.
   a) Wenn man vom Zwanzigfachen einer Zahl die Zahl 68 subtrahiert, erhält man 172.
   b) Wenn ich die Zahl verdreifache und dann 8 addiere, erhalte ich dasselbe, wie wenn ich zum Doppelten 5 addiere.

5. In einem Dreieck soll die kleinste Seite 2 cm kürzer sein als die mittlere und diese wiederum 2 cm kürzer als die längste Seite.
   Der Umfang des Dreiecks soll 36 cm überschreiten.
   Was kannst du über die Längen der einzelnen Seiten des Dreiecks aussagen?

6. Der Mönch Alkuin (735 bis 804), Berater Karls des Großen, stellte diese Aufgabe:
   Ein Wanderer trifft mit Schülern zusammen und fragt sie:
   Wie viele seid ihr in der Schule?
   Da antwortet einer von ihnen: Nimm unsere Zahl doppelt, multipliziere sie mit 3 und dividiere (das Produkt) durch 4. Rechnest du mich noch dazu, dann sind es im ganzen 100.

7. Löse die Ungleichung.
   a) $2x + 3 < 19$
   b) $-3x + 5 > 20$
   c) $5x + 4 \leq 4x + 3$
   d) $-2x + 6 \geq 4x - 12$

8. Herr Masch hat drei Geldbeträge angelegt: 5 000 €; 7 000 € und 20 000 €.
   Insgesamt erhält er im ersten Jahr 1 167,50 € Zinsen. Für den höchsten Anlagebetrag erhält er 607,50 € mehr Zinsen als für den mittleren, für den niedrigsten Anlagebetrag erhält er 17,50 € weniger Zinsen als für den mittleren.
   Berechne die Zinssätze.

Lösungen zu Bist du fit?

Seite 44

1. a) (1) Die Zuordnung ist antiproportional, denn zur dreifachen, fünffachen, sechsfachen Länge gehört der 3. Teil, der 5. Teil, der 6. Teil der Breite.
   (2) Die Zuordnung ist proportional, denn zur doppelten, fünffachen, zehnfachen Menge gehört der doppelte, fünffache, zehnfache Preis.
   (3) Die Zuordnung ist nicht proportional, denn zum Beispiel gehört zur dreifachen Entfernung (6 km = 3 · 2 km) nicht der dreifache Preis.
   (4) Die Zuordnung ist nicht antiproportional, denn der Vorrat reicht für eine Person bei den ersten drei Werten 1344 Tage, beim letzten Wert aber 1428 Tage.
   (5) Die Zuordnung ist proportional, denn zu allen Werten gehört der Proportionalitätsfaktor $3{,}80 \, \frac{€}{kg}$.
   (6) Die Zuordnung ist nicht antiproportional, denn die gesamten Kosten (Gesamtgröße) betragen beim 1. und 4. Wert 1320 €, beim 2. Wert 1250,20 € und beim 3. Wert 1336,10 €.

   b) Graph zu (1):

   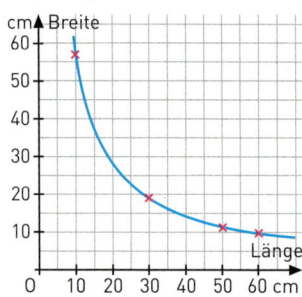

   Graph zu (2): Halbgerade von O (0 | 0) aus durch P (10 | 19,90).

   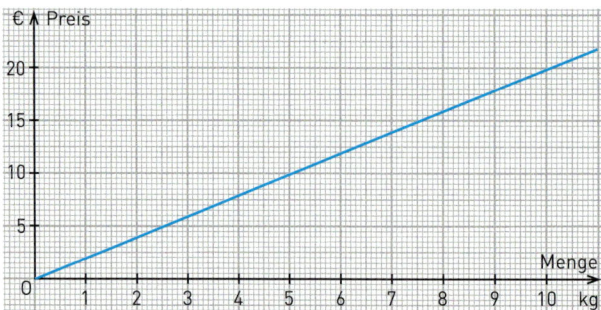

   Graph zu (3): Halbgerade von P (0 | 2) durch Q (14 | 13,20).

   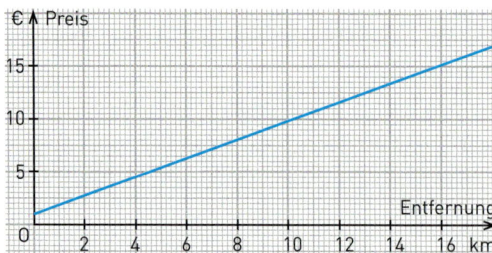

2. Proportionale Zuordnung; 4 kg

3. Antiproportionale Zuordnung; $7\frac{1}{5}$ h = 7 h 12 min

4. Proportionale Zuordnung; 1250 ml

5. Antiproportionale Zuordnung; 175 Tage

6. Proportionale Zuordnung; ungefähr 70 g Paprika

Lösungen zu Bist du fit?

Seite 44

7. In dem Reisepreis ist einmalig der Hin- und Rückflug (einschließlich An- und Abreise Flughafen – Hotel) sowie die Unterbringung und Verpflegung pro Tag enthalten. Man kann also davon ausgehen, dass die Differenz der Preise zwischen den Angeboten die Unterbringung und Verpflegung für die weiteren 7 Tage beinhaltet, das sind 161 € für 7 Tage, also 23 € pro Tag. Flug usw. kosten dann einmalig 213 €.
   a) 213 € + 21 · 23 € = 696 € Herr Lang muss mit 696 € rechnen.
   b) 213 € + 10 · 23 € = 443 € Frau Kurz muss mit 443 € rechnen.
   c) Die Zuordnung ist nicht proportional, denn für eine 14-tägige Reise zahlt man nicht doppelt so viel wie für eine 7-tägige Reise.

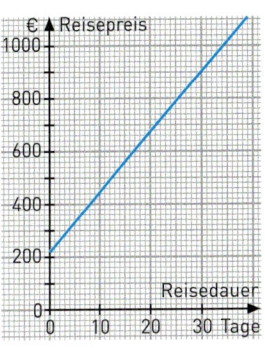

Seite 66

1. $\frac{148 + 26}{148} \approx 1{,}19$ oder $\frac{28}{148} \approx 0{,}19$
   Die Wohnfläche wurde um etwa 19 % vergrößert.

2. x · 0,95 = 169,10 €; x = 178 €; 178 € – 169,10 € = 8,90 €
   Sie hat 8,90 € gespart.

3. Preis nach der Erhöhung: 259 € · 1,20 = 310,80 €
   Preis nach der Senkung: 310,80 € · 0,80 = 248,64 €
   Da sich die Erhöhung/Senkung des Preises auf verschieden großer Grundwerte bezieht, ist die Aussage falsch.

4. 7 350 € · 1,035 = 7 607,25 €. Sie hat am Jahresende dann 7 607,25 € auf ihrem Konto.

5. x · 0,055 = 104,50 €; x = 1 900 €
   Sie hat 1 900 € gewonnen.

6. 5 600 € · 0,075 = 420 € Zinsen für ein Jahr; 420 € · $\frac{7}{12}$ = 245 € Zinsen für 7 Monate;
   5 600 € + 245 € = 5 845 € muss er zurückzahlen.

Seite 98

1. a) α = β = 180° – 145° = 35°; α + β = 70°   b) α = 180° – 134° = 46°; β = 134°; α + β = 180°

2. a) 88°   b) 73°   c) 23°; 157°; 157°   d) 60°; 110°

3. a) α = 30°   b) α = 115°   c) α = 55°

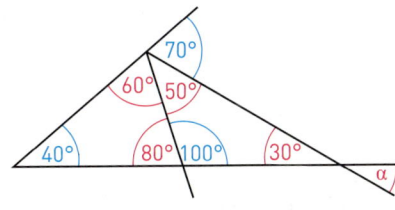 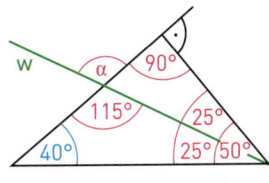 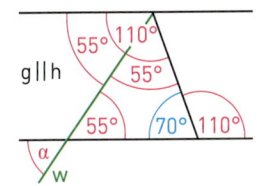

4. a)   b) α = 70°
            γ = 40°

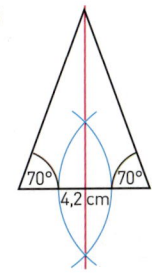

Seite 98

5. Beide Neigungswinkel sind zusammen 60° groß. Der Winkel an der Spitze ist höchstens 180° – 60° = 120° groß.

6. Der dritte Winkel ist auch 45° groß. Das Dreieck ist also gleichschenklig.

7. (1) Wahr; jedes Quadrat hat sogar 2 Paare zueinander paralleler Seiten.
(2) Wahr; alle Rauten sind Trapeze.
(3) Wahr; alle Quadrate sind Rauten.
(4) Falsch; es gibt Rauten, die keine rechten Winkel besitzen.
(5) Wahr; alle Quadrate sind Trapeze.
(6) Falsch; z.B. in gleichschenkligen Trapezen sind die Schenkel (gegenüberliegende Seiten) nicht parallel zueinander.
(7) Wahr; alle Quadrate sind Rechtecke.
(8) Wahr; alle Quadrate sind Drachenvierecke.

Seite 150

1. a) $-3,5 = -3\frac{1}{2}$; $-3,4$; $-\frac{1}{9}$; $-0,1$; 0; $\frac{13}{5}$; $2,8$

b) $|-3,5| = 3,5$; $|+2,8| = 2,8$; $|-0,1| = 0,1$; $\left|-3\frac{1}{2}\right| = 3\frac{1}{2}$; $\left|\frac{13}{5}\right| = \left|\frac{13}{5}\right|$; $\left|-\frac{1}{9}\right| = \frac{1}{9}$; $|0| = 0$; $|-3,4| = 3,4$;
0; $0,1$; $\frac{1}{9}$; $\frac{13}{5}$; $2,8$; $3,4$; $3\frac{1}{2} = 3,5$

2. A'(–3,5 | –2); B'(6 | 6,5); C'(6,6 | 2,4); D'(4,5 | 2,1); E'(2,7 | –4,7)

3.
a) –48	e) 36	i) 2,8	m) –13,5	q) –2
b) –24	f) 54	j) –11,2	n) 4,5	r) $\frac{1}{2}$
c) 432	g) –405	k) –29,4	o) 40,5	s) $\frac{15}{16}$
d) 3	h) –5	l) –0,6	p) 0,5	t) $\frac{3}{5}$

4.
a) –24	e) 95	i) –5,0	m) 0	q) 7,4
b) –64	f) 7	j) –3	n) 5,8	r) 0
c) 35	g) 3,0	k) $-\frac{1}{2}$	o) $-\frac{7}{4} = -1\frac{3}{4}$	s) 0
d) $\frac{1}{12}$	h) –7	l) –3	p) 0,4	t) 25

5. a) $12 \cdot (-29) = -348$
In einem Jahr werden 348 € abgebucht.
b) $(-7,1) + (+4,9) = -2,2$
Die Temperatur fiel um 2,2 Grad.
c) $(-1,5) : 5 = -0,3$
Der Wasserstand ist stündlich um 0,3 dm gesunken.
d) $(-791) - (-92) = -699$
Korrekt wären 699 € abgebucht worden.

6.
a) –13,2	c) 2,2	e) 9	g) $\frac{7}{6}$	i) –69
b) –5,7	d) $-\frac{23}{10}$	f) –1025	h) 7	

7. a) 6,6   b) 2   c) –12,5   d) $\frac{9}{4}$ e) 5,5   f) –2   g) $-3\frac{1}{10}$ h) –9

8. a) Durch null darf man nicht dividieren, der Divisor darf nicht gleich null sein.
b) Die Behauptung ist falsch, denn z.B. ist $(+2) + (-3) = -1$ und $(+2) - (-3) = +5$.

Seite 187

1. a) Die Dreiecke sind nach dem Kongruenzsatz sws zueinander kongruent, denn:
(1) Sie haben bei A, B, C und D jeweils einen rechten Winkel
(2) |AE| = |BF| = |CG| = |DH| (halbe Länge einer Quadratseite)
(3) |AF| = |BG| = |CH| = |DE| (halbe Länge einer Quadratseite)
b) Die Dreiecke AEH, BFE, CGF und DHG sind zueinander kongruent, da sie alle die Seitenlängen x, y und z haben (Kongruenzsatz sss).

Seite 187

2. (1) Nicht konstruierbar, da a + b < c (Dreiecksungleichung nicht erfüllt)
(2) Nicht konstruierbar, da β + γ > 180° (Innenwinkelsatz)
(3) α ≈ 50°; β ≈ 39°; γ ≈ 91° (Kongruenzsatz sss)
(4) a ≈ 2,5 cm; β ≈ 94°; γ ≈ 57° (Kongruenzsatz sws)
(5) Nicht konstruierbar; Kreis um C mit dem Radius b = 4,3 cm schneidet nicht den freien Schenkel von b, da b kürzer als a ist.
(6) Nicht konstruierbar, da α + β + γ > 180° (Innenwinkelsatz)
(7) Zwei nicht zueinander kongruente Dreiecke (kürzere Seite liegt dem gegebenen Winkel gegenüber):
$b_1 ≈ 6,6$ cm; $β_1 ≈ 69°$; $γ_1 ≈ 67°$ sowie $b_2 ≈ 2,8$ cm; $β_2 ≈ 23°$; $γ_2 ≈ 113°$
(8) γ = 107° (nach dem Innenwinkelsatz); b ≈ 10,8 cm; c ≈ 12,4 cm (Kongruenzsatz wsw)

Seite 188

3. Böschungswinkel Seeseite 21°; Böschungswinkel Landseite 27°; Länge der Böschung zur See: 15,35 m

4. (1) Die Aussage ist richtig: Die dem rechten Winkel gegenüberliegende Seite ist die längste Seite im rechtwinkligen Dreieck. Die Dreiecke sind also nach dem Kongruenzsatz Ssw zueinander kongruent.
(2) Die Aussage ist richtig: Die Winkel stimmen dann alle überein. Die Dreiecke sind nach dem Kongruenzsatz wsw zueinander kongruent.

5. a) Für die Dreiecke ABC und ABD gilt:
(1) |AB| = |AB| (gleiche Strecken)
(2) |BC| = |AD| (gegenüberliegende Seiten im Parallelogramm sind gleich lang)
(3) |AC| = |BD| (Diagonalen sind nach Voraussetzung gleich lang)
Die Dreiecke sind nach dem Kongruenzsatz sss zueinander kongruent.
Aufgrund der Punktsymmetrie des Parallelogramms sind auch die Dreiecke BCD und CDA kongruent zu den Dreiecken ABC und ABD. Da alle Dreiecke zueinander kongruent sind, folgt für die Winkel: Im Parallelogramm sind die Winkel bei A, B, C und D alle gleich groß.
Aus der Winkelsumme 360° folgt, dass jeder Winkel 90° groß ist. Das Parallelogramm ist ein Rechteck.

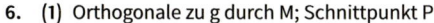

b) Für die Dreiecke ABM und BCM gilt:
(1) |AM| = |MC| (Diagonalen halbieren sich im Parallelogramm)
(2) |BM| = |BM| (gleiche Strecke)
(3) Winkel bei M gleich 90° (nach Voraussetzung)
Die Dreiecke ABM und BCM sind nach dem Kongruenzsatz sws zueinander kongruent. Damit sind die Seiten AB und BC gleich lang.
Da im Parallelogramm gegenüberliegende Seiten gleich lang sind, folgt:
|AB| = |BC| = |CD| = |DA|
Alle Seiten sind gleich lang; das Parallelogramm ist eine Raute.

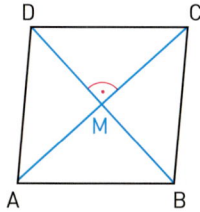

6. (1) Orthogonale zu g durch M; Schnittpunkt P
(2) Kreis um M durch P

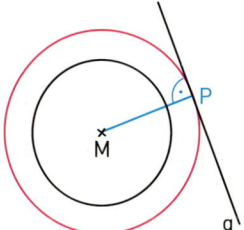

7. Umkreismittelpunkt (Schnittpunkt der Mittelsenkrechten der Dreiecksseiten) ist (ungefähr)
M(4,35 | 6,7); Radius r ≈ 4,9 cm.
Inkreismittelpunkt (Schnittpunkt der Winkelhalbierenden der Innenwinkel) ist (ungefähr)
W(3,4 | 7,1); Radius r ≈ 2,35 cm.

Seite 188

8. a) (1) Zeichne einen Kreis mit dem Radius r = 3,1 cm und wähle auf dem Kreis einen Punkt A.
(2) Zeichne um A einen Kreisbogen mit dem Radius c = 4,2 cm, der den Kreis schneidet. Der Schnittpunkt ist der Eckpunkt B.
(3) Trage in A an $\overline{AB}$ den Winkel $\alpha = 67°$ an. Der Schnittpunkt mit dem Kreis ist der Eckpunkt C.
Wir erhalten das Dreieck ABC mit a = 5,7 cm, b = 5,85 cm, $\beta = 70°$ und $\gamma = 43°$.

b) (1) Zeichne die Strecke $\overline{AC}$ mit |AC| = b = 6,3 cm und trage in C an $\overline{CA}$ den Winkel $\gamma = 97°$ an.
(2) Zeichne zu den beiden Schenkeln des Dreiecks Parallelen im Abstand $\varrho = 1,4$ cm. Der Schnittpunkt der beiden Parallelen ist der Mittelpunkt M des Inkreises.
(3) Konstruiere die Orthogonale von M auf a (oder b). Der Abstand von M zu a (oder zu b) ist der Radius des Inkreises. Zeichne den Inkreis.
(4) AB ist Tangente an den Inkreis. Zeichne den Thaleskreis über $\overline{AM}$. Der Schnittpunkt mit dem Inkreis ist der Berührpunkt D der Tangente AD. Der Schnittpunkt der Tangente mit dem freien Schenkel von γ ist der Eckpunkt B.
Wir erhalten das Dreieck ABC mit a = 4,1 cm, c = 7,9 cm, $\alpha = 31°$ und $\beta = 52°$.

c) (1) Zeichne das rechtwinklige Teildreieck ADC aus b = 7,2 cm, $h_c = 2,2$ cm und dem rechten Winkel bei D.
(2) Trage in C an $\overline{CA}$ den Winkel $\gamma = 110°$ an. Der Schnittpunkt des freien Schenkels mit $\overline{AD}$ ist der Eckpunkt B.
Wir erhalten das Dreieck ABC mit a = 2,8 cm, c = 8,55 cm, $\alpha = 18°$ und $\beta = 52°$.

d) (1) Nach dem Winkelsummensatz ist $\gamma = 180° - \alpha - \beta = 66°$. Konstruiere nun das Teildreieck ADC mit $w_\alpha = 5,7$ cm, $\frac{\alpha}{2} = 21°$ und $\delta = 180 - \frac{\alpha}{2} - \gamma = 93°$.
(2) Trage in A an $\overline{AC}$ den Winkel $\alpha = 42°$ an. Der Schnittpunkt des freien Schenkels mit $\overline{CD}$ ergibt den Eckpunkt B.
Wir erhalten das Dreieck ABC mit a = 4,3 cm, b = 6,2 cm und c = 6,0 cm.

e) (1) Zeichne die Strecke $\overline{BC}$ mit |BC| = a = 5,2 cm sowie den Mittelpunkt M von $\overline{BC}$.
(2) Zeichne das Teildreieck AMC mit $\frac{a}{2} = 2,6$ cm, $s_a = 4,6$ cm, und b = 4,3 cm.
Wir erhalten das Dreieck ABC mit c = 6,1 cm, $\alpha = 57°$, $\beta = 44°$ und $\gamma = 79°$.

Seite 188

9. M ist der Mittelpunkt des Kreises mit r = 3,7 cm. Die Schnittpunkte des Thaleskreises über $\overline{MP}$ mit dem Kreis um M sind die Berührpunkte der Tangenten.

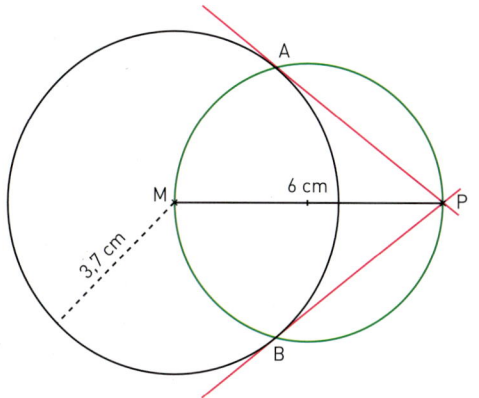

10. Etwa 13,4 m.

11. (1) Zeichne den Kreis um M mit dem Radius r = 3 cm sowie einen Punkt A auf dem Kreis.
    (2) Zeichne die Tangente in A; trage auf ihr von A eine 4 cm lange Strecke mit dem Endpunkt P ab.
    (3) Konstruiere den Thaleskreis über $\overline{MP}$; der zweite Schnittpunkt mit dem Kreis ist der Berührpunkt B der anderen Tangente.

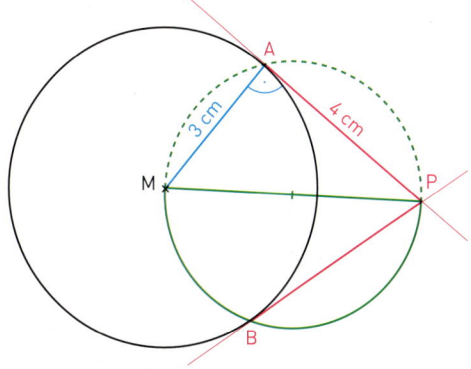

Seite 212

1. a) $P(E_1) = \left(\frac{5}{12}\right)^2 + \left(\frac{4}{12}\right)^2 + \left(\frac{2}{12}\right)^2 + \left(\frac{1}{12}\right)^2 = \frac{46}{144} = \frac{23}{72} \approx 0{,}3194$

   $P(E_2) = 1 - P(E_1) = \frac{49}{72} \approx 0{,}6806$

   b) $P(E_1) = \frac{5}{12} \cdot \frac{4}{11} + \frac{4}{12} \cdot \frac{3}{11} + \frac{2}{12} \cdot \frac{1}{11} + \frac{1}{12} \cdot \frac{0}{11} = \frac{17}{66} \approx 0{,}2576$

   $P(E_2) = 1 - \frac{17}{66} = \frac{49}{66} \approx 0{,}7424$

2. Mögliche Glückszahlen sind 1, 2, 3, 4 und 6.

   $P(1) = \frac{1}{16} = 0{,}0625$

   $P(2) = \frac{1}{16} + \frac{1}{4} = \frac{5}{16} = 0{,}3125$

   $P(3) = \frac{3}{16} = 0{,}1875$

   $P(4) = \frac{1}{4} = 0{,}25$

   $P(6) = \frac{3}{16} = 0{,}1875$

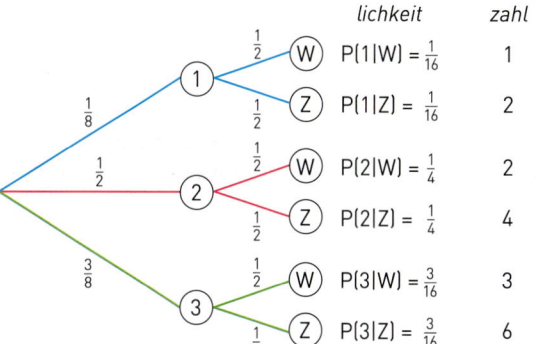

3. a) P(beide Systeme funktionieren) = 99,5 % · 98,5 % = 0,995 · 0,985 = 0,980075 = 98,0075 % ≈ 98 %
   b) P(beide Systeme versagen) = 0,5 % · 1,5 % = 0,005 · 0,015 = 5 = 0,0075 %
   c) P(Türsicherung funktioniert nicht) · P(Bewegungsmelder funktioniert nicht) = $\frac{1}{100\,000}$ = 0,00001
   P(Bewegungsmelder funktioniert nicht) = 0,00001 : 0,005 : 0,01 : 5 = 0,002 = 0,2 %
   Der Bewegungsmelder müsste in (ungefähr) 99,8 % aller Fälle funktionieren.

Seite 212

4. a)

	besitzt Smartphone	besitzt kein Smartphone	Gesamt
Mädchen	60	503	563
Junge	68	369	437
Gesamt	128	872	1000

b) (1) P(Jugendlicher besitzt ein Smartphone) = $\frac{128}{1000}$ ≈ 0,128 ≈ 12,8 %

(2) P(Mädchen besitzt kein Smartphone) = $\frac{503}{563}$ ≈ 0,893 ≈ 89,3 %

(3) P(Smartphonebesitzer ist ein Mädchen) = $\frac{60}{128}$ ≈ 0,479 ≈ 47,9 %

(4) P(Kein Smartphonebesitzer ist ein Junge) = $\frac{369}{872}$ ≈ 0,423 ≈ 42,3 %

5. Heimmannschaft: H   Gastmannschaft: G

Baumdiagramm:

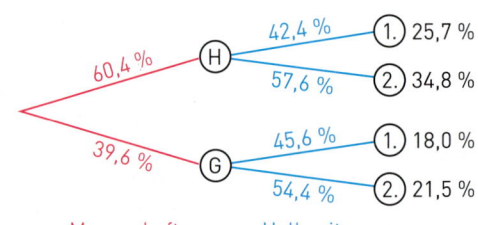

Umgekehrtes Baumdiagramm:

Vierfeldertafel:

		Halbzeit		gesamt
		1.	2.	
Mannschaft	Heim	25,7 %	34,8 %	60,4 %
	Gast	18,0 %	21,5 %	39,6 %
	gesamt	43,7 %	56,3 %	100 %

Zeitungsartikel, zum Beispiel:
Fußballstatistiker haben festgestellt:
In der Fußball-Bundesliga werden etwa 60 % aller Tore durch die Heimmannschaft erzielt. Während die Heimmannschaft gut 42 % ihrer Tore in der 1. Halbzeit schießt, sind es bei der Gastmannschaft in der 1. Halbzeit sogar fast 46 % ihrer Tore.

Seite 256

1. a) 3,75 cm²   b) 3,75 cm²   c) 7,5 cm²   d) 9,5 cm²

2. a) A = $\frac{(1,50\,m + 1,10\,m) \cdot 0,95\,m}{2}$ = 1,235 m²; 1,235 · 70 € = 86,45 €

b) A = $\frac{1,50\,m \cdot 1,20\,m}{2}$ = 0,9 m²; 0,9 · 70 € = 63 €

3. a) A = π · 3,5 cm² ≈ 38,48 cm²; u = 2 · π · 3,5 cm ≈ 21,99 cm
b) A = π · 1,2 dm² ≈ 4,52 dm²; u = 2 · π · 1,2 dm ≈ 7,54 dm

4. u = 2 · π · r = π · d = π · 15 cm ≈ 47,12 cm

$\frac{7,54\,m}{47,17\,cm} = \frac{754\,cm}{47,17\,cm}$ ≈ 16

Das Rad macht 16 Umdrehungen.

5. (1) u = 1,90 m = π · d   d = $\frac{1,90\,m}{\pi}$ ≈ 0,61 m

(2) u = 1,55 m = π · d   d = $\frac{1,55\,m}{\pi}$ ≈ 0,49 m

(3) u = 2,50 m = π · d   d = $\frac{2,50\,m}{\pi}$ ≈ 0,80 m

Seite 256

6. a) $O = 2 \cdot G + M$
   $= 2 \cdot \frac{1}{2} \cdot 4\,cm \cdot 3{,}5\,cm + 3 \cdot 4{,}0\,cm \cdot 7{,}0\,cm = 98\,cm^2$
   $V = G \cdot h = \frac{1}{2} \cdot 4\,cm \cdot 3{,}5\,cm \cdot 7{,}0\,cm = 49\,cm^3$

   b)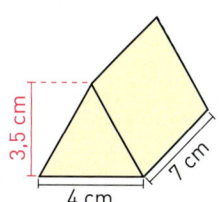

   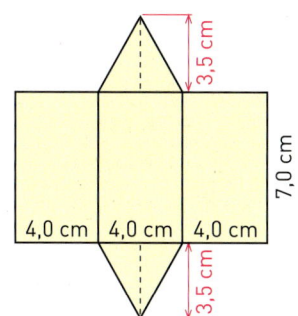

7. $V = G \cdot h$; $109{,}5\,dm^3 = 14{,}6\,dm^2 \cdot h$; $h = 7{,}5\,dm$

8. a) $V = 53\,550\,mm^3 = 53{,}55\,cm^3$; $53{,}55 \cdot 8{,}4\,g \cdot 40 \approx 18\,000\,g = 18\,kg$
   b) $V = 71\,400\,mm^3 = 71{,}40\,cm^3$; $71{,}40 \cdot 8{,}4\,g \cdot 40 \approx 24\,000\,g = 24\,kg$
   c) $V = 31\,500\,mm^3 = 31{,}50\,cm^3$; $31{,}50 \cdot 8{,}4\,g \cdot 40 \approx 10\,600\,g = 10{,}6\,kg$
   d) $V = 45\,675\,mm^3 = 45{,}675\,cm^3$; $45{,}675 \cdot 8{,}4\,g \cdot 40 \approx 15\,350\,g = 15{,}35\,kg$

Seite 285

1. a) $L = \{-4; 3\}$ b) $L = \{-5; 2\}$

2. a) $10x$ b) $4x$ c) $4z - 2$ d) $z - 2$

3. a) $L = \{5\}$ b) $L = \{-5\}$ c) $L = \{7\}$ d) $L = \{8\}$ e) $L = \{4\}$ f) $L = \{0\}$ g) $L = \mathbb{Q}$

4. a) $20x - 68 = 172$; $x = 12$ b) $3x + 8 = 2x + 5$; $x = -3$

5. Wir wählen x für die Länge (in cm) der mittleren Seite. Die Länge (in cm) der kleinsten Seite ist dann x – 2, die Länge (in cm) der längsten Seite ist dann x + 2.
   $(x - 2) + x + (x + 2) > 36$, also $x > 12$
   Lösungsmenge: $L = \{x \in \mathbb{Q} \mid x > 12\}$
   Die mittlere Seite muss länger als 12 cm sein. Die anderen Seiten sind dann jeweils 2 cm kürzer bzw. 2 cm länger.

6. Wir wählen die Variable x für die Anzahl der Schüler.
   $((x \cdot 2) \cdot 3) : 4 + 1 = 100$, also $x = 66$
   Lösungsmenge: $L = \{66\}$
   Es sind 66 Schüler.

7. a) $L = \{x \in \mathbb{Q} \mid x < 8\}$ b) $L = \{x \in \mathbb{Q} \mid x < -5\}$ c) $L = \{x \in \mathbb{Q} \mid x \leq -1\}$ d) $L = \{x \in \mathbb{Q} \mid x \leq 3\}$

8. Zinsen für den mittleren Betrag: x (in €);
   Gleichung: $x + 607{,}50 + x + x - 17{,}50 = 1167{,}50$; $x = 192{,}50$
   Der Betrag über 7000 € bringt 192,50 € Zinsen; Zinssatz 2,75 %.
   Der Betrag über 5000 € bringt 175,00 € Zinsen; Zinssatz 3,5 %.
   Der Betrag über 20 000 € bringt 800,00 € Zinsen; Zinssatz 4,0 %.

Verzeichnis mathematischer Symbole

$a = b$	a gleich b
$a \neq b$	a ungleich b
$a < b$	a kleiner b
$a > b$	a größer b
$a \approx b$	a ungefähr gleich b
$a + b$	a plus b; Summe aus a und b
$a - b$	a minus b; Differenz aus a und b
$a \cdot b$	a mal b; Produkt aus a und b
$a : b$	a durch b; Quotient aus a und b
$a \mid b$	a ist Teiler von b
$a \nmid b$	a ist nicht Teiler von b
$\lvert a \rvert$	Betrag von a
a^n	a hoch n; Potenz aus Basis a und Exponent n
$p\,\%$	p Prozent
$p\,‰$	p Promille
$\{1; 5; 8\}$	Menge mit den Elementen 1, 5, 8
$\{\ \}$	leere Menge
$a \in M$	a ist Element der Menge M, a gehört zu M
$\mathbb{N}\ [\mathbb{N}^*]$	Menge der natürlichen Zahlen [ohne null]
$\mathbb{Z}$	Menge der ganzen Zahlen
$\mathbb{Z}_+\ [\mathbb{Z}_+^*]$	Menge der nicht negativen ganzen Zahlen [ohne null]
$\mathbb{Q}$	Menge der rationalen Zahlen
$\mathbb{Q}_+\ [\mathbb{Q}_+^*]$	Menge der nicht negativen rationalen Zahlen [ohne null]
AB	Verbindungsgerade durch die Punkte A und B; Gerade durch A und B
$\overline{AB}$	Verbindungsstrecke der Punkte A und B; Strecke mit den Endpunkten A und B
$\lvert AB \rvert$	Länge der Strecke $\overline{AB}$
$g \parallel h$	g ist parallel zu h
$g \nparallel h$	g ist nicht parallel zu h
$g \perp h$	g ist orthogonal zu h
$g \not\perp h$	g ist nicht orthogonal zu h
ABC	Dreieck mit den Eckpunkten A, B und C
$ABCD$	Viereck mit den Eckpunkten A, B, C und D
$A(a\mid b)$	Punkt mit dem Rechtswert a und dem Hochwert b. a ist die 1. Koordinate, b die 2. Koordinate von A.
$h_a\ [h_b;\ h_c]$	Höhe eines Dreiecks zur Seite a [Seite b; Seite c]
$w_\alpha\ [w_\beta;\ w_\gamma]$	Länge der Abschnitte der Winkelhalbierenden im Dreieck
$s_a\ [s_b;\ s_c]$	Länge der Seitenhalbierenden eines Dreiecks

Stichwortverzeichnis

A
äquivalent 263, 287
Abnahmefaktor 52, 66
antiproportional 24f.
Assoziativgesetz 119, 134, 149
Außenwinkelsatz 96

B
Baumdiagramm 192f.
Basiswinkel 82
Basiswinkelsatz 82, 97
– Umkehrung 83
Betrag 104

D
Distributivgesetz 145, 149
Drachenviereck 91
Dreieck
– Basiswinkelsatz 82, 97
– Flächeninhalt 217,
– gleichschenklig 82, 97
– gleichseitig 82, 97
– Höhe 216,
– Mittelsenkrechte 175
– Inkreis 178, 187
– rechtwinklig 77, 97
– spitzwinklig 77, 97
– stumpfwinklig 77, 97
– Basis 82
– Schenkel 82
– Umkreis 177, 187
– Winkelhalbierende 175
Dreiecksungleichung 161, 186
Dreisatz
– antiproportionale Zuordnungen 29
– proportionale Zuordnungen 20

E
Erhöhung 49

F
Flächeninhalt
– Dreieck 217, 255
– Parallelogramm 220, 255
– Kreis 233, 255
– Kreisausschnitt 239
– Trapez 224, 255
– Vieleck 226, 255

G
Gegenzahl 104
Gesamtgröße 35, 43
Gleichung 257f.

H
Haus der Vierecke 92
Höhe
– Dreieck 216
– Parallelogramms 219
– Trapez 223
Hyperbel 25, 43

J
Jahreszinsen 59, 64, 66

K
Kehrwert 136, 149
Klammern 119, 126, 143,
Kommutativgesetze 119, 133
Komplementärregel 199
Kongruenz 154, 186
Kongruenzsatz
– sss 158, 186
– Ssw 160, 186
– sws 160, 186
– wsw 160, 186
Koordinatensystem 109
Kreis
– -ausschnitt 237f
– -bogen 237f
– -durchmesser 172, 186
– Flächeninhalt 233f., 255
– -ring 233
– Umfang 230, 255

L
Lösungsmenge 260
- Sonderfälle 261, 270, 273

N
Nebenwinkel 69, 97
Nebenwinkelsatz 69, 97
negativ 105

O
Oberflächeninhalt, Prisma 242, 255

P
Pfadregeln 199, 211
Platonischer Körper 96
positiv 105

Prisma
– Grundflächen 241, 255
– Höhe 241, 255
– Netz 255
– Oberfläche 242, 255
– Oberflächeninhalt 242, 255
– Seitenflächen 241, 255
– Volumen 250, 255
Produktgleichheit 35
proportional 13, 43
Proportionalitätsfaktor 31, 43
Prozent
– punkt 58
– satz 156, 167
prozentuale
– Abnahme 52, 66
– Änderung 49, 66
– Erhöhung 49, 66
– Zunahme 49, 66

Q
Quadrat 91, 169
Quotientengleichheit 31

R
rationale Zahl 208f.
– Addieren 114, 149
– Multiplizieren 129, 133, 134, 145, 149
– Subtrahieren 123, 149
– Dividieren 136, 149
Raute 91, 167, 169
Rechenklammern 119, 143

S
Scheitelwinkel 69, 97
Sehne 172, 186
Sekante 173, 186
Senkung 52, 66
spitzwinklig 77, 97
Stufenwinkel 71, 97
Symmetrie
– Drachenviereck 91
– Quadrat 91
– Raute 91
– Rechteck 91
– Trapez 91

T
Tangente 173, 186
Term 38, 249
- Regeln 119, 126f.

Thales, Satz des 182, 184, 187
Trapez
- Flächeninhalt 224, 255
- gleichschenklig 91, 97
- Höhe 223, 255
- Symmetrie 91

U
Ungleichung 280, 284

V
Vierfeldertafel 207, 211
Vorrangregeln 143

W
Wahrscheinlichkeit 189f.
Wechselwinkel 71, 97
Wechselwinkelsatz 71, 97
Winkelsummensatz
– für Dreiecke 77, 97
– für Vierecke 79, 97

Z
Zinsen 59, 61, 64, 66
Zinssatz 59, 61
Zufallsexperiment 189, 194
Zunahmefaktor 49
Zuordnung
– , antiproportionale 24f.
– , Graph einer 9, 15, 43
– , je mehr – desto mehr 14
– , je mehr – desto weniger 25
– , proportionale 13, 43
Zustandsänderung 111, 115

Bildquellenverzeichnis

|123RF.com, Hong Kong: Jordan McCullough 3.3, 67.1. |Alamy Stock Photo (RMB), Abingdon/Oxfordshire: Andrew Rubtsov 179.1; Bildagentur Hamburg 81.2; Historic Images 240.1; Ian Francis 256.3; James Nesterwitz 18.2; Jim West 191.2. |altro - die fotoagentur, Regensburg: 26.1. |bpk-Bildagentur, Berlin: 184.1. |CLAAS KGaA mbh, Harsewinkel: 44.1. |Das Luftbild-Archiv, Biere: 121.3, 121.4. |Fabian, Michael, Hannover: 22.1, 23.1, 40.1, 72.1, 83.1, 86.1, 88.1, 89.1, 89.2, 89.5, 89.6, 89.7, 102.1, 127.1, 131.1, 141.1, 141.2, 144.1, 172.2, 180.1, 190.1, 190.2, 190.3, 199.1, 214.2, 229.1, 230.1, 237.1, 243.1, 243.2, 243.3, 243.4, 243.5, 244.1, 256.1, 256.2. |fotolia.com, New York: Butch 82.1; coco 96.1; Dalmatin.o 234.2; donfiore 195.2; FM2 4.2, 151.1; fotofinish100 98.1; Fred 214.7; Hauke-Chr. Dittrich 50.1; kab-vision 17.1; Klein, Ralph 113.1; lagom 42.1; leroy131 59.1; Livii Androni 93.1; lofik 231.2; M. Schuppich 16.1; matthias21 152.4; michaeljayberlin 189.1, 200.1; Patryk Kosmider 165.1; peppi18 48.2; Power, Margit 21.1, 41.1; scarlett 50.2; Schuppich, M. 60.1; sergemi 41.2; sonne fleckl 74.1; st-fotograf 30.1; tr3gi 28.3; twystydigi 89.3; vlabo 116.1; vovez 163.1. |Gerhard Launer WFL-GmbH, Würzburg: 142.1. |Getty Images, München: Fotosearch 73.1; NASA/Science Source 100.2; Peter Dennen 122.1; photolibrary 222.1; Ryan McVay 5.3, 257.1. |Getty Images (RF), München: daniel reiter 173.1; Dorling Kindersley 27.2, 51.1, 54.1, 78.1, 80.1, 80.2, 105.1, 107.1, 115.1, 116.2, 127.2, 138.1, 143.1, 146.1, 218.2, 221.1, 243.6, 265.1, 270.1, 271.1, 274.1; Imre Cikajlo 230.3; iStockvectors 120.1, 218.1, 221.2, 227.1; iStockvectors/Tom Nulens 8.1, 12.1, 12.2, 28.1, 28.2, 48.1, 48.3, 59.2, 59.3, 59.4, 68.1, 68.2, 79.1, 79.2, 100.1, 100.4, 101.1, 101.2, 111.1, 111.2, 152.1, 152.2, 152.3, 172.1, 172.3, 172.4, 192.1, 192.3, 214.1, 214.4, 215.1, 215.2, 225.1, 225.2, 226.1, 258.1, 258.2; Jon Bower at Apexphotos 231.3. |Goetz, Dr. Beate, Wedel: 122.2. |Greenpeace e.V., Hamburg: Ulrich Baatz 231.1. |iStockphoto.com, Calgary: Eckert, Dan 89.4; Elenathewise 5.2, 213.1; Henrik5000 5.1, 191.1; Kateryna Moskalenko 91.1; SB-8NIHAT 164.1; Soriano, Brigida 96.2; Zoonar RF Titel. |Keystone Pressedienst, Hamburg: Volkmar Schulz 193.1. |Ladenthin, Werner, Berlin: 215.3. |Langner & Partner Werbeagentur GmbH, Hemmingen: 10.1, 27.1, 46.1, 47.2, 121.1, 229.2. |mauritius images GmbH, Mittenwald: age 210.1; Artur Cupak 201.1; Haag + Kropp 209.1; Harald Schön 18.1; ib/Thomas Jentzsch 234.1; P. Widmann 210.2; Westend61 192.4; Wolfgang Ehn 192.2. |Meißner, Dennis, Braunschweig: 39.1. |Microsoft Deutschland GmbH, München: 33.1, 33.2, 33.3, 33.4, 34.1, 36.1, 36.2, 36.3, 36.4, 38.1, 261.1. |Museum Plagiarius in Solingen, Solingen: Carla Froitzheim, Solingen 151.2. |Österreichische Nationalbibliothek, Wien: 285.1. |PantherMedia GmbH (panthermedia.net), München: Heinz-Jürgen Landshoeft 95.1; Sergej Razvodovskij 99.2; Stefan Stendel 56.1; Tono Balaguer 65.1; Wavebreakmedia ltd 61.1. |Picture-Alliance GmbH, Frankfurt a.M.: CHROMORANGE/TipsImages 81.1; ZB/Kasper, Jan-Peter 197.1. |Popko, Mathias, Meine: 75.1. |Shutterstock.com, New York: bibiphoto 202.1; Dmitry Kalinovsky 203.1; z0w 185.1. |stock.adobe.com, Dublin: SC-Photo 100.3; ©Picture Partners 9.1. |Suhr, Friedrich, Lüneburg: 170.1, 170.2, 236.1, 236.2, 248.1. |Texas Instruments Education Technology GmbH, Freising: 275.1, 275.2, 275.3, 275.4. |The M.C. Escher Company B.V., Baarn: M. C. Escher's "Metamorphosis II" © 2017 The M.C. Escher Company-The Netherlands. All rights reserved. www.mcescher.com 76.1, 76.1. |Thinkstock, Sandyford/Dublin: iStockphoto 3.1, 4.1, 11.1, 99.1. |TopicMedia Service, Mehring-Öd: Denis Meyer 214.5, 214.6; Martin Moxter 214.3; Michael Weber 20.1, 230.4; Silvestris 58.1, 230.2, 230.5; Wolfgang Diederich 121.2. |Visum Foto GmbH, München: Hodum, Christian 162.1. |Warmuth, Torsten, Berlin: 106.1, 106.2, 112.1, 233.1, 235.1. |Werth, Gerda, Bad Lippspringe: 195.1. |wikimedia.commons: Fix 1998/ CC-Lizenz 3.0 Unported/CC-BY-SA-3.0; CC-BY-SA-3.0-DE; BILD-GFDL-NEU 201.2. |wolterfoto.de, Bonn: Jörn Wolter 148.1. |© Joerg Sarbach, Bremen: 3.2, 47.1.